高等学校

数据库原理与应用

许　薇　黄灿辉　主　编

刘云香　陈代进　林树青　副主编

清华大学出版社

北　京

内 容 简 介

本书系统地阐述了数据库系统的基础理论、基本技术和基本方法,在内容的组织上,注重理论与实际的联系,循序渐进,环环相扣,强化知识脉络。本书以应用反映原理,理论贯穿应用;专业术语和通俗易懂的案例分析相结合,由浅入深地讲解数据库原理的基础理论知识。

本书共分两部分,第一部分为理论篇,第二部分为实践篇。理论篇由 9 章组成,第 1~4 章介绍数据库系统概论、数据库模型、关系数据库、SQL 语言;第 5、6 章介绍关系数据库的设计与理论、数据库设计的流程;第 7 章介绍数据库的管理;第 8 章介绍 Transact-SQL 程序设计与开发;第 9 章介绍数据库应用系统的开发。实践篇设有 11 个实验任务,包含实验目的、基础知识、实验要求和实验步骤。本书每章后面都配有小结和习题,以便学生能够更好地理解理论知识,并为教师配有电子版的习题解答。

本书可作为高等院校计算机及相关专业的教材,也可作为数据库爱好者的自学读本以及数据库设计人员的参考书。

图书在版编目(CIP)数据

数据库原理与应用/许薇,黄灿辉主编. —北京:清华大学出版社,2020.9
高等学校通识教育系列教材
ISBN 978-7-302-56112-5

Ⅰ. ①数… Ⅱ. ①许… ②黄… Ⅲ. ①数据库系统－高等学校－教材 Ⅳ. ①TP311.13

中国版本图书馆 CIP 数据核字(2020)第 138098 号

责任编辑:刘向威
封面设计:文　静
责任校对:梁　毅
责任印制:沈　露

出版发行:清华大学出版社
　　　　　网　　　址:http://www.tup.com.cn,http://www.wqbook.com
　　　　　地　　　址:北京清华大学学研大厦 A 座　　　　　邮　　编:100084
　　　　　社 总 机:010-62770175　　　　　　　　　　　　邮　　购:010-83470235
　　　　　投稿与读者服务:010-62776969,c-service@tup.tsinghua.edu.cn
　　　　　质量反馈:010-62772015,zhiliang@tup.tsinghua.edu.cn
　　　　　课件下载:http://www.tup.com.cn,010-83470236
印 装 者:大厂回族自治县彩虹印刷有限公司
经　　销:全国新华书店
开　　本:185mm×260mm　　印　张:24.25　　　　字　　数:591 千字
版　　次:2020 年 10 月第 1 版　　　　　　　　　　印　　次:2020 年 10 月第 1 次印刷
印　　数:1~1500
定　　价:69.00 元

产品编号:086663-01

前　言

从 20 世纪 50 年代末开始,数据库技术的发展就从单一数据处理转向海量数据处理、复杂数据处理、分布式数据处理等复杂多变的数据处理。现在数据库技术应用领域极为广泛,渗透到计算机应用的各个方面,所以,数据库知识已经成为计算机科学教育的核心部分之一。

本书主要通过案例分析过程来解读数据库基础理论知识,同时把抽象的理论知识应用到实际的案例分析中。因此本书在内容的组织上,注重选用理论联系实际的案例,在内容的描述上,主要采用专业术语和通俗易懂的案例分析相结合的模式。

本书共分两部分,第一部分为理论篇,第二部分为实践篇。理论篇共分 9 章。第 1 章是数据库系统概论,介绍数据库技术的基础知识;第 2 章是数据库模型,介绍数据模型的基本概念和常见的数据模型;第 3 章是关系数据库,介绍关系数据库中的关系模型、关系形式化定义、关系的完整性、关系运算的理论以及关系数据库特点;第 4 章是关系数据库的标准语言SQL,介绍 SQL 语言的发展过程、基本特点,数据定义语言(DDL)、数据操纵语言(DML)、数据控制语言(DCL);第 5 章是关系数据库设计与理论,介绍数据不一致原因——存在函数依赖,如何解决——规范化理论(范式),解决方法——模式分解;第 6 章是数据库设计,介绍数据库设计及其特点、方法和步骤,数据库设计的需求分析、概念设计、逻辑设计、物理设计、数据库实施、数据库运行和维护各个阶段的数据库的各级模式,了解数据库建模常用的两种工具;第 7 章是数据库的管理,介绍数据库管理的原理和方法,包括数据库的安全性、数据的一致性、并发控制、数据库备份和恢复、事务等内容;第 8 章是 Transact-SQL 程序设计与开发,介绍数据库程序开发基础、游标、存储过程和触发器的使用方法;第 9 章是数据库应用系统的开发,通过一个数据库应用程序实例的开发过程,介绍数据库应用程序设计方法和数据库应用程序的体系结构。实践篇由 11 个实验任务组成。这些实验内容全面,重点突出,与理论篇内容相互对应。每个实验包含实验目的、基础知识、实验要求和实验步骤四部分。本书图表序号中的第一位数字代表篇名。

本书作者都是从事数据库教学多年并致力于数据库技术应用和研究的一线教师,作者基于多年的教学经验,梳理知识脉络,精简知识内容,从培养应用型人才的目标出发,以数据库设计过程和数据库操作为主线,将数据库原理与实际应用紧密结合,可增强学生实际动手能力。本书可作为高等院校计算机及相关专业的教材,也可作为数据库知识的自学读本以及数据库设计人员的参考书。

本书由许薇完成统稿工作,并编写了第 1~3 章;第 4、5、7 章由黄灿辉编写;第 6 章由刘云香编写;第 8 章由林树青编写;第 9 章由陈代进编写;实践篇由黄灿辉和林树青编写。

本书每章后面都附有习题,以便学生能够更好地理解理论知识。为配合本课程的教学需要,本书为教师配有电子版习题参考答案。

由于编者水平有限,书中难免会有不足之处,恳请广大读者批评指正。

编　者

2020 年 5 月

目　录

第一部分　理　论　篇

第1章　数据库系统概论 ··· 3

1.1　数据库基本概念 ·· 3
　1.1.1　数据 ·· 3
　1.1.2　数据库 ·· 4
　1.1.3　数据库管理系统 ································· 4
　1.1.4　数据库系统 ······································· 5
1.2　数据库管理技术的产生和发展过程 ··········· 6
　1.2.1　人工管理阶段 ··································· 6
　1.2.2　文件系统阶段 ··································· 6
　1.2.3　数据库系统阶段 ································ 8
　1.2.4　数据库技术发展趋势 ························· 9
1.3　数据库系统结构 ·· 15
　1.3.1　三级模式结构 ··································· 15
　1.3.2　两级映像和数据独立性 ···················· 16
1.4　数据库系统的组成 ······································ 16
　1.4.1　数据库系统的硬件平台及数据库 ········· 16
　1.4.2　软件 ·· 17
　1.4.3　人员 ·· 17
1.5　SQL Server 2008 简介 ································· 18
1.6　复习思考 ·· 25
　1.6.1　小结 ·· 25
　1.6.2　习题 ·· 25

第2章　数据库模型 ··· 26

2.1　数据模型概述 ·· 26
　2.1.1　数据模型的概念 ······························· 26
　2.1.2　模型的分类 ······································ 27
2.2　数据模型的组成要素 ··································· 28

2.2.1 数据结构 ·· 28

2.2.2 数据操作 ·· 28

2.2.3 完整性约束条件 ·· 28

2.3 概念模型 ··· 28

2.3.1 信息世界的基本概念 ·· 29

2.3.2 实体之间的联系 ·· 29

2.3.3 概念模型的表示方法 ·· 29

2.4 逻辑模型 ··· 31

2.4.1 层次模型 ·· 31

2.4.2 网状模型 ·· 32

2.4.3 关系模型 ·· 33

2.5 物理模型 ··· 34

2.6 复习思考 ··· 34

2.6.1 小结 ··· 34

2.6.2 习题 ··· 34

第 3 章 关系数据库 ·· 35

3.1 关系数据库与关系模型 ·· 35

3.2 关系的形式化定义 ··· 37

3.2.1 关系相关概念 ··· 37

3.2.2 关系模式 ·· 40

3.3 关系完整性 ·· 40

3.3.1 完整性控制的含义 ·· 41

3.3.2 完整性约束条件 ·· 41

3.3.3 完整性规则 ·· 43

3.3.4 实现参照完整性要考虑的问题 ··· 43

3.3.5 完整性的定义 ··· 44

3.4 关系运算 ··· 45

3.4.1 传统的关系运算 ·· 45

3.4.2 专门的关系运算 ·· 47

3.5 复习思考 ··· 54

3.5.1 小结 ··· 54

3.5.2 习题 ··· 54

第 4 章 关系数据库的标准语言 SQL ·· 57

4.1 SQL 概述 ·· 57

4.1.1 SQL 语言的发展史及特点 ··· 57

4.1.2 SQL 语句的组成 ··· 58

4.1.3 SQL Server 提供的主要数据类型 ·· 59

4.2 数据定义 ·· 61
　4.2.1 数据库的定义 ·· 61
　4.2.2 基本表的定义 ·· 63
　4.2.3 完整性约束 ··· 65
4.3 数据查询 ·· 72
　4.3.1 基本查询 ·· 72
　4.3.2 聚合函数查询 ·· 83
　4.3.3 对数据进行分组统计 ···································· 84
　4.3.4 连接查询 ·· 87
　4.3.5 嵌套查询 ·· 94
　4.3.6 集合查询 ··· 104
4.4 数据操作语句 ·· 107
　4.4.1 插入语句 ··· 107
　4.4.2 更新语句 ··· 109
　4.4.3 删除语句 ··· 110
4.5 视图 ··· 111
　4.5.1 创建视图 ··· 111
　4.5.2 修改和删除视图 ··· 113
　4.5.3 查询视图 ··· 114
　4.5.4 更新视图数据 ·· 116
　4.5.5 视图的作用 ·· 117
　4.5.6 物化视图 ··· 118
4.6 索引 ··· 119
　4.6.1 创建索引 ··· 119
　4.6.2 索引的删除 ·· 120
　4.6.3 建立索引的原则 ··· 120
4.7 复习思考 ·· 121
　4.7.1 小结 ·· 121
　4.7.2 习题 ·· 121

第5章 关系数据库设计与理论 ··· 124

5.1 函数依赖 ·· 124
　5.1.1 关系数据库中存在的问题 ······························ 124
　5.1.2 函数依赖相关的概念 ··································· 126
　5.1.3 一些术语和符号 ··· 127
　5.1.4 函数依赖的推理规则 ··································· 129
5.2 关系模式的规范化 ·· 130
　5.2.1 第一范式(1NF) ··· 131
　5.2.2 第二范式(2NF) ··· 132

5.2.3　第三范式(3NF) ………………………………………………… 132
5.2.4　BC 范式(BCNF) ………………………………………………… 133
5.2.5　多值依赖 ………………………………………………………… 133
5.2.6　第四范式 ………………………………………………………… 136
5.3　模式分解 …………………………………………………………………… 137
5.3.1　关系模式的分解原则 …………………………………………… 137
5.3.2　规范化的算法 …………………………………………………… 139
5.4　复习思考 …………………………………………………………………… 141
5.4.1　小结 ……………………………………………………………… 141
5.4.2　习题 ……………………………………………………………… 141

第6章　数据库设计 ………………………………………………………………… 143
6.1　数据库设计的步骤 ………………………………………………………… 143
6.1.1　数据库应用系统的生命周期 …………………………………… 143
6.1.2　数据库设计的目标 ……………………………………………… 144
6.1.3　数据库设计的步骤 ……………………………………………… 145
6.2　需求分析 …………………………………………………………………… 147
6.2.1　需求分析的任务 ………………………………………………… 147
6.2.2　需求分析的内容 ………………………………………………… 147
6.2.3　需求分析的步骤 ………………………………………………… 148
6.2.4　案例分析 ………………………………………………………… 153
6.3　概念结构设计 ……………………………………………………………… 156
6.3.1　概念模型 ………………………………………………………… 156
6.3.2　概念模型设计的方法 …………………………………………… 157
6.3.3　案例分析 ………………………………………………………… 160
6.4　逻辑结构设计 ……………………………………………………………… 164
6.4.1　E-R 图向关系模式的转换 ……………………………………… 164
6.4.2　关系模式的规范化 ……………………………………………… 165
6.4.3　确定完整性约束 ………………………………………………… 165
6.4.4　用户视图的确定 ………………………………………………… 166
6.4.5　案例分析 ………………………………………………………… 166
6.5　数据库的物理设计 ………………………………………………………… 168
6.5.1　物理结构设计的任务 …………………………………………… 168
6.5.2　物理结构设计方法 ……………………………………………… 169
6.6　数据库的实施和维护 ……………………………………………………… 170
6.6.1　数据库实施 ……………………………………………………… 170
6.6.2　数据库运行和维护阶段 ………………………………………… 170
6.7　复习思考 …………………………………………………………………… 171

6.7.1　小结 ·· 171

6.7.2　习题 ·· 171

第7章　数据库的管理 ··· 173

7.1　数据库的安全性控制 ··· 173

7.1.1　概述 ·· 173

7.1.2　用户标识和鉴别 ······································· 175

7.1.3　存取控制 ·· 176

7.1.4　数据用户权限与角色控制 ······························· 178

7.1.5　视图机制 ·· 182

7.1.6　审计跟踪 ·· 182

7.1.7　数据加密 ·· 183

7.1.8　统计数据库安全性 ······································ 184

7.2　事务 ·· 184

7.2.1　事务的基本概念 ·· 184

7.2.2　SQL Server 中的事务 ··································· 187

7.3　数据库的恢复技术 ··· 187

7.3.1　数据库系统故障的概述 ·································· 187

7.3.2　数据库恢复技术 ·· 189

7.3.3　恢复策略 ·· 192

7.3.4　具有检查点的恢复技术 ·································· 193

7.3.5　数据库镜像 ·· 195

7.4　并发控制 ·· 196

7.4.1　并发操作的概述 ·· 197

7.4.2　封锁 ·· 201

7.4.3　活锁与死锁 ·· 204

7.4.4　两段锁协议 ·· 205

7.4.5　封锁的粒度 ·· 207

7.5　复习思考 ·· 210

7.5.1　小结 ·· 210

7.5.2　习题 ·· 210

第8章　Transact-SQL 程序设计与开发 ···························· 213

8.1　T-SQL 程序基础 ·· 213

8.1.1　常量 ·· 213

8.1.2　变量 ·· 214

8.1.3　运算符 ·· 216

8.1.4　函数 ·· 218

8.2　流程控制语句 ·· 223

8.2.1 语句块：BEGIN…END ··· 223
8.2.2 选择结构 ··· 223
8.2.3 循环结构 ··· 226
8.2.4 其他流程控制语句 ··· 228
8.2.5 调度执行语句 ··· 228
8.3 游标 ·· 229
8.3.1 游标的基本操作 ··· 229
8.3.2 游标应用举例 ··· 231
8.4 存储过程 ·· 234
8.4.1 存储过程的创建与执行 ··· 235
8.4.2 存储过程的管理与维护 ··· 237
8.5 用户定义函数 ·· 238
8.6 触发器 ·· 242
8.6.1 触发器的基本概念 ··· 242
8.6.2 创建触发器 ··· 243
8.6.3 管理触发器 ··· 245
8.7 复习思考 ·· 246
8.7.1 小结 ··· 246
8.7.2 习题 ··· 246

第9章 数据库应用系统的开发 ··· 249

9.1 数据库应用程序设计方法 ·· 249
9.1.1 应用程序总体设计 ··· 249
9.1.2 模块设计 ··· 250
9.1.3 编码测试 ··· 251
9.2 数据库应用程序的体系结构 ·· 252
9.2.1 主机集中型结构 ··· 252
9.2.2 文件服务器结构 ··· 252
9.2.3 客户机/服务器(C/S)结构 ·· 253
9.2.4 浏览器/服务器(B/S)结构 ·· 256
9.2.5 开放式客户体系结构 ··· 260
9.3 数据库应用程序开发 ·· 276
9.3.1 数据库设计 ··· 276
9.3.2 数据库的实施 ··· 280
9.3.3 系统实现 ··· 283
9.4 复习思考 ·· 319
9.4.1 小结 ··· 319
9.4.2 习题 ··· 319

第二部分 实 践 篇

实验 1　SQL Server 2008 的基本知识与操作 ·········· 323

　1.1　实验目的 ·········· 323

　1.2　基础知识 ·········· 323

　1.3　实验要求 ·········· 324

　1.4　实验步骤 ·········· 324

实验 2　管理数据库操作 ·········· 329

　2.1　实验目的 ·········· 329

　2.2　基础知识 ·········· 329

　2.3　实验要求 ·········· 330

　2.4　实验步骤 ·········· 330

实验 3　表的创建与修改、完整性约束 ·········· 333

　3.1　实验目的 ·········· 333

　3.2　基础知识 ·········· 333

　3.3　实验要求 ·········· 333

　3.4　实验步骤 ·········· 334

　3.5　扩展练习 ·········· 335

实验 4　数据查询的操作（一） ·········· 337

　4.1　实验目的 ·········· 337

　4.2　基础知识 ·········· 337

　4.3　实验要求 ·········· 338

　4.4　实验步骤 ·········· 338

　4.5　思考题 ·········· 341

实验 5　数据查询的操作（二） ·········· 342

　5.1　实验目的 ·········· 342

　5.2　基础知识 ·········· 342

　5.3　实验要求 ·········· 342

　5.4　实验步骤 ·········· 342

实验 6　数据查询的操作（三） ·········· 347

　6.1　实验目的 ·········· 347

　6.2　基础知识 ·········· 347

　6.3　实验要求 ·········· 347

6.4　实验步骤 ……………………………………………………………… 347

实验7　视图与索引 ………………………………………………………… 352

7.1　实验目的 ……………………………………………………………… 352
7.2　基础知识 ……………………………………………………………… 352
7.3　实验要求 ……………………………………………………………… 353
7.4　实验步骤 ……………………………………………………………… 353
7.5　思考题 ………………………………………………………………… 356

实验8　数据操作 …………………………………………………………… 357

8.1　实验目的 ……………………………………………………………… 357
8.2　基础知识 ……………………………………………………………… 357
8.3　实验要求 ……………………………………………………………… 357
8.4　实验步骤 ……………………………………………………………… 357

实验9　SQL Server 事务设计 …………………………………………… 359

9.1　实验目的 ……………………………………………………………… 359
9.2　基础知识 ……………………………………………………………… 359
9.3　实验要求 ……………………………………………………………… 359
9.4　实验步骤 ……………………………………………………………… 359

实验10　流程控制语句 …………………………………………………… 364

10.1　实验目的 ……………………………………………………………… 364
10.2　基础知识 ……………………………………………………………… 364
10.3　实验要求 ……………………………………………………………… 366
10.4　实验步骤 ……………………………………………………………… 367

实验11　SQL Server 的存储过程 ……………………………………… 370

11.1　实验目的 ……………………………………………………………… 370
11.2　基础知识 ……………………………………………………………… 370
11.3　实验要求 ……………………………………………………………… 372
11.4　实验步骤 ……………………………………………………………… 372

参考文献 …………………………………………………………………… 374

第一部分 理 论 篇

第1章

数据库系统概论

数据库是数据管理的关键技术,是计算机科学的重要分支。数据库技术是信息系统的核心技术和重要基础,也是计算机科学技术中发展最快的领域之一。本章主要介绍数据库系统的基本概念、数据库管理技术的产生和发展历程、数据库系统结构、数据库系统的组成和 SQL Server 2008。

本章导读

- 数据库基本概念
- 数据库管理技术的产生和发展过程
- 数据库系统结构
- 数据库系统的组成
- SQL Server 2008 简介

1.1 数据库基本概念

数据、数据库、数据库管理系统和数据库系统是与数据库技术密切相关的 4 个基本概念。

1.1.1 数据

数据库中存储的基本数据对象是数据(Data)。一提到数据,人们头脑中想到的多是阿拉伯数字(如 0、120、56.78),其实,数字仅仅是数据的一种表现形式。从计算机的角度来看,数据是指能够被计算机存储和处理的符号。人们使用超文本和纯文本的符号来表示它们动态和静态属性特征的符号集合,这些集合包括数字、文字、图形、声音等多种形式,它们都可以经过数字化后存入计算机,所以我们把描述事物的符号记录称为数据。

数据内容是和数据语义分不开的。数据的语义就是指对数据的解释,因此数据和关于数据的解释是不可分的。数据的解释是指对数据含义的说明,数据的含义称为数据的语义。人们在日常生活中经常会看到许多数据,如 65.5,如果单纯看这个数字,能看出来是表示什么吗? 如果把这个数据作为某个学生成绩,解释是 65.5 分,作为某人体重的解释是 65.5kg,所以数据和关于这个数据的解释是分不开的。

在日常生活中,人们可以直接用自然语言来描述事物,如张小艺同学,女,20 岁,广东省广州市人,数据库原理的成绩是 65.5 分。在计算机中常常这样来描述:

(张小艺,女,20,广东省广州市,65.5)

即把学生的姓名、性别、年龄、出生地与数据库原理的考试成绩组织在一起,组成一个记录。这里,学生的记录是描述学生的数据,这样的数据是有结构的,记录是计算机存储数据的一种方法。在这样的背景下,65.5成为有意义的信息中的一个关键指标。

数据是反映客观事物属性的记录,任何事物的属性都是通过数据来表示的。数据经过加工处理之后,成为信息。而信息必须通过数据才能传播,才能对人类产生影响。数据是区别客观事物的符号,信息是关于客观事实的属性反映。

对数据加工处理之后所得到的并对决策产生影响的数据才是信息。如天气预报,如果不改变你明天出行的决策行为,它是数据;如果改变了你明天出行的决策行为,它才成为信息。

数据经过处理后,其表现形式仍然是数据。处理数据的目的是为了更好地解释,只有经过解释,数据才有意义。因此,信息是经过加工以后,对客观世界产生影响的数据。对同一数据,每个信息接收者的解释可能不同,对其决策的影响也可能不同。决策者利用经过处理的数据做出决策,可能取得成功,也可能得到相反的结果,其关键在于对数据的解释是否正确,这是因为不同的解释往往来自不同的背景和目的。

可以看出,如果没有数据和信息,知识难以发挥作用。数据和信息的获取相对比较简单,而只有知识能够帮助解决问题。

数据处理是对各种类型的数据进行收集、存储、分类、计算、加工、检索和传输的过程。信息=数据+处理,如图1.1.1所示。

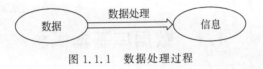

图1.1.1　数据处理过程

1.1.2　数据库

通俗地讲,数据库(DataBase,DB)就是指存放数据的仓库,其确切的含义是长期存储在计算机内的、有组织的、大量的、可共享的统一管理的相关数据集合。数据库还满足以下特点:①数据库中的数据是按一定数据模型组织存放的,通常是按照某种数据模型组织起来的,如建立在关系模型上的数据库成为关系数据库;②数据库中的数据通常是长期存储的,以方便用户查询;③数据库中的数据可以被多个用户的应用系统共享使用;④数据库还具有冗余度低、独立性高的特点。

即在计算机科学中,数据库中的数据按一定的数据模型组织、描述和存储,具有较小的冗余度、较高的数据独立性和易扩展性,并可被各种用户共享。

1.1.3　数据库管理系统

数据库管理系统(DataBase Management System,DBMS)是位于用户和操作系统之间的一层管理数据库的计算机软件,对数据库进行统一的管理和控制,以保证数据库的安全性和完整性,为用户和应用程序提供访问数据的方法。DBMS是计算机系统的重要基础软件,在计算机系统中的地位非常重要,是数据库系统的核心。用户通过DBMS访问数据库中的数据,数据库管理员也通过DBMS进行数据库的维护工作。DBMS扮演一个管家的角色,可使多个应用程序和用户使用不同的方法同时或在不同时刻去建立、修改和查询数据库。它使用户能方便地定义和操纵数据,维护数据的安全性和完整性,以及进行多用户下的并发控制和数据库恢复。DBMS 支持一种或几种数据模型,如支持关系模型的 DBMS 称为关系数据库管理系统(Relational DataBase Management System,RDBMS)。常见的关系数据库管理系统包括赛贝斯公司的 Sybase、甲骨文公司的 Oracle、IBM 公司的 Informix 和 DB2、微软公司的 SQL Server 和 Access 及开源的 MySQL 和 PostgreSQL 等。

DBMS 是一个非常复杂的大型软件,为应用程序提供了访问数据库的各种接口,主要包括数据定义、数据操纵、数据控制、事务管理等功能。

(1)数据定义功能。数据定义是指定义数据库中的各种对象,如表、视图、存储过程等。这些功能都是通过数据库管理系统提供的数据定义语言(Data Definition Language,DDL)来实现。DDL 可以对数据库中的数据进行定义,然后把定义好的数据按照某种数据库模式保存在数据字典中。

(2)数据操纵功能。数据操纵是指对数据库中的数据进行查询、插入、删除和更新操作,这些操作一般通过数据库管理系统的数据操纵语言(Data Manipulation Language,DML)来实现。

(3)数据控制功能。数据控制是指控制数据库用户对数据的访问权限,不同用户可以给予不同的权限,以保障数据库的安全。数据控制功能一般通过数据控制语言(Data Control Language,DCL)来实现。

数据控制功能即数据的安全性和完整性检查、数据共享和并发控制等,对数据库运行进行有效的控制和管理,以确保数据的有效性和完整性。

(4)事务管理功能。事务管理功能保证数据库中的数据可以供多个用户并发使用而不会相互干扰,也能在数据库发生故障时进行正确的恢复。

(5)其他功能。其他功能主要包括数据存储、数据转储与重组、网络通信、系统性能监视与分析等功能。

1.1.4 数据库系统

数据库系统(DataBase System,DBS)是采用了数据库技术的计算机系统,一般由数据库、数据库管理系统(及相关实用工具)、应用系统、数据库管理员构成,如图 1.1.2 所示。为

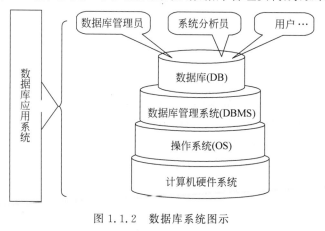

图 1.1.2 数据库系统图示

保证数据库正常、高效地运行,除了数据库管理系统外,还需要专门的人员对数据库进行维护,这些专门的人员叫作数据库管理员(DataBase Administrator,DBA)。数据库系统是实现有组织地、动态地存储大量关联数据,方便多用户访问的计算机软件、硬件和数据资源组成的系统,即数据库系统的特点有:数据的结构化,数据的共享性、独立性好,数据存储粒度小,并且数据库管理系统为用户提供了友好的接口。

1.2 数据库管理技术的产生和发展过程

数据库管理是对数据进行分类、组织、编码、存储、检索和维护等,它是数据处理的中心问题。而数据处理是指对各种数据进行收集、存储、加工和传播等一系列活动的总和。

数据库技术正是应数据管理任务的需要而产生并发展的。在应用需求的推动下,在计算机硬件、软件的发展基础上,数据库管理技术主要经历了三个不同的发展阶段:人工管理阶段、文件系统阶段和数据库系统阶段,目前新兴的数据库管理技术还有向面向对象技术方向发展的趋势。

1.2.1 人工管理阶段

自从世界上第一台电子计算机 ENIAC(Electronic Numerical Integrator And Computer)在美国诞生以来,计算机的主要任务是科学计算。用户用机器指令编码,通过纸带机输入程序和数据,程序运行完毕后,由用户取走纸带和运算结果,再让下一用户上机操作。当时没有操作系统,更没有相应的数据管理的软件。在 20 世纪 50 年代中期以前,数据处理基本上是采用人工批处理方式。

人工管理数据具有如下特点。

(1)数据不长期保存。由于当时的计算机主要用于科学计算,一般不需要将数据长期保存起来,只是在完成某一科学计算任务时才输入数据,任务完成后不再保存。

(2)应用程序管理数据。数据需要由应用程序自己设计、定义和管理,没有专门的软件负责数据的管理工作。应用程序不仅要规定数据的逻辑结构,还要设计对应的物理结构(包括存储结构、存取方法、输入输出方式等)。

(3)数据不共享。由于数据是面向应用程序的,因此,一组数据只能对应一个程序。当多个应用程序涉及某些相同的数据时,由于必须各自定义,无法互相利用、互相参照,因此程序与程序之间有大量的冗余数据。

(4)数据不具有独立性。当数据的逻辑结构或物理结构发生变化时,对应的程序必须进行相应的修改,这加重了程序员的负担。如图 1.1.3 所示。

1.2.2 文件系统阶段

20 世纪 50 年代后期到 20 世纪 60 年代中期,计算机用于处理大量数据,大量的数据存储、检索和维护成

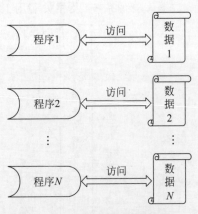

图 1.1.3 人工管理阶段程序和数据的对应关系

为紧迫的需求。伴随着存储技术的发展,硬件方面,计算机有了磁带、磁盘、磁鼓等直接存取存储设备;软件方面,为了方便用户使用计算机,提高计算机系统的使用效率,产生了以操作系统为核心的系统软件,用以有效地管理计算机资源。文件是操作系统管理的重要资源之一,而操作系统提供了文件系统的管理功能。在文件系统中,数据以文件形式组织与保存,文件是一组具有相同结构的记录的集合,记录是由某些相关数据项组成的。数据组织成文件以后,就可以与处理它的程序相分离而单独存在。数据按其内容、结构和用途的不同,可以组织成若干不同命名的文件。处理方式方面,不仅有了批处理,而且能够联机实时处理。应用程序与数据之间的关系如图 1.1.4 所示。

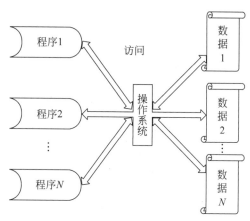

图 1.1.4　文件系统阶段程序和数据的关系

文件一般为某一用户(或用户组)所有,但也可供指定的其他用户共享。文件系统还为用户程序提供一组对文件进行管理与维护的操作或功能,包括文件的建立、打开、读写和关闭等操作。应用程序可以调用文件系统提供的操作命令来建立和访问文件,应用系统是用户程序与文件之间的接口。

文件系统管理数据有如下特点。

(1) 数据可以长期保存。计算机存储设备的出现,使得数据可以长期独立保存,相比人工管理阶段的管理有了很大的进步。计算机程序员可以根据需要执行修改、查询和插入等操作。

(2) 由文件系统管理数据。由于文件系统为程序和数据之间提供了公共通道,应用程序可以统一地进行存取和操作数据,但是也存在数据冗余。

(3) 文件的组成形式丰富。由于可以长期存储文件,文件组织形式出现了索引文件、直接存取文件、链接文件等多种类型。由于文件类型增多,数据的访问形式也多种多样。

虽然文件系统阶段在人工管理阶段的基础上有所改进,但是也存在如下缺点。

(1) 数据独立性差。由于数据的存取在很大程度上仍然依赖于应用程序,不同程序难以共享同一类型数据,一旦某一个数据的逻辑结构改变,必须修改应用程序,修改文件结构的定义。因此数据与程序之间仍缺乏独立性。

(2) 数据共享性差,冗余度大。在文件系统中,没有一个统一的模型约束数据的存储,文件和应用程序之间还是以一对一形式出现,即使不同的应用程序具有部分相同的数据,也必须建立各自的文件,而不能共享相同的数据,因此仍然有较高的数据冗余度,这就会在更新数据时造成数据的不一致,降低了数据的准确性。

1.2.3 数据库系统阶段

20 世纪 60 年代后期,随着社会的多元素对象出现,数据的需求形式、种类及数据量越来越大。从硬件技术来看,计算机存储设备的容量增大且价格便宜,因此为数据库技术的产生提供了坚实的物质基础;从软件技术来看,高级程序设计语言出现,操作系统的功能进一步增强;在处理方式上,联机实时处理要求更多,并且也出现了分布处理。为了解决多用户、多应用共享数据的要求,数据库技术应运而生,出现了统一管理数据的专门软件系统——数据库管理系统(DBMS),如图 1.1.5 所示。

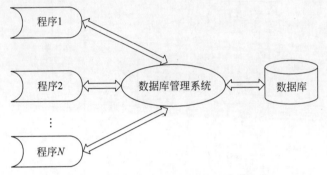

图 1.1.5 数据库系统阶段程序和数据的联系

数据库系统阶段的特点如下。

(1) 数据结构化。采用数据模型表示复杂的数据结构,对所有的数据进行统一、集中、独立的管理。数据模型不仅描述数据本身的特征,而且能够表示数据之间的联系,这种联系通过存取路径实现,解决了文件的数据之间没有联系的问题。数据库系统实现了整体数据的结构化,这是数据库的主要特征之一,也是数据库系统与文件系统的本质区别。

(2) 数据的共享性高,冗余度低,可扩展性和可移植性强。数据库系统从整体角度看待和描述数据,数据不再面向特定的某个或多个应用,而是面向整个应用系统,因此数据可以被多个用户、多个应用共享使用。数据共享可以减少数据冗余,节约存储空间。

数据共享还能够避免数据之间的不相容性与不一致性,同时提高数据的可移植性(指垂直扩展和水平扩展能力,垂直扩展要求高版本平台能够支持低版本的平台,水平扩展要求满足硬件上的扩展)。

数据的不一致性是指同一数据不同副本的值不一样。在人工管理和文件管理阶段,数据被重复存储的次数增多,当数据被不同的应用程序使用和修改不同副本时,很容易造成数据的不一致。而在数据库系统中由于数据共享,减少了由于数据冗余造成的不一致现象。

(3) 数据独立于程序。数据独立性是数据库系统最重要的目标之一,它能使数据独立于应用程序。数据独立性包括数据的物理独立性和逻辑独立性。

物理独立性是指数据的存储结构与存取方法独立,也就是数据在磁盘上的存储由数据库管理系统来管理,用户程序不需要了解。应用程序要处理的只是数据的逻辑结构,这样当数据的物理存储改变时,应用程序不必修改。

逻辑独立性是指用户的应用程序与数据库的逻辑结构是相互独立的,当数据的逻辑结构改变时,用户程序不必修改,可以通过外模式/模式映射来实现,这就简化了应用程序的编制,大大减少了应用程序的维护和修改。

数据独立的优点是:数据的物理存储设备更新,物理表示及存取方法改变,但数据的逻辑模式可以不改变。

(4) 数据库系统具有统一管理和控制功能。数据库系统具有统一管理和控制功能,确保了数据的完整性、一致性和安全性。数据库系统还为用户管理、控制数据的操作提供了丰富的操作命令。

下面具体介绍 4 个数据控制功能。

① 数据的安全性。数据的安全使用是十分重要的。为了保证数据的安全,防止数据的丢失、泄密和损坏,每个用户只能按规定对数据库中的一部分数据进行操作。

② 数据的完整性。数据库设计时要考虑数据的完整性,才能确保数据的正确性、有效性和相容性。系统提供了一系列存取方法来进行完整性检查,将数据控制在有效的范围内,并保证数据之间满足一定的关系。

③ 并发控制。并发控制是指多个用户的并发进程同时存取、修改数据库时,可能会发生的数据丢失、读"脏"数据以及数据的不一致性。因此必须对多用户的并发操作加以控制和协调。例如,买广州到北京的 G72 车次火车票,如果只剩下一张票,但同时有甲和乙两个人要购买车票,由于同时操作,这两个进程将都看到一张余票,结果会造成一张票卖给两个人的情况。因此,为防止这类错误发生,应对并发操作加以控制和协调。

④ 数据库恢复。有时计算机系统的硬件、软件故障以及故意的破坏都会影响数据库中数据的正确性,甚至造成数据库中部分或全部数据的丢失。这时数据库系统应具有恢复能力,把数据库从错误状态恢复到某一已知的正确状态,这就是数据库的恢复功能。

1.2.4 数据库技术发展趋势

数据库技术从 20 世纪 60 年代至 2020 年,经过半个多世纪的发展,已经具备了坚实的理论基础、成熟的商业产品和广泛的应用领域。数据库技术与其他学科相结合,将是新一代数据库技术发展的主要任务,数据库研究和开发人员一直在探索更新、更具有价值的研究领域。随着信息管理内容的不断扩展和新技术的层出不穷,数据库技术面临着前所未有的挑战。面对新的数据形式,人们提出了丰富多样的数据模型,如层次模型、网状模型、关系模型、面向对象模型、半结构化模型等。

当今的数据库市场仍然是关系型数据库的天下,不过随着 Web 页面、电子邮件、音频、视频等非结构化数据的爆炸式增长,传统关系型数据库的二维数据模型在处理这些非结构化数据时,显然在速度方面会有些损失。虽然 DB2、Oracle、SQL Server 等大中型数据库都能支持对半结构化、非结构化数据的处理,但是在对多媒体数据处理要求很高的应用领域,却不能发挥它们的优越性。而 XML 数据库在此应用领域却有相当大的优势,因此出现了新的数据库技术——XML 数据管理、数据流管理、Web 数据集成、数据挖掘等。

1. 数据库发展历史回顾

第 一 代数据库的代表是 1969 年 IBM 公司研制的层次模型的数据库管理系统 IMS 和 20 世纪 70 年代由数据系统语言研究会(Conference on Data Systems Languages,CODASYL)下属的数据库任务组(DataBase Task Group,DBTG)提议的网状模型。层次数据库的数据模型是有根的定向有序树,网状模型对应的是有向图。这两种数据库奠定了现代数据库发展的基础。这两种数据库具有以下共同点:①支持三级模式(外模式、模式、内模式),保证数据库系统具有数据与程序的物理独立性和一定的逻辑独立性;②用存取路径来表示数据之间的联系;③有独立的数据定义语言;④有导航式的数据操纵语言。

第二代数据库的主要特征是支持关系数据模型(数据结构、关系操作、数据完整性)。关系模型具有以下特点:①关系模型的概念单一,实体和实体之间的联系用关系来表示;②以关系数学为基础;③数据的物理存储和存取路径对用户不透明;④关系数据库语言是非过程化的。

第三代数据库产生于 20 世纪 80 年代。随着科学技术的不断进步,各个行业领域对数据库技术提出了更多的需求,关系型数据库已经不能完全满足需求,于是产生了第三代数据库。第三代数据库主要有以下特点:①支持数据管理、对象管理和知识管理;②保持和继承了第二代数据库系统的技术;③对其他系统开放,支持数据库语言标准,支持标准网络协议,有良好的可移植性、可连接性、可扩展性和互操作性等。第三代数据库支持多种数据模型(如关系模型和面向对象的模型),并和诸多新技术相结合(如分布处理技术、并行计算技术、人工智能技术、多媒体技术、模糊技术),广泛应用于多个领域(如商业管理、GIS、计划统计等),由此也衍生出多种新的数据库技术。

2. 数据库发展的趋势

数据库技术的发展之快,是计算机科学发展过程中其他领域难以比拟的。促使数据库技术发展的因素有以下 4 个方面。

第一,数据库发展伴随着信息的存储、组织、管理和访问等问题。这些问题受新型应用技术趋势、相关领域的协同工作和领域本身的技术变革所驱动。

第二,伴随新的制约与机会,传感信息的处理将会引发许多新环境下极有趣味的数据库问题。

第三,自然科学是越来越重要的一个应用领域,特别是物理科学、生物科学、保健科学和工程领域,这些领域产生了大量复杂的数据集,需要比现有的数据库产品更高级的数据库的支持。这些领域同样也需要信息集成机制的支持。除此之外,它们还需要对数据分析器产生的数据管道进行管理,需要对有序数据进行存储和查询(如时间序列、图像分析、网格计算和地理信息),需要世界范围内数据网格的集成。

第四,推动数据库研究发展的动力是相关技术的成熟。例如,在过去的几十年里,数据挖掘技术已经成为数据库系统的一个重要组成部分。Web 搜索引擎推动了信息检索的商品化,并需要和传统的数据库查询技术集成。

在这些诱因中,信息集成、数据流管理、传感器数据库技术、半结构化数据与 XML 数据管理、网格数据管理、DBMS 自适应管理、移动数据管理、微小型数据库、数据库用户界面等方面,是目前数据库领域研究的发展方向、面临的问题和未来趋势。

(1)信息系统集成技术。信息系统集成技术已经历了 20 多年的发展过程,研究者已提出了很多信息集成的体系结构和实现方案,然而这些方法所研究的主要集成对象是传统的异构数据库系统。伴随着网络技术的飞速发展,人们对 Internet 的信息要求增高,而 Web 有着极其丰富的数据来源。如何获取 Web 上的有用数据并加以综合利用,即构建 Web 信息集成系统,成为一个引起广泛关注的研究领域。信息系统集成的方法可以分为数据仓库方法和 Wrapper/Mediator 方法。

在数据仓库方法中,各数据源的数据按照需要的全局模式从各数据源抽取并转换,存储在数据仓库中。用户的查询就是对数据仓库中的数据进行查询。对于数据源数目不是很多的单个企业来说,该方法十分有效。但对目前出现的跨企业应用,数据源的数据抽取和转换要复杂得多,数据仓库的方法存在诸多不便。

(2) 数据流管理技术。测量和监控复杂、动态的现象,如远程通信、Web 应用、金融事务、大气情况等,产生了大量不间断的数据流。数据流处理对数据库、系统、算法、网络和其他计算机科学领域的技术挑战已经开始显露。这是数据库界一个活跃的研究领域,包括新的流操作、SQL 扩展、查询优化方法、操作调度(Operator Scheduling)技术等。

扩展数据库管理系统若直接支持数据流类型就会面临众多问题。在数据库中,数据是稳定的、持续的,而查询是暂时的;在数据流中则正好相反,数据是动态的,而查询是实时稳定的。这就需要增强数据库的查询处理能力,支持复杂的实时查询需求。

(3) 传感器数据库技术。随着微电子技术的发展,传感器的应用越来越广泛。可以给小鸟携带传感器,根据传感器在一定范围内发回的数据定位小鸟的位置,从而进行其他的研究;还可以在汽车等运输工具中安装传感器,从而掌握其位置信息;甚至微型无人机上也可以携带传感器,在一定范围内收集有用的信息,并且将其发回到指挥中心。

当有多个传感器在一定的范围内工作时,就组成了传感器网络。传感器网络由携带者所捆绑的传感器及接收和处理传感器发回数据的服务器所组成。传感器网络中的通信方式可以是无线通信,也可以是有线通信。新的传感器数据库系统需要考虑大量的传感器设备的存在,以及它们的移动和分散性。

(4) XML 数据管理。目前大量的 XML 数据以文本文档的方式存储,难以支持复杂、高效的查询。用传统数据库存储 XML 数据的问题在于模式映射带来的效率下降和语义丢失。一些 Native XML 数据库的原型系统已经出现(如 Tami-non、Lore、Timber、Orient X(中国人民大学开发)等)。XML 数据是半结构化的,不像关系数据那样是严格的结构化数据,这样就给 Native XML 数据库中的存储系统带来更大的灵活性,同时,也带来了更大的挑战。恰当的记录划分和簇聚,能够减少 I/O 次数,提高查询效率;反之,不恰当的划分和簇聚,则会降低查询效率。研究不同存储粒度对查询的支持也是 XML 存储面临的一个关键性问题。

当用户定义 XML 数据模型时,为了维护数据的一致性和完整性,需要指明数据的类型、标识,属性的类型,数据之间的对应关系(一对多或多对多等)、依赖关系和继承关系等。而目前半结构化和 XML 数据模型形成的一些标准(如 OEM、DTD、XML Schema 等)忽视了对这些语义信息和完整性约束方面的描述。ORA-SS 模型扩展了对象关系模型用于定义 XML 数据。这个模型用类似 E-R 图的方式描述 XML 数据的模式,对对象、联系和属性等不同类型的元素用不同的形状加以区分,并标记函数依赖、关键字和继承等。其应用领域包括指导正确的存储策略,消除潜在的数据冗余,创建和维护视图及查询优化等。

(5) 网格数据管理。网格把整个网络整合成一个虚拟的、巨大的超级计算环境,实现计算资源、存储资源、数据资源、信息资源、知识资源和专家资源的全面共享,目的是解决多机构虚拟组织中的资源共享和协同工作问题。

在网格环境中,不论用户工作在何种"客户端"上,系统均能根据用户的实际需求,利用开发工具和调度服务机制,向用户提供优化整合后的协同计算资源,并按用户的个性提供及时的服务。按照应用层次的不同可以把网格分为三种:计算网格,提供高性能计算机系统的共享存取;数据网格,提供数据库和文件系统的共享存取;信息服务网格,支持应用软件和信息资源的共享存取。

(6) DBMS 的自适应管理。随着 RDBMS 复杂性增强以及新功能的增加,使得对数据库管理人员的技术需求和熟练数据库管理人员的薪水支付都在大幅度增长,导致企业人力成本支出的迅速增加。随着关系数据库规模和复杂性的增加,系统调整和管理的复杂性也相应增加。今天,一个 DBA 必须了解磁盘分区、并行查询执行、线程池和用户定义的数据类型。基于上述原因,数据库系统自调优和自管理工具的需求增加,对数据库自调优和自管理的研究也逐渐成为热点。

目前的 DBMS 有大量"调节按钮",这允许专家从可操作的系统上获得最佳的性能。通常,生产商要花费巨大的代价来完成这些调优。事实上,大多数系统工程师在做这样的调整时,并不非常了解这些调整的意义,只是他们以前看过很多系统的配置和工作情况,并将那些使系统达到最优的调整参数记录在一张表格中,当处于新的环境时,他们在表格中找到最接近眼前配置的参数,并使用那些设置。

(7) 移动数据管理。目前,蜂窝通信、无线局域网以及卫星数据服务等技术的迅速发展,使得人们随时随地访问信息的愿望成为可能。在不久的将来,越来越多的人将会拥有一台掌上型或笔记本电脑、个人数字助理(PDA)或者智能手机,这些移动计算机都将装配无线联网设备,从而能够与固定网络甚至其他移动计算机相连。用户不再需要固定地连接在某一个网络中不变,而是可以携带移动计算机自由地移动,这样的计算环境称为移动计算(Mobile Computing)。

研究移动计算环境中的数据管理技术,已成为目前分布式数据库研究的一个新的方向,即移动数据库技术。

(8) 微小型数据库技术。数据库技术一直随着计算的发展而不断进步,随着移动计算时代的到来,嵌入式操作系统对微小型数据库系统的需求为数据库技术开辟了新的发展空间。微小型数据库技术目前已经从研究领域逐步走向应用领域。随着智能移动终端的普及,人们对移动数据实时处理和管理的要求也不断提高,嵌入式移动数据库越来越体现出其优越性,从而被学界和业界所重视。

(9) 数据库用户界面。一直以来,比较悲哀的一件事是数据库学术界在用户界面方面做的工作太少了。目前,计算机已经有足够的能力在桌面上运行很复杂的可视化系统,然而,对于一个 DBMS 给定的信息类型,如何使它在可视化上达到最优还无人能知。20 世纪 80 年代,人们提出了几个优秀的可视化系统,尤其是 QBE 和 VisiCalc,但至今仍没有更优秀的系统出现,因此人们迫切需要在这方面有所创新。

XML 数据的出现使人们提出了新的查询语言 X Query,但这至多只是从一种描述语言转到另一种有基本相同表示程度的描述语言。从本质上讲,普通用户使用这样的语言还是有一定难度的。

3. 当今的主流数据库

(1) 分布式数据库。当今社会,由于计算机技术的迅速发展,以及分散在复杂地理位置上的公司、企业和个人对于数据库有着更为广泛应用的需求,因此出现了分布式数据库。分布式数据库系统是在集中式数据库系统成熟技术的基础上发展起来的,但不是简单地把集中式数据库技术分散地实现,它是具有自己的性质和特征的系统。集中式数据库系统的许多概念和技术,如数据独立性、数据共享和减少冗余度、并发控制、完整性、安全性和恢复等在分布式数据库系统中都有了不同之处和更加丰富的内涵。

分布式数据库允许用户开发的应用程序把多个物理上分开的、通过网络互联的数据库当作一个完整的数据库看待。并行数据库通过 Cluster 技术把一个大的事务分散到 Cluster 中的多个节点去执行,提高了数据库的吞吐量和容错性。

分布式数据库系统主要特点如下。

① 数据独立性。数据独立性是数据库方法追求的主要目标之一,数据独立性包括两方面,其含义是用户程序与数据的全局逻辑结构及数据的存储结构无关。在分布式数据库中,数据独立性这一特性更加重要,并具有更多的内容;在集中式数据库中,数据的独立性包括数据的逻辑独立性与数据的物理独立性。

② 分布透明性。分布透明性指用户不必关心数据的逻辑分区,不必关心数据物理位置分布的细节,不必关心重复副本(冗余数据)的一致性问题,也不必关心局部场地上数据库支持哪种数据模型。分布透明性的优点是很明显的。有了分布透明性,用户的应用程序书写起来就如同数据没有分布一样。当数据从一个场地移到另一个场地时不必改写应用程序,当增加某些数据的重复副本时也不必改写应用程序。数据分布的信息由系统存储在数据字典中。用户对非本地数据的访问请求由系统根据数据字典予以解释、转换、传送。

③ 集中和节点自治相结合。数据库是用户共享的资源。在集中式数据库中,为了保证数据库的安全性和完整性,对共享数据库的控制是集中的,并设有 DBA 负责监督和维护系统的正常运行。在分布式数据库中,数据的共享有两个层次:一是局部共享,即在局部数据库中存储局部场地上各用户的共享数据,这些数据是本场地用户常用的;二是全局共享,即在分布式数据库的各个场地也存储可供网中其他场地用户共享的数据,支持系统中的全局应用。因此,相应的控制结构也具有两个层次:集中和自治。分布式数据库系统常常采用集中和自治相结合的控制结构,各局部的 DBMS 可以独立地管理局部数据库,具有自治的功能。同时,系统又设有集中控制机制,协调各局部 DBMS 的工作,执行全局应用。当然,不同的系统集中和自治的程度不尽相同。有些系统高度自治,连全局应用事务的协调也由局部 DBMS、局部 DBA 共同承担而不要集中控制,不设全局 DBA,有些系统则集中控制程度较高,场地自治功能较弱。

因此分布式数据库具有很多优点:多数处理可就地完成,各地的计算机由数据通信网络相联系;克服了中心数据库的弱点,降低了数据传输代价;提高了系统的可靠性,局部系统发生故障,其他部分还可继续工作;各个数据库的位置透明,方便系统扩充。但为了协调整个系统的事务活动,事务管理在性能上的花费较高。

(2)多媒体数据库。多媒体数据库是数据库技术与多媒体技术结合的产物。多媒体数据库提供了一系列用来存储图像、音频和视频的对象类型,可以更好地对多媒体数据进行存储、管理和查询。

多媒体数据库不是对现有的数据进行界面上的包装,而是从多媒体数据与信息本身的特性出发,考虑将其引入数据库中后带来的有关问题。多媒体数据库从本质上来说,要解决三个难题。第一是信息媒体的多样化。不仅是数值数据和字符数据,还要扩大到多媒体数据的存储、组织、使用和管理。第二要解决多媒体数据集成或表现集成,实现多媒体数据之间的交叉调用和融合。集成粒度越细,多媒体一体化表现越强,应用的价值也越大。第三是多媒体数据与人之间的交互。没有交互性就没有多媒体,要改变传统数据库查询的被动性,以多媒体方式主动表现。

(3)工程数据库。工程数据库系统和传统数据库系统一样,包括工程数据库管理系统和工程数据库设计两方面的内容。工程数据库设计的主要任务是在工程数据库管理系统的支持下,按照应用的要求,为某一类或某个工程项目设计一个结构合理、使用方便、效率较高的工程数据库及其应用系统。数据库设计得好,可以使整个应用系统效率高、维护简单、使用容易。但即使是最佳的应用程序,也无法弥补数据库设计时的某些缺陷,这方面的研究包括工程数据库设计方法和辅助设计工具的研究和开发。

工程数据与商用和管理数据相比,主要有以下特点。

① 工程数据中静态(如一些标准、设计规范、材料数据等)和动态(如随设计过程变动而变化的设计对象中间设计结果数据)数据并存。

② 数据类型的多样化,不但包含数字、文字,而且包含结构化图形数据。

③ 数据之间复杂的网状结构关系(如一个基本图形可用于多个复杂图形的定义,一个产品往往由许多零件组成)。

④ 大部分工程数据是在试探性交互式设计过程中形成的。

(4)面向对象数据库。面向对象数据库管理系统(Object Oriented DataBase Management System,OODBMS)以面向对象数据模型为核心的数据库系统称为面向对象数据库系统(Object Oriented DataBase System,OODBS)。面向对象数据库系统的实现一般有两种方式:一种是在面向对象的设计环境中加入数据库功能,这是纯粹的 OODBS 技术,但是因为两者支持概念差异较大,OODBS 支持的对象标识符、类属联系、分属联系、方法等概念在关系型数据库中无对应物存在,数据共享难以实现;另一种则是对传统数据库进行改进,使其支持面向对象数据模型。

面向对象数据库具有以下优点。

① 能有效地表达客观世界和查询信息。面向对象方法综合了在关系数据库中发展的全部工程原理、系统分析、软件工程和专家系统领域的内容。面向对象的方法符合一般人的思维规律,即将现实世界分解成明确的对象,这些对象具有属性和行为。系统设计人员用ODBMS 创建的计算机模型能更直接地反映客观世界,最终用户不管是否是计算机专业人员,都可以通过这些模型理解和评述数据库系统。

工程中的一些问题对关系数据库来说显得太复杂,不采取面向对象的方法很难实现。从构造复杂数据的前景看,信息不再需要手动地分解为细小的单元。ODBMS 扩展了面向对象的编程环境,该环境可以支持高度复杂数据结构的直接建模。

② 可维护性好。在耦合性和内聚性方面,面向对象数据库的性能尤为突出。这使得数据库设计者可以在尽可能少影响现存代码和数据的条件下修改数据库结构,在发现有不能适合原始模型的特殊情况下,能增加一些特殊的类来处理这些情况而不影响现存的数据。如果数据库的基本模式或设计发生变化,为与模式变化保持一致,数据库可以建立原对象的修改版本。这种先进的耦合性和内聚性也简化了在异种硬件平台的网络上的分布式数据库的运行。

③ 能很好地解决"阻抗不匹配"(Impedance Mismatch)问题。面向对象数据库还解决了一个关系数据库运行中的典型问题：应用程序语言与数据库管理系统对数据类型支持的不一致问题，这一问题通常称为"阻抗不匹配"问题。

1.3 数据库系统结构

数据库系统采用三级模式结构，三级模式之间形成了两级映像，从而实现了较高的数据独立性。

1.3.1 三级模式结构

模式是指数据库中全体数据的逻辑结构和特征描述，指的是数据库中的一个名字空间，它包含所有对象，主要用型来描述它。模式的一个具体值称为数据库的一个实例，同一模式可以在不同的时刻有不同的实例。模式指一种结构和特征描述是相对稳定的；实例指数据库某一时刻的状态是相对变动的。

虽然目前 DBMS 产品多种多样，支持不同的数据模型，使用不同的数据语言，建立在不同的操作系统之上，数据的存储结构也各不相同，但它们在总体结构上一般都采用三级模式结构。所谓三级模式是指数据库系统由外模式、模式和内模式三级构成，如图 1.1.6 所示。

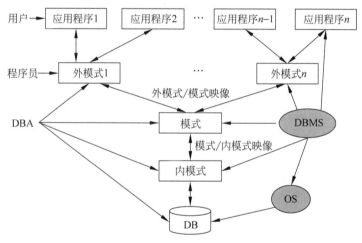

图 1.1.6　数据库系统体系结构

（1）外模式。外模式（External Schema）也称子模式或用户模式，它是数据库用户（包括应用程序员和最终用户）看见和使用的局部数据的逻辑结构和特征的描述，是数据库用户的数据视图，是与某一应用有关的数据的逻辑表示。外模式通常是模式的子集。一个数据库可以有多个外模式。

外模式是保证数据库安全性的一个有力措施。由于它是用户的数据视图，如果不同用户在应用需求、看待数据的方式、对数据保密的要求等方面存在差异，则他们的外模式描述是不同的，即虽然数据是来自同一数据库，但在外模式中的结构、类型、长度、保密级等都可以不同。因此用户根据不同请求，看到的结果是不同的，并且每个用户看到的结果对应外模式中的数据，数据库中的其余数据对他们来说是不可见的。

DBMS 通过 DML 对数据记录进行操作。

（2）模式。模式（Schema）也称概念模式或逻辑模式，是数据库中全体数据的逻辑结构和特征描述，它是数据库系统模式结构的中间层，既不涉及数据的物理存储细节和硬件环境，也与具体应用程序无关。

模式实际上是数据库中数据在逻辑级上的视图。一个数据库只有一个模式。数据库的模式以某一种数据模型为基础，同时考虑了所有用户的需求，并将这些需求有机地结合成一个逻辑整体。DBMS 通过 DDL 定义数据的模式，同时还需要定义数据之间的联系及相关的安全性、完整性约束条件。

（3）内模式。内模式（Internal Schema）也称存储模式，它是数据物理结构和存储结构的底层描述，是数据在数据库内部的表示方式。例如，记录的存储方式是顺序存储、按照 B+树结构存储还是按照 Hash 方法存储；索引按照什么方式组织；数据是否压缩存储，是否加密；数据的存储记录结构有何规定等。一个数据库只有一个内模式。

1.3.2　两级映像和数据独立性

三级模式结构是对数据库中数据的三个层次的抽象，它将数据的具体组织细节交给 DBMS 去处理，使用户能在抽象的逻辑层面上管理数据，而不必关心数据库的内部组织结构。DBMS 在三级模式之间提供两级映像，以实现三个层次的联系与转换。

（1）外模式/模式映像。外模式/模式映像定义了该外模式与模式之间的对应关系。对于每一个外模式，数据库系统都有一个外模式/模式映像。这些映像定义通常包含在各自外模式的描述中。当模式改变时，由数据库管理员对各个外模式/模式的映像作相应改变，外模式可以保持不变，从而不必修改应用程序，实现数据的逻辑独立性。如在模式中增加新的记录类型（只要不破坏原有记录类型之间的联系型）；在原有记录类型之间增加新的联系；在某些记录类型中增加新的数据项。

（2）模式/内模式映像。数据库中只有一个模式，也只有一个内模式，所以模式/内模式映像是唯一的，它定义了数据全局逻辑结构与存储结构之间的对应关系。该映像定义通常包含在模式描述中。当数据库的存储结构改变了，由数据库管理员对模式/内模式映像作相应改变，可以使模式保持不变，从而保证数据的物理独立性。如改变存储设备或引进新的存储设备；改变数据的存储位置；改变存储记录的体积；改变数据组织方式。

1.4　数据库系统的组成

数据库系统是引入数据库技术的计算机系统，一般由数据库、支持数据库运行的软硬件、数据库管理系统（及其开发工具）、应用程序、数据库管理员和用户构成。

1.4.1　数据库系统的硬件平台及数据库

1. 硬件

硬件是数据库赖以存在的物理设备。由于 DBMS 数据量大，并且当今的 DBMS 功能丰富，使得其自身的规模不断扩大，因此要求硬件要有足够大的内存空间和足够大的磁盘空间，要求系统有较高的通信能力。这些要求具体如下。

（1）有足够大的内存,存放操作系统、DBMS的核心模块、数据缓冲区和应用程序。

（2）有足够大的磁盘等直接存取设备存放数据库,有足够的磁带(或微机软盘)作数据备份。

（3）要求系统有较高的通道能力,以提高数据传送率。

2. 数据库

数据库是一个结构化的数据集合,主要通过综合各个用户的文件,除去冗余,使文件相互联系而形成的数据结构。

1.4.2 软件

数据库系统软件主要包括数据库管理系统、操作系统、各种高级语言和应用开发支持软件。

1. 数据库管理系统

数据库管理系统是数据库中专门用于数据管理的软件,其主要任务是完成数据库的建立、使用和维护配置。

2. 操作系统

操作系统软件的主要任务是支持DBMS的运行。

3. 高级语言和应用开发工具

应用开发支持软件是为应用开发人员和最终用户提供的高效率、多功能的应用生成器,它们为数据库系统的开发和应用提供了良好的环境,是为特定应用环境开发的数据库应用系统。

1.4.3 人员

开发、管理和使用数据库系统的人员主要是数据库管理员、系统分析员和数据库设计人员、应用程序员和用户。不同的人员涉及不同的数据抽象级别,具有不同的数据视图。

1. 数据库管理员

在数据库系统环境下,有两类共享资源,一类是数据库,另一类是数据库管理系统软件,因此需要有专门的管理机构来监督和管理数据库系统。DBA是这个机构的一个(组)人员,负责全面管理和控制数据库系统。DBA的主要职责包括:设计与定义数据库系统;帮助最终用户使用数据库系统;决定数据库中的信息内容和结构;定义数据的安全性要求和完整性约束条件;监督与控制数据库系统的使用和运行;改进和重组数据库系统,调整数据库系统的性能。

2. 系统分析员和数据库设计人员

系统分析员负责应用系统的需求分析和规范说明,要和用户及DBA相配合,确定系统的硬件和软件配置,并参与数据库系统的概要设计。数据库设计人员负责数据库中数据的确定、数据库各级模式的设计。数据库设计人员必须参加用户需求调查和系统分析,然后进行数据库设计。

3. 应用程序员

负责设计和编写应用系统的程序模块,并进行调试和安装。

4. 用户

用户在这里指最终用户,他们通过应用系统的用户接口使用数据库。常用的接口方式有浏览器、菜单驱动、表格操作、图形显示、报表书写等,这些接口方式给用户提供简明直观的数据表示。

1.5 SQL Server 2008 简介

Microsoft SQL Server 2008 是一个功能强大且可靠的数据库管理系统,它功能丰富,能保护数据,并且可改善嵌入式应用程序、轻型网站和应用程序以及本地数据存储区的性能。

1. SQL Server 2008 的版本

1) SQL Server 2008 企业版

SQL Server 2008 企业版是一个全面的数据管理和业务智能平台,为关键业务应用提供企业级的可扩展性、数据仓库、安全、高级分析和报表支持。这一版本将为用户提供更加坚固的服务器和执行大规模在线事务处理。

2) SQL Server 2008 标准版

SQL Server 2008 标准版是一个完整的数据管理和业务智能平台,为部门级应用提供最佳的易用性和可管理性。

3) SQL Server 2008 工作组版

SQL Server 2008 工作组版是一个值得信赖的数据管理和报表平台,用以实现安全的发布、远程同步和对运行分支应用的管理能力。这一版本拥有核心的数据库特性,可以很容易地升级到标准版或企业版。

4) SQL Server 2008 Web 版

SQL Server 2008 Web 版是针对运行于 Windows 服务器中要求高可用、面向 Internet Web 服务的环境而设计。这一版本为实现低成本、大规模、高可用性的 Web 应用或客户托管解决方案提供必要的支持工具。

5) SQL Server 2008 开发者版

SQL Server 2008 开发者版允许开发人员构建和测试基于 SQL Server 的任意类型应用。这一版本拥有所有企业版的特性,但只限于在开发、测试和演示中使用。基于这一版本开发的应用和数据库可以很容易地升级到企业版。

6) SQL Server 2008 Express 版

SQL Server 2008 Express 版是 SQL Server 的一个免费版本,它拥有核心的数据库功能,其中包括 SQL Server 2008 中最新的数据类型,但它是 SQL Server 的一个微型版本。这一版本是为了学习、创建桌面应用和小型服务器应用而发布的,也可供独立软件开发商(Independent Software Vendors,ISV)再发行使用。

2. SQL Server 2008 的组件与功能

SQL Server 2008 系统由 4 个主要部分组成,这 4 个部分被称为 4 个服务,分别是数据库引擎、分析服务、报表服务和集成服务,这些服务之间相互依存。

1) 数据库引擎

数据库引擎(SQL Server DataBase Engine,SSDBE)是 SQL Server 2008 系统的核心服

务,负责完成业务数据的存储、处理、查询和安全管理等操作。如创建数据库、创建表、执行各种数据查询、访问数据库等操作都是由数据库引擎完成的。在大多数情况下,使用数据库系统实际上就是使用数据库引擎。例如,在某个使用 SQL Server 2008 系统作为后台数据库的航空公司机票销售信息系统中,SQL Server 2008 系统的数据库引擎服务负责完成机票数据的添加、更新、删除、查询及安全控制等操作。

2) 分析服务

分析服务(SQL Server Analysis Services,SSAS)提供了多维分析和数据挖掘功能,可以支持用户建立数据库和进行商业智能分析。相对多维分析(Online Analysis Processing,OLAP,中文直译为联机分析处理)来说,联机事务处理(Online Transaction Processing,OLTP)是由数据库引擎负责完成的,使用分析服务,可以设计、创建和管理包含来自于其他数据源数据的多维结构,可以对多维数据进行多个角度的分析,可以支持管理人员业务数据的全面理解。另外,通过使用分析服务,用户可以完成数据挖掘模型的构造和应用,实现知识发现、知识表示、知识管理和知识共享。

3) 报表服务

报表服务(SQL Server Reporting Services,SSRS)为用户提供了支持 Web 的企业级的报表功能。通过使用 SQL Server 2008 系统提供的报表服务,用户可以方便地定义和发布满足自己需求的报表。无论是报表的局部格式,还是报表的数据源,用户都可以轻松地实现,这种服务极大地便利了企业的管理工作,满足了管理人员高效、规范的管理需求。

4) 集成服务

集成服务(SQL Server Integration Services,SSIS)是一个数据集成平台,可以完成有关数据的提取、转换、加载等功能。例如,对于分析服务来说,数据库引擎是一个重要的数据源,如何将数据源中的数据经过适当的处理加载到分析服务汇中,以便进行各种分析处理,正是集成服务所要解决的问题。重要的是集成服务可以高效地处理各种各样的数据源,除了 SQL Server 数据之外,还可以处理 Oracle、Excel、XML 文档、文本文件等数据源中的数据。

在本书里,主要介绍数据引擎的操作,通过数据引擎来完成业务数据的存储、处理、查询和安全管理等操作。其他的几个操作主要是在进行数据仓库与数据挖掘操作时使用。

3. SQL Server Management Studio(SQL Server 集成管理器,SSMS)

SQL Server Management Studio 是 SQL Server 2008 中最重要的工具,用于访问、配置、管理和开发 SQL Server 的所有组件。SQL Server Management Studio 将大量图形工具和丰富的脚本编辑器组合在一起,将以前版本的企业管理器、Analysis Manager 和 SQL 查询分析器的功能集于一身,使各种技术水平的开发人员和管理人员都能访问 SQL Server。

单击"开始"菜单 → "所有程序" → SQL Server 2008 → Management Studio,打开 Management Studio 窗体,弹出"连接到服务器"对话框。在"连接到服务器"对话框中,采用默认设置(Windows 身份验证),再单击"连接"按钮。默认情况下,Management Studio 中将显示三个组件窗口,如图 1.1.7 所示。

"已注册的服务器"窗口列出的是经常管理的服务器。可以通过右击服务器,对服务器进行"启动""停止""重新启动"等操作。单击可以在此列表中添加和删除服务器。

"对象资源管理器"是服务器中所有数据库对象的树视图,可以包括 SQL Server

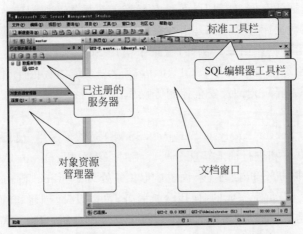

图 1.1.7　SQL Server Management Studio 的窗体布局

DataBase Engine、Analysis Services、Reporting Services、Integration Services 和 SQL Server Mobile 的数据库。对象资源管理器包括与其连接的所有服务器的信息。打开 SQL Server Management Studio 时,系统会提示用户将对象资源管理器连接到上次使用的设置。用户可以在"已注册的服务器"组件中双击任意服务器进行连接,或在任意服务器上右击并选择"连接"→"对象资源管理器",而要连接的服务器是无须再注册的。

在 SQL Server Management Studio 启动以后,可以通过单击工具栏上的"新建查询"按钮打开一个新的"查询编辑器"窗格,在代码编辑器窗口可以输入 SQL 语句并执行。执行后,查询编辑器会呈现三个窗格,分别是"代码编辑器"窗格"结果"窗格"消息"窗格。

4. 配置 SQL Server 服务

(1) 使用 SQL Server 2008 配置管理器启动 SQL Server 服务。

选择"开始"→"程序"→Microsoft SQL Server 2008→"配置工具"→"SQL Server 配置管理器"选项,打开 SQL Server 配置管理器,在 SQL Server 配置管理器中单击"SQL Server 服务"按钮,在右侧的详细信息窗格中右击 SQL Server(MSSQLSERVER),在弹出的快捷菜单中单击"启动"按钮,如图 1.1.8 所示,同样还可以选择"停止""暂停"等服务。

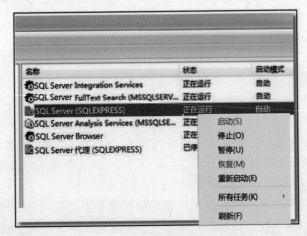

图 1.1.8　使用 SQL Server 2008 配置管理器启动 SQL Server 服务

（2）使用操作系统启动 SQL Server 服务。

选择"开始"→"控制面板"→"管理工具"→"服务"选项，打开"服务"窗口，如图 1.1.9 所示。同样右击 SQL Server(MSSQLSERVER)，在弹出的快捷菜单中可选择"启动""停止""暂停"等操作。

图 1.1.9　使用操作系统启动 SQL Server 服务

5. 数据库的基本操作

SQL Server 2008 将数据保存在数据库中，并为用户提供了访问这些数据的接口。对数据库的基本操作包括创建、查看、修改和删除数据库等。在学习这些操作之前，需要先了解数据库文件和 SQL Server 系统数据库。

1）数据库文件

在 SQL Server 中数据库文件是存储数据的文件，可以分为三类。

（1）主数据文件：扩展名是 .mdf，它包含数据库的启动信息以及数据库数据，每个数据库只能包含一个主数据文件。在 SQL Server 中数据的存储单位是页。

（2）辅助数据文件：扩展名是 .ndf，因为有些数据库非常大，用一个主数据文件可能放不下，因此就需要有一个或多个辅助数据文件存储这些数据。辅助数据文件可以和主数据文件放在相同的位置，也可以存放在不同的位置。

（3）日志文件：用来记录页的分配和释放以及对数据库数据的修改操作，扩展名为 .ldf，包含用于恢复数据库的日志信息。每个数据库必须至少有一个日志文件。

创建数据库时，一个数据库至少包含一个主数据文件和一个或多个日志文件，还可能包含一些辅助数据文件。这些文件默认的位置为 \program files\Microsoft SQL Server\MSSQL\Data 文件夹。

2）SQL Server 系统数据库

SQL Server 2008 有两类数据库：系统数据库和用户数据库。系统数据库存储有关 SQL Server 的系统信息，它们是 SQL Server 2008 管理数据库的依据。如果系统数据库遭到破坏，那么 SQL Server 将不能正常启动。在安装了 SQL Server 2008 的系统中将创建 4 个可见系统数据库。

（1）master 数据库。master 数据库是 SQL Server 中最重要的数据库，它是 SQL Server 的核心数据库，如果该数据库被损坏，SQL Server 将无法正常工作，master 数据库中包含所有的登录名或用户 ID 所属的角色、服务器中的数据库的名称及相关的信息、数据库的位置、SQL Server 如何初始化等 4 个方面的重要信息。

（2）model 数据库。用户创建数据库时以一套预定义的标准为模型。例如，若希望所有的数据库都有确定的初始大小，或者都有特定的信息集，那么可以把这些信息放在 model 数据库中，以 model 数据库作为其他数据库的模板数据库。如果想要使所有的数据库都有一个特定的表，可以把该表放在 model 数据库里。model 数据库是 tempdb 数据库的基础。对 model 数据库的任何改动都将反映在 tempdb 数据库中，所以，在决定对 model 数据库进行改变时，必须预先考虑好。

（3）msdb 数据库。msdb 数据库给 SQL Server 代理提供必要的信息来运行作业，其供 SQL Server 2008 代理程序调度警报作业以及记录操作时使用。

（4）tempdb 数据库。tempdb 数据库用作系统的临时存储空间，其主要作用是存储用户建立的临时表和临时存储过程，存储用户说明的全局变量值，为数据排序创建临时表，存储用户利用游标说明所筛选出来的数据。

3）创建数据库

选择"开始"菜单→"程序"→Management SQL Server 2008→SQL Server Management Studio 命令，打开 SQL Server Management Studio 窗口，并使用 Windows 或 SQL Server 身份验证建立连接。

在"对象资源管理器"窗口中展开服务器，然后选择"数据库"节点。右击"数据库"节点，从弹出的快捷菜单中选择"新建数据库"命令。执行上述操作后，会弹出"新建数据库"对话框。在对话框左侧有三个选项，分别是"常规""选项"和"文件组"。完成这三个选项中的设置，就完成了数据库的创建工作，在"数据库名称"文本框中输入要新建数据库的名称，例如，这里是 students。

"数据库文件"列表中包括两行，一行是数据库文件，另一行是日志文件。通过单击下面的"添加""删除"按钮添加或删除数据库文件，如图 1.1.10 所示。

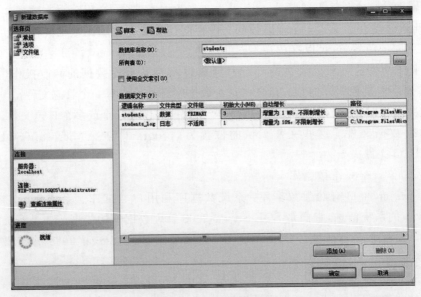

图 1.1.10　新建数据库

"逻辑名称"指定该文件的文件名。

"文件类型"用于区别当前文件是数据文件还是日志文件。

"文件组"显示当前数据库文件所属的文件组。一个数据只能存在一个文件组里。

"初始大小"指定该文件的初始容量。数据文件默认值为 3MB,日志文件默认值为 1MB。

"自动增长"用于设置文件的容量不够用时,文件根据何种增长方式自动增长。

完成以上操作后,单击"确定"按钮关闭"新建数据库"对话框。至此 students 数据库创建成功。新建的数据库可以在"对象资源管理器"窗口看到,如图 1.1.11 所示。

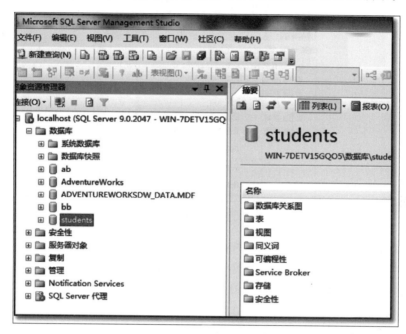

图 1.1.11　建成后的数据库 students

4)修改数据库

建立一个数据库之后,可以根据需要对该数据库的结构进行修改。

启动 SSMS,在"对象资源管理器"窗格中展开数据库节点,右击要修改的数据库名称,在弹出的快捷菜单中选择"属性"命令,打开"数据库属性"对话框,通过修改数据库属性来修改数据库。修改数据库的操作包括增减数据库文件、修改文件属性(包括数据库的名称、大小和属性)、修改数据库选项等。

5)删除数据库

为了减少系统资源的消耗,应当把不再需要的用户创建数据库从数据库服务器中删除,从而将其所占的磁盘空间全部释放出来。

删除数据库的具体操作为:启动 SSMS,在"对象资源管理器"窗格中展开数据库节点,右击要删除的数据库名称,在弹出的快捷菜单中选择"删除"命令,打开"删除对象"对话框,单击"确定"按钮,将数据库删除。

6)附加和分离数据库

当数据库需要从一台计算机移到另一台计算机,或者需要从一个物理磁盘移到另一个物理磁盘时,常要进行数据库的附加与分离操作。

附加数据库是指将当前数据库以外的数据库附加到当前数据库服务器中。

　　附加数据库的具体操作为：启动 SSMS，在"对象资源管理器"窗格中右击"数据库"节点，在弹出的快捷菜单中选择"附加"命令，打开"附加数据库"对话框，如图 1.1.12 所示，单击"添加"按钮，打开"定位数据库文件"对话框，选择要附加的数据库主数据文件(.mdf)，单击"确定"按钮，返回上述"附加数据库"对话框，单击"确定"按钮，完成数据库的附加操作。

图 1.1.12　附加数据库

　　分离数据库就是将数据库从 SQL Server 2008 服务器中卸载，但依然保存数据库的数据文件和日志文件。需要时，可以将分离的数据库重新附加到 SQL Server 2008 服务器中。

　　分离数据库的具体操作为：启动 SSMS，在"对象资源管理器"窗格中展开数据库节点，右击要分离的数据库名称，在弹出的快捷菜单中选择"任务"→"分离"命令，如图 1.1.13 所示，打开"分离数据库"对话框，单击"确定"按钮，实现数据库的分离。

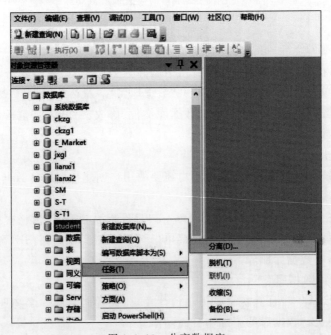

图 1.1.13　分离数据库

1.6 复 习 思 考

1.6.1 小结

本章介绍了数据库的数据(Data)、数据库(DataBase,DB)、数据库管理系统(DataBase Management System,DBMS)和数据库系统(DataBase System,DBS)4 个基本概念,数据管理技术发展的三个阶段(人工管理阶段、文件系统阶段和数据库系统阶段)并介绍了各阶段的特点,未来数据库技术发展趋势。通过典型的数据库管理系统 SQL Server 2008 的介绍加深读者对概念的理解,为今后的学习打下基础。

1.6.2 习题

一、选择题

1. 数据库系统是采用了数据库技术的计算机系统,由系统数据库、数据库管理系统、应用系统和(   )组成。

    A. 系统分析员   B. 程序员   C. 数据库管理员   D. 操作员

2. 数据库(DB)、数据库系统(DBS)和数据库管理系统(DBMS)之间的关系是(   )。

    A. DBS 包括 DB 和 DBMS   B. DBMS 包括 DB 和 DBS

    C. DB 包括 DBS 和 DBMS   D. DBS 就是 DB,也就是 DBMS

3. 下面列出的数据库管理技术发展的三个阶段中,在(   )阶段数据的独立性差。

    A. 人工管理阶段   B. 文件系统阶段

    C. 数据库阶段   D. 人工管理阶段和文件系统阶段

4. 不属于数据库系统特点的是(   )。

    A. 数据共享   B. 数据完整性

    C. 数据冗余性   D. 数据独立性高

5. 数据库系统的数据独立性体现在(   )。

    A. 数据共享   B. 数据的独立性

    C. 没有共享   D. 数据的冗余低

二、填空题

1. 数据库管理系统是数据库系统的一个重要组成部分,它的功能包括 _____ 、_____ 、_____ 和 _____ 。

2. 数据库管理技术经历了三个阶段,分别是 _____ 、_____ 和 _____ 阶段。

3. 数据模型是现实世界特征的 _____ 和 _____ ,它表现为一些相关数据的集合。

4. 数据库具有数据结构化、最小的 _____ 和较高 _____ 等特点。

三、简答题

1. 什么是数据? 什么是数据库?

2. 简述数据库管理系统的功能。

3. 简述数据库系统阶段的特点。

第2章 数据库模型

在数据库中,数据是按照某种数据模型组织在一起的,数据模型是数据库系统的核心与基础,本章主要介绍数据模型概述、数据模型的组成要素、概念模型、逻辑模型、物理模型。

本章导读

- 数据模型概述
- 数据模型的组成要素
- 概念模型
- 逻辑模型
- 物理模型

2.1 数据模型概述

随着数据库的发展,数据模型的概念也逐渐深入和完善。早期,一般把数据模型仅理解为数据结构。后来,在一些数据库系统中,则把数据模型归结为数据的逻辑结构、物理配置、存取路径和完整性约束条件4个方面。现代数据模型的概念,认为数据结构只是数据模型的组成成分之一。数据的物理配置和存取路径是关于数据存储的概念,不属于数据模型的内容。此外,数据模型不仅应该提供数据表示的手段,还应该提供数据操作的类型和方法,因为数据库不是静态的而是动态的,因此,数据模型还包括数据操作部分。

2.1.1 数据模型的概念

数据模型(Data Model)是数据特征的抽象,是数据库管理的教学形式框架,是数据库系统中用以提供信息表示和操作手段的形式构架。数据模型包括数据库数据的结构部分、操作部分和约束条件。

1. 模型

为了对现实世界存在的客观事物以及事物之间的联系进行抽象和描述,引入了数据模型的概念。数据模型是现实世界特征的模拟和抽象,它表现为一些相关数据的集合。

计算机不可能直接处理现实世界中的具体事物,所以必须先把具体事物转换成计算机能够处理的数据,对客观存在事物用数据模型这个工具来抽象、表示并用它处理现实世界中的数据和信息。无论处理任何数据,首先要对这些数据建立模型,然后在此基础上进行处理。

用数据模型进行抽象和描述的要求是:①能比较真实地模拟现实世界;②容易理解;③便于在计算机上实现;④能够实现对现实世界的数据描述。

2. 数据的表示

计算机信息管理的对象是现实生活中的客观事物,但这些事物是无法直接送入计算机的,必须进一步抽象、加工、整理成信息——计算机世界所识别的数据模型。这一过程经历了三个领域——现实世界、信息世界和计算机世界。

(1) 现实世界:存在于人脑之外的客观世界,包括事物及事物之间的联系。

(2) 信息世界:是现实世界在人们头脑中的反映。

(3) 计算机世界:将信息世界中的实体进行数据化,事物及事物之间的联系在这里用数据模型来描述。

因此,客观事物是信息之源,是设计数据库的出发点,也是使用数据库的最终归宿,如图 1.2.1 所示。

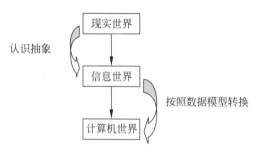

图 1.2.1 现实世界客观对象的抽象过程

例如,现实世界中的学生"郝明"代表了一种客观存在的事物,我们可以根据他的身份进行描述和抽象他的体貌等特征,诸如学生、姓名、年龄、性别等,通过这些信息可以准确地描述"郝明"。然后通过数字、字符、图像、图形、声音等相应的数据形式把抽象出来的信息转换成计算机所能识别的数据模型。

2.1.2 模型的分类

根据在不同世界中所起的作用的不同,可以将模型分为概念数据模型、逻辑数据模型和物理数据模型三类,它们主要的任务是按用户的观点来对数据和信息建模,主要用于数据库设计。

(1) 概念模型。这是面向数据库用户的现实世界的数据模型,主要用来描述世界的概念化结构,它是数据库的设计人员在设计的初始阶段对信息世界的建模,不需要按照 DBMS 模型进行分析,与具体的 DBMS 无关。概念模型必须换成逻辑数据模型,以备在 DBMS 中实现。

(2) 逻辑数据模型。这是用户从数据库所看到的数据模型,是具体的 DBMS 所支持的数据模型,如网状数据模型、层次数据模型等。

(3) 物理数据模型。这是描述数据在存储介质上的组织结构的数据模型,它不但与具体的 DBMS 有关,而且还与操作系统和硬件有关。每一种逻辑数据模型在实现时都有其对应的物理数据模型。DBMS 为了保证其独立性与可移植性,大部分物理数据模型的实现工作由系统自动完成,而设计者只设计索引、聚集等特殊结构。

2.2　数据模型的组成要素

一般来说,数据模型是用来描述数据的一组概念和定义,应当描述数据的静态和动态两方面的特性。数据的静态特性包括数据的基本结构和完整性约束条件;数据的动态特性是定义在数据上的操作。因此,数据结构、数据操作和数据完整性约束条件是组成数据模型的三要素。

2.2.1　数据结构

数据模型中的数据结构主要描述数据的类型、内容、性质以及数据间的联系等对象的集合,这些对象是数据库的组成成分,数据结构指对象和对象间联系的表达和实现,是对系统静态特征的描述。它们包括两类:一类是与数据类型、内容、性质有关的对象;另一类是与数据之间联系有关的对象。数据结构是数据模型的基础,数据操作和约束都建立在数据结构上。不同的数据结构具有不同的操作和约束。

数据结构是刻画一个数据模型性质最重要的方面。因此,在数据库中,人们通常按照其数据结构的类型来命名数据模型,如层次结构、网状结构和关系结构的数据模型分别命名为层次模型、网状模型和关系模型。

总之,数据结构是所描述的对象类型的集合,是对系统静态特性的描述。

2.2.2　数据操作

数据模型中的数据操作指对数据库中各种对象的实例允许执行的操作的集合,包括操作及有关的操作规则,主要指检索和更新(插入、删除、修改)两类操作。任何数据模型必须定义这些操作的确切含义、操作符号、操作规则(如优先级)以及实现操作的语言。

数据操作是对系统动态特性的描述。

2.2.3　完整性约束条件

数据模型中的数据完整性约束条件是一组完整性规则的集合,主要描述数据结构内数据间的语法、词义联系,它们之间的制约和依存规则,以及数据动态变化的规则,以保证数据的正确、有效和相容。

任何数据模型本身隐含着该模型所必须满足的、基本的完整性约束条件,保证数据库中的数据符合数据模型的要求。例如,在关系模型中,任何关系必须满足实体完整性和参照完整性这两个约束条件。

此外,数据库系统必须提供完整性约束规则的定义机制,以满足应用对所涉及的数据特定的语义要求。

2.3　概　念　模　型

概念模型是对信息世界的建模,是现实世界的第一层抽象,是数据库设计人员进行数据库设计的有力工具,是用户和数据库设计人员之间进行交流的工具。因此,概念模型一方面应该具有较强的语义表达能力,另一方面应该简单、清晰,易于用户理解。

2.3.1 信息世界的基本概念

信息世界主要涉及以下基本概念。

(1) 实体(Entity)。客观世界存在并可相互区别的事物称为实体。实体可以是具体的人、物、事件(如一场精彩的篮球比赛),也可以是抽象概念联系(如学生和系的隶属关系)等。

(2) 属性(Attribute)。实体所具有的某一特性称为属性。一个实体可以由若干属性来描述。例如,在"招生管理系统"中描述的学生实体可以由学号、姓名、性别、所在系、入学时间等属性组成。

(3) 码(Key)。唯一标识实体的属性称为码。例如,学号是学生实体的码(学号是唯一的,没有重复值)。

(4) 域(Domain)。属性的取值范围称为该属性的域。例如,姓名的域为10位字符,性别的域为(男,女)。

(5) 实体集(Entity Set)。具有相同属性的类的集合称为实体集,例如,学生实体集和教师实体集。

(6) 实体型(Entity Type)。具有相同属性的实体必然具有共同的特征和性质。用实体名及其属性名集合来抽象和刻画同类实体,称为实体型。例如,学生(学号、姓名、性别、年龄、联系电话)就是一个实体型。

(7) 实体间联系(Relationship)。在现实世界中,事物内部以及事物之间是有联系的,这些联系在信息世界中反映为实体(型)内部的联系和实体(型)之间的联系。

2.3.2 实体之间的联系

两个实体之间的联系可分为三种:一对一联系、一对多联系和多对多联系。

(1) 一对一联系(1:1)。如果对于实体集 A 中的每一个实体,实体集 B 中至多有一个(也可以没有)实体与之联系,反之亦然,则称实体集 A 与 B 具有一对一联系,记为 $1:1$。

(2) 一对多联系(1:n)。如果对于实体集 A 中的每一个实体,实体集 B 中有 n 个实体($n \geqslant 0$)与之联系,反之,对于实体集 B 中的每一个实体,实体集 A 中至多只有一个实体与之联系,则称实体集 A 与 B 有一对多联系,记为 $1:n$。

(3) 多对多联系(m:n)。如果对于实体集 A 中的每一个实体,实体集 B 中有 n 个实体($n \geqslant 0$)与之联系,反之,对于实体集 B 中的每一个实体,实体集 A 中也有 m 个实体与之联系($m \geqslant 0$),则称实体集 A 和 B 有多对多联系,记为 $m:n$。

2.3.3 概念模型的表示方法

概念模型是对信息世界的建模,所以概念模型必须能够方便、准确地表示信息世界中的常用概念。概念模型表示的方法很多,其中最著名和最常用的是 P. P. S. Chen 于 1976 年提出的实体-联系方法(Entity-Relationship Approach)。该方法用 E-R 图描述现实世界的概念模型,并从中抽象出实体和实体之间的联系,这部分内容将在第6章中详细讲解。

E-R 图提供了表示实体型、属性和联系的方法。

(1) 用矩形表示实体型,矩形框内写明实体名。

(2) 用椭圆形表示属性,并用无向边将其与相应的实体连接起来。

（3）用菱形表示联系，菱形框内写明联系名，并用无向边分别与有关实体连接起来，同时在无向边旁标上联系的类型（1∶1、1∶n 或 $m∶n$）。

例如，一个班级只有一个班长，一个班长只在一个班中任职，则班级与班长之间具有一对一的联系，如图 1.2.2(a)所示；一个班级中有若干名学生，每个学生只在一个班级中学习，则班级与学生间具有一对多的联系，如图 1.2.2(b)所示；一位读者可以借多本图书，一本图书可以被多个读者所借，则读者与图书之间是多对多的联系，如图 1.2.2(c)所示。

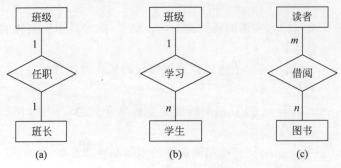

图 1.2.2　实体及其联系的示例

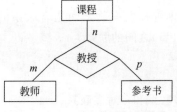

图 1.2.3　三个实体之间的联系

当一个联系涉及多个实体时，它们也同样存在着一对一、一对多、多对多的联系。

例如，课程、教师与参考书三个实体型，一门课程可以由若干个教师讲授，使用若干本参考书；每一个教师只讲授一门课程；每一本参考书只供一门课程使用。则课程与教师、参考书之间的联系是一对多的，如图 1.2.3所示。

例如，顾客购买商品，每个顾客可以从多个售货员那里购买商品，并且可以购买多种商品；每个售货员可以向多名顾客销售商品，并且可以销售多种商品；每种商品可由多个售货员销售，并且可以销售给多名顾客。则顾客、商品和售货员之间的联系是多对多的，E-R图如图 1.2.4 所示。

注意，如果将顾客、商品和售货员之间的联系描述成如图 1.2.5 所示的形式则是错误的，因为售货员、顾客和商品之间只做了一件事使得三者之间产生了联系，而不是两两之间都产生的一种联系。

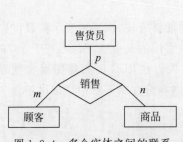

图 1.2.4　多个实体之间的联系

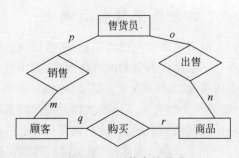

图 1.2.5　不符合的联系

2.4 逻辑模型

逻辑模型是面向数据库的逻辑结构,是现实世界的第二次抽象。逻辑模型实质上是向用户提供的一组规则,这些规则可以规定计算机系统中数据结构的组织和相应允许进行的操作。逻辑模型由严格的形式化定义,以便于在计算机系统中实现。

当前主要的逻辑模型有层次模型、网状模型、关系模型和面向对象模型。目前一些新兴数据库技术的研究,如时态(Temporal)数据库、实时(Real Time)主动(Active)数据库技术等,大多是基于关系和面向对象模型的。其中,关系数据库以其具有系统的数学理论基础和成熟的技术取得了巨大的成功。目前大多数的商业数据库管理系统产品是基于关系模型的。

2.4.1 层次模型

层次模型(Hierarchical Model),就是按照层次结构的形式来组织数据的模型,也称树状模型。层次模型是数据库系统中最早出现的数据模型,层次数据库系统的典型代表是IBM公司的IMS(Information Management System)数据库管理系统,满足下面两个条件的基本层次联系的集合为层次模型,如图 1.2.6 所示。

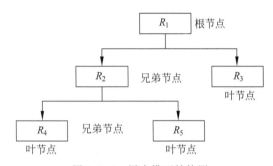

图 1.2.6　层次模型结构图

(1) 有且只有一个节点没有双亲节点,这个节点称为根节点。

(2) 根以外的其他节点有且只有一个双亲节点。

层次模型的特点:

(1) 节点的双亲是唯一的。

(2) 只能直接处理一对多的实体联系。

(3) 每个记录类型可以定义一个排序字段,也称为码字段。

(4) 任何记录值只有按其路径查看时,才能显出它的全部意义。

(5) 没有一个子女记录值能够脱离双亲记录值而独立存在。

支持层次模型的数据库管理系统称为层次模型数据库管理系统,在这种系统中建立的数据库是层次数据库。在现实世界中存在许多按层次组织起来的事物,例如,一个系包括若干个教研室和若干名学生,一个教研室包括若干名教师,如图 1.2.7 所示。

层次模型优点:数据模型比较简单,结构清晰,表示各节点之间的联系简单;查询效率高;容易表示现实世界层次结构的事物及其之间的联系,提供良好的完整性支持。

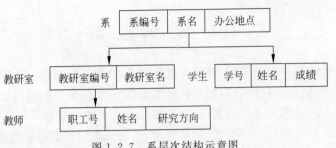

图 1.2.7   系层次结构示意图

层次模型缺点：不适合非层次性的联系,如不能够表示两个以上实体之间的复杂联系和实体之间的多对多联系;一个节点具有多个双亲节点,只能通过引入冗余数据或创建非自然的数据结构来解决;对插入和删除操作的限制多,应用程序的编写比较复杂;查询子女节点必须通过双亲节点;由于结构严密,层次命令趋于程序化。

2.4.2   网状模型

用网络结构表示数据及数据之间的联系的模型称为网状模型(Network Model),也称网络模型。网状模型取消了层次模型的两个限制,既可以有任意节点(包括 0 个)无父节点,也允许节点有多个父节点。因此,网状模型可以方便地表示各种类型的联系。网状模型的典型代表是 DBTG 系统,也称 CODASYL 系统,是 20 世纪 70 年代由 DBTG 提出的一个系统方案,奠定了数据库系统的基本概念、方法和技术,较著名的有 Cullinet Software 公司的IDMS、Univac 公司的 DMS1100、Honeywell 公司的 IDS/2 和 HP 公司的 IMAGE 等。

网状模型是满足下面两个条件的基本层次联系的集合：

(1) 允许一个以上的节点无双亲;

(2) 一个节点可以有多于一个的双亲。

网状模型的表示方法(与层次数据模型相同)如下。

(1) 实体型：用记录类型描述每个节点,表示一个记录类型(实体)。

(2) 属性：用字段描述每个记录类型,可包含若干个字段。

(3) 联系：用节点之间的连线表示记录类型(实体)之间的一对多的父子联系。

网状模型与层次模型的区别：网状模型允许多个节点没有双亲节点,层次模型有且只有一个节点,网状模型允许节点有多个双亲节点,层次模型中根以外的节点有且仅有一个双亲节点。

网状模型允许两个节点之间有多种联系(复合联系),网状模型可以更直接地去描述现实世界,层次模型实际上是网状模型的一个特例。

网状模型中子女节点与双亲节点的联系可以不唯一,要为每个联系命名,并指出与该联系有关的双亲记录和子女记录,如图 1.2.8 所示。

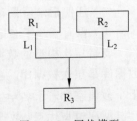

例如,一个学生可以选修若干门课程,某一课程可以被多个学生选修,学生与课程之间是多对多联系。

引进一个学生选课的联结记录,由三个数据项组成学号、课程号和成绩。

图 1.2.8   网状模型

用结构图表示某个学生选修某一门课程及其成绩,如图1.2.9所示。

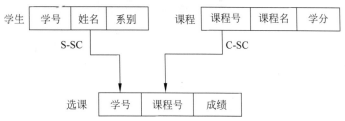

图 1.2.9　学生/选课/课程的网状数据模型

网状模型优点:网状模型是一种比层次模型应用更广泛的结构,它改善了层次模型中的许多限制,网状模型能够表示复杂节点之间的联系,可以直接描述现实世界,存取效率较高。

网状模型缺点:网状模型结构比较复杂,而且随着应用环境的扩大,数据库的结构变得越来越复杂,不利于最终用户掌握;DDL、DML 语言复杂,用户不容易使用;数据定义、插入、更新、删除操作变得复杂;数据的独立性差。

2.4.3　关系模型

用关系结构表示数据及数据之间联系的模型称为关系模型(Relational Model)。关系模型是以关系属性理论为基础的,在关系模型中,关系操作的对象和结果都是二维表,这种二维表称为关系。支持关系模型的数据库管理系统称为关系数据库管理系统,如图1.2.10所示。

学 号	姓 名	年 龄	性 别	系 名	年 级
2005004	王小明	19	女	社会学	2005
2005006	黄大鹏	20	男	商品学	2005
2005008	张文斌	18	女	法律	2005
…	…	…	…	…	…

图 1.2.10　关系模型结构图

1970 年美国 IBM 公司 San Jose 研究室的研究员埃德加·弗兰克·科德(Edgar Frank Codd)首次提出了数据库系统的关系模型,经过不断发展,关系模型已经成为最成熟的数据模型,计算机厂商新推出的数据库管理系统几乎都支持关系模型。更多的关系模型知识将在第 3 章讲解。

关系模型优点:关系数据模型是建立在严格的数学概念的基础上的,实体以及实体之间的联系都用关系来表示;使用表的概念,简单直观;可直接表示实体之间的多对多联系;关系模型的存取路径对用户透明,从而具有更高的数据独立性,更好的安全保密性,也简化了程序员和数据库开发设计的工作。

关系模型缺点:关系模型的连接等操作开销较大,查询的效率往往不如非关系数据模型,需要较高性能的计算机的支持;存取路径对用户透明导致查询效率往往不如非关系数据模型;为提高性能,必须对用户的查询请求进行优化,增加了开发 DBMS 的难度。

2.5　物理模型

数据库在物理设备上的存储结构与存取方法称为数据库的物理模型,它依赖于选定的数据库管理系统。用户设计的物理模型提供了用于存储结构和访问机制的更高描述,描述数据是如何在计算机中存储的,如何表达记录结构、记录顺序和访问路径等信息。使用物理模型,可以在系统层实现数据库。

物理模型主要包含存储结构与存取方法两个部分,要解决的问题是,如何用最优化的物理结构存储有效的数据和如何用最优的方法管理数据。它们主要靠数据库管理系统来实现。

2.6　复习思考

2.6.1　小结

本章首先介绍了数据模型是一组概念的集合,这些概念精确地描述了系统的静态特征(数据结构)、动态特征(数据操作)和完整性约束条件的三个要素。介绍了数据模型的三级模式和两级映像,三级模式分别为外模式、模式和内模式。内模式最接近物理存储,它考虑数据的物理存储;外模式最接近用户,它主要考虑单个用户看待数据的方式;模式介于内模式和外模式之间,它提供数据的公共视图。两级映像分别是概念模式与内模式间的映像和外模式与概念模式间的映像,这两级映像是提供数据的逻辑独立性和物理独立性的关键。

最后介绍了几种常见的逻辑模型:层次模型、网状模型和关系模型,其中关系模型是目前最重要的一种逻辑模型。

2.6.2　习题

一、填空题

1. 数据模型是现实世界特征的_____和_____,它表现为一些相关数据的集合。

2. 数据库具有数据结构化、最小的_____和较高_____等特点。

二、简答题

1. 什么是概念模型?简述概念模型的作用。

2. 简述数据模型的三要素。

3. 目前数据库领域中,常见的数据模型有哪些?简述概念模型的优缺点。

第3章　关系数据库

关系数据库是创建在关系模型基础上的数据库,借助于集合代数等数学概念和方法来处理数据库中的数据。现实世界中的各种实体以及实体之间的各种联系均用关系模型表示。最早提出"关系模型"的是美国 IBM 公司的 Codd,他发表在美国计算机学会会刊上题为《大型共享数据库的关系模型》的论文首次提出了数据库的关系模型。由于关系模型简单明了,具有坚实的数学理论基础,所以一经推出就受到了学术界和产业界的高度重视和广泛响应,并很快成为数据库市场的主流。数据库领域当前的研究工作大都以关系模型为基础。本章主要介绍关系数据库中的关系模型、关系形式定义、关系的完整性、关系运算的理论以及关系数据库的特点,通过学习使读者了解如何在关系模型基础上建立数据库,如何借助集合代数等数学概念和方法来处理数据库中的数据。

本章导读
- 关系数据库与关系模型
- 关系的形式化定义
- 关系完整性
- 关系运算

3.1　关系数据库与关系模型

关系数据库是建立在关系数据库模型基础上的数据库,借助于集合代数等概念和方法来处理数据库中的数据。关系数据库在关系数据库管理系统(RDBMS)的帮助下得以发展,我们今天所使用的绝大部分数据库系统都是关系数据库,包括 Oracle、SQL Server、MySQL、Sybase、DB2 等。关系数据库使用 SQL 进行查询,结果集通过访问一个或多个表的查询生成。

关系模型有严格的数学基础,抽象级别比较高,而且简单清晰,便于理解和使用。关系数据模型提供了关系操作的特点和功能要求,但不对 DBMS 的语言给出具体的语法要求。对关系数据库的操作是高度非过程化的,用户不需要指出特殊的存取路径,路径的选择由 DBMS 的优化机制来完成。

关系数据模型是以集合论中的关系概念为基础发展起来的。关系模型中无论是实体还是实体间的联系均由单一的结构类型——关系来表示。在实际的关系数据库中的关系也称为"表",一个关系数据库就是由若干个表组成的。

关系模型是用二维表的形式表示实体和实体间联系的数据模型,关系模型由关系数据结构、关系操作、关系完整性约束三部分组成。

1. 关系数据结构

关系模型的数据结构比较单一。在关系模型中,现实世界的实体与实体间的联系均用关系来表示。一般用二维表的形式表示实体和实体间联系。从用户的角度来看,关系模型中数据的逻辑结构就是一张二维表,如表 1.3.1 和表 1.3.2 所示。

表 1.3.1　学生关系表

学　号	姓　名	性　别	年　龄
20190101101	陈名军	女	20
20190101102	吴小晴	女	23
20190101103	李国庆	男	21
20190101104	李祥	男	21
20190101105	王成	男	22

表 1.3.2　选课关系表

学　号	课程号	成　绩
20190101101	101	60
20190101101	102	83
20190101102	201	78
20190101102	202	87

二维表一般具有下面几个性质。

(1) 根据使用的 DBMS 不同,表中元组的个数也不同。

(2) 表中不能存在完全相同的元组,即二维表中有相应的表级约束,元组应各不相同。

(3) 表中元组的次序无要求,即二维表中元组的次序可以任意交换。

(4) 表中分量必须取原子值,即二维表中每一个分量都是不可分割的数据项。如表 1.3.1 中的列"性别"不能再分为两个或两个以上数据项。

在表 1.3.3 中,"学期"出现了"表中有表"的现象,是非规范化关系。将学期分为"第一学期"和"第二学期",即可使其规范化,如表 1.3.4 所示。

表 1.3.3　非规范开课情况表

课　号	课程名称	学　期	
		第一学期	第二学期
001	数据库原理	40 学时	60 学时
002	体育	40 学时	40 学时
003	英语	80 学时	80 学时

表 1.3.4　规范开课情况表

课　号	课程名称	第 一 学 期	第 二 学 期
001	数据库原理	40 学时	60 学时
002	体育	40 学时	40 学时
003	英语	80 学时	80 学时

（5）表中属性的顺序无要求，即二维表中的属性与顺序无关，可任意交换。如"学号"所在列可以和任意列交换位置，不影响查询、删除、更新、插入等操作。

（6）表中分量值域有同一性，即二维表中的属性分量属于同一值域。如表中的"学号"都是字符型，宽度为10。

（7）表中不同的属性要给予不同的属性名，即表中的每一列为一个属性，但不同的属性可出自同一个域，如表1.3.5所示的关系，"教材"与"参考书"是两个不同的属性，但它们取自同一个域。

书＝｛数据库原理实用教程，计算机数学，高等数学…｝

表 1.3.5　课程表

课　　号	课 程 名 称	教　　　材	参 考 书
001	数据库原理	数据库原理实用教程	数据库应用
002	数学	高等数学	计算机数学
003	英语	大学英语	实用英语

（8）关系模型要求关系必须是规范化的，即要求关系必须满足一定的规范条件。

2. 关系操作

关系操作采用集合的操作方式。关系模型中常用的操作包括选择（Select）、投影（Project）、连接（Join）、除（Divide）、并（Union）、交（Intersection）、差（Except）等查询操作。

3. 关系的三类完整性约束

关系模型中允许定义三类完整性约束：实体完整性约束、参照完整性约束、用户定义的完整性约束。其中实体完整性是规定表的每一行在表中是唯一的实体。参照完整性是指两个表的主关键字和外关键字的数据应一致，保证了表之间的数据的一致性，防止了数据丢失或无意义的数据在数据库中扩散。这两个约束是由关系系统自动支持的。用户定义的完整性是针对某个特定关系数据库的约束条件，它反映某一具体应用必须满足的语义要求。

3.2　关系的形式化定义

在关系模型中，无论是实体还是实体之间的联系均由单一的结构类型即关系（表）来表示，关系是建立在集合基础之上的，现在从集合的角度给出关系的形式化定义。

3.2.1　关系相关概念

1. 域

域（Domain）是一组具有相同数据类型的值的集合，又称为值域（用 D 表示）。

如自然数、整数、实数、长度小于 10 字节的字符串集合、｛1,2｝、介于某个取值范围的整数（如 20～100）、介于某个取值范围的日期等，都可以称为域。

（1）域中所包含的值的个数称为域的基数（用 m 表示）。

（2）关系中用域表示属性的取值范围，如表 1.3.1 所示的学生关系表。

$D_1=\{20190101101,20190101102,20190101103,20190101104,20190101105\}$　　$m_1=5$

$D_2=\{$陈名军，张小平，李国庆，李祥，王成$\}$　　$m_2=5$

$$D_3 = \{男, 女\} \qquad\qquad m_3 = 2$$
$$D_4 = \{20, 23, 21, 22\} \qquad\qquad m_4 = 4$$

其中，D_1、D_2、D_3、D_4 为域名，分别表示学生关系中学号、姓名、性别、年龄的集合。

2. 元组

关系表中的一行称为一个元组(Tuple)。元组可表示一个实体或实体之间的联系，是属性的有序多重集。

3. 码

在二维表中，用来唯一标识一个元组的某个属性或属性组合称为该表的键或码(Key)，也称为关键字，如表 1.3.1 中的属性"学号"。码必须是唯一的。如果一个二维表中存在多个关键字或码，它们称为该表的候选关键字或候选码。在候选关键字中指定一个关键字作为用户使用的关键字称为主关键字或主码。二维表中某个属性或属性组合虽不是该表的关键字或只是关键字的一部分，但却是另一个表的关键字时，称该属性或属性组合为这个表的外码或外键。下面具体介绍码的相关概念。

码是数据库系统中的基本概念，是能唯一标识实体的属性，它是整个实体集的性质，而不是单个实体的性质。码包括超码、候选码、主码和外码。

(1) 超码(Super Key)是一个或多个属性的集合，这些属性可以让我们在一个实体集中唯一地标识一个实体。一个关系可能有多个超码。如果 K 是一个超码，那么 K 的任意超集也是超码，也就是说如果 K 是超码，那么所有包含 K 的集合也是超码。

(2) 候选码(Candidate Key)是从超码中选出的，自然地，候选码也是一个或多个属性的集合。一个关系可能有多个候选码。候选码是最小超码，它们的任意真子集都不能成为超码。例如，如果 K 是超码，那么所有包含 K 的集合都不能是候选码；如果 K、J 都不是超码，那么 K 和 J 组成的集合 (K, J) 有可能是候选码。

(3) 主码(Primary Key)，是从多个候选码中任意选出的一个，如果候选码只有一个，那么该候选码就是主码。虽然说主码的选择是比较随意的，但在实际开发中还是要靠一定的经验，不然开发出来的系统会出现很多问题。一般来说主码都应该选择那些从不或者极少变化的属性。

(4) 外码(Foreign Key)，在关系 K 中的属性或属性组若在另一个关系 J 中作为主码使用，则称该属性或属性组为 K 的外码。K 的外码和 J 中的主码必须定义在相同的域上，允许使用不同的属性名。

4. 属性

关系中不同列可以对应相同的域，为了加以区分，必须给每列起一个名字，称为属性(Attribute)。

5. 分量

分量(Component)是元组中的一个属性的值，如 20190101101，陈名军。

6. 笛卡儿积

设有一组域 $D_1, D_2, \cdots, D_n$，这些域可以部分或者全部相同，也可以完全不同。$D_1, D_2, \cdots, D_n$ 的笛卡儿积(Cartesian Products)为：

$$D_1 \times D_2 \times \cdots \times D_n = \{(d_1, d_2, \cdots, d_n) \mid d_i \in D_i, i = 1, 2, \cdots, n\}$$

其中：

元组——每一个元素$(d_1,d_2,\cdots,d_n)$称为一个n元组(n-Tuple)或简称元组(Tuple)。

分量——元组中每一个d_i值称为一个分量。

基数(Cardinal Number):若$D_i(i=1,2,\cdots,n)$为有限集,其基数为$m_i(i=1,2,3,\cdots,n)$,则$D_1 \times D_2 \times D_3 \times \cdots \times D_n$的基数为:

$$M = \prod_{i=1}^{n} m_i \quad (i=1,2,3,\cdots,n)$$

设$D_1=\{A,B,C\},D_2=\{1,2\}$,则$D_1 \times D_2=\{(A,1),(A,2),(B,1),(B,2),(C,1),(C,2)\}$的基数为:$3 \times 2 = 6$,如图1.3.1所示。

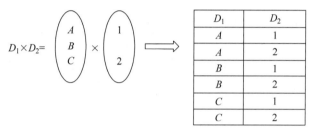

图1.3.1 笛卡儿积

笛卡儿积可表示为一张二维表,表中的每行对应一个元组,表中的每列对应一个域,但是若干个域的笛卡儿积可能存在大量的数据冗余,因此一般只取其中的某些子集。笛卡儿积的子集就称为关系。

例3.1 给出三个域:

D_1=家电集合=(冰箱,电视)

D_2=产地集合=(上海,深圳)

D_3=单价集合(2000,8000,10 000)

则D_1、D_2、D_3的笛卡儿积为:

$D_1 \times D_2 \times D_3$={(冰箱,上海,2000),(冰箱,上海,8000),(冰箱,上海,10 000),(冰箱,深圳,2000),(冰箱,深圳,8000),(冰箱,深圳,10 000),(电视,上海,2000),(电视,上海,8000),(电视,上海,10 000),(电视,深圳,2000),(电视,深圳,8000),(电视,深圳,10 000)}

其中,(冰箱,上海,2000)、(冰箱,上海,8000)等都是元组;冰箱、上海、2000等都是分量。

该笛卡儿积的基数为$2 \times 2 \times 3 = 12$。$D_1 \times D_2 \times D_3$共有12个元组,这12个元组可列成一张二维表,如表1.3.6所示。

表1.3.6 D_1、D_2、D_3的笛卡儿积

产 品 名 称	产　　　地	单　　　价
冰箱	上海	2000
冰箱	上海	8000
冰箱	上海	10 000
冰箱	深圳	2000
冰箱	深圳	8000
冰箱	深圳	10 000
电视	上海	2000

产 品 名 称	产 地	单 价
电视	上海	8000
电视	上海	10 000
电视	深圳	2000
电视	深圳	8000
电视	深圳	10 000

7. 关系

$D_1 \times D_2 \times \cdots D_n$ 的一个子集 R 称为在域 $D_1 \times D_2 \times \cdots D_n$ 上的一个关系(Relation),通常将其表示为 $R(D_1 \times D_2 \times \cdots D_n)$,其中,$R$ 表示该关系的名称,n 称为关系 R 的元数或度数(Degree),而关系 R 中所含有的元组数称为 R 的基数。由上述定义可以知道,域 $D_1 \times D_2 \times \cdots D_n$ 上的关系 R,就是由域 $D_1 \times D_2 \times \cdots D_n$ 确定的某些元组的集合。关系是笛卡儿的子积。

3.2.2 关系模式

由于关系实质上是一张二维表,表的每一行称为一个元组,每一列称为一个属性,一个元组就是该关系所涉及的属性集的笛卡儿积的一个元素。关系是元组的集合,因此关系模式(Relation Schema)要指出元组集合的结构。关系实际上就是关系模式在某一时刻的数据操作状态或内容。通常情况下把关系模式比作型,而关系是它的值。因此现在把关系模式和关系统称为关系。一个关系模式应当是一个五元组,关系模式可以形式化地表示为 $R(U,D,\mathrm{DOM},F)$,其中:

R 是关系名;U 是组成该关系的属性名集合;D 是属性组 U 中属性所来自的域;
DOM 是属性值域的映像集合;F 是属性间的数据依赖关系集合。

例 3.2 将表 1.3.1 的学生关系通过 $R(U,D,\mathrm{DOM},F)$ 五元组的关系模式解释。

R(关系名):学生关系。

U(属性集合):学号、姓名、性别、年龄。

D(域):字符型(学号、姓名、性别)、数值型(年龄)。

DOM(属性到域的映射):学号(字符型、宽度为 10);姓名(字符型、宽度为 8),性别(字符型、宽度为 2)、年龄(整型)。

F(属性间的数据依赖关系集合):(学号是唯一的,能够分别决定姓名、性别、年龄)。

3.3 关系完整性

数据库的完整性指数据的正确性和相容性。与数据库的安全性不同,数据库的完整性是为了防止数据库中存在不符合语义规定的数据、系统输入/输出无效信息,同时还要使存储在不同副本中的同一个数据保持一致性而提出的。而安全性防范对象是非法用户和非法操作。维护数据库的完整性是数据库管理系统的基本要求。

为了维护数据库的完整性,数据库管理系统(DBMS)必须提供一种机制来检查数据库中的数据是否满足语义约束条件。这些加在数据库数据之上的语义约束条件称为数据库的完整性约束条件。DBMS 检查数据是否满足完整性约束条件的机制称为完整性检查。

3.3.1　完整性控制的含义

数据库的完整性包括数据的正确性、有效性和一致性。其中,正确性是指输入数据的合法性,例如,一个数值型数据只能有 0,1,…,9,不能含有字母和特殊字符,否则就不正确,失去了完整性。有效性是指所定义数据的有效范围,例如,人的性别不能有"男""女"之外的值;人的一天最多工作时间不能超过 24 小时;工龄不能大于年龄等。一致性是指描述同一事实的两个数据应相同,例如,一个人不能有两个不同的性别、年龄等。

1. 数据库完整性控制的作用

数据库完整性控制对数据库系统是非常重要的,其作用主要体现在如下所述的 5 个方面。

(1) 数据库完整性约束能够防止合法用户使用数据库时向数据库中添加不符合语义规定的数据。

(2) 利用基于 DBMS 的完整性控制机制来实现业务规划,易于定义,容易理解,而且可降低应用程序的复杂性,提高应用程序的运行效率。

(3) 基于 DBMS 的完整性控制机制是集中管理的,因此比应用程序更容易实现数据库的完整性。

(4) 合理的数据库完整性设计,能够同时兼顾数据库的完整性和系统的效能。

(5) 在应用软件的功能测试中,完善的数据库完整性有助于尽早发现应用软件的错误。

2. 对数据库完整性的破坏

通常情况下,对数据库的完整性破坏来自以下 6 个方面:

(1) 操作人员或终端用户的错误或疏忽。

(2) 应用程序(操作数据)错误。

(3) 数据库中并发操作控制不当。

(4) 由于数据冗余,引起某些数据在不同副本中不一致。

(5) DBMS 或者操作系统出错。

(6) 系统中任何硬件(如 CPU、磁盘、通道、I/O 设备等)出错。

数据库的数据完整性随时都有可能遭到破坏,应尽量减少被破坏的可能性,并且在数据遭到破坏后应能尽快地恢复到原样。因此,完整性控制是一种预防性的策略。完整性控制能够保证各个操作的结构得到正确的数据,即只要能确保输入数据的正确,就能够保证正确的操作产生正确的数据输出。

3.3.2　完整性约束条件

数据库的完整性是指数据的正确性和相容性。数据库是否具备完整性关系到数据库系统能否真实地反映现实世界,因此,维护数据库的完整性是非常重要的。

为维护数据库的完整性,DBMS 必须提供一种机制来检查数据库中的数据,看其是否满足语义规定的条件。这些加在数据库数据之上的语义约束条件称为数据库完整性约束条件,它们被作为模式的一部分存入数据库中。而 DBMS 中检查数据是否满足完整性条件的机制称为完整性检查。

1. 完整性约束条件分类

完整性检查是围绕完整性约束条件进行的,因此完整性约束条件是完整性控制机制的核心。

完整性约束条件作用的对象可以是关系、元组、列三种。其中列约束主要是列的类型、取值范围、精度、排序等的约束条件。元组的约束是元组中各个字段间的联系的约束。关系的约束是若干元组间、关系集合以及关系之间的联系的约束。

完整性约束条件涉及的这三类对象,其状态可以是静态的,也可以是动态的。所谓静态约束是指数据库每一确定状态时的数据对象所应满足的约束条件,它是反映数据库状态合理性的约束,是最重要的一类完整性约束。动态约束是指数据库从一种状态转变为另一种状态时新、旧值之间所应满足的约束条件,它是反映数据库状态变迁的约束。

综上所述,我们可以将完整性约束条件分为 6 类。

(1) 静态列级约束。静态列级约束是对一个列的取值域的说明,这是最常用的,也是最容易实现的一类完整性约束,包括以下 3 个方面。

① 对数据类型的约束,包括数据的类型、长度、单位、精度等。例如,姓名类型为字符型,长度为 8;货物重量单位,使取值在正常范围内;性别的取值集合为(男,女),可以为性别字段创建 CHECK 约束。

② 对空值的约束。用 NOT NULL 来设定某列值不能为空。如果设定某列为 NOT NULL,则在添加记录时,此列必须插入数据。空值表示未定义或未知的值,与零值和空格不同。可以设置列不能为空值,例如,学生 ID 号不能为空值,而学生来自的省份可以为空值。

③ 对数据格式的约束,如规定日期的格式为 YYYY-MM-DD;对取值范围或取值集合的约束,如规定学生的成绩取值为 0~100。

(2) 静态元组约束。一个元组是由若干个列值组成的,静态元组约束就是规定元组的各个列之间的约束关系。

(3) 静态关系约束。在一个关系的各个元组之间或者若干关系之间常常存在各种联系或约束。常见的静态关系约束有:

① 实体完整性约束。

② 参照完整性约束。

实体完整性约束和参照完整性约束是关系模型的两个极其重要的约束,称为关系的两个不变性。

③ 函数依赖约束。大部分函数依赖约束都在关系模式中定义。

④ 统计约束。统计约束指字段值与关系中多个元组的统计值之间的约束关系。

(4) 动态列级约束。动态列级约束是修改列定义或列值时应满足的约束条件,包括以下两方面:

① 修改列定义时的约束。例如,将允许空值的列改为不允许空值时,如果该列目前已存在空值,则拒绝这种修改。

② 修改列值时的约束。修改列值有时需要参照其旧值,并且新旧值之间需要满足某种约束条件。例如,职工工资调整不得低于其原来工资,学生年龄只能增长等。

（5）动态元组约束。动态元组约束是指修改元组的值时,元组中各个字段间需要满足某种约束条件。例如,职工工资调整时新工资不得低于原工资＋工龄×1.5,等等。

（6）动态关系约束。动态关系约束是加在关系变化前后状态上的限制条件,例如事务一致性、原子性等约束条件。

2. 完整性控制

DBMS 的完整性控制机制应具有三个方面的功能。

（1）定义功能：提供定义完整性约束条件的机制。

（2）检查功能：检查用户发出的操作请求是否违背了完整性约束条件。

（3）违约提示：如果发现用户的操作请求使数据违背了完整性约束条件,则采取一定的动作来保证数据的完整性。

3.3.3 完整性规则

为了实现对数据库完整性的控制,DBA 应向 DBMS 提出一组适当的完整性规则,这组规则规定用户在对数据库进行更新操作时,对数据检查什么,检查出错误后怎样处理等。

完整性规则规定了触发程序条件、完整性约束、违反规则的响应,即规则的触发条件,是指什么时候使用完整性规则进行检查;规则的约束条件,是指规定系统要检查什么样的错误;规则的违约响应,是指查出错误后应该怎样处理。

完整性规则是由 DBMS 提供,由系统加以编译并存放在系统数据字典中的,但在实际的系统中常常会省去某些部分。进入数据库系统后,就开始执行这些规则。这种方法的主要优点是违约响应所查出的错误由系统来处理,而不是让用户的应用程序来处理。另外,其规则集中存放在数据字典中,而不是散布在各个应用程序中,这样容易从整体上理解和修改。

3.3.4 实现参照完整性要考虑的问题

在关系系统中,最重要的完整性约束是实体完整性和参照完整性,其他完整性约束条件则可以归入用户定义的完整性中。目前 DBMS 中,提供了定义和检查实体完整性、参照完整性和用户定义完整性的功能。对于违反实体完整性和用户定义完整性的操作,一般拒绝执行,而对于违反参照完整性的操作,不是简单拒绝,而是根据语义执行一些附加操作,以保证数据库的正确性。下面详细讨论实现参照完整性要考虑的 4 个问题。

1. 外码能否接受空值问题

例如,学生表 Student、课程表 Course 和选课表 SC 中,Student 关系的主码为学号 sno,Course 关系的主码为 cno,SC 关系的主码为学号 sno 和 cno 组合码,外码为学号 sno 和 cno,称 SC 为参照关系,Student 和 Course 为被参照关系。

因此在实现参照完整性时,系统除了应该提供定义外码的机制外,还应提供定义外码列是否允许空值的机制。

2. 在被参照关系中删除元组的问题

一般地,当删除被参照关系的某个元组时,若参照关系存在若干元组,其外码值与被参照关系删除元组的主码值相同,这时可有三种不同的策略。

（1）级联删除(Cascades)。将参照关系外码值与被参照关系中要删除元组主码值相同的元组一起删除。

（2）受限删除（Restricted）。仅当参照关系中没有任何元组的外码值与被参照关系中要删除元组的主码值相同时，系统才执行删除操作，否则拒绝此删除操作。

（3）置空值删除（Nullifies）。删除被参照关系的元组，并将参照关系中相应元组的外码值置空值。

3. 在参照关系中插入元组时的问题

一般地，当参照关系插入某个元组，而被参照关系不存在相应的元组，其主码值与参照关系插入元组的外码值相同，这时可有以下策略。

（1）受限插入。仅当被参照关系中存在相应的元组，其主码值与参照关系插入元组的外码值相同时，系统才允许插入，否则拒绝插入。

（2）递归插入。首先向被参照关系中插入相应的元组，其主码值等于参照关系插入元组的外码值，然后向参照关系插入元组。

4. 修改关系中主码的问题

（1）不允许修改主码。在有些 RDBMS 中，不允许修改关系主码。如上例中不能修改 Student 关系中的学号 sno。如果要修改，只能先删除，然后再增加。

（2）允许修改主码。在有些 RDBMS 中，允许修改关系主码，但必须保证主码的唯一性和非空，否则拒绝修改。当修改的关系是被参照关系时，还必须检查参照关系。

从上面的讨论可以看到，DBMS 在实现参照完整性时，除了要提供定义主码、外码的机制外，还需要提供不同的策略供用户选择。选择哪种策略，都要根据应用环境的要求来确定。

3.3.5 完整性的定义

1. 实体完整性

实体完整性（Entity Integrity）约束：在关系数据库中一个关系对应现实世界的一个实体集，关系中的每一个元组对应一个实体。在关系中用主关键字来唯一标识一个实体，表明现实世界中的实体是可以相互区分、识别的，也即它们应具有某种唯一性来标识实体具有独立性，关系中的这种约束条件称为实体完整性。关系中的主键的特点是不能取"空"值，并且是唯一的，如表 1.3.1 中的"学号"就是主键。假如这个学号允许为空或是不唯一，则表中的记录将出现大量冗余或错误。例如，班级中有两个女生都叫"吴小晴"，年龄相同，如果学号允许为空，那么会出现两个一样的"吴小晴"，无法区别。

一个实体就是指表中的多条记录，而实体完整性是指在表中不能存在完全相同的两条或两条以上的记录，而且每条记录都要具有一个非空且不重复的主键值。

2. 域完整性

域完整性是指向表的某列添加数据时，添加的数据类型必须与该列字段数据类型、格式及有效的数据长度相匹配。通常情况下域完整性是通过 CHECK 约束、外键约束、默认约束、非空定义、规则以及在建表时设置的数据类型实现的。

3. 参照完整性

参照完整性（Referential Integrity）约束是定义建立关系之间联系的主关键字与外部关键字引用的约束条件。关系数据库中通常都包含多个存在相互联系的关系，关系与关系之间的联系是通过公共属性来实现的。所谓公共属性 K,理论上规定:若 K 是关系 S 中的一属性组,且 K 是另一关系 R 的主关键字,则称 K 为关系 S 对应关系 Z 的外关键字;若 K 是关系 S 的外关键字,则 S 中每一个元组在 K 上的值必须是空值或是对应关系 R 中某个元组的主关键字值。例如,有两个关系"系部"和"教师",如表 1.3.7 表和表 1.3.8 所示。

表 1.3.7　系部表

系　号	系　　名	联系电话	院　　长
01	机械系	666011	张明
02	管理系	666012	刘大海
03	计算机系	666013	王方

表 1.3.8　教师表

教　师　号	教　师　名	系　　号
101	田一	01
102	赵海	02
103	李明	

参照完整性是指通过主键与外键建立两个或两个以上表的连接,建立连接的字段的类型和长度要保持一致。

4. 用户自定义完整性

实体完整性和参照完整性适用于任何关系型数据库系统,主要是针对关系的主关键字和外部关键字取值必须有效而设置的约束。用户自定义完整性(User-defined Integrity)约束则是根据应用环境的要求和实际的需要,对某一具体应用所涉及的数据提出约束性条件。这一约束机制一般不应由应用程序提供,而应由关系模型提供定义并检验。用户定义完整性主要包括字段有效性和记录有效性。如表 1.3.7 所示,"系号"是字符型的,宽度为 2。还有表 1.3.1 的"性别"只能是"男"或"女"。

用户定义的完整性是根据具体的应用领域所要遵循的约束条件,由用户自己定义的特定的规则。

3.4　关　系　运　算

关系数据操作可以分为数据查询和数据更新两大类型,而关系运算是根据数据操作的需要提出来的。在关系操作中,以集合代数为基础运算的数据操作语言(DML)称为关系代数语言,关系和其上的关系代数运算组成一个代数,称为关系代数,关系代数是以关系为运算对象的一组高级运算的组合,是一种抽象的查询语言。

关系代数语言必须在查询表达式中标明操作的先后顺序,故表示同一结果的关系代数表达式可以有多种不同的形式。下面按照数据操作的两种类型分别介绍相应的关系代数运算。关系代数运算按运算符的不同可分为传统的集合运算和专门的关系运算两类。

3.4.1　传统的关系运算

传统的关系运算符包括并(∪)、差(—)、交(∩)和笛卡儿积(×)4 种运算。设关系 R 和

关系 S 具有相同的 n 目属性,且相应的属性取自同一个域,则可以定义并、差、交运算。

1. 并

设关系 R 和关系 S 具有相同的目 n(即两个关系都有 n 个属性),且相应的属性取自同一个域,则关系 R 与关系 S 的并(Union)由属于 R 或属于 S 的元组组成。其结果关系仍为 n 目关系,如图 1.3.2 所示,记作

$$R \bigcup S = \{t \mid t \in R \vee t \in S\}$$

2. 差

设关系 R 和关系 S 具有相同的目 n,且相应的属性取自同一个域,则关系 R 与关系 S 的差(Except)由属于 R 而不属于 S 的所有元组组成。其结果关系仍为 n 目关系,如图 1.3.3 所示,记作

$$Q = R - S = \{t \mid t \in R \text{ 但 } t \notin S\}$$

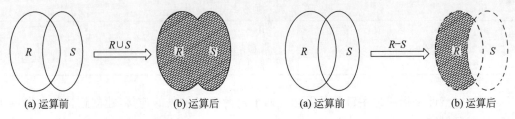

(a) 运算前   (b) 运算后   (a) 运算前   (b) 运算后

图 1.3.2 $R \bigcup S$ 的运算   图 1.3.3 $R - S$ 的运算

3. 交

设关系 R 和关系 S 具有相同的目 n,且相应的属性取自同一个域,则关系 R 与关系 S 的交(Intersection)由既属于 R 又属于 S 的元组组成。其结果关系仍为 n 目关系,如图 1.3.4 所示,记作

$$R \bigcap S = \{t \mid t \in R \wedge t \in S\}$$

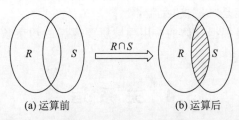

(a) 运算前   (b) 运算后

图 1.3.4 $R \bigcap S$ 的运算

4. 笛卡儿积

在这里的笛卡儿积是指广义的笛卡儿积(Extended Cartesian Product)。因为这里笛卡儿的元素是元组。广义笛卡儿积不要求参加运算的关系具有相同的目,广义笛卡儿积的运算是二元运算。

两个分别为 m 目和 n 目的关系 R 和关系 S 的广义笛卡儿积是一个有 $(m+n)$ 列的元组的集合。元组的前 m 个列是关系 R 的一个元组,后 n 个列是关系 S 的一个元组。若 R 有 K_1 个元组,S 有 K_2 个元组,则关系 R 和关系 S 的广义笛卡儿积有 $K_1 \times K_2$ 个元组,记作

$$R \times S = \{tq \mid t \in R \text{ and } q \in S\}$$

$R \times S$ 的结果是所有这样的元组对集合:一个元组来自 R,另一个元组来自 S。元组对

tq 表示将两个元组 t 和 q 连接起来得到的一个新元组。

图 1.3.5(f) 所示为广义笛卡儿积运算的示意图。图 1.3.5(f)$R \times S$。$R \times S$ 共有 $3+3$ 列,共有 4×4 个元组。

例 3.3 关系 R 和 S 分别具有三个属性,如图 1.3.5(a)、图 1.3.5(b)所示,关系 R 和 S 进行传统的关系运算的结果分别如图 1.3.5(c)~图 1.3.5(f)所示。

A	B	C
A_1	B_2	8
A_2	B_2	10
A_3	B_1	5
A_2	B_1	12

(a) 关系 R 的属性

A	B	C
A_1	B_2	8
A_2	B_1	12
A_3	B_3	6
A_3	B_1	5

(b) 关系 S 的属性

A	B	C
A_1	B_2	8
A_2	B_2	10
A_3	B_1	5
A_2	B_1	12
A_3	B_3	6

(c) $R \cup S$

A	B	C
A_1	B_2	8
A_2	B_1	12
A_3	B_1	5

(d) $R \cap S$

A	B	C
A_2	B_2	10

(e) $R - S$

A	B	C	A	B	C
A_1	B_2	8	A_1	B_2	8
A_1	B_2	8	A_2	B_1	12
A_1	B_2	8	A_3	B_3	6
A_1	B_2	8	A_3	B_1	5
A_2	B_1	10	A_1	B_2	8
A_2	B_1	10	A_2	B_1	12
A_2	B_1	10	A_3	B_3	6
A_2	B_1	10	A_3	B_1	5
A_3	B_3	5	A_1	B_2	8
A_3	B_3	5	A_2	B_1	12
A_3	B_3	5	A_3	B_3	6
A_3	B_3	5	A_3	B_1	5
A_2	B_1	12	A_1	B_2	8
A_2	B_1	12	A_2	B_1	12
A_2	B_1	12	A_3	B_3	6
A_2	B_1	12	A_3	B_1	5

(f) $R \times S$

图 1.3.5 传统的集合运算

3.4.2 专门的关系运算

专门的关系运算包括选择、投影、连接、除运算等。

1. 选择

选择(Selection)又称为限制(Restriction),它是在关系 R 中选择满足给定条件的元组,

组成一个新的关系,记作

$$\sigma_F(R)=\{t \mid t \in R \wedge F(t)='真'\}$$

说明:选择操作是根据某些条件对关系的水平切割,也就是从行的角度进行运算,选取符合条件的元组。选择运算如图 1.3.6 所示。

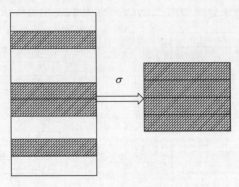

图 1.3.6　选择运算示意图

F 表示选择条件,是一个逻辑表达式,取值为逻辑"真"或"假"。逻辑表达式是由属性名(属性名也可以用它的列序号来代替)、常数(用引号括起来)、逻辑运算符(¬、∧ 或 ∨,通常用 φ 表示逻辑运算符)、比较运算符(>、≥、<、≤、= 或 <>,通常用 θ 表示比较运算符)以及常用的函数(数学、字符、日期、转换等)组成。通常情况下,逻辑表达式是由逻辑运算符连接由比较运算符组成的比较关系式而成。

逻辑表达式 F 的基本形式为:$X_1\theta Y_1[\varphi X_2\theta Y_2]$,$X_1$、$Y_1$ 等是属性名、常量或简单函数。

例 3.4　对关系 R(如图 1.3.7(a))进行相关的选择运算。求 $\sigma_{3>'6'}(R)$,从 R 中选择第 3 个分量值大于 6 的属性值,运算结果如图 1.3.7(b)所示。

A	B	C
A_1	B_2	8
A_2	B_1	6
A_3	B_2	5
A_2	B_1	10
A_2	B_1	7

(a) 关系 R

A	B	C
A_1	B_2	8
A_2	B_1	10
A_2	B_1	7

(b) $\sigma_{3>'6'}(R)$

图 1.3.7　例 3.4 的选择运算

2. 投影

投影(Projection)是指将对象转换为一种新形式的操作,该形式通常只包含那些随后将使用的属性列。通过投影,可在原来的关系上生成新的关系。也就是说投影运算是从给定关系的所有列中按某种顺序选取指定的列的集合,它是对数据库进行"纵向分割关系"的手

段,如图 1.3.8 所示,记为

$$\Pi_A(R) = \{t[A] \mid t \in R\}$$

其中:A 是属性名(即列名)表,R 是表名。

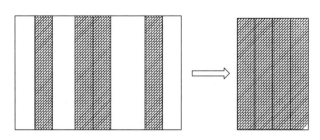

图 1.3.8　投影运算示意图

例 3.5　对例 3.4 的关系 R 进行相关的投影运算。(1)求 $\Pi_{A,B}(R)$,运算结果如图 1.3.9(a)所示。(2)求 $\sigma_{3,1}(R)$,即从 R 中选择第 3 个分量和第 1 个分量,运算结果如图 1.3.9(b)所示。

A	B
A_1	B_2
A_2	B_1
A_3	B_2
A_2	B_1
A_2	B_1

(a) $\Pi_{A,B}(R)$

A	C
A_1	8
A_2	6
A_3	5
A_2	10
A_2	7

(b) $\sigma_{3,1}(R)$

图 1.3.9　例 3.5 的投影运算

3. 连接

虽然笛卡儿积可以实现两个或两个以上关系的乘积,但是新的关系数据冗余度大,系统费时太多。因此要能够得到简单而优化的新关系,对笛卡儿积进行限制,这就引入了连接(Join)运算。连接运算把投影运算和选择运算综合运用来解决复杂的数据库运算。

(1)θ 连接运算。θ 连接运算是从两个已知关系 R 和 S 的笛卡儿积中,选取属性之间满足连接一定条件的元组组成新的关系,记作

$$R \underset{A\theta B}{\bowtie} S = \{\widehat{t_r t_s} \mid t_r \in R \wedge t_s \in S \wedge t_r[A]\theta t_s[B]\}$$

其中 A 和 B 分别是关系 R 和 S 上度数相等且可比的属性组,θ 是比较运算符。连接运算从关系 R 和 S 的笛卡儿积 $R \times S$ 中选取 R 关系在 A 属性组上的值与 S 关系在 B 属性组上值满足比较关系 θ 的元组。

有两类常用的连接运算,一种是等值连接(Equijoin),另一种是自然连接(Natural Join)。

当 θ 为"="时连接运算称为等值连接。它是从关系 R 和 S 的广义笛卡儿积中选取 A、B 属性值相等的元组。等值连接为

$$R \underset{A=B}{\bowtie} S = \{\widehat{t_r t_s} \mid t_r \in R \wedge t_s \in S \wedge t_r[A]=t_s[B]\}$$

自然连接是特殊的等值连接,它要求两个关系中进行比较的分量必须是相同的属性,并且在结果中把重复的属性列去掉。即若 R 和 S 具有相同的属性组 B,则自然连接可记作

$$R \bowtie S = \{\widehat{t_r t_s} \mid t_r \in R \wedge t_s \in S \wedge t_r[B] = t_s[B]\}$$

一般连接运算是从行的角度进行运算的,但自然连接还需要去掉重复的列,所以同时从行和列的角度进行运算。

自然连接和等值连接的差别如下。

- 自然连接要求相等的分量必须有共同的属性名,等值连接则不要求。
- 自然连接要求把重复的属性名去掉,等值连接却不这样做。

例 3.6 关系 R 和 S 如图 1.3.10(a)、图 1.3.10(b)所示,求 $R \underset{C>D}{\bowtie} S$。运算结果如图 1.3.10(c)所示。

A	B	C
A_1	B_2	8
A_2	B_1	6
A_3	B_2	5
A_2	B_1	10
A_2	B_1	7

(a) 关系 R

D	E
7	E_1
6	E_2
17	E_3

(b) 关系 S

A	B	C	D	E
A_1	B_2	8	7	E_1
A_2	B_2	8	6	E_2
A_3	B_1	10	7	E_1
A_2	B_1	10	6	E_2
A_2	B_1	7	6	E_2

(c) 连接结果 $R \underset{C>D}{\bowtie} S$ 关系

图 1.3.10 关系 R、关系 S 及其连接运算 $R \underset{C>D}{\bowtie} S$

(2) F 连接运算。F 连接运算是从关系 R 和 S 的笛卡儿积中选取属性值满足公式 F 的元组,设 F 为形如 $F_1 \wedge F_2 \wedge \cdots \wedge F_n$ 的公式,其中每个 $F_k(1 \leqslant k \leqslant n)$ 都是形如 $A\theta B$ 的算术比较式。这里 A 和 B 分别是关系 R 和关系 S 的第 A 个属性列名或序号、第 B 个属性列名或序号,记作

$$R \underset{F}{\bowtie} S = \sigma_F(R \times S)$$

例 3.7 关系 R 和 S 的 F 连接,如图 1.3.11 所示,这里 F 为 $R.B > S.D \wedge 3 > 1$($3 > 1$ 代表 R 关系中的第三列大于 S 中的第一列)。

在连接结果中会舍弃不满足连接条件的元组,这种形式的连接称为内连接。

如果希望不满足连接条件的元组也出现在连接结果中,可以通过外连接(Outer Join)操作实现。外连接是对自然连接运算的扩展。为什么要扩展自然连接?原因就是自然连接可能会造成信息丢失。所以为避免信息丢失,对失配元组,与一个空元组(所有属性值为 NULL)连接后,添加到结果关系中去,这就是外连接运算。

外连接有三种形式:左外连接(Left Outer Join)、右外连接(Right Outer Join)和全外连接(Full Outer Join)。

$$R$$

A	B	C
A_1	8	13
A_2	10	6
A_3	5	9

$$S$$

D	E
7	E_1
6	E_2
17	E_3

A	B	C	D	E
A_1	8	3	7	E_1
A_1	8	3	6	E_2

图 1.3.11　F 连接结果 $R\underset{R.B>S.D \wedge 3>1}{\bowtie}S$ 关系

$\bowtie$ 左外连接＝自然连接＋左侧表的失配元组(与空元组连接)

$\bowtie$ 右外连接＝自然连接＋右侧表的失配元组(与空元组连接)

$\bowtie$ 全外连接＝自然连接＋两侧表的失配元组(与空元组连接)

设有图 1.3.12(a)所示关系 R 和图 1.3.12(b)所示关系 S,则这两个关系的自然连接结果如图 1.3.12(c)所示,左外连接、右外连接、全外连接的结果如图 1.3.12(d)～(f)所示。

$$R$$

A	B	C
a	1	a
b	3	c
c	5	e

(a)

$$S$$

B	C	D
2	c	2
1	a	1
5	e	4

(b)

$$R\bowtie S$$

A	B	C	D
a	1	a	1
c	5	e	4

(c)

$$R\bowtie S$$

A	B	C	D
a	1	a	1
c	5	e	4
b	3	c	NULL

(d)

$$R\bowtie S$$

A	B	C	D
a	1	a	1
c	5	e	4
NULL	2	c	2

(e)

$$R\bowtie S$$

A	B	C	D
a	1	a	1
c	5	e	4
b	3	c	NULL
NULL	2	c	2

(f)

图 1.3.12　连接运算举例

4. 除运算

除(Division)运算是指对于给定关系 $R(X,Y)$ 和 $S(Y,Z)$,其中 X、Y、Z 为单个属性或属性集,R 与 S 的除运算得到一个新的关系,它是 R 中满足下列条件的元组在 X 属性列上的投影:元组在 X 上分量值 x 的象集 Y_x 包含 S 在 Y 上投影的集合。记作

$$R \div S = \{t_r[X] \mid t_r \in R \wedge \Pi_y(S) \subseteq Y_x\}$$

其中 Y_x 为 x 在 R 上的象集,$x = t_r[X]$。

关系 R 和关系 S 中的 Y 可以有不同的属性名,但是必须出自相同域集。

图 1.3.13 中,X_1 在 R 中的象集 $Z_{x_1} = \{Z_1, Z_2, Z_3\}$,

X_2 在 R 中的象集 $Z_{x_2} = \{Z_2, Z_3\}$,

X_3 在 R 中的象集 $Z_{x_3} = \{Z_1, Z_3\}$。

$$R$$

X	Z
X_1	Z_1
X_1	Z_2
X_1	Z_3
X_2	Z_2
X_2	Z_3
X_3	Z_1
X_3	Z_3

图 1.3.13　象集举例

例 3.8 设有关系 R、S 分别为图 1.3.14 中的(a)和(b)，$R \div S$ 的结果为图 1.3.14(c)。在关系 R 中，A 可以取 4 个值 $\{a_1, a_2, a_3, a_4\}$。其中：

a_1 的象集为 $\{(b_1, c_2), (b_2, c_3), (b_2, c_1)\}$

a_2 的象集为 $\{(b_3, c_7), (b_2, c_3)\}$

a_3 的象集为 $\{(b_4, c_6)\}$

a_4 的象集为 $\{(b_6, c_6)\}$

S 在 (B, C) 上的投影为 $\{(b_1, c_2), (b_2, c_3), (b_2, c_1)\}$

显然只有 a_1 的象集 $(B, C)_{a_1}$ 包含了 S 在 (B, C) 属性组上的投影，所以

$$R \div S = \{a_1\}$$

R

A	B	C
a_1	b_1	c_2
a_2	b_3	c_7
a_3	b_4	c_6
a_1	b_2	c_3
a_4	b_6	c_6
a_2	b_2	c_3
a_1	b_2	c_1

(a)

S

B	C	D
b_1	c_2	d_1
b_2	c_1	d_1
b_2	c_3	d_2

(b)

$R \div S$

A
a_1

(c)

图 1.3.14 除运算举例

5. 关系运算综合实例

例 3.9 设有一个学生缴费管理库，包括学生信息关系(Studenta)、缴费关系(JF)、部门信息关系(Group)，如图 1.3.15(a)、图 1.3.15(b)、图 1.3.15(c)所示。

(1) 查询一下山东省有哪些学生？

$$\sigma_{\text{Stusheng}='\text{山东省}'}(\text{Studenta})$$

结果为：

Stuaid	Stuname	Stusex	Stuage	Stumz	Stusheng	Zgid
10001001	刘晓那	女	20	汉族	山东省	信息
10001004	赵海威	男	20	汉族	山东省	工商

(2) 查询学生的学号和姓名。

$$\Pi_{\text{Stuaid, Stuname}}(\text{Studenta})$$

结果为：

Stuaid	Stuname
10001001	刘晓那
10001002	冯刚
10001003	李佳
10001004	赵海威
10001005	王梅

Studenta

学号 Stuaid	姓名 Stuname	性别 Stusex	年龄 Stuage	民族 Stumz	省份 Stusheng	专业 Zgid
10001001	刘晓那	女	20	汉族	山东省	信息
10001002	冯刚	男	21	汉族	吉林省	信息
10001003	李佳	女	22	满族	辽宁省	机械
10001004	赵海威	男	20	汉族	山东省	工商
10001005	王梅	女	22	满族	吉林省	机械

(a) 学生信息关系

JF

部门(id)Gid	部门名称 Gname	部门类型 Gclass
0001	财务处	教辅
0002	教务处	教学
0003	后　勤	教辅

(b) 缴费关系

Group

新生(id)Stuaid	部门 id Gid	缴费金额 JF
10001001	0001	3456
10001001	0002	500
10001001	0003	600
10001002	0001	3456
10001002	0002	500
10001002	0003	600
10001003	0003	600
10001005	0001	3456

(c) 部门信息关系

图 1.3.15　学生缴费管理库

（3）查询没有缴费的学生姓名。

$$\Pi_{\text{Stuname}}(\sigma_{\text{Gname}='后勤'}(\text{JF}) \bowtie \Pi_{\text{Stuaid, Stuname}}(\text{Studenta}))$$

结果为：

Stuname

刘晓那

冯刚

李佳

例 3.10　设有关系 Group 为 R（如图 1.3.15(c)所示），和关系 S_1（如图 1.3.16(a)所示）、关系 S_2（如图 1.3.17(a)所示）和关系 S_3（如图 1.3.18(a)所示）相除。

（1）查询 0001 部门缴费的学生名单，关系 S_1 如图 1.3.16(a)所示，$R \div S_1$ 结果如图 1.3.16(b)所示。

（2）查询 Stuaid(新生 id)为 10001 和 Gid(部门 id)为 0002 的已缴费的学生的名单，S_2 关系如图 1.3.17(a)所示，$R \div S_2$ 结果如图 1.3.17(b)所示。

Gid(部门 id)
0001

(a) 关系 S_1

Stuaid(新生 id)	JF 缴费金额
10001	3456
10002	3456
10005	3456

(b) $R \div S_1$ 结果

图 1.3.16 关系操作

Stuaid(新生 id)	Gid(部门 id)
10001	0002

(a) 关系 S_2

Stuaid(新生 id)	JF 缴费金额
10001	500

(b) $R \div S_2$ 结果

图 1.3.17 关系操作

(3) 查询 0001、0002、0004 部门已缴费的学生的名单,关系 S_3 如图 1.3.18(a)所示,$R \div S_3$ 结果如图 1.3.18(b)所示。

Gid(部门 id)
0001
0002
0004

(a) 关系 S_3

Stuaid(新生 id)
10001

(b) $R \div S_3$ 结果

图 1.3.18 关系操作

3.5 复 习 思 考

3.5.1 小结

本章主要介绍了关系数据模型是以集合论中的关系概念为基础发展起来的。关系模型中无论是实体还是实体间的联系均由单一的结构类型——关系来表示。在实际的关系数据库中的关系也称表。

以关系模型为基础,介绍了关系数据库理论以及关系模型数据结构:关系、元组、属性、主码、域、分量等;关系完整性;实体完整性约束(实体完整性、参照完整性和用户定义的完整性)。

关系数据库中传统的关系运算,并、交、差和笛卡儿积运算以及专门的关系运算包括选择、投影、连接和除运算。

3.5.2 习题

一、选择题

1. 概念模型是现实世界的第一层抽象,这一类模型中常用的模型是(　　)。

A. 层次模型　　　　　　　　　　B. 关系模型

C. 网状模型　　　　　　　　　　D. 实体-联系模型

2. 区分不同实体的依据是(　　)。

A. 名称　　　　　　　　　　　　B. 属性

C. 对象　　　　　　　　　　　　D. 概念

3. 下面的选项不是关系数据库基本特征的是(　　)。
   A. 不同的列应有不同的数据类型　　　　B. 不同的列应有不同的列名
   C. 与行的次序无关　　　　　　　　　　D. 与列的次序无关

4. 一个关系只有一个(　　)。
   A. 候选码　　　　B. 外码　　　　C. 超码　　　　D. 主码

5. 关系模型中,一个码是(　　)。
   A. 可以由多个任意属性组成
   B. 至多由一个属性组成
   C. 由一个或多个属性组成,其值能够唯一标识关系中一个元组
   D. 以上都不是

6. 关系数据库管理系统应能实现的专门关系运算包括(　　)。
   A. 排序、索引、统计　　　　　　　　　B. 选择、投影、连接
   C. 关联、更新、排序　　　　　　　　　D. 显示、打印、制表

7. 4 种基本关系代数运算是(　　)。
   A. 并(∪)、差(－)、选择(σ)和笛卡儿积(×)
   B. 投影(∏)、差(－)、交(∩)和笛卡儿积(×)
   C. 投影(∏)、选择(σ)、除(÷)、差(－)
   D. 并(∪)、差(－)、交(∩)和笛卡儿积(×)

8. 从一个数据库文件中取出满足某个条件的所有记录形成一个新的数据库文件的操作是(　　)操作。
   A. 投影　　　　B. 连接　　　　C. 选择　　　　D. 复制

9. 关系代数中的连接操作是由(　　)操作组合而成。
   A. 选择和投影　　　　　　　　　　　B. 选择和笛卡儿积
   C. 投影、选择、笛卡儿积　　　　　　D. 投影和笛卡儿积

10. 一般情况下,当对关系 R 和 S 进行自然连接时,要求 R 和 S 含有一个或者多个共有的(　　)。
   A. 记录　　　　B. 行　　　　C. 属性　　　　D. 元组

11. 假设有关系 R 和 S,关系代数表达式 $R-(R-S)$ 表示的是(　　)。
   A. $R \cap S$　　　　B. $R \cup S$　　　　C. $R-S$　　　　D. $R \times S$

二、填空题

1. 1970 年,IBM 公司的研究员_____博士发表的《大型共享数据库的关系模型》一文提出了关系模型的概念。

2. 在关系模型中,基本包括_____、_____、_____、_____、_____分量等。

3. 关系代数运算中,基本的运算是_____、_____、_____、_____。

4. 关系代数运算中,专门的关系运算有_____、_____、_____。

5. 关系代数中,从两个关系中找出相同元组的运算称为_____运算。

6. 设有学生关系：S(Sno,Sname,Ssex,Sage,Sl)。在这个关系中,Sno 表示学号,Sname 表示姓名,Ssex 表示性别,Sage 表示年龄,Sl 表示寝室。则查询学生姓名和所在寝

室的投影操作的关系运算式是_____。

三、简答题

1. 解释下述名词概念：关系模型、关系、属性、域、元组、候选码、码、实体完整性规则、参照完整性规则。

2. 为什么关系中的元组没有先后顺序？

3. 为什么关系中不允许有重复的元组？

4. 等值连接、自然连接二者之间有什么区别？

5. 已知关系 R 和 S，分别计算①$R \cup S$，②$R \cap S$，③$R - S$，④$R \times S$。

	R			S	
A	B	C	A	B	C
a_1	b_1	6	a_1	1	7
a_1	b_2	8	a_2	b_2	8
a_2	b_3	9	a_3	b_4	6
a_3	b_3	6			

第4章　关系数据库的标准语言 SQL

SQL(Structured Query Language,结构化查询语言)结构简洁,功能强大,简单易学,不仅具有丰富的查询功能,还具有数据定义和数据控制功能。它集数据定义(Data Definition)、数据查询(Data Query)、数据操纵(Data Manipulation)和数据控制(Data Control)功能于一体,充分体现了关系数据语言的特点和优点。本章主要介绍 SQL 语言的发展过程、基本特点、数据库定义语言(DDL)、数据操纵语言(DML)和数据控制语言(DCL)。

本章导读

- SQL 概述
- 数据定义
- 数据查询
- 数据操作语句
- 视图
- 索引

4.1　SQL 概述

SQL 语言自从 1988 年由 IBM 公司推出以来,得到了广泛的应用。如今无论是 Oracle、Sybase、Informix、SQL Server 等大中型的数据库管理系统,还是小型的 Visual FoxPro、PowerBuilder 数据库管理系统,都支持 SQL 语言作为查询语言。它功能丰富,语言简洁,易学易用,目前已经成为关系数据库的标准语言。

SQL 是高级的非过程化编程语言,它不要求用户指定对数据的存放方法,也不需要用户了解具体的数据存放方式,在多数情况下,在其他语言中需要一大段程序实现的功能只需要一个 SQL 语句就可以达到目的,这也意味着用为数不多的 SQL 语句可以实现非常复杂的功能。

4.1.1　SQL 语言的发展史及特点

1. SQL 语言的发展史

SQL 是在 1974 年由 Boyce 和 Chamberlin 提出,并作为 IBM 公司研制的关系数据库管理系统原型 System R 的一部分付诸实施。由于它的功能丰富、使用方式灵活、语言简洁易学等突出优点,在计算机工业界和计算机用户中备受欢迎。1986 年 10 月,美国国家标准局(ANSI)的数据库委员会批准了 SQL 作为关系数据库语言的美国标准。1987 年 6 月国际标准化组织(ISO)将其采纳为国际标准。这个标准也称为 SQL 86。随着 SQL 标准化工作的不断进行,相继出现了 SQL 89、SQL 2(1992)和 SQL 3(1993)。SQL 成为国际标准后,对数据库以外的领域也产生了很大影响,不少软件产品的开发将 SQL 语言的数据查询功能与图形功能、软件工程工具、软件开发工具、人工智能程序结合起来。

现在各大数据库厂商提供不同版本的 SQL。这些版本的 SQL 不但都包括原始的 ANSI 标准,而且还在很大程度上支持新推出的 SQL-92 标准。另外它们均在 SQL 2 的基础上作了修改和扩展,包含了部分 SQL-99 标准。这使不同的数据库系统之间的互操作有了可能。

2. SQL 的特点

SQL 语言之所以能够为用户和业界所接受,成为国际标准,是因为它是一个综合的、通用的、功能极强的、简学易用的语言。其主要特点如下。

1) 一体化

SQL 语言集数据定义语言(DDL)、数据查询语言(DQL)、数据操作语言(DML)、数据控制语言(DCL)的功能于一体,语言风格统一,可以独立完成数据库生命周期中的全部活动,包括:

(1) 定义关系模式,插入数据,建立数据库;

(2) 对数据库中的数据进行查询和更新;

(3) 数据库重构和维护;

(4) 数据库安全性、完整性控制等一系列操作要求。

这为数据库应用系统的开发提供了良好的环境。特别是用户在数据库系统投入运行后,还可根据需要随时地、逐步地修改模式,并不影响数据库的运行,从而使系统具有良好的可扩展性。

2) 高度非过程化

在使用 SQL 进行数据操作时,用户无须指明"怎么做",只要描述清楚要"做什么",因此不需要了解存取路径。存取路径的选择以及 SQL 的操作过程由系统自动完成。这不但大大减轻了用户负担,而且有利于提高数据独立性。

3) 以同一种语法结构提供多种使用方式

SQL 既是独立的语言,又是嵌入式语言。

作为独立的语言,它能够独立地用于联机交互,用户可以在终端键盘上直接输入 SQL 命令对数据库进行操作;作为嵌入式语言,SQL 语句能够嵌入到高级语言程序中,供程序员设计程序时使用。而在两种不同的使用方式下,SQL 的语法结构基本一致。这种以统一的语法结构提供多种不同使用方式的做法,提供了极大的灵活性与方便性。

4) 语言简洁,易学易用

SQL 功能极强,但由于设计巧妙,语言十分简洁,完成核心功能只用 9 个动词即可。SQL 接近英语口语,因此容易学习,容易使用。

4.1.2 SQL 语句的组成

SQL 语言按其功能可以分为四部分:数据定义、数据查询、数据操作和数据控制。SQL 语言集这些功能于一体,语言风格统一,可以独立完成数据库生命周期中的全部活动,为数据库应用系统开发提供良好的环境。表 1.4.1 列出了实现这 4 部分功能的核心动词。

表 1.4.1　SQL 核心动词

SQL 功能	所使用动词	SQL 功能	所使用动词
数据定义	CREATE、DROP、ALTER	数据操作	INSERT、UPDATE、DELETE
数据查询	SELECT	数据控制	GRANT、REVOKE

1. 数据定义功能

数据定义功能通过 DDL(Data Definition Language)来实现。可用来支持定义或建立数据库对象(如表、索引、序列、视图等),定义关系数据库的模式、外模式、内模式。常用 DDL 语句为不同形式的 CREATE、ALTER、DROP 命令。

2. 数据查询功能

数据查询功能通过 DQL(Data Query Language)来实现,通过数据查询语言实现各种查询要求。

3. 数据操作功能

数据操作功能通过 DML(Data Manipulation Language)来实现,DML 包括数据查询和数据更新两种语句,数据查询指对数据库中的数据进行查询、统计、排序、分组、检索等操作,数据更新指对数据的更新、删除、修改等操作。

4. 数据控制功能

数据控制功能指数据的安全性和完整性,通过 DCL(Data Control Language)来实现。

4.1.3　SQL Server 提供的主要数据类型

数据类型指在特定的列使用什么样数据的类型。如果一个列的名字为 Last_Name,它是用来存放人名的,所以这个特定列就应该采用 varchar(variable-length character,变长度的字符型)数据类型。在定义表结构时,一定要指明每个列的数据类型。

每个数据库管理系统所支持的数据类型并不完全相同,下面介绍 Microsoft SQL Server 支持的常用数据类型。

1. 整数数据类型

整数数据类型是最常用的数据类型之一,按照要存储数据的大小分类,如表 1.4.2 所示。

表 1.4.2　整数数据类型

整数数据类型	说　明	存储空间
bigint	存储 -2^{63}($-9\,223\,372\,036\,854\,775\,808$)~ $2^{63}-1$($9\,223\,372\,036\,854\,775\,807$)的整数	8 字节
int	存储 -2^{31}($-2\,147\,483\,648$)~ $2^{31}-1$($2\,147\,483\,647$)的整数	4 字节
smallint	存储 -2^{15}($-32\,768$)~ $2^{15}-1$($32\,767$)的整数	2 字节
tinyint	存储 0~255 的整数	1 字节

2. 浮点数据类型

浮点数据类型用于存储十进制小数。浮点数值的数据在 SQL Server 中采用上舍入(Round Up 或称为只入不舍)方式进行存储。所谓上舍入,指当(且仅当)要舍入的数是一

59

第 4 章

个非零数时,对其保留数字部分的最低有效位上的数值加1,并进行必要的进位。若一个数是上舍入数,其绝对值不会减少。如:对 3.141 592 653 589 79 分别进行 2 位和 12 位舍入,结果为 3.15 和 3.141 592 653 590,如表 1.4.3 所示。

表 1.4.3 浮点数据类型

浮点数据类型	说　明	存 储 空 间
float$[(n)]$	存储 $-1.79\mathrm{E}+308 \sim -2.23\mathrm{E}-308$,0 以及 $2.23\mathrm{E}-308 \sim 1.79\mathrm{E}+308$ 的浮点数。n 有两个值,如果指定的 n 为 $1\sim24$,则使用 24,占用 4 字节空间;如果指定的 n 为 $25\sim53$,则使用 53,占用 8 字节空间。若省略(n),则默认为 53	4 字节或 8 字节
real	存储 $-3.40\mathrm{E}+38 \sim 3.40\mathrm{E}+38$ 的浮点型数	4 字节
numeric(p,s) 或 decimal(p,s)	定点精度和小数位数。使用最大精度时,有效值为 $-10^{38}+1 \sim 10^{38}-1$。其中,$p$ 为精度,指定小数点左边和右边可以存储的十进制数字的最大个数。s 为小数位数,指定小数点右边可以存储的十进制数字的最大个数,$0 \leqslant s \leqslant p$。$s$ 的默认值为 0	最多 17 字节

3. 日期和时间数据类型

在 SQL Server 中,日期时间类型是将日期和时间合起来存储的,没有单独存储的日期和时间,如表 1.4.4 所示。

表 1.4.4 日期时间数据类型

日期时间数据类型	说　明	存 储 空 间
smalldatetime	存储 1900 年 1 月 1 日到 2079 年 6 月 6 日的日期,只能精确到分钟	4 字节
datetime	定义一个采用 24 小时制并带有秒的小数部分的日期和时间,时间范围是 00:00:00 到 23:59:59.997。默认格式为 YYYY-MM-DD hh:mm:ss.nnn,n 为数字,表示秒的小数部分(精确到 0.003 33s)	8 字节

4. 字符数据类型

字符数据类型是使用最多的数据类型。它可以用来存储各种字母、数字符号、特殊符号。一般情况下,使用字符类型数据时要在其前后加上单引号,如表 1.4.5 所示。

表 1.4.5 字符数据类型

字符类型	说　明	存 储 空 间
char(n)	固定长度的普通编码字符串类型,n 表示字符串的最大长度,取值范围为 $1\sim8000$	n 个字节。当实际字符串所需空间小于 n 时,系统自动在后边补空格
varchar(n)	可变长度的字符串类型,n 表示字符串的最大长度,取值范围为 $1\sim8000$	字符数+2 字节额外开销
nchar(n)	固定长度的统一编码字符串类型,n 表示字符串的最大长度,取值范围为 $1\sim4000$	2^n 字节。当实际字符串所需空间小于 2^n 时,系统自动在后边补空格
nvarchar(n)	可变长度的统一编码字符串类型,n 表示字符串的最大长度,取值范围为 $1\sim4000$	$2\times$字符数+2 字节额外开销

4.2 数 据 定 义

为了方便用户访问和管理数据库,关系数据库管理系统将数据划分为外模式、模式和内模式三级模式结构,外模式和模式在数据库中分别对应视图和基本表,内模式对应存储文件、索引定义等。DDL用于定义数据库的逻辑结构,是对关系模式一级的定义,包括模式、基本表、视图和索引的定义,如 CREATE、DROP、ALTER 等语句,如表 1.4.6 所示。

表 1.4.6 SQL 部分数据定义功能

对 象	创 建	修 改	删 除
模式	CREATE SCHEMA		DROP SCHEMA
表	CREATE TABLE	ALTER TABLE	DROP TABLE
视图	CREATE VIEW	ALTER VIEW	DROP VIEW
索引	CREATE INDEX	ALTER INDEX	DROP INDEX
存储过程	CREATE PROCEDURE	ALTER PROCEDURE	DROP PROCEDURE

4.2.1 数据库的定义

1. 数据库的创建

SQL Server 2008 中创建数据库可以通过以下两种方法:一是通过图形化向导创建,即在 SQL Server Management Studio 窗口下创建;二是通过编写 Transact-SQL 语句在查询分析器窗口创建。

虽然使用图形化向导创建数据库可以方便应用程序对数据的直接调用,但是,在某些情况下,不能使用图形化方式创建数据库。例如,在设计一个应用程序时,开发人员会直接使用 Transact-SQL 语句在程序代码中创建数据库及其他数据库对象,而不用在制作应用程序安装包时再放置数据库或让用户自行创建。

使用 Transact-SQL 创建数据库的语法格式如下:

```
CREATE DATABASE database_name
    [ ON
        [ PRIMARY ] [ < filespec > [, … ]
        [, < filegroup > [, … ] ]
    [ LOG ON { < filespec > [, … ] } ]
    ]
    [ COLLATE collation_name ]
    [ WITH < external_access_option > ]
]
```

上述语法中用到了很多种括号,它们本身不是 SQL 语句的部分。如"< >""[ ]"等,本节先简单介绍这些符号的含义,在后面的语法介绍中也要用到这些符号。

尖括号(< >)中的内容表示必须要写出来。

方括号([ ])中的内容表示是可选的(即可出现 0 次或 1 次),例如,[列级完整性约束定义]代表可以有也可以没有列级完整性约束定义。

花括号({ })与省略号(…)一起,表示其中的内容可以出现 0 次或多次。

竖杠(|)表示在多个短语中选择一个,例如 term1|term2|term3,表示在三个选项中任选一项。竖杠也能用在方括号中,表示可以选择有竖杠分割的选项中的一个,但整个句子又是可选的(也就是可以没有选项出现)。

各参数说明如下。

(1) database_name:新数据库的名称。

(2) ON:指定数据库文件或文件组的明确定义。

(3) PRIMARY:指明主数据库文件或主文件组。一个数据库只能有一个主文件,如果没有指定 PRIMARY,那么 CREATE DATABASE 语句中列出的第一个文件将成为主文件。

(4) < filegroup >:控制文件组属性。其语法格式为:

```
< filegroup > :: = FILEGROUP filegroup_name < filespec > [ , … ]
```

其中< filespec >为控制文件属性。其格式如下:

```
< filespec > :: =
{
    (
    NAME = logical_file_name,
    FILENAME = 'os_file_name'
        [ , SIZE = size [ KB | MB | GB | TB ] ]
        [ , MAXSIZE = { max_size [ KB | MB | GB | TB ] | UNLIMITED } ]
        [ , FILEGROWTH = growth_increment [ KB | MB | GB | TB | % ] ]
    ) [ , … ]
}
```

其中有逻辑文件名(NAME)、物理文件名(FILENAME)、初始大小(SIZE、默认单位为 MB)、可增大到的最大容量(MAXSIZE)、自动增长(FILEGROWTH),每个文件之间以逗号分隔。

(5) LOG ON:明确指定存储数据库日志的磁盘文件(日志文件)。LOG ON 后跟以逗号分隔的用以定义日志文件的 < filespec > 项列表。如果没有指定 LOG ON,将自动创建一个日志文件,其大小为该数据库的所有数据文件大小总和的 25% 或 512 KB,取两者之中的较大者。

例 4.1 创建一个名为 Students 的用户数据库,其主文件初始大小为 3MB,文件增长率为 10%,日志文件大小为 1MB,文件增长率为 10%,所有文件均存储在 D 盘根目录下。

```
CREATE DATABASE Students
ON
(NAME = Students_Data,
    FILENAME = 'D:\Students_Data.mdf',
    SIZE = 3MB,
    MAXSIZE = UNLIMITED,
    FILEGROWTH = 10%)
LOG ON
(NAME = Students_Log,
```

```
FILENAME = 'D:\Students_Log.ldf',
SIZE = 1MB,
MAXSIZE = UNLIMITED,
FILEGROWTH = 10%)
```

在 SQL 查询窗口中输入上述代码并执行即可创建指定的数据库。

例 4.2 通过指定多个数据和事务日志文件创建数据库 test。该数据库具有两个 10MB 的数据文件和两个 10MB 的事务日志文件。主文件是列表中的第一个文件,并使用 PRIMARY 关键字显式指定。事务日志文件在 LOG ON 关键字后指定。

```
CREATE DATABASE test
ON
PRIMARY
(NAME = test_data,
FILENAME = 'D:\test_dat.mdf',
SIZE = 10,
MAXSIZE = 100,
FILEGROWTH = 5),
(NAME = test_data1,
FILENAME = 'D:\test_dat1.ndf',
SIZE = 10,
MAXSIZE = 100,
FILEGORWTH = 10)
LOG ON
(NAME = test_log,
FILENAME = 'D:\test_log.ldf',
SIZE = 10MB,
MAXSIZE = 50MB,
FILEGROWTH = 5MB),
(NAME = test_log1,
FILENAME = 'E:\test_log1.ldf',
SIZE = 10MB,
MAXSIZE = 50MB,
FILEGROWTH = 5MB)
```

请注意用于 FILENAME 选项中各文件的扩展名:.mdf 用于主数据文件,.ndf 用于辅助数据文件,.ldf 用于事务日志文件。

2. 数据库的删除

当确信数据库不再使用时,可以删除数据库。删除数据库的语法为:

```
DROP   DATABASE   <数据库名>
```

删除数据库时,会将数据库中的所有数据及数据对象一起删除,因此,进行该操作时应非常谨慎。

4.2.2 基本表的定义

在关系数据库中,实体和实体之间的联系是通过关系(二维表)来表示的,因此,表结构是关系数据库中非常重要的对象。在数据库逻辑结构设计好之后,可以创建数据库的表。

关系数据库的表是二维表,包含行和列,创建表就是定义表所包含的各列的结构,其中包括列的名称、数据类型、约束等。列的名称是用户给列取的名字,为便于记忆,最好取有意义的名字,如"学号"或 Sno,而不去使用无意义的名字,如 X;列的数据类型说明了列的可取值范围;列的约束更进一步限制了列的取值范围,包括是否取空值、主码约束、外码约束、列取值范围约束等。

1. 基本表的创建

定义基本表使用 SQL 语言数据定义功能中的 CREATE TABLE 语句实现,其一般格式为:

```
CREATE TABLE <表名>
(<列名 1> <数据类型>[ <列级完整性约束条件>]
[,<列名 2> <数据类型>[ <列级完整性约束条件>]]
…
[,<列名 n> <数据类型>[ <列级完整性约束条件>]]
[,<表级完整性约束条件>]);
```

提示:SQL 语句只要求语句的语法正确即可,对关键字的大小写、语句的书写格式不作要求,但是语句中不能出现中文状态下的标点符号。

其中:

<表名>是所要定义的基本表的名字,同样,这个名字最好能表达表的应用语义,如"学生表"或 Student。

<列名>是表中所包含的属性列的名字,"数据类型"指明列的数据类型。一般来说,一个表会包含多个列,因此也就包含多个列定义。

在定义表的同时还可以定义与表有关的完整性约束条件,定义完整性约束条件可以在定义列的同时定义,也可以将完整性约束条件作为独立的项定义。在列定义时定义的约束称为列级完整性约束,作为表中独立的一项定义的完整性约束称为表级完整性约束。大部分完整性约束既可以在"列级完整性约束定义"处定义,也可以在"表级完整性约束定义"处定义;但涉及多个列的约束必须在"表级完整性约束定义"处定义。

具体的完整性约束的内容将在 4.2.3 节中详细阐述。

现以学生数据库中 Student 表的创建为例,说明 SQL 创建数据表的基本方法。Student 表的结构如表 1.4.7 所示。

表 1.4.7　Student 表的结构

列　　名	数据类型	长　　度	能否为空	字段说明
Sno	CHAR	10	否	学号
Sname	CHAR	10	是	姓名
Ssex	CHAR	2	是	性别
Sage	INT	4	是	年龄
Sdept	CHAR	20	是	系

例 4.3　利用 T-SQL 命令创建 Student 表,表的结构如表 1.4.7 所示。

```
CREATE  TABLE  Student
( Sno  CHAR(10)  NOT NULL,
```

```
Sname   CHAR(10),
Ssex    CHAR(2),
Sage    INT,
Sdept   CHAR(20)
)
```

2. 修改表结构

在定义完表之后,如果需求有变化,如需要添加列、删除列或修改列定义,可以使用 ALTER TABLE 语句实现。ALTER TABLE 语句可以实现添加列、删除列或修改列定义的功能,也可以实现添加和删除约束的功能。

不同的数据库管理系统对 ALTER TABLE 语句的格式可以稍有不同,这里给出 SQL Server 支持的 ALTER TABLE 语句格式。

ALTER TABLE 语句的部分语法格式如下:

```
ALTER TABLE <表名>
   [ ALTER COLUMN <列名> <新数据类型>]       //修改列
 | [ ADD <列名> <数据类型>]                   //添加新列
 | [ DROP COLUMN <列名>   ]                   //删除列
 | [ ADD [CONSTRAINT <约束名>] 约束定义]       //添加约束
 | [DROP [CONSTRAINT ]<约束名>]               //删除约束
```

例 4.4 为 Student 表添加"学生宿舍"列,此列的定义为 Room CHAR(8),允许空。

```
ALTER TABLE Student
   ADD   Room CHAR(8) NULL
```

注:新增加的列只能为空或默认,不能为 NOT NULL。

例 4.5 将新添加的 Room 列的类型改为 CHAR(6)。

```
ALTER TABLE Student
   ALTER COLUMN Room CHAR(6)
```

例 4.6 删除 Student 表中新添加的 Room 列。

```
ALTER TABLE Student
DROP COLUMN Room
```

3. 删除表

当确信不再需要某个表时,可以将其删除。删除表时会将与表有关的所有对象一起删掉,包括表中的数据。

删除表的语句格式为:

```
DROP  TABLE  <表名>  [RESTRICT|CASCADE]
```

例 4.7 删除 Test 表。

```
DROP TABLE Test
```

4.2.3 完整性约束

数据的完整性是指数据库中存储的数据的正确性和相容性。正确性是指数据要符合具体的语义,相容性是指数据的关系要正确。例如,人的性别只能是"男"或"女",学生选课必须是课程表中已开的课程才行。

数据完整性约束是为了防止数据库中存在不符合语义的数据,为了维护数据的完整性,数据库管理系统必须提供一种机制来检查数据库中的数据,看其是否满足语义规定的条件。这些加在数据库数据之上的语义约束条件就是数据完整性约束。数据完整性约束主要包括三类:实体完整性、参照完整性和用户定义完整性。

DBMS 检查数据是否满足完整性约束条件的机制称为完整性检查。当用户定义好了数据完整性,后续执行对数据的增加、删除、修改操作时,数据库管理系统都会自动检查用户定义的完整性约束,只有符合约束条件的操作才会被执行。下面从 DBMS 的实体完整性、参照完整性和用户定义完整性三方面来介绍完整性。

1. 实体完整性

实体完整性保证关系中的每个元组都是可识别的和唯一的。

在关系数据库中,用主码来保证实体完整性。关系数据库中的表都必须有主码,而且对主码的取值有要求:

(1) 主码的各个属性不能为空值。

(2) 任意两个元组的主码值不能相同。

因此,可以通过定义主码来保证实体完整性。

如果在列级完整性约束定义主码(仅用于单列主码),语法格式为:

<列名> 数据类型 PRIMARY KEY

如:

Sno CHAR(10) PRIMARY KEY

如果在定义完列后,为表级完整性定义主码(用于单列或多列主码),则语法格式为:

PRIMARY KEY (<列名>,[,…])

例 4.8 创建 Student 表、Course 表、SC 表并添加主码约束,将 Student 表的主码约束定义在列级完整性约束处,将 Course 表的主码约束定义在表级完整性约束处。

创建 Student 表,为 Student 表添加列级完整性约束,主码为(Sno):

```
CREATE  TABLE  Student
( Sno  CHAR(10)  PRIMARY KEY,
  Sname  CHAR(10) NOT NULL,
  Ssex  CHAR(2),
  Sage  INT,
  Sdept CHAR(20)
)
```

创建 Course 表,为 Course 表添加表级完整性约束,主码为(Cno):

```
CREATE  TABLE  Course
( Cno  CHAR(6),
  Cname  CHAR(10) NOT NULL,
  Credit  TINYINT,
```

```
    Semester TINYINT,
    PRIMARY KEY (Cno)
);
```

创建 SC 表,为 SC 表添加表级完整性约束,主码为(Sno,Cno):

```
CREATE   TABLE  SC
( Sno   CHAR(10) NOT NULL,
  Cno   CHAR(6) NOT NULL,
  PRIMARY KEY (Sno,Cno) ,
  Grade   TINYINT,
  FOREIGN KEY(Sno) REFERENCES  Student(Sno),
  FOREIGN KEY(Cno) REFERENCES  Course (Cno)
)
```

在表建好之后,为表添加主码约束的语法格式为:

```
ALTER TABLE <表名>
    ADD  [CONSTRAINT <约束名>]
    PRIMARY KEY (<列名>[, … ])
```

例 4.9 对 Student 表添加主码约束。

```
ALTER TABLE Student
    ADD  PRIMARY KEY(Sno)
```

或者

```
ALTER TABLE Student
    ADD  CONSTRAINT  PK_Course  PRIMARY KEY(Sno)
```

注:每个表只能由一个 PRIMARY KEY 约束。

如果表中定义了主码,在做如下操作时,数据库管理系统会自动检查数据是否符合实体完整性:

(1) 插入元组;

(2) 修改主码属性的值。

如果数据不符合实体完整性,一般来说,数据库管理系统会拒绝之前所做的操作。

2. 参照完整性

参照完整性也称引用完整性。现实世界中的实体之间往往存在着某种联系,在关系模型中,实体与实体之间的联系都是用关系来表示的,这样就自然存在着关系与关系之间的引用。因此,参照完整性就是用来描述实体之间的联系的。

例如,学生实体和班级实体可以用下面的关系模式表示,其中主码用下画线标识:

学生(<u>学号</u>,姓名,性别,班号,年龄)
班级(<u>班号</u>,所属专业,班主任,人数)

这两个关系模式之间存在着联系,即学生关系中的班号参照了班级关系中的班号。学生关系中的班号的值可以为空,表示该学生没有分到任何班级,如不为空则一定要是班级关系中确实存在的班号值。也就是说,学生关系中的班号的取值参照了班级关系中的班号的取值。这种限制一个关系中的某列的取值受另一个关系中某列的取值范围约束的特点就称为参照完整性。

与实体之间的联系类似,不仅实体之间存在着引用关系,同一个关系的内部属性之间也可以存在引用关系。

例如,职工关系模式:

职工(<u>职工号</u>,姓名,性别,主任职工号)

职工号为主码,事实上,某个职工的主任也应该是该企业的一名职工,因此,主任职工号一定是该关系模式中的职工号属性的一个取值。

下面进一步定义外码。

定义:设 F 是关系 R 的一个或一组属性,如果 F 与关系 S 的主码相对应,则称 F 是关系 R 的外码,并称关系 R 为参照关系,关系 S 为被参照关系。关系 R 和 S 不一定是不同的关系。

在学生关系中,班号属性的与班级关系中的主码班号相对应,因此,学生关系中的班号为外码,引用了班级关系中的班号。这里班级关系是被参照关系,学生是参照关系。

显然,外码与相对应的主码应该有相同的数据类型,但是不一定有相同的名字,例如职工关系模式的主任职工号和职工号。但在实际应用中为了便于识别,当外码与相应的主码属于不同的关系时,一般给它们取相同的名字。

因此,可以通过外码来保证参照完整性。外码的取值,一般应符合如下要求:

(1) 为空值;

(2) 等于其所参照的关系中的某个元组的主码。

参照完整性的定义就是通过定义外码来实现的。

一般情况下,外码都是单列的,它可以定义在列级完整性约束处,也可以定义在表级完整性约束处。定义外码的语法格式为:

```
[FOREIGN KEY (<本表列名>)] REFERENCES <外表名>(<外表主码列名>)
[ON DELETE {CASCADE|NO ACTION|SET NULL}]
[ON UPDATE {CASCADE|NO ACTION|SET NULL}]
```

如果是在列级完整性约束处定义外码,可以省略"FOREIGN KEY (<本表列名>)"部分,如果是在表级完整性约束处定义外码,则不能省略。

参照动作的作用是:说明当某个主码值被删除/更新时(这个主码值在被参照关系中),如何处理对应的外码值(这些外码值在参照关系中)。

下面介绍三种参照动作。

(1) CASCADE 方式:当主码值被删除/更新时,连带删除/更新对应的外码值。

(2) NO ACTION 方式:仅当没有任何对应的外码值时,才可以删除/更新主码值,否则系统拒绝执行此操作。

(3) SET NULL 方式:主码值被删除/更新时,将对应的外码值设为空值。

当用户在对参照表进行插入或者修改操作时违反了参照完整性,数据库管理系统会拒绝用户所做的操作。

当用户在对被参照表进行修改或者删除操作时违反了参照完整性,数据库管理系统按照外码定义时说明的方法来处理外码值,默认情况下为拒绝。

例 4.10 下面的代码是创建表的语句,并设定了参照动作。当删除学生表某条学生记录时,如果此学号值有相对应的选修记录,则数据库管理系统会拒绝用户所做的删除操作;当修改学生表某条记录时,连带修改此学号值对应的选修记录,将其选课记录的学号值改为新值。

```
CREATE TABLE 学生
    (学号   VARCHAR (4),
     姓名   …,
     PRIMARY KEY (学号),
        …
    );
CREATE TABLE 选修
    (学号   VARCHAR (4), …,
     FOREIGN KEY (学号) REFERENCES 学生(学号)
     ON DELETE RESTRICT ON UPDATE CASCADE,
     …,
    )
```

3. 用户定义完整性

用户定义完整性也称为域完整性或语义完整性。任何关系数据库管理系统都应该支持实体完整性和参照完整性。除此之外,不同的数据库应用系统根据应用环境的不同,往往还需要一些特殊的约束条件,用户定义完整性就是针对某一具体应用领域定义的数据库约束条件,它反映某一具体应用所涉及的数据必须满足应用语义的要求。

用户定义的完整性实际上就是指明关系中属性的取值范围,也就是属性的域,即限制关系中的属性的取值类型及取值范围,防止属性的值与应用语义矛盾。例如学生的性别取"男"或"女",学生的成绩为 0～100。

用户定义完整性可以通过以下约束来保证: NOT NULL 约束、CHECK 约束、DEFAULT 约束、UNIQUE 约束。

1) NOT NULL 约束

NOT NULL 约束用于限制列取值非空,它只能作为列级完整性约束定义,不能作为表级完整性约束定义,定义 NOT NULL 约束的语法格式为:

<列名> <数据类型> NOT NULL

例 4.11 限制 Student 表中学生姓名列不能取空值。

Sname CHAR(10) NOT NULL

2) CHECK 约束

CHECK 约束用于限制输入一列或多列的值的范围,通过逻辑表达式来判断数据的有效性,也就是一个列输入内容必须满足 CHECK 约束的条件,否则,数据无法正常输入,从而强制数据的域完整性。定义 CHECK 约束的语法格式为:

[CONSTRAINT 约束名] CHECK(逻辑表达式)

CHECK 约束可以作为列级完整性约束定义,也可以作为表级完整性约束定义,语法格式相同。但是,当表达式涉及多列时,只能作为表级完整性约束来定义。

例 4.12 在 Student 表中要求 Ssex 这一列的值只能取"男"或"女",如果用户输入其他值,系统均提示输入无效。

```
Ssex   CHAR(2)   CHECK(Ssex = '男'   OR   Ssex = '女')
```

如果是在已建好的表中增加 CHECK 约束,则语法格式为:

```
ALTER TABLE <表名>
  ADD [CONSTRAINT 约束名]
  CHECK(逻辑表达式)
```

例 4.13 在 Student 表中为学生年龄 Sage 增加约束,限制学生年龄取值范围为 10~40。

```
ALTER TABLE Student
ADD CONSTRAINT CHK_Sage CHECK(Sage > = 10 AND Sage < = 40)
```

3) DEFAULT 约束

用于提供列的默认值。若在表中某列定义了 DEFAULT 约束,用户在插入新数据行时,如果该列没有指定数据,那么系统将默认值赋给该列。只有在向表中插入数据时系统才检查 DEFAULT 约束。其语法格式为:

```
<列名> <数据类型> DEFAULT 默认值
```

例 4.14 为 Student 表中的学生所在系 Sdept 增加默认值约束,默认值为"计算机系"。

```
Sdept   CHAR(20)   DEFAULT '计算机系'
```

如果是在已建好的表中增加 DEFAULT 约束,则语法格式为:

```
ALTER TABLE <表名>
  ADD [CONSTRAINT 约束名]
  DEFAULT 默认值 FOR <列名>
```

上例,如 Student 表已经建好,则 DEFAULT 约束应该写为:

```
ALTER TABLE Student
  ADD   CONSTRAINT DF_Sdept
DEFAULT '计算机系' FOR   Sdept
```

4) UNIQUE 约束

UNIQUE 约束用于限制列中不能有重复值。这个约束用在事实上具有唯一性的属性列上,如每个人的身份证号码、手机号码、电子邮箱等均不能有重复值。定义 UNIQUE 约束时需要注意如下事项:

(1) UNIQUE 约束的列允许有一个空值;

(2) 在一个表中可以定义多个 UNIQUE 约束;

(3) 可以在多个列上定义一个 UNIQUE 约束,表示这些列组合起来不能有重复值。

UNIQUE 约束可以作为列级完整性约束定义,其语法格式为:

```
<列名> <数据类型> UNIQUE
```

UNIQUE 约束也可以作为表级完整性约束定义,但是 UNIQUE 约束涉及多列时,只能作为表级完整性来定义。其语法格式为：

```
UNIQUE (列名[,…])
```

例 4.15 为 Student 表的学生姓名 Sname 列添加 UNIQUE 约束。

```
Sname   CHAR(7) UNIQUE
```

或者

```
UNIQUE(Sname)
```

上述这些约束都可以在定义表时同时定义。对学生选课数据库中的三张表：学生（Student）表、课程（Course）表、选课（SC）表进行定义。这三张表的结构及完整性约束如表 1.4.8～表 1.4.10 所示。

表 1.4.8　Student 表

列　　名	说　　明	数　据　类　型	约　束　说　明
Sno	学号	定长字符类型,长度为 10	主键
Sname	姓名	定长字符类型,长度为 10	取值唯一
Ssex	性别	定长字符类型,长度为 1	取"男"或"女"
Sage	年龄	整数	取值范围为 15～45
Sdept	所在系	可变长字符类型,长度为 20	默认值"计算机系"

表 1.4.9　Course 表

列　　名	说　　明	数　据　类　型	约　束　说　明
Cno	课程号	定长字符类型,长度为 6	主码
Cname	课程名	定长字符类型,长度为 20	非空值
Pcno	先修课程号	定长字符类型,长度为 6	外码,参照本表中的 Cno
Credit	学分	整数	取值大于零

表 1.4.10　SC 表结构

列　　名	说　　明	数　据　类　型	约　束　说　明
Sno	学号	定长字符类型,长度为 10	外码,参照 Student 表的主码
Cno	课程号	定长字符类型,长度为 6	外码,参照 Course 表的主码
Grade	成绩	整数	取值范围为 0～100

创建满足约束条件的上述三张表的 SQL 语句如下（为了说明问题,将有些约束定义在列级,有些定义在表级）：

```
CREATE TABLE Student (
  Sno     CHAR (10 )  PRIMARY KEY,
  Sname   CHAR ( 10 ) UNIQUE,
  Ssex    CHAR (2)    CHECK (Ssex = '男' OR Ssex = '女'),
  Sage    TINYINT   CHECK (Sage > = 15 AND Sage < = 45),
  Sdept   VARCHAR (20 ) DEFAULT '计算机系'
  )
```

```
CREATE TABLE Course (
  Cno      CHAR(6)   NOT NULL,
  Cname    CHAR(20)   NOT NULL,
  Pcno     CHAR(6),
  CREDIT   INT CHECK (Credit > 0),
  PRIMARY KEY(Cno),
  FOREIGN KEY (Pcno) REFERENCES Course(Cno)
)
CREATE TABLE SC(
  Sno CHAR(10) REFERENCES Student(Sno),
  Cno CHAR(6) REFERENCES Course(Cno),
  Grade INT CHECK(grade < = 100 AND grade > = 0),
  PRIMARY KEY(Sno,Cno)
)
```

在完整性约束定义好之后,当用户在对数据库中的数据做增加、删除、修改操作时,数据库管理系统会自动检查数据是否符合完整性约束,不符合则拒绝所做的操作,否则按照完整性定义时说明的方法来处理。

4.3 数 据 查 询

SQL 语言的核心是数据查询。数据查询是根据用户的需要从数据库中提取所需要的数据,数据查询是数据库操作的重点和核心部分。数据库的查询操作是通过 SELECT 查询命令实现的,本节将介绍数据查询有关的操作。

SELECT 查询语句格式为:

```
SELECT [ALL|DISTINCT] <目标列表达式>[,<目标列表达式>] …
FROM <表名或视图名>[, <表名或视图名> ] …
[ WHERE <条件表达式> ]
[ GROUP BY <列名 1 > [ HAVING <条件表达式> ] ]
[ ORDER BY <列名 2 > [ ASC|DESC ] ];
```

其中各项参数说明如下。

(1) SELECT 子句:指定要显示的属性列。

(2) FROM 子句:指定查询对象(基本表或视图)。

(3) WHERE 子句:指定查询条件。

(4) GROUP BY 子句:对查询结果按指定列的值分组,该属性列值相等的元组为一个组。

(5) HAVING 短语:筛选出只有满足指定条件的组。

(6) ORDER BY 子句:对查询结果按指定列值的升序或降序排序。

4.3.1 基本查询

如果没有特别说明,本节所示的查询结果均为 SQL Server 2008 中执行产生的结果形式。所有有关 SQL 查询操作都建立在表 1.4.11~表 1.4.13 所示的 3 张表(Student 表、Course 表和 SC 表)上。

表 1.4.11 Student 表

Sno	Sname	Ssex	Sage	Sdept
S0001	赵菁菁	女	23	计算机系
S0002	李勇	男	20	计算机系
S0003	张力	男	19	计算机系
S0004	张衡	男	18	信息系
S0005	张向东	男	20	信息系
S0006	张向丽	女	20	信息系
S0007	王芳	女	20	计算机系
S0008	王民生	男	25	数学系
S0009	王小民	女	18	数学系
S0010	李晨	女	22	数学系

表 1.4.12 Course 表

Cno	Cname	Credit	Semester	Pcno
C001	高等数学	4	1	NULL
C002	大学英语	3	1	NULL
C003	大学物理	3	3	C001
C004	计算机文化学	2	1	NULL
C005	C 语言	4	2	C004
C006	数据结构	4	3	C005
C007	数据库原理	4	5	C006

表 1.4.13 SC 表

Sno	Cno	Grade
S0001	C001	96
S0001	C002	80
S0001	C003	84
S0001	C004	73
S0001	C005	67
S0002	C001	87
S0002	C003	89
S0002	C004	67
S0002	C005	70
S0002	C006	80
S0003	C002	81
S0004	C001	69
S0004	C002	65
S0010	C002	70

各关系包含的属性含义如下。

Student 表：Sno(学号)，Sname(姓名)，Ssex(性别)，Sage(年龄)，Sdept(所在系)。

Course 表：Cno(课程号)，Cname(课程名)，Credit(学分)，Semester(开课学期)，Pcno

73

第 4 章

（直接先修课）。

SC：Sno（学号），Cno（课程号），Grade（成绩）。

1. 简单无条件查询

在数据库的查询中，有时需要查看整个表的信息。

例 4.16 查询 Student 表中的所有记录的所有属性。

语句如下：

```
SELECT * FROM Student
```

说明：*表示所有列。

查询结果如图 1.4.1 所示。

2. 简单的条件查询

在一些查询中，经常需要根据某种条件进行查询，将条件写在 WHERE 子句中。

例 4.17 在表中查询所有女生的信息。查询结果如图 1.4.2 所示。

```
SELECT * FROM Student WHERE Ssex = '女'
```

图 1.4.1　例 4.16 的查询结果　　　　图 1.4.2　例 4.17 的查询结果

3. 选择表中的若干列

在很多情况下，用户只对表中的一部分属性列感兴趣，这可以通过 SELECT 子句的<目标表达式>指定要查询的属性列。

例 4.18 查询 Student 表中计算机系的学生的学号、姓名、性别和所在系的信息。

```
SELECT Sno,Sname,Ssex,Sdept  FROM Student WHERE Sdept = '计算机系'
```

查询结果如图 1.4.3 所示。

说明：<目标表达式>中各个列的先后顺序可以与表中的顺序不一致。用户可以根据应用的需要改变列的显示顺序。

4. 消除重复行

在 SELECT 子句中使用 DISTINCT 关键字可以去掉结果中的重复行。DISTINCT 关键字放在 SELECT 的后面、目标列名序列的前面。

例 4.19 查询有哪些课程被学生所选修,列出课程号。

(1) 简单的条件查询:

```
SELECT   Cno   FROM SC
```

(2) 删除重复行:

```
SELECT DISTINCT Cno FROM SC
```

查询结果如图 1.4.4 所示。由于一门课程被多个学生选修,所以要避免重复统计课程号。

图 1.4.3 例 4.18 的查询结果

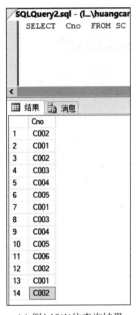

(a) 例4.19(1)的查询结果

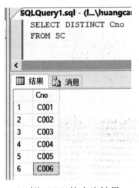

(b) 例4.19(2)的查询结果

图 1.4.4 例 4.19 的查询结果

5. 查询限定行数

如果 SELECT 语句返回的结果集合中的行数太多,可以使用 TOP n 选项返回查询结果集合中的指定的前 n 行数据。TOP 子句用于规定要返回的记录的数目。对于拥有数千条记录的大型表来说,TOP 子句是非常有用的。但是并非所有的数据库系统都支持 TOP 子句。

例 4.20 显示学生表 Student 中前两行数据。

```
SELECT TOP 2  *
FROM Student
```

其运行结果如图 1.4.5 所示。

例 4.21 查询表 Student 中前 50% 的数据。

```
SELECT TOP 50 PERCENT  *  FROM Student
```

关系数据库的标准语言 SQL

6. 使用列表达式

SELECT 子句的<目标列表达式>不仅可以是表中的属性列,也可以是表达式,表达式可以是算术表达式、字符串常量、函数、列别名等。

例 4.22 查询全体学生的姓名及其出生年份。

SELECT Sname,2019 - Sage FROM Student

其运行结果如图 1.4.6 所示。

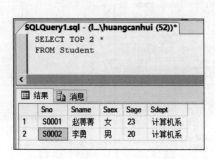

图 1.4.5 例 4.20 的查询结果   图 1.4.6 例 4.22 的查询结果

例 4.23 使用列别名改变查询结果的列标题,其运行结果如图 1.4.7 所示。

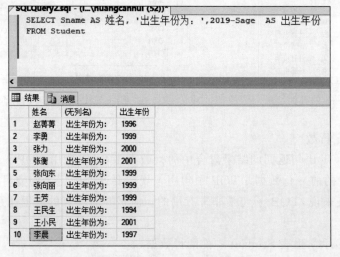

图 1.4.7 例 4.23 的查询结果

代码如下:

```
SELECT Sname AS 姓名, '出生年份为: ',2019 - Sage   AS 出生年份
FROM Student
```

其中 AS 可以省略,注意更改的是查询结果显示的列标题,这是列的别名,而不是更改

了数据库表或视图的列标题。

7. 查询满足条件的元组

使用 WHERE 子句来查询满足条件的元组,WHERE 子句常用的查询条件如表 1.4.14 所示。

表 1.4.14　常用查询条件

查 询 条 件	谓 词
比较	= 、> 、< 、>= 、<= 、! = 、<> 、!> 、!<
确定范围	BETWEEN…AND…、NOT BETWEEN…AND…
确定集合	IN、NOT IN
字符匹配	LIKE、NOT LIKE
空值	IS NULL、IS NOT NULL
多重条件	AND、OR

1) 表达式比较

例 4.24　在 Student 表中查询所有年龄在 20 岁以下的学生姓名及其年龄。

```
SELECT Sname,Sage
FROM Student
WHERE Sage < 20
```

其运行结果如图 1.4.8 所示。

2) 确定范围

BETWEEN…AND… 和 NOT BETWEEN…AND… 是逻辑运算符,可以用来查找属性值在(或不在)指定范围内的元组,其中 BETWEEN 后面可以指定范围的下限,AND 后面可以指定范围的上限。

BETWEEN…AND… 的语法格式如下:

```
<列名|表达式>[NOT] BETWEEN 下限值 AND 上限值
```

"BETWEEN 下限值 AND 上限值"的含义是:如果列或表达式的值在下限值和上限值范围内(包括边界值),则结果为 TRUE,表明此记录符合查询条件。

注意:下限值<上限值。

"NOT BETWEEN 下限值 AND 上限值"的含义正好相反:如果列或表达式的值不在下限值和上限值范围内(不包括边界值),则结果为 TRUE,表明此记录符合查询条件。

例 4.25　查询 SC 表中考试成绩为 60～70(含 60、70)的学号、课程号、成绩。

```
SELECT Sno,Cno,Grade
FROM SC
WHERE grade BETWEEN 60 AND 70
```

此语句等价于:

```
SELECT Sno,Cno,Grade
FROM SC
WHERE Grade > = 60 AND Grade < = 70
```

查询结果如图 1.4.9 所示。

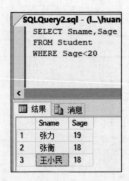

图 1.4.8　例 4.24 的查询结果

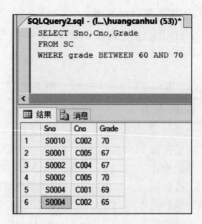

图 1.4.9　例 4.25 的查询结果

例 4.26　查询数据库表 SC 中考试成绩不在 60～70 的记录对应的学号、课程号、成绩。

```
SELECT Sno,Cno,Grade
FROM SC
WHERE grade NOT  BETWEEN 60 AND 70
```

此语句等价于：

```
SELECT Sno,Cno,Grade
FROM SC
WHERE Grade < 60 OR Grade > 70
```

对于日期类型的数据也可以使用基于范围的查找。

例 4.27　设有图书表(含书号、类型、价格、出版日期)，出版日期为 Datetime 型。查找 2009 年 7 月出版的图书信息。

```
SELECT 书号,类型,价格,出版日期
FROM 图书表
WHERE 出版日期 BETWEEN '2009 - 7 - 1' AND '2009 - 7 - 31'
```

3) 确定集合

例 4.28　在 Student 表中查询计算机系、数学系的学生的姓名、性别和年龄。

```
SELECT Sname,Ssex,Sage,Sdept
FROM Student
WHERE Sdept IN ('计算机系','数学系')
```

此句等价于：

```
SELECT Sname,Ssex,Sage,Sdept
FROM Student
WHERE Sdept = '计算机系' OR Sdept = '数学系'
```

查询结果如图 1.4.10 所示。

例 4.29　在 Student 表中查询既不是计算机系，也不是数学系学生的姓名、性别和年龄。

```
SELECT Sname,Ssex,Sage,Sdept
FROM Student
WHERE Sdept NOT IN ('计算机系','数学系')
```

此句等价于:

```
SELECT Sname,Ssex,Sage,Sdept
FROM Student
WHERE Sdept!= '计算机系' AND   Sdept!= '数学系'
```

查询结果如图 1.4.11 所示。

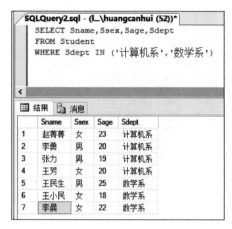

图 1.4.10   例 4.28 的查询结果

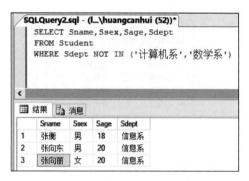

图 1.4.11   例 4.29 的查询结果

8. 字符串匹配

LIKE 用来查找指定列中与匹配串常量匹配的元组。匹配串可以是完整的字符串,也可以含有通配符。通配符用于表示任意的字符或字符串。在实际应用中,如果需要从数据库中检索数据,但又不能给出精确的字符查询条件时,可以使用 LIKE 运算符和通配符来实现模糊查询。在 LIKE 运算符前面也可以使用 NOT 运算符,表示对结果取反。

LIKE 运算符的一般语法格式如下:

<列名> [NOT] LIKE <匹配串>

匹配串可以是完整的字符串,也可以含有"%"和"_",其中各参数说明如下。

(1) %(百分号):代表任意长度(长度也可为 0)的字符串。

(2) _(下画线):代表任意单个字符。

(3) [ ](中括号):代表匹配中括号里的任意字符。

(4) [^]:不匹配[ ]中的任意一个字符。

(5) ESCAPE:换码字符。

例 4.30   在 Student 表中查询所有姓张的学生的姓名、性别和所在系。

```
SELECT Sname,Ssex,Sdept
FROM Student
WHERE   Sname LIKE '张 % '
```

查询结果如图 1.4.12 所示。

例 4.31 在 Student 表中查询所有不姓张的学生的姓名、学号和年龄。

```
SELECT Sname, Sno, Sage
FROM Student
WHERE Sname NOT LIKE '张 % '
```

查询结果如图 1.4.13 所示。

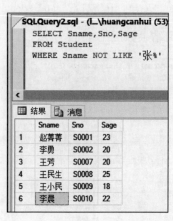

图 1.4.12 例 4.30 的查询结果　　　图 1.4.13 例 4.31 的查询结果

例 4.32 在 Student 表中查询名字中第二个字为"向"字的学生的姓名和学号。

```
SELECT Sname, Sno
FROM Student
WHERE Sname LIKE '_向 % '
```

查询结果如图 1.4.14 所示。

例 4.33 在 Student 表中查询学号的最后一位不是 2、3、5 的学生信息。

```
SELECT *
FROM Student
WHERE Sno  LIKE '% [^235]'
```

查询结果如图 1.4.15 所示。

9. 涉及空值的查询

在涉及空值的查询中，可以使用 IS NULL 或者 IS NOT NULL 来指定这种查询条件。由于空值是不确定的值，因此判断某个值是否为空，不能使用普通的比较运算符（"="" ! ="等），只能使用专门的判断 NULL 值的子句来完成。而且，空值不能与任何值进行比较。

例 4.34 在 Course 表中查询哪些课程没有先修课程，列出其课程号、课程名、学分。
代码如下：

```
SELECT Cno, Cname, Credit
FROM Course
WHERE Pcno IS NULL
```

查询结果如图 1.4.16 所示。

图 1.4.14　例 4.32 的查询结果 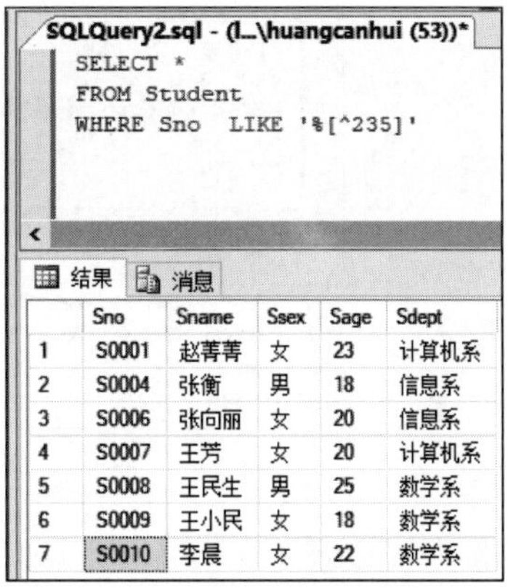　　　　图 1.4.15　例 4.33 的查询结果

例 4.35　在 Course 表中查询没有先修课程并且学分为 2 的课程信息。
代码如下：

```
SELECT *
FROM Course
WHERE Pcno IS NULL AND Credit = 2
```

查询结果如图 1.4.17 所示。

图 1.4.16　例 4.34 的查询结果

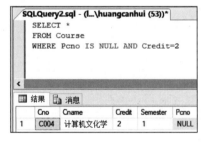

图 1.4.17　例 4.35 的查询结果

例 4.36　在 Student 表中查询计算机系和数学系的男生的信息。
代码如下：

```
SELECT *
FROM Student
WHERE (Sdept = '计算机系' OR Sdept = '数学系') AND   Ssex = '男'
```

查询结果如图 1.4.18 所示。

10. 对查询结果进行排序

有时需要对查询的结果进行排序，这时可以用 ORDER BY 子句进行排序，ORDER BY 子句是根据查询结果中的一个字段或者多个字段对查询结果进行排序。

ORDER BY 子句的语法格式如下：

```
ORDER BY{<排序表达式>[ASC|DESC]}[,…]
```

第 4 章

关系数据库的标准语言 SQL

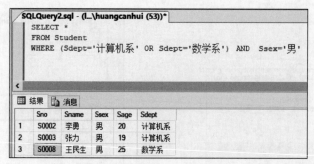

图 1.4.18　例 4.36 的查询结果

其中<排序表达式>用于指定排序的依据,可以是字段名也可以是字段别名。ASC 和 DESC 指定排序方向,ASC 指定字段的值按照升序排列,DESC 指定字段的值按照降序排列。如果没有指定具体的排序,则默认值为升序排列。

例 4.37　在 SC 表中查询学号为 S001 的学生的选课信息,并按成绩(Grade)降序排序。代码如下:

```
SELECT *
FROM
SC
WHERE Sno = 'S0001'
ORDER BY Grade DESC
```

查询结果如图 1.4.19 所示。

例 4.38　在表 Student 中查询学生的信息,要求先按所在系升序排序,同一个系的学生再按年龄降序排序。代码如下:

```
SELECT *
FROM Student
ORDER BY Sdept,Sage DESC
```

查询结果如图 1.4.20 所示。

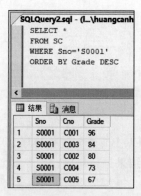

图 1.4.19　例 4.37 的查询结果

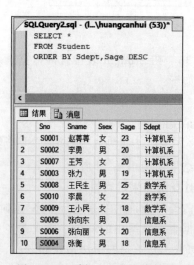

图 1.4.20　例 4.38 的查询结果

11. 多重条件查询

除了前面的查询条件外,还要使用逻辑运算符才算构成完整的查询条件。NOT 是用来反转查询条件,逻辑运算符 AND 和 OR 是用来连接多个查询条件,AND 的优先级高于 OR,不过可以用括号改变优先级。

注意:例题 4.36 中采用括号改变优先级。

4.3.2 聚合函数查询

统计函数也称为集合函数或者聚合聚集函数,其作用是对一组值进行计算并返回一个统计结果。为了进一步方便用户,增强检索功能,SQL 提供了许多聚合(聚集)函数,主要有:

```
COUNT ([DISTINCT | ALL] * )        统计元组(记录)个数
COUNT ([DISTINCT | ALL]<列名>)      统计一列中值(不为 NULL)的个数
SUM ([DISTINCT | ALL]<列名>)        求一列值的总和(必须为数值型)
AVG ([DISTINCT | ALL]<列名>)        求一列值的平均数(必须为数值型)
MAX ([DISTINCT | ALL]<列名>)        求一列值中的最大值
MIN ([DISTINCT | ALL]<列名>)        求一列值中的最小值
```

例 4.39 在 Student 表中查询学生总人数。

代码如下:

```
SELECT COUNT( * ) AS 学生人数
FROM Student
```

或者

```
SELECT COUNT(Sno) AS 学生人数
FROM Student
```

查询结果如图 1.4.21 所示。

例 4.40 在 SC 表中统计 C002 号课程的最高分和最低分。

代码如下:

```
SELECT MAX(Grade)最高分,MIN(Grade) 最低分
FROM SC
WHERE Cno = 'C002'
```

查询结果如图 1.4.22 所示。

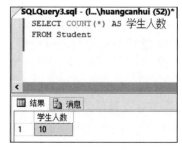

图 1.4.21　例 4.39 的查询结果

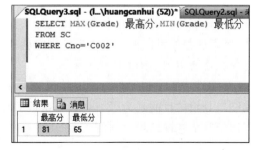

图 1.4.22　例 4.40 的查询结果

关系数据库的标准语言 *SQL*

例 4.41 在 SC 表中查询选修过课程的学生人数。

代码如下：

SELECT COUNT(DISTINCT Sno) AS 选修过课程的学生人数 FROM SC

查询结果如图 1.4.23 所示。

例 4.42 在 SC 表中查询 S0001 号学生的总分、平均分。

```
SELECT SUM(Grade)总分,AVG(Grade) 平均分
FROM SC
WHERE Sno = 'S0001'
```

查询结果如图 1.4.24 所示。

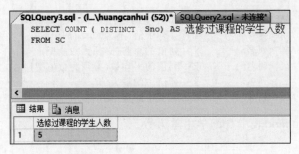

图 1.4.23　例 4.41 的查询结果

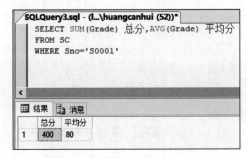

图 1.4.24　例 4.42 的查询结果

4.3.3　对数据进行分组统计

以上所举的统计函数的例子，均是针对表中满足 WHERE 条件的全体元组进行的，统计的结果是一个函数返回一个单值。在实际应用中，有时需要对数据进行分组，然后再对每个分组进行统计，而不是对全表进行统计。例如，统计每个学生的平均成绩、每个系的学生人数、每门课程的考试平均成绩等信息时就需要将数据先分组，然后对每个组进行统计。这种情况就需要用到 GROUP BY 子句。

GROUP BY 子句用于对查询结果按某一列或多列的值分组，值相等的分为一组。对查询结果分组的目的是为了细化聚集函数的作用对象。如果未对查询结果分组，聚集函数将作用于整个查询结果。如例 4.43～例 4.48。

例 4.43 查询各个系的学生人数。

代码如下：

```
SELECT Sdept,COUNT( * )人数
FROM Student
GROUP BY Sdept
```

查询结果如图 1.4.25 所示。

该语句对查询结果按 Sdept 的值分组,所有具有相同 Sdept 值的元组为一组,然后对每一组用聚集函数 COUNT 计算,以求得该组的学生人数。

例 4.44　求每门课程相应的选课人数、平均分数,并按照平均分排升序。

```
SELECT Cno   课程号,COUNT(Sno) 人数 ,AVG(Grade) 平均分
FROM SC
GROUP BY Cno
ORDER BY AVG(Grade)
```

查询结果如图 1.4.26 所示。

注意:一旦使用 GROUP BY 子句,SELECT 子句的列中只能包含在 GROUP BY 中分组指定的列或者聚集函数(任意属性)。分组后每个组只返回一行结果。

图 1.4.25　例 4.43 的查询结果

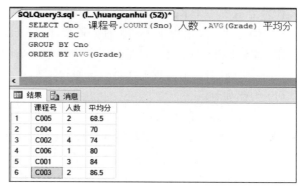

图 1.4.26　例 4.44 的查询结果

例 4.45　使用带 WHERE 子句的分组,统计每个系的女生人数。
代码如下:

```
SELECT Sdept,COUNT( * )女生人数
FROM Student
WHERE   Ssex = '女'
GROUP BY Sdept
```

查询结果如图 1.4.27 所示。

例 4.46　统计每个系的男生人数和女生人数以及男生的最大年龄和女生的最大年龄,结果按系名升序排序。

```
SELECT Sdept,COUNT( * )人数 ,MAX(Sage)   最大年龄
FROM Student
GROUP BY Sdept,Ssex
ORDER BY Sdept
```

查询结果如图 1.4.28 所示。

图 1.4.27 例 4.45 的查询结果   图 1.4.28 例 4.46 的查询结果

注意：也可以按多个列进行分组。当有多个分组依据列时，统计是以最小组为单位进行的。

如果分组后还要求按一定的条件对这些组进行筛选，最终只输出满足指定条件的组，可以使用 HAVING 短语指定筛选条件。需要注意：HAVING 子句只能配合 GROUP BY 子句使用，而不能单独出现。HAVING 子句的作用是在分组后，筛选满足条件的分组。

在分组限定条件中出现的属性只能是以下形式：

（1）分组属性；

（2）聚集函数（任意属性）。

例 4.47   查询出平均分数在 80 分以上的课程的相应的选课人数、平均分数。

分析：本查询首先需要统计出每门课程的选课人数、平均分（通过 GROUP BY 子句），然后从统计结果中挑选出选课门数超过两门的数据（通过 HAVING 子句）。

```
SELECT Cno   课程号,COUNT(Sno) 人数 ,AVG(Grade) 平均分
FROM SC
GROUP BY Cno
Having AVG(Grade)> 80
```

查询结果如图 1.4.29 所示。

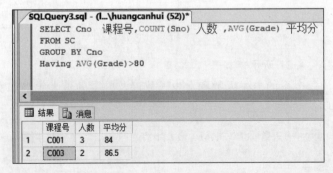

图 1.4.29 例 4.47 的查询结果

例 4.48 查询哪些系的男生人数达到或超过两人。

```
SELECT Sdept,COUNT(Sno)人数
FROM Student
WHERE Ssex = '男'
GROUP BY Sdept
Having COUNT(Sno)> = 2
```

查询结果如图 1.4.30 所示。

HAVING 短语与 WHERE 子句的区别如下：

作用对象不同,WHERE 子句作用于基表或视图,从中选择满足条件的元组；HAVING 短语作用于组,从中选择满足条件的组。

WHERE 子句中不能使用聚集函数；而 HAVING 短语中可以使用聚集函数。

注意：通过本节的介绍,需要特别注意查询语句中各个子句的运算先后次序：FROM(笛卡儿积)→[WHERE(选择)]→[GROUP BY(分组)]→[HAVING(限定分组)]→[SELECT(投影或统计)]→[ORDER BY(结果排序)]。

4.3.4 连接查询

前面介绍的查询都是针对一个表进行的,在实际查询中往往需要从多个表中获取信息,这时的查询就会涉及多张表。若一个查询同时涉及两个或两个以上的表,称为连接查询。连接查询是关系数据库中最主要的查询,主要包括内连接、左外连接、右外连接、全外连接和交叉连接等。本节只介绍内连接、左外连接、右外连接。

1. 内连接查询

内连接是最常用的连接,使用内连接时,如果两个表的相关字段满足连接条件,则从这两个表中提取数据并组合新的记录。

在非 ANSI 标准的实现中,连接操作是在 WHERE 子句中执行的(即在 WHERE 子句中指定表连接条件)；在 ANSI SQL-92 中,连接是在 JOIN 子句中执行的。这些连接方式分别被称为 θ 连接方式和 ANSI 连接方式。本节主要介绍 ANSI 连接方式。

ANSI 连接方式的内连接语法格式如下：

```
SELECT <列名表>
FROM <表名1> [INNER] JOIN <表名2>  ON <连接条件>
```

在连接条件中指明两个表按照什么条件进行连接,连接条件中的比较运算符称为连接谓词。连接条件中的连接字段必须是可比的,即必须是语义相同的列,否则比较将是无意义的。连接条件的一般格式如下：

<表名1.列名> <比较运算符> <表名2.列名>

当比较运算符为等号(=)时,称为等值连接,使用其他运算符的连接称为非等值连接。这同关系代数中的等值连接和 θ 连接的含义是一样的。

从概念上讲,DBMS 执行连接操作的过程是：首先取表中的第 1 个元组,然后从头开始扫描表 2,逐一查找满足连接条件的元组,找到后将表 1 中的第 1 个元组与该元组拼接起来,形成结果表中的一个元组。表 2 全部查找完毕后,再取表 1 中的第 2 个元组,然后再从

SQLQuery3.sql - (l...\huangcanhui (52))*
```
SELECT Sdept,COUNT(Sno) 人数
FROM    Student
WHERE Ssex='男'
GROUP BY Sdept
Having COUNT(Sno)>=2
```

结果 | 消息

	Sdept	人数
1	计算机系	2
2	信息系	2

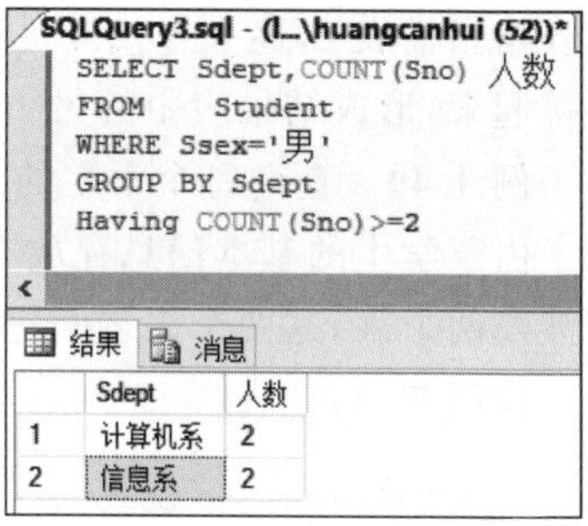

图 1.4.30 例 3.48 的查询结果

头开始扫描表 2，逐一查找满足连接条件的元组，找到后就将表 1 中的第 2 个元组与该元组拼接起来，形成结果表中的另一个元组。重复这个过程，直到表 1 中的全部元组处理完毕。

例 4.49 查询每个学生的学号、姓名、性别、年龄、所在系和选课信息。

由于学生的基本信息存放在 Student 表中，学生选课信息存放在 SC 表中，因此这个查询涉及两个表，这两个表之间进行连接的条件是两个表的 Sno 相等。

代码如下：

```
SELECT Student.Sno,Sname,Ssex,Sage,Sdept,SC.Sno,Cno,Grade
FROM Student INNER JOIN SC ON Student.Sno = SC.Sno
```

或者采用 θ 连接的方式：

```
SELECT Student.Sno,Sname,Ssex,Sage,Sdept,SC.Sno,Cno,Grade
FROM Student,SC
WHERE Student.Sno = SC.Sno
```

查询结果如图 1.4.31 所示。

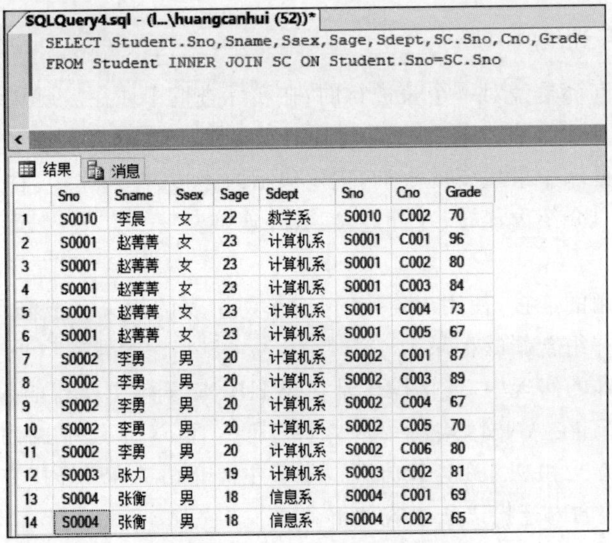

SQLQuery4.sql - (l...\huangcanhui (52))*

```
SELECT Student.Sno,Sname,Ssex,Sage,Sdept,SC.Sno,Cno,Grade
FROM Student INNER JOIN SC ON Student.Sno=SC.Sno
```

结果 消息

	Sno	Sname	Ssex	Sage	Sdept	Sno	Cno	Grade
1	S0010	李晨	女	22	数学系	S0010	C002	70
2	S0001	赵菁菁	女	23	计算机系	S0001	C001	96
3	S0001	赵菁菁	女	23	计算机系	S0001	C002	80
4	S0001	赵菁菁	女	23	计算机系	S0001	C003	84
5	S0001	赵菁菁	女	23	计算机系	S0001	C004	73
6	S0001	赵菁菁	女	23	计算机系	S0001	C005	67
7	S0002	李勇	男	20	计算机系	S0002	C001	87
8	S0002	李勇	男	20	计算机系	S0002	C003	89
9	S0002	李勇	男	20	计算机系	S0002	C004	67
10	S0002	李勇	男	20	计算机系	S0002	C005	70
11	S0002	李勇	男	20	计算机系	S0002	C006	80
12	S0003	张力	男	19	计算机系	S0003	C002	81
13	S0004	张衡	男	18	信息系	S0004	C001	69
14	S0004	张衡	男	18	信息系	S0004	C002	65

图 1.4.31 例 4.49 的查询结果

从图 1.4.31 中可以看出，两个表的连接结果中包含了两个表的全部列。Sno 列有两个，一个来自 Student 表，一个来自 SC 表，这两个列的值完全相同(因为这里的连接条件就是 Student.Sno＝SC.Sno)。

在写多表连接查询时有时需要将重复的列去掉，方法是在 SELECT 子句中直接写所需要的列名，而不是写"＊"。

另外，由于进行多表连接之后，连接生成的表可能存在列名相同的列，因此，为了明确需要的是哪个列，可以在列名前添加表名前缀限制，其格式如下：

```
表名.列名
```

如在例 4.49 中的 ON 子句中对 Sno 列就加上了表名前缀限制。

若在等值连接中将目标列中重复的属性列去掉则为自然连接。

例 4.50 查询选修了"高等数学"的学生的基本信息、成绩、课程号。列出学号、姓名、性别、年龄、所在系、课程号、课程名、成绩(去掉重复的列)。

```
SELECT   Student. Sno, Sname, Ssex, Sage, Sdept, Course. Cno,
           Cname, Grade
FROM Student   JOIN SC ON Student. Sno = SC. Sno
               JOIN Course ON SC. Cno = Course. Cno
WHERE   Course. Cname = '高等数学'
```

查询结果如图 1.4.32 所示。

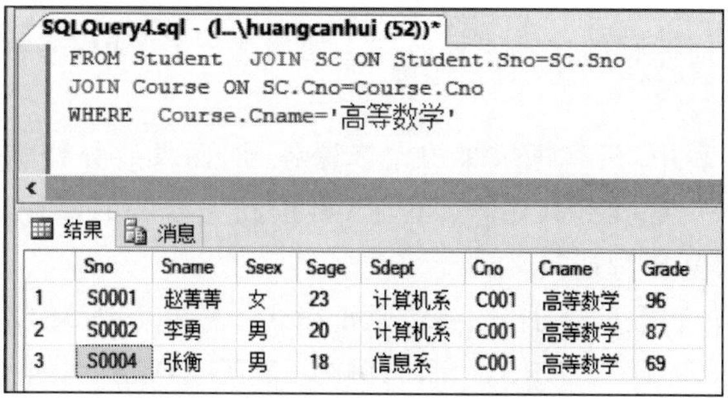

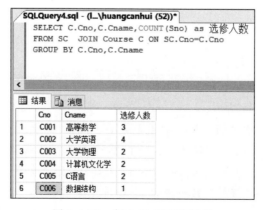

图 1.4.32　例 4.50 的查询结果

例 4.50 的查询涉及三张表,每连接一张表,就需要加一个 JOIN 子句。

查询时可以为表指定别名,这样可以简化表的书写,而且在有些连接查询(后面介绍的自连接)中要求必须指定别名。表指定别名的格式如下:

```
<原表名>  [AS]  <表别名>
```

例 4.51 查询每门课程的选修人数,列出课程名称,课程号,其运行结果如图 1.4.33 所示。代码如下:

```
SELECT C. Cno, C. Cname, COUNT(Sno) AS 选修人数
FROM SC   JOIN Course C ON SC. Cno = C. Cno   GROUP BY C. Cno, C. Cname
```

注意:当为表指定别名后,在其他查询语句中,所有用到表名的地方都使用别名,而不能再使用原表名。

图 1.4.33　例 4.51 的查询结果

关系数据库的标准语言 *SQL*

2. 自连接查询

连接操作不仅可以在两个表之间进行,也可以是一个表与自己进行连接,称为表的自连接。自连接是一种特殊的内连接,它是指相互连接的表在物理上为同一张表,但在逻辑上将其看成是两张表。

只有通过为表取别名的方法,才能让物理上的一张表在逻辑上成为两张表。因此,在使用自连接时一定要为表取别名。例如:

```
FROM 表 1 AS  T1          //在内存中生成表名为 T1 的表(逻辑上的表)
JOIN 表 1  AS  T2         //在内存中生成表名为 T2 的表(逻辑上的表)
```

例 4.52 查询每门课程的先修课程名称。列出课程号、课程名称、先修课程号、先修课程名。

分析:在 Course 表中,只有每门课的先修课程号,而没有先修课的课程名称。要得到这个信息,必须先对一门课找到其先修课程号,再按此先修课的课程号查找它的课程名称。这就要将 Course 表与其自身连接。

为此,要为 Course 表取两个别名,一个是 FIRST,另一个是 SECOND。

如图 1.4.34 所示,左侧为 FIRST 表,右侧为 SECOND 表,例如要查“数据库原理”的先修课名称,先在 FIRST 表中查找“数据库原理”的先修课程号为 C006,然后再根据这个先修课程号 C006 到 SECOND 表中查找课程号 C006 对应的课程名称。因此设置了 FIRST.Pcno＝SECOND.Cno 这个条件,此例中是 FIRST 表的先修课程号与 SECOND 表的课程号的一个比较,要求值相等。图 1.4.34 帮助理解分析过程。

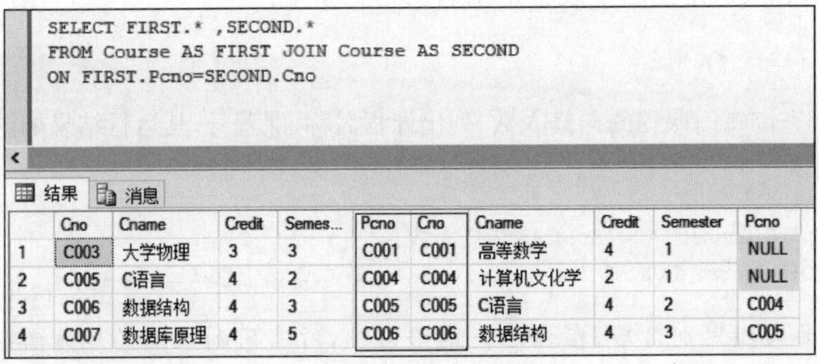

```
SELECT FIRST.* ,SECOND.*
FROM Course AS FIRST JOIN Course AS SECOND
ON FIRST.Pcno=SECOND.Cno
```

	Cno	Cname	Credit	Semes...	Pcno	Cno	Cname	Credit	Semester	Pcno
1	C003	大学物理	3	3	C001	C001	高等数学	4	1	NULL
2	C005	C语言	4	2	C004	C004	计算机文化义	2	1	NULL
3	C006	数据结构	4	3	C005	C005	C语言	4	2	C004
4	C007	数据库原理	4	5	C006	C006	数据结构	4	3	C005

图 1.4.34 满足连接条件 FIRST.Pcno＝SECOND.Cno 的 FIRST 表和 SECOND 表连接

代码如下:

```
SELECT FIRST. * ,SECOND. *
FROM Course  AS  FIRST JOIN Course AS SECOND   ON  FIRST.Pcno = SECOND.Cno
```

查询结构如图 1.4.35 所示。

例 4.53 查询哪些学生的年龄比李勇年龄小,列出其学号、姓名、性别、年龄。

分析:这个例子为 Student 取别名 s1 和 s2,这样就有两张逻辑表,分别为 s1 表和 s2 表。如图 1.4.36 所示,左侧为 s1 表,右侧为 s2 表,一张表 s1 作为查询条件的表,在这个表中设置条件“s1.Sname＝'李勇'”,另一张表 s2 作为结果的表,在 s2 表中找出年龄比李勇年龄小的学生的信息,因此设置 s1.Sage＞s2.Sage 这个条件。这个例题中要比较的是:s1 的

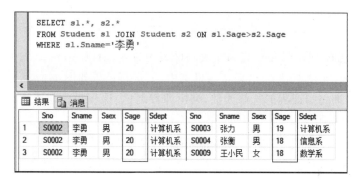

图 1.4.35　例 4.52 的查询结果

年龄值和 s2 的年龄值,要求 s1 表的年龄值要大于 s2 表的年龄值。

针对例 4.53 写出下面的语句。

```
SELECT s1. * , s2. *
FROM Student s1 JOIN Student s2 ON s1. Sage > s2. Sage
WHERE s1. Sname = '李勇'
```

查询结果如图 1.4.36 所示。

图 1.4.36　满足连接条件 s1.Sage > s2.Sage 和 s1.Sname= '李勇'的 s1 表和 s2 表连接结果

依题意知,稍加修改上面的语句为:

```
SELECT    s2. Sno, s2. Sname, s2. Ssex, s2. Sage
FROM Student s1 JOIN Student s2 ON s1. Sage > s2. Sage
WHERE s1. Sname = '李勇'
```

查询结果如图 1.4.37 所示。

图 1.4.37　满足连接条件 s1.Sage > s2.Sage 和 s1.Sname= '李勇'的 s1 表和 s2 表连接显示指定列

3. 外连接查询

在通常的内连接操作中,只有满足连接条件的元组才能作为结果输出。如例 4.51 中的图 1.4.33 没有列出选课人数为 0 的情况,原因在于课程表(Course 表)中无人选修课程所对应的课程号无法在选课表(SC 表)中找到匹配的课程号。也就是说,课程表(Course 表)中这些无人选修的课程所对应的元组"失配"了,造成课程表(Course 表)中的这些元组在连接时被舍弃了。若现需要将每门课程选课人数都列出来,即使没有人选修的课程也要在查询结果中显示 0。为满足这一查询就必须使用外连接。

本书主要介绍左外连接(LEFT OUTER JOIN 或 LEFT JOIN)和右外连接(RIGHT OUTER JOIN 或 RIGHT JOIN)。ANSI 方式的外连接的语法格式如下:

```
FROM <表1> LEFT|RIGHT [OUTER] JOIN <表2> ON <连接条件>
```

左外连接包括表 1(左表,出现在 JOIN 子句的最左边)中的所有行,限制表 2(右表)中的行必须满足连接条件。右外连接包括表 2(右表,出现在 JOIN 子句的最右边)中的所有行,限制表 1(左表)中的行必须满足连接条件。

例 4.54 查询每个学生的基本信息及其选修课程的情况(包括没有选修课程的学生也列出基本信息)。

```
SELECT  Student. * ,SC. *
FROM Student  LEFT JOIN  SC  ON Student.Sno = SC.Sno
```

运用左外连接实现,Student 表为左表,SC 表为右表,所以 Student 表的失配元组(即没有选修课程的学生所对应记录)出现在结果集中,其运行结果如图 1.4.38 所示。

例 4.55 查询每门课程的选修人数,列出课程名称、课程号。即使该课程无人选修,也列出其选修人数为 0。

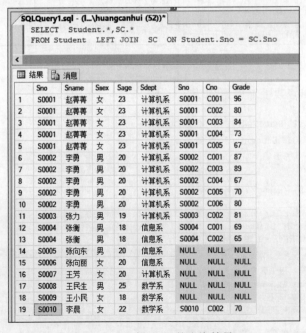

图 1.4.38 例 4.54 的查询结果

代码如下：

```
SELECT C.Cno,C.Cname,COUNT(Sno) AS 选修人数
FROM Course C   LEFT JOIN SC ON SC.Cno = C.Cno
GROUP BY C.Cno,C.Cname;
```

运用左外连接实现，Course 表为左表，SC 表为右表。Course 表中的失配元组出现在结果集中，而 COUNT(Sno)忽略空值计算，其运行结果如图 1.4.39 所示。

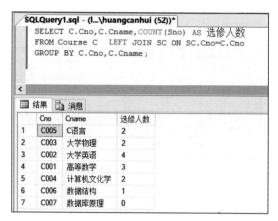

图 1.4.39　例 4.55 的查询结果(1)

如果运用如下语句：

```
SELECT C.Cno,C.Cname,COUNT( * ) AS 选修人数
FROM  Course C   LEFT JOIN SC ON SC.Cno = C.Cno
GROUP BY C.Cno,C.Cname
```

其运行结果如图 1.4.40 所示。

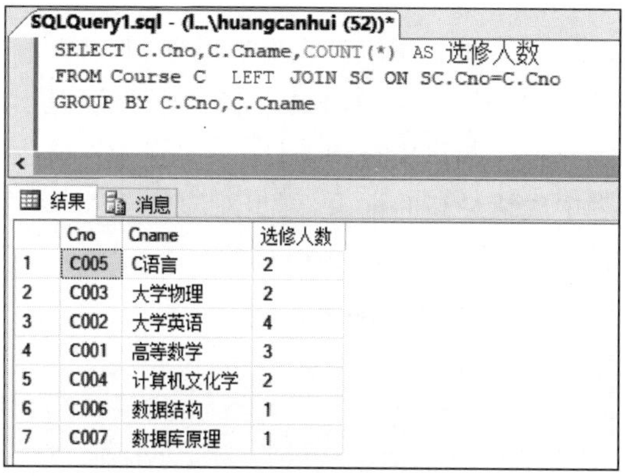

图 1.4.40　例 4.55 的查询结果(2)

显然这个结果是不正确的，出现这种情况的原因是 COUNT(*)在统计中不会忽略空值，它是直接对元组个数进行计数。

例 4.56　查询没有人选修的课程对应的基本信息。

代码如下：

关系数据库的标准语言 SQL

```
SELECT C. *
FROM SC RIGHT  JOIN Course  C ON SC.Cno = C.Cno
WHERE SC.Sno IS NULL
```

本例题采用的是右外连接实现,其中 SC 为左表,Course 为右表。Course 表的失配元组(即没有人选修的课程对应的记录)出现在结果集中。Course 表的失配元组在 SC 表找不到相匹配的课程号,两表连接后,Course 表的失配元组在 SC 表中的所有列值均为空值,故设置 WHERE 中条件为 SC.Sno IS NULL。

查询结果如图 1.4.41 所示。

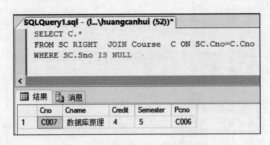

图 1.4.41　例 4.56 的查询结果

4.3.5　嵌套查询

在 SQL 语言中,一个 SELECT-FROM-WHERE 语句称为一个查询块。

如果一个 SELECT 语句嵌套在一个 SELECT、INSERT、UPDATE 或 DELETE 语句中,则称为子查询(Subquery)或内层查询;而包含子查询的语句称为父查询或外层查询。一个子查询也可以嵌套在另一个子查询中。为了与外层查询有所区别,总是把子查询写在圆括号中。与外层查询类似,子查询语句中也必须至少包含 SELECT 子句和 FROM 子句,并根据需要选择使用 WHERE 子句、GROUP BY 子句、FROM 子句和 HAVING 子句。

子查询语句可以出现在任何能够使用表达式的地方,但通常情况下,子查询语句是用在外层查询的 WHERE 子句或 HAVING 子句中(大多数情况下是出现在 WHERE 子句中),与比较运算符或者逻辑运算符一起构成查询条件。

例 4.57　查询 SC 表中成绩最高的记录,列出对应的学号、课程号和成绩。

分析:做这个查询需要两个步骤。

第一步:通过查询得到最高分,代码如下:

```
SELECT MAX(Grade) FROM SC
```

查询结果如图 1.4.42(a)所示。

第二步:根据最高分在 SC 表中查询它所对应的学号、课程号和成绩,代码如下:

```
SELECT Sno,Cno,Grade FROM SC WHERE Grade = 96
```

查询结果如图 1.4.42(b)所示。

考虑将第一步查询嵌入到第二步查询的条件中,构造嵌套查询如下:

```
SELECT Sno,Cno,Grade
```

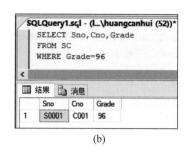

(a)   (b)

图 1.4.42　例 4.57 的查询结果

```
FROM SC
WHERE Grade = (SELECT MAX(Grade)    FROM SC)
```

子查询语块 SELECT MAX(Grade) FROM SC 嵌套在父查询 SELECT Sno,Cno,Grade FROM SC 的 WHERE 条件语句中。本例中,子查询的条件不依赖于父查询,称为不相关子查询。求解方法是由里向外处理,即先执行子查询,子查询的结果用于建立其父查询的查找条件。如例 4.57,先执行 SELECT MAX(Grade) FROM SC 查询语句,再执行 SELECT Sno,Cno,Grade FROM SC 查询语句。

1. 带有比较运算符的子查询

带有比较运算符的子查询是指父查询与子查询之间用比较运算符进行连接。当用户能确切知道内存查询返回的是单值时,可以使用“＝”“>”“<”“>＝”“<＝”“<>”等比较运算符。

例 4.58　查询与王民生同一个系的学生信息。

代码如下:

```
SELECT *
FROM Student
WHERE Sdept =
(SELECT Sdept
 FROM Student
 WHERE Sname = '王民生')
 AND Sname <>'王民生'
```

子查询先在 Student 表中查出王民生的所在系,然后外层查询找出所在系的学生,但不包括王民生本人。

查询结果如图 1.4.43 所示。

需要注意的是,子查询一定要跟在比较运算符之后,下列写法是错误的:

```
SELECT *
FROM Student
WHERE (SELECT Sdept
     FROM Student
     WHERE Sname = '王民生') = Sdept
     AND Sname <>'王民生'
```

本例中的查询也可以用自连接查询实现,代码如下:

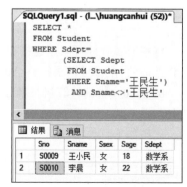

图 1.4.43　例 4.58 的查询结果

第4章

关系数据库的标准语言 SQL

```
SELECT s2. *
FROM Student s1 JOIN Student s2 ON s1. Sdept = s2. Sdept
WHERE s1. Sname = '王民生' AND s2. Sname <>'王民生'
```

可见,实现同一个查询可以有多种方法,当然不同方法的执行效率可能会有差别,甚至会差别很大。数据库编程人员应该掌握数据库性能调优技术。

注意:使用子查询进行比较查询时,要求子查询语句必须是返回单值的查询语句。

统计函数不能出现在 WHERE 子句中,对于要与统计函数进行比较的查询,应该使用进行比较查询的子查询实现,例 4.57 就是这种情况。

2. 带有 IN 谓词的子查询

在嵌套查询中,子查询的结果往往是一个集合,所以谓词 IN 是嵌套查询中最经常使用的谓词。

例 4.59 查询选修了课程名为"高等数学"的学生的学号、姓名、所在系。

方法一:

```
SELECT Sno, Sname, Sdept
FROM Student
WHERE Sno  IN
        (SELECT Sno
         FROM SC
         WHERE Cno = (SELECT Cno
                    FROM Course
                    WHERE Cname = '高等数学'))
```

本例也可以用以下多表连接查询来实现,参考例 4.50。

方法二:

```
SELECT Student. Sno, Sname, Sdept
FROM Student   JOIN SC ON Student. Sno = SC. Sno
              JOIN Course ON SC. Cno = Course. Cno
WHERE   Course. Cname = '高等数学'
```

方法三:

```
SELECT Sno, Sname, Sdept
FROM Student
WHERE Sno  IN (SELECT Sno FROM SC JOIN Course ON SC. Cno = Course. Cno
             WHERE   Course. Cname = '高等数学')
```

有些嵌套查询可以用连接查询来替代,有些是不能替代的。对于可以用连接运算代替嵌套查询的,用户可以根据自己的习惯确定采用哪种方法。

例 4.60 查询计算机系的学生,哪些没有选修 C001 号课程,列出这些学生的学号和姓名。

代码如下:

```
SELECT Sno, Sname
FROM Student
WHERE Sdept = '计算机系' AND   Sno NOT IN
```

```
(SELECT Sno
  FROM SC
  WHERE Cno = 'C001')
```

查询结果如图 1.4.44 所示。

思考一下,例 4.60 的要求能用下面的多表连接查询实现吗?

```
SELECT DISTINCT Student.Sno,Sname,Sdept
FROM Student    JOIN SC ON Student.Sno = SC.Sno
WHERE   Cno <>'C001' AND Sdept = '计算机系'
```

查询结果如图 1.4.45 所示。显然,对比数据发现这个方法是错误的。

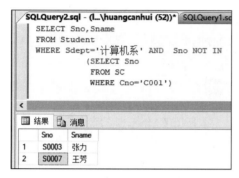

图 1.4.44　例 4.60 的查询结果(1)

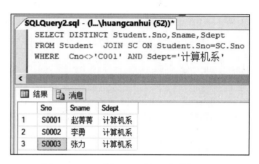

图 1.4.45　例 4.60 的查询结果(2)

多表连接查询,所有的条件都是在连接之后的结果表上进行的,而且是逐行进行判断,一旦发现满足要求的数据(Cno <>'C001' AND Sdept = '计算机系'),此行即为结果产生。因此,由多表连接产生的结果必然包含没有选修 C001 课程的学生,也包含选修了 C001 同时又选修了其他课程的学生。至于"王芳"对应的记录为什么没有出现在结果集中呢?因为"王芳"对应的记录是失配的,"王芳"未选修任何课程。

嵌套子查询也可以出现在 HAVING 子句中。

例 4.61　查询哪些学生的考试平均成绩高于全体学生的总平均成绩,列出这些学生的学号和平均成绩。

代码如下:

```
SELECT Sno,AVG(Grade)平均成绩
FROM SC
GROUP BY Sno
HAVING AVG(Grade)>(SELECT AVG(Grade) FROM SC)
```

注意:聚集函数是不可以出现在 WHERE 子句中的。例如,WHERE AVG(Grade)(SELECT AVG(Grade) FROM SC)这种表达存在语法错误。

查询结果如图 1.4.46 所示。

例 4.62　查询哪些学生的选课门数是最多的,列出这些学生的学号、选课数。

代码如下:

```
SELECT Sno, COUNT(Cno) 选课数目
FROM SC
```

```
            GROUP BY Sno
            HAVING  COUNT(Cno) = (SELECT TOP 1  COUNT(Cno)
                                     FROM SC
                                     GROUP BY Sno
                                     ORDER BY COUNT(Cno) DESC)
```

查询结果如图 1.4.47 所示。

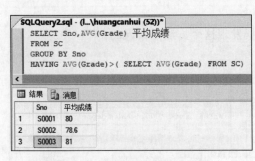

图 1.4.46　例 4.61 的查询结果

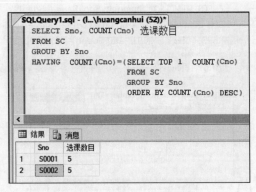

图 1.4.47　例 4.62 的查询结果

3. 相关子查询

如果子查询的条件依赖于父查询,这类查询称为相关子查询(Correlated Subquery),整个查询语句称为相关嵌套查询。

例 4.63　在 SC 表中找出每个学生的哪些课程的对应成绩大于(或等于)他选修课程的平均成绩,列出学号、课程号和成绩。

代码如下:

```
SELECT   Sno,Cno,Grade
FROM SC x
WHERE Grade > = (SELECT AVG(Grade)
                 FROM SC y
                 WHERE y.Sno = x.Sno
                 )
```

x 是表 SC 的别名,又称为元组变量,可以用来表示 SC 的一个元组。内层查询是求一个学生所有选修课程的平均成绩,至于是哪个学生的平均成绩要看参数 x.Sno 的值,而该值是与父查询相关的,因此这类查询称为相关子查询。

这个语句可能的执行过程如下。

(1) 从外层查询中取出 SC 的第一个元组,将该元组 x 的 Sno 值(S0001)传送给内层查询:

```
SELECT AVG(Grade)
FROM SC y
WHERE y.Sno = 'S0001'
```

(2) 执行内层查询,得到值 80,用该值代替内层查询,得到外层查询:

```
SELECT   Sno,Cno
```

```
FROM SC x
WHERE Grade > = 80
```

（3）执行这次查询,外层查询元组变量的成绩为96,96＞80,所以得到结果集的第一行为:

```
(S0001,C001)
```

然后外层查询取出下一个元组重复做上述步骤(1)～步骤(3)的处理,直到外层的 SC 元组全部处理完毕。查询结果如图 1.4.48 所示。

注意：求解相关子查询不能像求解不相关子查询那样,一次将子查询求解出来,然后求解父查询。相关子查询的内层查询由于与外层查询有关,因此必须反复求值。

4. 在 FORM 子句中用子查询构造派生关系

在 FROM 子句中,允许用子查询构造新的关系,称为派生关系。新关系必须命名,其属性也可以重命名。

格式如下:

```
FROM …,(SQL 子查询) AS <关系名>…
```

例 4.64   求每个系年龄最大的学生的学号、姓名、性别、年龄、所在系。

假设先查询每个系的最大年龄值。

方法一:

```
SELECT Sdept,MAX(Sage) AS 最大年龄
FROM Student GROUP BY Sdept
```

查询结果如图 1.4.49 所示。

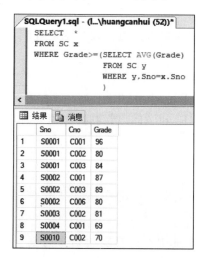

图 1.4.48　例 4.63 的查询结果

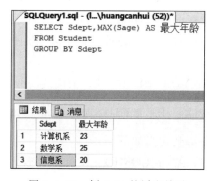

图 1.4.49　例 4.64 的派生关系

接下来将此查询放到 FROM 子句中,来构造派生关系。

```
SELECT Student. *
FROM Student JOIN (SELECT Sdept,MAX(Sage) AS    最大年龄
```

关系数据库的标准语言 SQL

```
                    FROM Student GROUP BY Sdept) AS S
                    ON Student.Sage = S.最大年龄
WHERE Student.Sdept = S.Sdept
```

查询结果如图 1.4.50 所示。

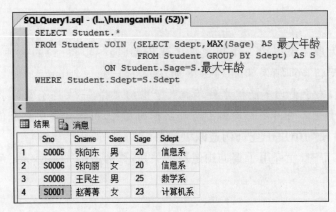

图 1.4.50 例 4.64 的查询结果

这道例题也可以用前面提到的相关子查询来实现。

方法二：

```
SELECT    *
FROM Student t1
WHERE Sage > = (SELECT MAX(Sage)
               FROM Student t2
               WHERE t2.Sdept = t1.Sdept
               )
```

相关子查询实现这道题要求的关键点在于,每次要得到外层查询元组变量对应当前记录所在系的最大年龄值。

5. 带有 ANY(SOME)或者 ALL 谓词的子查询

子查询返回单值时可以用比较运算符,但返回多值时,可以用 ANY(有的系统用 SOME)或者 ALL 谓词修饰符。但在使用 ANY(SOME)和 ALL 谓词时,必须同时使用比较运算法。

ANY(SOME)和 ALL 谓词的一般使用形式如下：

```
<列名>  比较运算符  [ANY│SOME│ALL]  (子查询)
```

其中各参数含义如下。

(1) ANY(SOME)：在进行比较运算时只要子查询中有一行能使结果为真,则结果为真。

(2) ALL：在进行比较运算时当子查询中所有行都使结果为真,则结果为真。

ANY(SOME)和 ALL 谓词的具体语义如表 1.4.15 所示。

ANY 和 SOME 在功能上是一样的,现在一般都使用 SOME,因为它是 ANSI 兼容的谓词,因此,下面的例子都只使用 SOME,而不使用 ANY。

表 1.4.15 ANY（SOME）和 ALL 谓词的含义

表 达 方 法	含 义
> ANY(或>= ANY),> SOME(或>= SOME)	大于(或等于)子查询结果中的某个值
> ALL(或>= ALL)	大于(或等于)子查询结果中的所有值
< ANY(或<= ANY),< SOME(或<= SOME)	小于(或等于)子查询结果中的某个值
< ALL(或<= ALL)	小于(或等于)子查询结果中的所有值
= ANY, = SOME	等于子查询结果中的某个值
= ALL	等于子查询结果中的所有值
!= ANY(或<> ANY),!= SOME(或<> SOME)	不等于子查询结果中的某个值
!= ALL(或<> ALL)	不等于子查询结果中的任何一个值

例 4.65 查询其他系中比信息系某一学生年龄小的学生姓名、年龄和所在系。

代码如下：

```
SELECT Sname, Sage, Sdept
FROM Student
WHERE Sage < SOME(SELECT Sage FROM Student WHERE Sdept = '信息系')
AND Sdept <>'信息系'
```

查询结果如图 1.4.51 所示。

图 1.4.51 例 4.65 的查询结果

例 4.65 也可以用聚集函数来实现。用子查询求出信息系学生最大的年龄值 20,接下来在父查询中查出非信息系的并且年龄小于 20 岁的学生。

代码如下：

```
SELECT Sname, Sage, Sdept
FROM Student
WHERE Sage <(SELECT MAX(Sage) FROM Student WHERE Sdept = '信息系')
     AND Sdept <>'信息系'
```

例 4.66 查询其他系的学生年龄比信息系所有学生年龄都小的学生的信息。

代码如下：

```
SELECT *
FROM Student
WHERE Sage < ALL(SELECT Sage FROM Student WHERE Sdept = '信息系')
```

关系数据库的标准语言 SQL

```
       AND Sdept <>'信息系'
```

该语句的结果没有符合条件的元组,也就是说在 Student 表中没有满足条件的数据。

该查询实际上是查询其他系中年龄小于信息系最小年龄的学生姓名和年龄,因此可以用聚集函数实现。

```
SELECT Sname, Sage, Sdept
FROM Student
WHERE Sage <(SELECT MIN(Sage) FROM Student WHERE Sdept = '信息系')
       AND Sdept <>'信息系'
```

例 4.67 查询所有学习 C001 号课程的学生的学号和姓名。

代码如下:

```
SELECT Sno, Sname
FROM Student
WHERE Sno = SOME(SELECT Sno
                 FROM SC
                 WHERE Cno = 'C001')
```

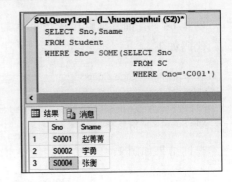

查询结果如图 1.4.52 所示。

例 4.67 也可用以下的子查询实现:

```
SELECT Sno, Sname
FROM Student
WHERE Sno IN(SELECT Sno
             FROM SC
             WHERE Cno = 'C001')
```

图 1.4.52 例 4.67 的查询结果

从上面的例子可以看出,带 ANY(SOME)和 ALL 谓词的查询一般都可以用普通的基于 IN 形式的子查询实现。事实上,用聚集函数实现子查询比直接用 ANY 或 ALL 查询效率要高。ANY(SOME)和 ALL 谓词与聚集函数的对应关系如表 1.4.16 所示。

表 1.4.16　ANY（SOME）和 ALL 谓词与聚集函数的对应关系

	=	<>或!=	<	<=	>	>=
ANY(SOME)	IN	—	< MAX	<=MAX	> MIN	>=MIN
ALL	—	NOT IN	< MIN	<=MIN	> MAX	>=MAX

6. 带有 EXISTS 谓词的子查询

EXISTS 代表存在量词"∃"。使用 EXISTS 谓词的子查询可以进行存在性测试,其基本使用形式如下:

```
WHERE [NOT] EXISTS(子查询)
```

带 EXISTS 谓词的子查询不返回查询的数据,只产生逻辑真值和假值。

(1) EXISTS 的含义是:当子查询中有满足条件的数据时,返回真值;否则返回假值。

(2) NOT EXISTS 的含义是:当子查询中有满足条件的数据时,返回假值;否则返回真值。

例 4.68　查询信息系学生的学号、课程号、成绩。

代码如下：

```
SELECT Sno,Cno,Grade
FROM SC
WHERE EXISTS
    (SELECT *
    FROM Student
    WHERE Sno = SC.Sno AND Sdept = '信息系')
```

查询结果如图 1.4.53 所示。

由 EXISTS 引出的子查询，其目标列表达式通常都用"*"，因为带 EXISTS 的子查询只返回真值或假值，给出列名无实际意义。

本例中子查询的查询条件依赖外层父查询的某个属性值（在本例中是 SC 表的 Sno值），因此也是相关子查询。这个相关子查询的处理过程是：首先取外层查询中的 SC 表的第一个元组，根据它与内层查询相关的属性值（Sno 值）处理内层查询，若 WHERE 子句返回值为真，则取外层查询中该元组的 Sno、Cno、Grade 放入结果表；然后再取 SC 表的下一个元组；重复这一过程，直到外层 SC 表全部检查完为止。

例 4.68 中的查询也可以用带 IN 的不相关子查询或者多表连接查询来实现。

与 EXISTS 谓词相反的是 NOT EXISTS 谓词。使用存在量词 NOT EXISTS 后，若查询结果为空，则外层的 WHERE 子句返回真值，否则返回假值。

例 4.69　查询信息系未选修任何课程的学生，列出这些学生的基本信息。

代码如下：

```
SELECT *
FROM Student
WHERE NOT  EXISTS
    (SELECT *
    FROM SC
    WHERE Sno = Student.Sno)
        AND Sdept = '数学系'
```

查询结果如图 1.4.54 所示。

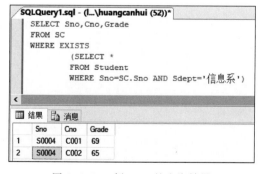

图 1.4.53　例 4.68 的查询结果

图 1.4.54　例 4.69 的查询结果

103

第 4 章

本例中子查询的查询条件依赖外层父查询的某个属性值(在本例中是 Student 表的 Sno 值),因此也是相关子查询。这个相关子查询的处理过程是:首先取外层查询中的 Student 表的第一个元组,根据它与内层查询相关的属性值(Sno 值)处理内层查询,若 WHERE 子句返回值为真,则取外层查询中该元组放入结果表;然后再取 Student 表的下一个元组;重复这一过程,直到外层 Student 表全部检查完为止。

一些带有 EXISTS 或 NOT EXISTS 谓词的子查询不能被其他形式的子查询等价替换,但是带 IN 谓词、比较运算符、ANY(SOME)和 ALL 谓词的子查询都能用 EXISTS 谓词的子查询替换。

例 4.70 查询选修了全部课程的学生姓名。

可将题目的意思转换成等价的用存在量词的形式:查询这样的学生,没有一门课程是他不选修的。其 SQL 语句为:

```
SELECT Sname
FROM Student
WHERE NOT EXISTS
        (SELECT *
        FROM   Course
        WHERE NOT EXISTS
            (SELECT *
            FROM  SC
            WHERE Sno = Student.Sno AND  Cno = Course.Cno))
```

该语句的结果没有符合条件的元组,也就是说在 Student 表中没有满足条件的数据。

4.3.6 集合查询

SELECT 语句的查询结果是元组的集合,所以多个 SELECT 语句的结果可进行集合操作。集合的主要操作包括并操作(UNION)、交操作(INTERSECT)和差操作(EXCEPT)。

注意:参加集合操作的各查询结果的列数必须相同;对应的数据类型也必须相同。

在 SQL 查询中可以利用关系代数中的集合运算(并、交、差)来组合关系。SQL 为此提供了相应的运算符:并操作(UNION)、交操作(INTERSECT)、差操作(EXCEPT)。

1. 并操作(UNION)

并运算可以将两个或者多个查询语句的结果集合并为一个结果集,这个运算可以使用 UNION 运算符实现。UNION 是一个特殊的运算符,通过它可以实现让两个或者更多的查询产生单一结果集。

使用 UNION 谓词的语法格式如下:

```
SELECT 语句 1
UNION  [ALL]
SELECT 语句 2
UNION  [ALL]
…
SELECT 语句 n
```

例 4.71 查询计算机系的学生或性别为男的学生的信息。

代码如下:

```
SELECT * FROM Student
WHERE Sdept = '计算机系'
UNION
SELECT * FROM Student
WHERE   Ssex = '男'
```

查询结果如图 1.4.55 所示。

使用 UNION 将多个查询结果合并起来时,系统会自动去除重复元组。如果想保留所有的重复元组,则必须用 UNION ALL 代替 UNION。

例 4.72 查询选修 C001 或者 C002 课程的学生的学号。

代码如下:

```
SELECT Sno FROM SC   WHERE Cno = 'C001'
UNION
SELECT Sno FROM SC   WHERE Cno = 'C002'
```

查询结果如图 1.4.56 所示。

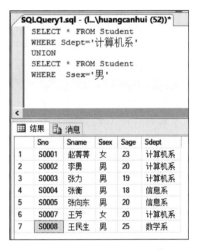

图 1.4.55 例 4.71 的查询结果

图 1.4.56 例 4.72 的查询结果

显然,例 4.72 也可以用如下查询语句实现:

```
SELECT   DISTINCT Sno FROM SC
WHERE Cno = 'C001' OR Cno = 'C002'
```

2. 交操作(INTERSECT)

交操作是返回同时在两个集合中出现的记录,即返回两个查询结果集中各个列的值均相同的记录,并用这些记录构成交操作的结果。

使用 INTERSECT 谓词的语法格式如下:

```
SELECT 语句 1
INTERSECT
SELECT 语句 2
```

例 4.73 查询既是计算机系又是男生的学生的信息。

代码如下：

```
SELECT * FROM Student
WHERE Sdept = '计算机系'
INTERSECT
SELECT * FROM Student
WHERE   Ssex = '男'
```

查询结果如图 1.4.57 所示。

本例也可以表示为：

```
SELECT * FROM Student
WHERE Sdept = '计算机系' AND Ssex = '男'
```

例 4.74 查询既选修 C001 又选修 C002 课程的学生的学号。

代码如下：

```
SELECT  Sno   FROM SC   WHERE Cno = 'C001'
INTERSECT
SELECT Sno FROM SC   WHERE Cno = 'C002'
```

查询结果如图 1.4.58 所示。

图 1.4.57 例 4.73 的查询结果

图 1.4.58 例 4.74 的查询结果

本例能否用如下查询语句实现？

```
SELECT Sno FROM SC
WHERE Cno = 'C001' AND   Cno = 'C002'
```

显然这个语句查询结果为空集合，没有得到我们想要的结果。对同一个属性设置两个条件时，两个条件之间可以用 OR 连接；如果用 AND 连接，不会有语法的错误，但是存在逻辑的错误。例如，此例中不会有某个元组的课程号 Cno 既等于 C001 又等于 C002。

不是所有的 DBMS 都支持 INTERSECT 运算符，也可以用如下的子查询实现例 4.74 的要求。这个语句可理解为先查询选修 C002 号课程的学生，然后在这些学生中再进一步筛选出选修 C001 号课程的学生。

```
SELECT Sno FROM SC
WHERE Cno = 'C001' AND Sno IN
                (SELECT Sno FROM SC
                  WHERE Cno = 'C002')
```

3. 差操作(EXCEPT)

集合的差运算的含义在 3.4 节中已经介绍过,现在介绍用 SQL 语句实现集合的差运算。

实现差运算的 SQL 运算符为 EXCEPT,其语法格式如下:

```
SELECT 语句 1
EXCEPT
SELECT 语句 2
```

例 4.75 查询数学系学生中,哪些学生的年龄不是 25 岁,列出这些的学生信息。

代码如下:

```
SELECT * FROM Student
WHERE Sdept = '数学系'
EXCEPT
SELECT * FROM Student
WHERE    Sage = 25
```

查询结果如图 1.4.59 所示。

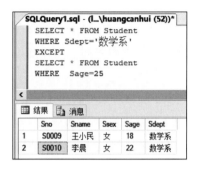

图 1.4.59 例 4.75 的查询结果

4.4 数据操作语句

4.3 节讨论了如何检索数据库的数据,通过 SELECT 语句可以返回由行和列组成的结果,但是查询操作不会使数据库中的数据发生任何变化。如果要对数据进行各种更新操作,包括添加新数据、修改数据和删除数据,则需要使用 INSERT、UPDATE 和 DELETE 语句来完成,这些语句修改数据库中的数据,但不返回结果集。

4.4.1 插入语句

1. 插入一个元组

在关系的操作中,给关系添加记录是常用的操作。在 SQL 语言中,添加数据使用 INSERT 语句,但是 INSERT 语句每次只能插入一个记录。可以用带子查询的插入语句,一次可以插入一个或多个记录。

插入一条记录的语句格式如下:

```
INSERT  INTO  <关系名>  [(属性 1, 属性 2, …)]  VALUES (值 1, 值 2 , … )
```

插入单个记录,按顺序在关系名后给出关系中每个属性名,在 VALUES 后给出对应的每个属性的值。插入一个完整的新元组时,可省略关系的属性名。当插入的元组只有部分属性的值时,必须在关系名后给出要输入值的属性名。

使用插入语句时应注意:

(1) 值列表中的值与列表名中的列按照位置顺序对应,它们的数据类型必须一致。

(2) 如果<关系名>后面没有指明属性名,则插入记录的值顺序必须与关系中列的定义顺序保持一致,且每一个列均有值(可以为空)。

第 4 章

关系数据库的标准语言 SQL

（3）如果值列表中提供的值个数或者顺序与表定义顺序不一致,则[(属性1,属性2,…)]部分不能省略。没有被提供值的属性必须是允许为 NULL 的列,因为在插入时,系统自动为被省略的列插入 NULL。

例 4.76 向 Student 表添加一个新元组,按顺序给出每个属性的值,其中学号为 S0013,姓名为程东,性别为男,年龄为 18,所在系为信息系。

代码如下:

```
INSERT INTO Student VALUES ('S0013','程东','男',18,'信息系')
```

例 4.77 在 SC 表中添加一个新元组,给出部分属性的值,学号为 S0013,选课的课程号为 C005,成绩暂缺。

代码如下:

```
INSERT INTO SC(Sno,Cno) VALUES ('S0013','C005')
```

此句实际插入的数据为:('S0013','C005',NULL)。

对于例 4.77,由于提供的属性值的个数与表中列的个数不一致,因此,在插入时必须列出属性名。而且 SC 表中 Grade 列必须允许为 NULL。

2. 插入多个元组

子查询不仅可以嵌套在 SELECT 语句中,用于构造父查询的条件,也可以嵌套在 INSERT 语句中,用以生成要插入的批量数据。SELECT 语句产生的查询结果是保存在内存中的,如果希望将查询结果永久地保存起来,则可以通过以下方法实现。

插入子查询结果的 INSERT 语句格式如下:

```
INSERT  INTO  <关系名>  [(属性1, 属性2, …)]    <子查询>
```

在使用子查询的结果插入元组时,子查询的结果必须匹配待插入关系中的属性个数并和相应各属性数据类型兼容,属性名可以不同。

例 4.78 建立一个新表 s_avg,存放每个学生的学号、姓名和平均成绩,并把子查询的结果插入新表 s_avg 中。

首先在数据库中建立一个新表 s_avg,其中第一列存放学号,第二列存放姓名,第三列存放平均成绩。代码如下:

```
CREATE  TABLE  s_avg
         (Sno CHAR(10),
          Sname CHAR(10),
          Avggrade REAL)
```

然后对 Student 表、SC 表按学号、姓名分组,再把学号、姓名、平均成绩存入表 s_avg 中。代码如下:

```
INSERT INTO s_avg(Sno,Sname, Avggrade)
(SELECT SC.Sno,Sname,AVG(Grade)
 FROM SC,Student
 WHERE SC.Sno = Student.Sno GROUP BY SC.Sno,Sname)
```

DBMS 在执行完此语句后,并不产生查询结果,而是返回一条消息,表示影响了几行数据。

4.4.2 更新语句

当需要修改数据库表中的某些列的值时,使用 UPDATE 语句指定要修改的属性和想要赋予的新值。通过 WHERE 子句,还可以指定要修改的属性必须满足的条件。没有 WHERE 子句时,则对关系的全部元组都要更新。

修改元组的语句格式如下:

```
UPDATE    <关系名>  SET      属性 1 = 表达式 1
                            [,属性 2 = 表达式 2]
                            …
                            [WHERE 条件]
```

各参数说明如下。

(1) <关系名>给出了需要修改数据的表的名称。

(2) SET 子句指定要修改的列,表达式指定修改后的新值。

(3) 在关系中找到满足条件的元组,然后更新:表达式 1 的值赋予属性 1;表达式 2 的值赋予属性 2,以此类推。

1. 无条件更改

无条件的更改,没有 WHERE 子句,关系中所有的元组都要更新。

例 4.79 将所有课程的学分增加 2 分。

代码如下:

```
UPDATE Course SET Credit = Credit + 2
```

2. 有条件更改

当用 WHERE 子句指定更改数据的条件时,可以分为两种情况:一种是基于本表条件的更新,即更新的记录和更新记录的条件在同一张表中,如例 4.80;另一种是基于其他表条件的更新,即要更新的记录在一张表中,而更新的条件来自另一张表,如例 4.81。

例 4.80 将所有计算机系的学生年龄增加一岁。

代码如下:

```
UPDATE    Student SET Sage = Sage + 1 WHERE Sdept = '计算机系'
```

本例题是基于本表条件的更新。

例 4.81 将全体计算机系的学生的考试成绩置零。

方法一:利用不相关子查询构造更新的条件,代码如下:

```
UPDATE   SC   SET Grade = 0
    WHERE Sno IN
        (SELECT Sno FROM Student WHERE Sdept = '计算机系')
```

方法二:利用相关子查询构造更新的条件,代码如下:

```
UPDATE   SC   SET Grade = 0
WHERE   '计算机系' = (SELECT Sdept FROM   Student
                        WHERE Student.Sno = SC.Sno)
```

方法三：利用多表连接查询构造更新的条件，代码如下：

```
UPDATE   SC   SET Grade = 0
    FROM   SC JOIN   student ON SC.Sno = Student.Sno
    WHERE   Sdept = '计算机系'
```

本例题是基于其他表条件的更新。

例 4.82 将学分最低课程的学分加 2 分。

代码如下：

```
UPDATE Course SET Credit = Credit + 2
WHERE Credit = (SELECT MIN(Credit) FROM   Course)
```

这个更改只能通过子查询来实现，因为是要和聚集函数（最小值）的值进行比较，而聚集函数是不能出现在 WHERE 子句中。

4.4.3 删除语句

当确定不再需要某些记录时，可以使用删除语句 DELETE，将这些记录删掉。DELETE 语句的语法格式如下：

```
DELETE    FROM    <关系名>  [WHERE 条件]
```

说明：

在关系中找到满足条件的元组并删除。如果没有 WHERE 子句，表示删除关系的全部元组（保留结构）。DELETE 一次只能删除一个关系中的元组。

当用 WHERE 子句指定要删除记录的条件时，同 UPDATE 语句一样，也分为两种情况：一种是基于本表条件的删除。例如，删除所有不及格学生的选课记录，要删除的记录与删除的条件都在 SC 表中，如例 4.83 所示。另一种是基于其他表条件的删除，如删除计算机系不及格学生的选课记录，要删除的记录在 SC 表中，而删除的条件（计算机系）在 Student 表中。基于其他表条件的删除同样可以用多种方法实现，如例 4.84 所示。

例 4.83 删除平均分不及格的学生的选课记录。

代码如下：

```
DELETE   FROM  SC  WHERE  Sno  IN
             (SELECT   Sno
                FROM   SC
              GROUP  BY  Sno
              HAVING  AVG(Grade) < 60)
```

例 4.84 删除计算机系考试成绩不及格学生的选课记录。

方法一：利用不相关子查询构造删除的条件，代码如下：

```
DELETE   FROM  SC
WHERE   Grade < 60  AND  Sno  IN (
                          SELECT Sno FROM Student
                          WHERE Sdept = '计算机系')
```

方法二：利用相关子查询构造删除的条件，代码如下：

```
DELETE   FROM   SC
WHERE   '计算机系' =
        (SELECT Sdept
         FROM   Student
         WHERE Student. Sno = SC. Sno)   AND Grade < 60;
```

方法三：利用多表连接查询构造删除的条件,代码如下：

```
DELETE   FROM   SC
FROM   SC  JOIN  Student   ON  SC. Sno = Student. Sno
WHERE   Sdept = '计算机系'   AND   Grade < 60
```

注意删除、更改数据时,如果表之间有外键的参照引用,则在删除、更改主表数据时,系统会自动检查所删除的数据库是否被外键引用,如果被引用,则根据定义外键的参照动作类型来决定是否能对主表的数据进行删除、更改操作。

4.5   视   图

在 1.3.1 节介绍数据库的三级模式时,可以看到模式(对应到基本表)是数据库中全体数据的逻辑结构,这些数据也是物理存储的,当不同的用户需要基本表中不同的数据时,可以为每类这样的用户建立一个外模式。外模式中的内容来自模式,这些内容可以是某个模式的部分数据或多个模式组合的数据。外模式对应到关系数据库中的概念就是视图。视图是数据库中的一个对象,它是数据库管理系统提供给用户的以多种角度观察数据库中数据的一种重要机制。

视图(View)是从一个或者多个基本表(或视图)中导出的表。它与基本表不同,是一个虚表。数据库中只存放视图的定义,不存放视图对应的数据,这些数据仍存放在原来的基本表中。所以基本表中的数据发生变化,从视图中查询出的数据也随之改变。从这个意义上讲,视图就像一个窗口,透过它可以看到数据库中自己感兴趣的数据及其变化。

视图一经定义,就可以和基本表一样被查询、被删除。也可以在一个视图之上再定义新的视图,但对视图的更新(增、删、改)操作则有一定的限制。

对于视图需要注意以下 3 点：

(1) 当基础关系发生变化后,再去访问视图,看到的虚拟关系也会发生相应的变化。

(2) 用户对视图的查询,系统在执行时必须转换为对基础关系的查询。

(3) 用户对视图的修改,系统在执行时必须转换为对基础关系的修改。

4.5.1   创建视图

利用 SQL 语言的 CREATE VIEW 语句可以创建视图,该命令的基本语法如下：

```
CREATE VIEW <视图名>[(<列名>[,<列名>]…)]
AS <子查询>
[WITH CHECK OPTION]
```

其中,子查询可以是任意复杂的 SELECT 语句,但通常不允许含有 ORDER BY 子句和DISTINCT 短语。从视图的定义语句中可以看出视图的本质是一个有名字的查询。

WITH CHECK OPTION 表示对视图进行插入、更新时,要检查新元组是否满足视图对应查询的条件。

组成视图的属性列名或者全部省略或者全部指定,没有第三种选择。如果省略了视图的各个属性列名,则隐含该视图由子查询中 SELECT 子句目标列中的字段组成。但下列三种情况必须明确指定组成视图的所有列名:

(1) 某个目标列不是单纯的属性名,而是聚集函数或列表达式;

(2) 多表连接时选出了几个同名列作为视图的字段;

(3) 需要在视图中为某个列启用新的更合适的名字。

例 4.85 建立信息系学生的视图。

代码如下:

```
CREATE VIEW   IS_Student
AS
SELECT *
FROM Student
WHERE Sdept = '信息系'
WITH CHECK OPTION;
```

该视图 IS_Student 的数据来自 Student 表。假设现在向视图 IS_Student 中插入一条记录('S0011','李家明','男',22,'数学系'),由于创建视图时用到了 WITH CHECK OPTION,这条记录不满足创建视图对应的查询的条件。

在已有视图上还可以再创建视图。

例 4.86 在例 4.85 创建的视图的基础上再派生视图,建立信息系男学生的视图。

代码如下:

```
CREATE VIEW   IS_Student_sex
AS
SELECT *
FROM IS_Student
WHERE Ssex = '男'
```

定义视图的查询语句可以涉及多张表。这样定义的视图一般只能用于查询数据,不能用于修改数据。

例 4.87 建立包含计算机系选修了 C001 号课程的学生(含学号、姓名、课程号、成绩)的视图。

```
CREATE VIEW V_CS_S1(学号,姓名,课程号,成绩)
AS
SELECT Student.Sno,Sname,Cno,Grade
FROM Student JOIN SC ON Student.Sno = SC.Sno
WHERE Sdept = '计算机系' AND Cno = 'C001'
```

本例中在视图 V_CS_S1 后面给出视图的列名。给视图的列指定名字时,该列名的个数必须与子查询的列的个数相等。如果创建视图时不指定视图列的名称,则视图列将获得与 SELECT 语句中的列相同的名称。

定义基本表时,为了减少数据库中的冗余数据,表中只存放基本数据,由基本数据经过各种计算派生出的数据一般是不存储的。但由于视图中的数据并不实际存储,所以定义视图时可以根据应用的需要,设置一些派生属性列。这些派生属性由于在基本表中并不实际存在,也称它们为虚拟列。带虚拟列的视图也称为带表达式的视图。

例 4.88 定义一个反映学生出生年份的视图。

代码如下:

```
CREATE VIEW V_birth(Sno,Sname,Sbirth)
AS
SELECT Sno,Sname,2019 - Sage
FROM Student
```

视图 V_birth 是一个带有表达式的视图。视图中的出生年份值是通过计算得到的。如果视图中某一列是函数、数学表达式、常量或者来自多个表的列名相同,则必须为这样的列定义名称。

例 4.89 建立一个反映各个系学生人数的视图。

代码如下:

```
CREATE VIEW V_sdept_count
AS
SELECT Sdept 系名,COUNT( * ) AS 各系学生人数
FROM Student
GROUP BY Sdept
```

例 4.90 建立男女学生的平均年龄视图。

代码如下:

```
CREATE VIEW V_sex_age(性别,平均年龄)
AS
SELECT Ssex,AVG(Sage)
FROM Student
GROUP BY Ssex
```

4.5.2 修改和删除视图

定义视图后,如果其结构不能满足用户的要求,可以对其进行修改。如果一个视图不再具有使用价值,则可以将其删除。

1. 修改视图

可用 ALTER VIEW 命令对已创建好的视图进行更改。ALTER VIEW 命令的语法格式为:

```
ALTER VIEW <视图名>[(<列名>[,<列名>]…)]
AS <子查询>
[WITH CHECK OPTION]
```

可以看到,修改视图的 SQL 语句与定义视图的语句基本一样,只是将 CREATE VIEW 改成了 ALTER VIEW。

例 4.91 修改例 4.87 创建的 V_CS_S1 视图。修改为包含计算机系选修了 C001 号课

程并且成绩大于 90 分的学生(含学号、姓名、课程号、成绩)的视图。

代码如下：

```
ALTER CREATE VIEW V_CS_S1(学号,姓名,课程号,成绩)
AS
SELECT Student. Sno, Sname, Cno, Grade
FROM Student JOIN SC ON Student. Sno = SC. Sno
WHERE Sdept = '计算机系' AND Cno = 'C001' AND Grade > 90
```

2. 删除视图

对于不需要的视图，可通过 DROP 命令来删除，其语法格式为：

```
DROP VIEW <视图名>
```

例 4.92　删除例 3.85 创建的视图 IS_Student。

代码如下：

```
DROP VIEW IS_Student
```

删除视图时需要注意，如果被删除的视图是其他视图的数据源，如 IS_Student_sex 视图就是定义在 IS_Student 视图之上的，那么删除视图 IS_Student，其派生的视图 IS_Student_sex 将无法再使用。同样，如果派生视图的基本表被删除了，视图也将无法使用。因此，在删除基本表和视图时要注意是否存在引用被删除对象的视图，如果有应同时删除。

4.5.3　查询视图

视图定义后，用户就可以像对基本表一样对视图进行查询了。

例 4.93　查询信息系学生视图(IS_Student)中年龄小于 20 岁的学生。

代码如下：

```
SELECT *
FROM   IS_Student
WHERE Sage < 20
```

查询结果如图 1.4.60 所示。

执行这样的查询时，DBMS 不能直接计算，首先检查要查询的视图是否存在，如果存在，必须"展开"视图，用对应的定义视图时的查询语句来代替视图本身。

例如，DBMS 在执行上面的查询语句时，会转换为：

```
SELECT *
FROM Student
WHERE Sdept = '信息系' AND Sage < 20
```

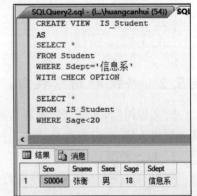

图 1.4.60　例 4.93 的查询结果

在一般情况下，视图查询的转换是直截了当的。但是在某些情况下，这种转换不能直接进行，否则查询就会出现问题，如例 4.94 所示。

例 4.94　对于例 4.89 建立的一个反映各个系人数的视图 V_sdept_count，其数据如图 1.4.61 所示。现在要求查询出人数大于或等于 4 的系，列出系名和相应的人数。

图 1.4.61　视图 V_sdept_count 的数据

查询语句如下:

```
SELECT *
FROM V_sdept_count
WHERE　各系人数>=4
```

例 4.89 中定义视图 V_sdept_count 的查询语句为:

```
SELECT Sdept 系名,COUNT( * ) AS 各系人数
FROM Student
GROUP BY Sdept
```

将本例中查询语句与定义视图 V_sdept_count 的查询语句相结合,形成下列查询语句:

```
SELECT *
FROM V_sdept_count
WHERE (COUNT( * ))>=4
GROUP BY Sdept
```

注意:因为 WHERE 子句中是不能用聚集函数作为条件表达式的,因此执行此转换后的查询将会出现语法错误。正确转换的查询语句应该是:

```
SELECT *
FROM V_sdept_count
GROUP BY Sdept
HAVING COUNT( * )>=4
```

例 4.95　查询信息系学生的基本信息和选课情况,未选课的学生也列出基本学生信息。

代码如下:

```
SELECT *
FROM IS_Student LEFT JOIN SC ON IS_Student. Sno = SC. Sno
```

DBMS 把这个查询等价转换为对基本表的查询,语句如下:

关系数据库的标准语言 *SQL*

```
SELECT *
FROM Student LEFT JOIN SC ON Student.Sno = SC.Sno
WHERE Student.Sdept = '信息系'
```

4.5.4　更新视图数据

更新视图是指通过视图来插入(INSERT)、删除(DELTETE)和修改(UPDATE)数据。

由于视图是不实际存储数据的虚表,因此对视图的更新,最终要转换为对基本表的更新。像查询视图那样,对视图的更新操作也是通过视图消解、转换为对基本表的更新操作。

为防止用户通过视图对数据进行增加、删除、修改时,有意无意地对不属于视图范围内的基本表数据进行操作,可在定义视图时加上 WITH CHECK OPTION 子句。这样在视图上增、删、改数据时,DBMS 会检查视图定义中的条件,若不满足条件,则拒绝执行该操作。

例 4.96　将例 4.85 建立的视图 IS_Student 中学号为 S0006 的学生姓名改为"刘向丽"。
代码如下:

```
UPDATE IS_Student
SET Sname = '刘向丽'
WHERE Sno = 'S0006'
```

转换后这个修改语句为:

```
UPDATE Student
SET Sname = '刘向丽'
WHERE Sno = 'S0006' AND Sdept = '信息系'
```

例 4.97　向信息系学生视图 IS_Student 插入一条新记录,其中学号为 S0012,姓名为"黄俊",性别为"男",年龄为 21 岁。
代码如下:

```
INSERT INTO IS_Student
VALUES('S0012','黄俊','男',21,'信息系')
```

转换为对基本表的插入:

```
INSERT INTO Student
VALUES('S0012','黄俊','男',21,'信息系')
```

例 4.98　删除信息系学生视图 IS_Student 中的一条记录,其学号为 S0012。
代码如下:

```
DELETE
FROM IS_Student
WHERE Sno = 'S0012'
```

转换为对基本表的删除:

```
DELETE
FROM Student
WHERE Sno = 'S0012'
```

例 4.99 将例 4.89 创建的视图 V_sdept_count 中的数学系的人数修改为 4。

代码如下：

```
UPDATE V_sdept_count
SET 各系人数 = 4
WHERE 系名 = '数学系'
```

但是这个对视图的更新无法转换成对基本表 Student 的更新，因为只有插入（或删除）数学系的学生记录，才能改变数学系的学生人数，所以 V_sdept_count 是不能更新的。

由上面的例子可知，在关系数据库中，不是所有的视图都可以进行插入、修改和删除操作的，因为有些视图的更新不能唯一地有意义地转换成对应基本表的更新。

各个系统对视图的更新还有进一步的规定，由于各个系统实现方法上的差异，这些规定也不尽相同。

通常 DB2 数据库规定：

（1）若视图是由两个或两个以上的基本表导出的，则视图不允许更新。

（2）若视图的字段来自字段表达式或常数，则不允许对此视图执行 INSERT 和 UPDATE 操作，但允许执行 DELETE 操作。

（3）若视图的字段来自聚集函数，此视图不允许更新。

（4）若视图定义中含有 GROUP BY 子句，则此视图不允许更新。

（5）若视图定义中含有 DISTINCT 短语，则此视图不允许更新。

（6）若视图的定义中有嵌套查询，并且内层查询的 FROM 子句中涉及的表也是导出该视图的基本表，则此视图不允许更新。

例如，将 Student 表中年龄在平均年龄之上的元组定义成一个视图 Student_avg：

```
CREATE VIEW Student_avg
AS
SELECT *
FROM Student
WHERE Sage >(SELECT AVG(Grade)
              FROM Student)
```

导出视图 Student_avg 的基本表是 Student，内层查询中涉及的表也是 Student，所以视图 Student_avg 是不允许更新的。

一个不允许更新的视图上定义的视图也不允许更新。

4.5.5 视图的作用

视图定义在基本表之上，对视图的一切操作最终也要转换为对基本表的操作。既然如此，为什么还要定义视图呢？这是因为合理地使用视图能够带来许多好处。

1. 视图能够简化用户的操作

视图机制是用户可以将注意力集中在所关心的数据上。如果这些数据不是直接来自基本表，则可以通过定义视图，使数据库看起来结构简单、清晰，并且可以简化用户的数据查询操作。例如，那些定义了若干张表连接的视图，就将表与表之间的连接操作对用户隐蔽起来了。换句话说，用户所做的只是对一个虚表的简单查询，而这个虚表是怎样得来的，用户无须了解。

2. 视图使用户能以多个角度看待同一数据

视图机制能使不同的用户以不同的方式看待同一数据,当许多不同种类的用户共享同一个数据库时,这种灵活性是非常重要的。

3. 视图对重构数据库提供了一定程度的逻辑独立性

1.2.3 节已经介绍过数据库的物理独立性和逻辑独立性的概念。数据的物理独立性是指用户的应用程序不依赖于数据库的物理结构。数据的逻辑独立性是指当数据库重构时,如增加新的关系或对原有关系增加新的字段等,用户的应用程序不会受影响。层次数据库和网状数据库一般能较好地支持数据的物理独立性,而对于逻辑独立性则不能完全地支持。

在关系数据库中,数据库的重构往往是不可避免的。重构数据库最常见的是将一个基本表"垂直"地分成多个基本表。例如,将学生关系

Student(Sno, Sname, Ssex, Sage, Sdept)

分为 SX(Sno, Sname, Sage)和 SY(Sno, Ssex, Sdept)两个关系。这时原表 Student 为 SX 表和 SY 表自然连接的结果。如果建立一个视图 Student:

```
CREATE VIEW Student(Sno, Sname, Ssex, Sage, Sdept)
AS
SELECT SX.Sno, SX.Sname, SY.Ssex, SX.Sage, SY.Sdept
FROM SX JOIN SY ON SX.Sno = SY.Sno
```

这样,尽管数据库的表结构变了,但应用程序可以不必修改,新建的视图保证了用户原来的关系,使用户的外模式未发生改变。

4. 提高了数据的安全性

使用视图可以定制用户查看哪些数据并屏蔽哪些敏感数据。例如,不希望员工看到别人的工资,就可以建立一个不包含工资项的职工视图,然后让用户通过视图来访问表中的数据,而不授予他们直接访问基本表的权限,这样就在一定程度上提高了数据库数据的安全性。

4.5.6 物化视图

标准视图的结果集并不永久存储在数据库中,每次通过标准视图访问数据时,数据库系统都会在内部将视图定义替换为查询,直到最终的查询仅仅涉及基本表。这个替换(或者叫转换)过程需要花费时间,因此通过视图这种方法访问数据会降低数据的访问效率。为解决这个问题,很多数据库管理系统提供了允许将视图数据进行物理存储的机制,而且数据库管理系统能够保证当定义视图的基本表数据发生了变化,视图中的数据也随之更改,这样的视图称为物化视图(Materialized View,在 SQL Server 中将这样的视图称为索引视图),保证视图数据与基本表数据保持一致的过程称为视图维护(View Maintenance)。

对于标准视图而言,为每个引用视图的查询动态生成结果集的开销很大,特别是对于那些涉及大量数据行进行复杂处理(如聚合大量数据或连接许多行)的视图。在 SQL Server 2008 中,如果在查询中频繁地引用这类视图,可通过对视图创建唯一聚集索引来提高性能。对视图创建唯一聚集索引后,视图结果集将存储在数据库中,就像带有聚集索引的表一样。

当需要频繁使用某个视图时,就可将该视图物化。对于需要加快基于视图数据的查询效率时,也可以使用物化视图。但物化视图带来的好处是以增加存储空间为代价的。

4.6 索 引

用户对数据库最常用的操作之一就是查询数据。在数据量比较大时,搜索满足条件的数据可能会花费很长的时间,从而占用较多的服务器资源。为了提高数据检索的能力,在数据库中引入了索引的概念。

数据库中的索引类似于书籍中的目录。在书籍中,利用目录,用户不必翻阅完整本书就能迅速地找到所需的信息。在数据库中,索引使得对数据的查找不需要对整个表进行扫描,就可以在其中找到所需数据。

4.6.1 创建索引

建立索引是加快查询速度的有效手段。用户可以根据应用环境的需要,在基本表上建立一个或多个索引,以提供多种存取路径,加快查找速度。

一般来说,建立与删除索引由 DBA 或表的属主(Owner,即建立表的人),负责完成。系统在存取数据时,会自动选择合适的索引作为存取路径,用户不必也不能显式地选择索引。

在 SQL 语言中,建立索引使用 CREATE INDEX 语句,其一般格式为:

```
CREATE  [UNIQUE] [CLUSTERED] [NONCLUSTERED] INDEX  <索引名>
ON  <表名>  (<列名>[<次序>][,<列名>[<次序>]]…)
```

其中<表名>是要建立索引的基本表的名字。索引可以建立在该表的一列或多列上,各列名之间用逗号分隔。每个<列名>后面还可以用<次序>指定索引值的排列次序,可选 ASC(升序)或 DESC(降序),缺省值为 ASC。

(1) UNIQUE:表示要创建的索引是唯一索引。此索引的每一个索引值只对应唯一的数据记录。唯一索引可以只包含一个列(限制该列取值不重复),也可以由多个列共同构成(限制这些列的组合取值不重复)。只有当数据本身具有唯一性特征时,指定唯一索引才有意义。实际上,当在表上创建 PRIMARY KEY 或 UNIQUE 约束时,系统会自动在这些列上创建唯一索引。

(2) CLUSTER:表示要建立的索引是聚集索引。所谓聚集索引是指索引项的顺序与表中记录的物理顺序一致。例如,执行例 4.100 的 CREATE INDEX 语句。

(3) NONCLUSTERED:表示要创建的索引是非聚集索引。非聚集索引与书后的术语表类似。书的内容(数据)存储在一个地方,术语表(索引)存储在另一个地方。而且书的内容(数据)并不按术语表(索引)的顺序存放,但术语表中的每个词在书中都有确切的位置。非聚集索引类似术语表,而数据就类似一本书的内容。非聚集索引并不改变数据的物理存储顺序,因此,可以在一个表上建立多个非聚集索引。就像一本书可以有多个术语表一样,如一本介绍园艺的书可能会包含一个植物通俗名称的术语表和一个植物学名称的术语表,因为这是读者查找信息的最常用的两种方法。

注意:如果没有指定索引类型,则默认是创建非聚集索引。聚集索引和非聚集索引都可以是唯一索引。因此,只要列中的数据是唯一的,就可以在同一个表上创建一个唯一的聚集索引和多个唯一的非聚集索引。

例 4.100　在 Student 表的 Sname(姓名)列上建立一个聚集索引,并且 Student 表中的记录按照 Sname 值的升序存放。

代码如下:

```
CREATE  CLUSTERED  INDEX  Stusname  ON Student(Sname)
```

用户可以在最经常查询的列上建立聚集索引以提高查询的效率。显然在一个基本表上最多只能建立一个聚集索引。建立聚集索引后,更新该索引列上的数据时,往往导致表中记录的物理顺序的变更,代价较大,因此对于经常更新的列不宜建立聚集索引。

例 4.101　为 Student、Course、SC 三个表建立索引。其中 Student 表按学号升序建唯一索引,Course 表按照课程号升序建唯一索引,SC 表按学号升序和课程号降序建唯一索引。

代码如下:

```
CREATE  UNIQUE  INDEX  Stusno  ON Studnt(Sno);
CREATE  UNIQUE  INDEX  Coucno  ON Course(Cno);
CREATE  UNIQUE  INDEX  SCno   ON SC(Sno ASC,Cno DESC)
```

例 4.102　为 Student 表的 Sname 列创建非聚集索引。

代码如下:

```
CREATE  INDEX Sname_id  ON Student(Sname)
```

4.6.2　索引的删除

索引一经建立,就由系统使用和维护,不需要用户干预。建立索引是为了减少查询操作的时间,但如果数据增、删、改频繁,系统会花许多时间来维护索引,从而降低查询的效率。这时,可以删除一些不必要的索引。

在 SQL 语言中,删除索引可以使用 DROP INDEX 语句。其一般格式为:

```
DROP INDEX <索引名>
```

例 4.103　删除 Student 表的 Stusname 索引。

代码如下:

```
DROP  INDEX  Stusname
```

在 RDBMS 中索引一般采用 B+树、Hash 索引来实现。B+树索引具有动态平衡的优点。Hash 索引具有查找速度快的特点。索引是数据库的内部实现技术,属于内模式的范畴。

用户使用 CREATE INDEX 语句定义索引时,可以定义索引是唯一索引、非唯一索引或聚集索引。至于某一个索引是采用 B+树还是 HASH 索引则由具体的 RDBMS 来决定。

4.6.3　建立索引的原则

索引是建立在数据库表中的某些列的上面。因此,在创建索引的时候,应该仔细考虑在哪些列上可以创建索引,在哪些列上不能创建索引。一般来说,应注意以下这些原则。

(1) 为表的主键创建索引。

(2) 经常与其他表进行连接的表,在连接字段上应该建立索引;定义为外键的字段创建索引,外键通常用于表与表之间的连接,在其上创建索引可以加快表间的连接。

(3) 在频繁进行排序或分组(即进行 GROUP BY 或 ORDER BY 操作)的列上建立索引。

(4) 在条件表达式中经常用到的不同值较多的列上建立检索,在不同值较少的列上不要建立索引。如在雇员表的"性别"列上只有"男"与"女"两个不同值,因此就没有必要建立索引,因为这样建立索引不会提高查询效率,反而会严重降低更新速度。

(5) 如果待排序的列有多个,可以在这些列上建立复合索引(Compound Index)。

(6) 当更新应用远远大于查询应用时,不应该创建索引。

(7) 删除无用的索引,避免对执行计划造成负面影响。

4.7 复习思考

4.7.1 小结

本章介绍了 SQL 语言的发展、特点及其支持的数据类型。首先介绍数据定义、数据查询语句、数据操作,然后介绍的是数据库中的两个重要概念——视图和索引。

对于数据定义,重点讲解了表的定义,用户可以在定义表的同时定义数据的完整性约束。

关于查询语句,主要分为单表查询、多表连接查询和子查询,包括的知识有无条件查询、有条件查询、分组、排序、选择查询结果集中的前若干行等功能。多表连接查询主要涉及内连接、自连接、左外连接和右外连接。子查询涉及的是相关子查询和不相关子查询。SQL 的数据查询功能是最丰富的,也是最复杂的。读者应当加强实践练习,达到举一反三的目的。

建立索引的目的是为了提高数据的查询效率,但存储索引需要空间的开销,维护索引需要时间的开销。因此,当对数据库的应用主要是查询操作时,可以适当多建立索引。如果对数据库的操作主要是增、删、改时,则应尽量少建立索引以免影响数据的更改效率。

视图是基于数据库基本表的虚表,视图所包含的数据并不是被物理存储,视图的数据全部来自基本表。用户通过视图访问数据时,最终都落实到对基本表的操作。因此通过视图访问数据比直接从基本表访问数据效率会低一些,因为它多了一层转换操作。

视图提供了一定程度的数据逻辑独立性,并可以增加数据的安全性,封装了复杂的查询,简化了客户端访问数据库数据的编程,为用户提供了从不同的角度看待同一数据的方法。

4.7.2 习题

一、单项选择题

1. 在创建数据库表结构时,为该表中一些字段建立索引,其目的是( )。

    A. 改变表中记录的物理顺序   B. 为了对表进行实体完整性约束

    C. 加快数据库表的更新速度   D. 加快数据库表的查询速度

2. 下列关于 SQL 中 HAVING 子句的描述,错误的是( )
    A. HAVING 子句必须与 GROUP BY 子句同时使用
    B. HAVING 子句与 GROUP BY 子句无关
    C. 使用 WHERE 子句的同时可以使用 HAVING 子句
    D. 使用 HAVING 子句的作用是限定分组的条件

3. 在关系数据库系统中,为了简化用户的查询操作,而又不增加数据的存储空间,常用的方法是创建( )。
    A. 另一个表　　　　B. 游标　　　　　　C. 视图　　　　　　D. 索引

4. 一个查询的结果成为另一个查询的条件,这种查询被称为( )。
    A. 联接查询　　　　B. 内查询　　　　　C. 自查询　　　　　D. 子查询

5. 为了对表中的各行进行快速访问,应对此表建立( )。
    A. 约束　　　　　　B. 规则　　　　　　C. 索引　　　　　　D. 视图

6. SQL 语言中,条件年龄 BETWEEN 15 AND 35 表示年龄在 $15\sim35$,且( )。
    A. 包括 15 岁和 35 岁　　　　　　　B. 不包括 15 岁和 35 岁
    C. 包括 15 岁但不包括 35 岁　　　　D. 包括 35 岁但不包括 15 岁

7. 当关系 R 和 S 自然连接时,能够把 R 和 S 原该舍弃的元组放到结果关系中的操作是( )。
    A. 左外连接　　　　B. 右外连接　　　　C. 内连接　　　　　D. 外连接

8. 在 SQL 中,下列涉及空值的操作,不正确的是( )。
    A. age IS NULL　　　　　　　　　　B. age IS NOT NULL
    C. age＝NULL　　　　　　　　　　　D. NOT (age IS NULL)

9. 下列聚合函数中不忽略空值(NULL)的是( )。
    A. SUM(列名)　　　　　　　　　　　B. MAX(列名)
    C. COUNT(＊)　　　　　　　　　　　D. AVG(列名)

二、SQL 完成下列操作

现有关系数据库如下:

S(sno,sname,age,city)

学生关系,属性为学号,学生名,年龄,籍贯

C(cno,cname,grade,tno)

课程关系,属性为课程号,课程名,开设年级,任课教师号

T(tno, tname,age,city)

教师关系,属性为教师号,教师名,年龄,籍贯

SC(sno,cno,score)

选修关系,属性为学号,课程号,成绩

1. 李明在哪些课程得到的分数超过 80? 列出课程名。

2. 列出没有选修"人工智能"课程的学生姓名、年龄。

3. 哪些学生"数据库"课程的成绩要高于王红的数据库成绩？列出学号、姓名。

4. 列出王风老师教的每门课程的最高分。

5. 查询出和王风老师相同籍贯的教师姓名。

6. 查询只选修了"大学英语"这一门课程的学生的学号、姓名。

7. 查询总分超过 400 分的学生的学号。

8. 创建反映每门课程的选课人数的视图。该视图能否更新？

9. 创建一个反映教师和对应所授课程的视图，包括的列有教师号、教师名、课程号、课程名。该视图能否更新？

10. 在 S 表中为 Sname 列创建一个聚集索引。

三、简答题

1. 举例说明什么是内连接、左外连接和右外连接？

2. 索引的类型有哪些？

3. 什么样的列适合创建索引？聚集索引和非聚集索引有什么区别？

4. 创建视图的作用是什么？

5. 基本表的数据发生变化，能否从视图中反映出来？

6. 通过视图修改表中的数据需要哪些条件？

第5章 关系数据库设计与理论

关系数据理论是关系数据库的重点内容。关系数据理论中的规范化理论称为数据库设计理论,对数据库设计起到指导作用。本章主要介绍关系的形式化定义、函数依赖的基本概念、范式的概念、从 1NF 到 4NF 的定义、规范化的含义和作用,讨论一个好的关系模式的标准,以及如何将不好的关系模式转换成好的关系模式,并能够保证所得到的关系模式仍能表达原来的含义。

数据库设计是数据库应用领域中的主要研究课题,其任务是在给定的应用环境下,创建满足用户需求且性能良好的数据库模式、建立数据库及其应用系统,使之能有效地存储和管理数据,满足各类用户业务的需求。

数据库设计需要理论指导,关系数据库规范化理论就是数据库设计的一个理论指南。规范化理论研究的是关系模式中各属性之间的依赖关系及其对关系模式性能的影响,探讨"好"的关系模式应该具备的性质,以及达到"好"关系模式的方法。规范化理论提供了判断关系模式好坏的理论标准,帮助用户预测可能出现的问题,是数据库设计人员的有力工具,同时也使数据库设计有了严格的理论基础。

本章将主要讨论关系数据库规范化理论,讨论如何判断一个关系模式是否是好的关系模式,以及如何将不好的关系模式转换成好的关系模式,并能保证所得到的关系模式仍能表达原来的语义。

本章导读

- 函数依赖
- 关系模式的规范化
- 模式分解

5.1 函 数 依 赖

5.1.1 关系数据库中存在的问题

关系数据模型是对数据间联系的一种抽象化描述,它是利用关系来描述现实世界的。一个关系就是一个实体。客观事物之间彼此的联系包含两种:一是实体与实体之间的联系,二是实体内部特征即属性之间的联系。如果这两种联系在设计中考虑不周全,就会引发一系列问题,其中最突出的问题就是数据冗余。数据在系统中多次重复出现造成的数据冗余,是影响系统性能最大的问题,并会引起操作异常(插入异常、删除异常、更新异常等)。

关系数据库是由一组关系构成的"好"的关系,数据库设计要求用户找到一些"好"关系。

因为包含"坏"关系的"坏"数据库设计具有某些问题。下面通过例题来说明。

假设有以下的关系模式：

worker (name, branch, manager)

其中，各个属性分别代表姓名、部门、经理，name 为关系的主键（没有姓名相同的员工）。假设一个部门仅有一位经理，但反过来，一个经理可以是多个部门的经理。

观察表 1.5.1 所示数据，考虑 worker 这个关系模式存在哪些问题。

表 1.5.1　worker 部分数据示例

name	branch	manager
李勇	A	王民生
张向东	B	张衡
王芳	C	王民生
李晨	B	张衡
周小民	B	张衡

由 worker 这个关系，可以发现以下问题。

数据冗余：在 worker 关系中，对于谁是部门经理的信息存在冗余。因为一个部门会有多个职工，这个部门对应的部门经理的信息就会重复多次。而对于同一个部门，没有必要多次重复谁是部门经理。

插入异常：观察表 1.5.2 所示数据，假设成立一个新部门 D。经理是何凯，如果 D 部门没有员工。显然，根据实体完整性规则，主键值不能为空，因此不能增加关于部门 D 的信息。

表 1.5.2　worker 数据插入异常示例

name	branch	manager
李勇	A	王民生
张向东	B	张衡
王芳	C	王民生
李晨	B	张衡
周小民	B	张衡
null	D	何凯

删除异常：观察表 1.5.3 所示数据，假设将部门 B 的所有员工相应的记录都删除，那么在删除了部门 B 的所有员工以后，还能找出谁是部门 B 的经理么？从表 1.5.3 中可以看到，如果一个部门里的所有员工都被删除了，谁是部门经理的信息也会被删除，这样的结果是不对的。

表 1.5.3　worker 数据删除异常示例

name	branch	manager
李勇	A	王民生
王芳	C	王民生

更新异常：如果部门 B 的经理变成李国庆，需要更新几个元组？如果一个部门的经理变动，必须更新部门里的每个员工以反映谁是新经理，否则就会出现部门有两个经理的错误。表 1.5.4 中的数据显示了这种情况，与最初的语义相矛盾。

表 1.5.4　worker 数据更新异常示例

name	branch	manager
李勇	A	王民生
张向东	B	李国庆
王芳	C	王民生
李晨	B	李国庆
周小民	B	张衡

以上的问题可以称为操作异常，为什么会出现这些问题呢？因为这个关系模式不够好，它的属性之间存在"不良"的函数依赖。因此要改造这个关系模式，把存在不良函数依赖的坏关系进行分解，消除不良的函数依赖使之成为一个好的关系模式。

5.1.2　函数依赖相关的概念

函数是大家熟悉的一个概念，对公式 $Y=f(X)$ 自然不会陌生，但是大家熟悉的是 X 和 Y 在数量上的对应关系，即给定一个 X 值，都会有一个 Y 值与其相对应。也可以说 X 函数决定 Y，或者 Y 函数依赖于 X。在关系数据库中，讨论函数依赖注重的是语义上的关系，例如国家＝f(首都)，那么，只要给出一个具体的首都值，都会有唯一的一个国家值和它相对应。如"北京"对应"中国"。在这里"首都"是自变量 X，国家是因变量或函数值 Y。可以认为，X 函数决定 Y，或者 Y 函数依赖于 X，可以表示为：$X \rightarrow Y$。

根据以上的讨论，得出比较直观的函数依赖(Functional Dependency)的定义，即函数依赖是一种数据依赖，它具有以下形式：$X \rightarrow Y$(读作：X 决定 Y)。函数依赖的意义是，当任意两个元组在属性集 X 上相等时，则它们在属性集 Y 上也相等。即同一个 X(的值)，必然对应同一个 Y(的值)。

例如，可以在表 1.5.1 中发现某些函数依赖，如下：

name→branch，branch→manager，name→manager

再如，观察表 1.5.5，可以从关系模式 S-C-G(Sno，Cno，Cname，Grade)部分数据示例中的得到一些函数依赖，如下：

(Sno，Cno)→Grade，Cno→Cname

表 1.5.5　S-C-G 部分数据示例

Sno	Cno	Cname	Grade
01	A	数据库原理	90
01	B	C 语言程序设计	85
02	A	数据库原理	70
02	C	算法分析	100
03	B	C 语言程序设计	80

显然,函数依赖讨论的是属性之间的依赖关系,它是语义范畴的概念,也就是说关系模式的属性间是否存在函数依赖只与语义有关。下面对函数依赖给出严格的形式化定义。

定义 5.1 设 $R(U)$ 是属性集 U 上的关系模式,X 和 Y 是 U 的子集。若对 $R(U)$ 的任意一个关系,t_1、t_2 是 r 的任意两个可能的元组,如果两个元组在属性集 X 上相等,则它们在属性集 Y 上必然相等(即同一个 X 对应同一个 Y,$t_1[X]=t_2[X] \rightarrow t_1[Y]=t_2[Y]$),称 X 决定 Y,或者 Y 依赖于 X。

当 Y 函数依赖于 X 时,则记为 $X \rightarrow Y$。如果 $X \rightarrow Y$,也称 X 为决定因素(Determinant Factor),Y 为依赖因素(Dependent Factor)。

如果 Y 函数不依赖于 X,则记作 $X \nrightarrow Y$。

5.1.3 一些术语和符号

下面给出在本章中经常使用的一些术语和符号。

设有关系模式 $R(U)$,其中 X、Y 和 Z 是 U 的子集,则有以下结论。

1. 平凡函数依赖(Trivial Functional Dependency)

当 $Y \subseteq X$ 时,函数依赖 $X \rightarrow Y$ 是平凡函数依赖。

例如,对于关系模式 worker(name,branch,manager),以下是平凡的函数依赖。

(name, branch) → name, name → name

平凡的函数依赖是没有意义的,一般所讨论的函数依赖都应该排除这种情况。

2. 非平凡函数依赖(Nontrivial Functional Dependency)

如果 $Y \nsubseteq X$,函数依赖 $X \rightarrow Y$ 是平非凡函数依赖(Nontrivial Functional Dependency)。

例如,对于关系模式 worker(name,branch,manager),以下是非平凡的函数依赖。

(name, branch) → manager

如不作特殊说明,本书讨论的都是非平凡函数依赖。

3. 完全函数依赖(Full Functional Dependency)

定义 5.2 如果 $X \rightarrow Y$,并且对于 X 的一个任意真子集 X',都有 $X' \nrightarrow Y$,则称 Y 完全函数依赖于 X,记作

$$X \xrightarrow{F} Y$$

4. 部分函数依赖(Partial Functional Dependency)

定义 5.3 如果 $X \rightarrow Y$,并且对于 X 的一个任意真子集 X',都有 $X' \rightarrow Y$ 成立,则称 Y 部分函数依赖于 X,记作

$$X \xrightarrow{P} Y$$

例如,在关系模式 S-C-G(Sno,Cno,Cname,Grade)中,存在完全函数依赖:Cno $\xrightarrow{F}$ Cname,(Sno,Cno) $\xrightarrow{F}$ Grade。

又如,对于关系模式 worker(name,branch,manager)存在部分函数依赖:(name, branch) $\xrightarrow{P}$ manager。

5. 传递函数依赖（Transitive Functional Dependency）

定义 5.4 如果 $X \rightarrow Y$（非平凡函数依赖，并且 $Y \nrightarrow X$）、$Y \rightarrow Z$ 同时成立，则称 Z 传递函数依赖于 X，记作

$$X \xrightarrow{\text{传递}} Z$$

例如，对于关系模式 worker(name,branch,manager)存在传递函数依赖。因为 name→branch，且 branch→manager，故 name $\xrightarrow{\text{传递}}$ manager。

6. 直接函数依赖

如果不存在 Y，使 $X \rightarrow Y, Y \rightarrow Z$ 同时成立，则 X 决定 Z 是非传递的，或者说是直接的。记作

$$X \xrightarrow{\text{直接}} Z$$

例如，在关系模式 worker(name,branch,manager)中，name $\xrightarrow{\text{直接}}$ branch。

7. 超码

在关系模式 $R(U,F)$ 中，K 是一个超码，当且仅当 $K \rightarrow U$。

例如，在关系模式 worker(name,branch,manager)中，超码有 name、(name,branch)、(name,manager)等。在一个关系模式中超码可能有多个。

又如，在关系模式 S-C-G(Sno,Cno,Cname,Grade)中，因为(Sno,Cno)→U 成立，(Sno,Cno,Grade)→U 成立，所以关系模式 S-C-G 的超码有(Sno,Cno)、(Sno,Cno,Grade)等。

8. 候选码（Candidate Key）

定义 5.5 K 是一个候选码，当且仅当 $K \rightarrow U$，且 K 的任何真子集 K' 都不满足 $K' \rightarrow U$，也可以说候选码为决定 R 全部属性的最小属性组。在一个关系模式中候选码可能有多个。

例如，在关系模式 S-C-G(Sno,Cno,Cname,Grade)中，超码有(Sno,Cno)、(Sno,Cno,Grade)等，其中(Sno,Cno)的真子集有 Sno、Cno。因为 Sno$\nrightarrow$$U$，Cno$\nrightarrow$$U$，所以(Sno,Cno)不仅是超码，而且是候选码。

那么(Sno,Cno,Grade)是候选码吗？显然不是，因为它的真子集(Sno,Cno)→U 成立。

9. 主码（Primary Key）

在关系模式 $R(U,F)$ 中有多个候选码时，选择其中一个作为主码。

10. 全码（All-key）

候选码为整个属性组。

例如，对于超市商品(商品名,产地,商场)，假设一个商品来源于不同产地，一个产地可以产出多种商品，一个商品可以在多个超市销售，一个超市也可销售多种商品。这个有关系模式的码为(商品名,产地,商场)，即全码。

再如，设有关系模式 $R(P,W,A)$，其中各个属性含义分别为：演奏者、作品和演出地点。其语义为：一个演奏者可演奏多个作品，某一作品可被多个演奏者演奏；同一演出地点可以演奏不同演奏者的不同作品。其候选码为(P,W,A)，因为只有演奏者、作品和演出地点三者才能确定一场音乐会，我们称全部属性均为主码的表为全码表。

11. 主属性和非主属性

在 $R(U,F)$ 中，包含在任一候选码中的属性称为主属性（Primary Attribute），不包含在

任一候选码中的属性称为非主属性(Nonkey Attribute)或非码属性。

例如,关系模式 SC(Sno,Cno,Grade)中候选码为(Sno,Cno),也是主码。则主属性为 Sno、Cno;非主属性为 Grade。

12. 外部码

用于在关系表之间建立关联的属性(组)称为外部码,也称为外码。

定义 5.6 若 $R(U,F)$ 的属性组 $X(X \subseteq U)$ 是另一个关系 S 的主码,则称 X 为 R 的外码(X 必须先定义为 S 的主码)。

5.1.4 函数依赖的推理规则

首先介绍函数依赖集闭包的概念。设有关系模式 $R(U,F)$,其中 U 表示 R 中的所有属性,用 F 表示关系模式 R 上的函数依赖集。例如,有关系模式 $R(A,B,C)$,如果有 $F = \{A \rightarrow B, B \rightarrow C\}$,可从 F 推导出某些函数依赖,可以推导出 $A \rightarrow C$ 也成立。

定义 5.7 能从 F 推导出的全部函数依赖(包括 F 自身)的集合,就是 F 的闭包(一般用 F^+ 表示)。

$X \rightarrow Y$ 在 F^+ 中等价于 $X \rightarrow Y$ 能从 F 中推导出。

例如,关系模式 $R(A,B,C)$ 对 $F = \{A \rightarrow B, B \rightarrow C\}$,则 $F^+ = \{A \rightarrow B, B \rightarrow C, A \rightarrow C, AC \rightarrow C \cdots\}$

Armstrong 公理系统(Armstrong's Axiom)

设关系模式 $R < U, F >$,其中 U 为属性集,F 是 U 上的一组函数依赖,那么有如下推理规则。

自反律:若 $Y \subseteq X \subseteq U$,则 $X \rightarrow Y$ 为 F 所蕴含。

增广律:若 $X \rightarrow Y$ 为 F 所蕴含,且 $Z \subseteq U$,则 $XZ \rightarrow YZ$ 为 F 所蕴含。

传递律:若 $X \rightarrow Y, Y \rightarrow Z$ 为 F 所蕴含,则 $X \rightarrow Z$ 为 F 所蕴含。

结合律:若 $X \rightarrow Y, X \rightarrow Z$,则 $X \rightarrow YZ$ 为 F 所蕴含。

分解律:若 $X \rightarrow Y, Z \subseteq Y$,则 $X \rightarrow Z$ 为 F 所蕴含。

伪传递律:若 $X \rightarrow Y, WY \rightarrow Z$,则 $XW \rightarrow Z$ 为 F 所蕴含。

我们根据推理规则来找到 Armstrong 公理系统函数依赖集 F 的闭包 F^+。

例 5.1 有关系模式 $R(A,B,C,G,H,I)$,函数依赖集为 $F = \{A \rightarrow B, A \rightarrow C, CG \rightarrow H, CG \rightarrow I, B \rightarrow H\}$。求 F^+ 中的某些成员。

解: 用传递律从 $A \rightarrow B$ 和 $B \rightarrow H$ 推出 $A \rightarrow H$;

用增广律从 $A \rightarrow C$ 推出 $AG \rightarrow CG$;

用传递律从 $AG \rightarrow CG, CG \rightarrow I$ 推出 $AG \rightarrow I$;

用结合律从 $CG \rightarrow H$ 和 $CG \rightarrow I$ 推出 $CG \rightarrow HI$。

从例 5.1 中可以看出,找到 F^+ 中的所有函数依赖是非常复杂的工作,也意义不大。重要的是给出一些函数依赖 F,判断另外一个函数依赖 $X \rightarrow Y$ 是否成立(在 F^+ 中)。这要用到另外一个重要的概念:属性集的闭包。

定义 5.8 设有 $R(U,F)$,F 为 R 所满足的函数依赖集合,其中 X,Y 是 R 中一个或多个属性的集合。定义属性集 X 的闭包(用 X^+ 表示)为 X 蕴含的所有属性的集合(包括 X 自身)。

关系数据库设计与理论

$X \rightarrow Y$ 等价于 Y 在 X^+ 中。

例如,有关系模式 (A,B,C),其中 $F = \{A \rightarrow B, B \rightarrow C\}$,那么 $(A)^+ = (ABC)$,$(B)^+ = BC$。

算法 5.1 求属性集闭包的算法(输入 X,输出 X^+):

开始:$X^+ := X$;

        while(X^+ is changed)do

                for F 中每个函数依赖 $Y \rightarrow Z$

                    begin

                    if $Y \subseteq X^+$ then $X^+ := X^+ \bigcup Z$

                    end

例 5.2 设有关系模式 $R(A,B,C,G,H,I)$,函数依赖集 $F = \{CG \rightarrow H, CG \rightarrow I, A \rightarrow B, A \rightarrow C, B \rightarrow H\}$,求 $(AG)^+$。

开始计算: $(AG)^+ = AG$

      (1) $(AG)^+ = ABCG$ $(A \rightarrow B, A \rightarrow C)$

      (2) $(AG)^+ = ABCGHI$ $(CG \rightarrow H, CG \rightarrow I)$

      (3) $(AG)^+ = ABCGHI$ (无变化)

思考一下,现在能推导出 $AG \rightarrow BCI$ 吗?

可以看到因为 $(BCI) \rightarrow (AG)^+$,所以 $AG \rightarrow BCI$ 成立。

接下来介绍属性集闭包的应用。

例 5.3 设有关系模式 $R(A,B,C,G,H,I)$,函数依赖集 $F = \{CGH, CGI, A \rightarrow B, A \rightarrow C, BH\}$。在例 5.2 中已求出 $(AG)^+ = ABCGHI$,那么 (AG) 是关系模式 R 的候选码吗?

第一步:要知道 (AG) 是不是候选码,首先就要看 (AG) 是不是超码。肯定 (AG) 是超码,因为 $(AG)^+ = ABCGHI$,即 $(AG) \rightarrow U$ 或者 $U \rightarrow (AG)^+$。

第二步:要知道 (AG) 的某个真子集是不是超码,以此来判断 (AG) 是不是决定 R 全部属性的最小属性组。(AG) 的真子集为 A、G。

因为 $A \rightarrow U$ 是否成立等价于计算 $U \rightarrow (A)^+$ 是否成立。求得 $(A)^+ = ABCH$,故 $U \rightarrow (A)^+$ 不成立。

因为 $G \rightarrow U$ 是否成立等价于 $U \rightarrow (G)^+$ 是否成立。求得 $(G)^+ = G$,故 $U \rightarrow (G)^+$ 不成立。

从以上的分析得出 (AG) 是关系模式 R 的候选码。

5.2 关系模式的规范化

在 5.1 节讨论了不良的关系模式所带来的问题,本节将介绍好的关系模式应该具备的性质,即关系模式的规范化问题。

关系数据库中的关系要满足一定的要求,满足不同程度的要求即为不同的范式。满足最低要求的关系称为第一范式,即 1NF。在满足第一范式的基础上进一步满足某些要求的关系就称为第二范式,即 2NF,以此类推,还有第三范式(3NF)、Boyce-Codd 范式(简称 BC 范式,BCNF)、第四范式(4NF)和第五范式(5NF)。高级范式与低级范式相比,是"更好"的关系,因为"不良"数据依赖更少。范式越高级,代表的关系就越"好",要满足的要求也就越高。高级范式是低级范式的子集。满足高要求的关系肯定能够满足低要求,所以高级范式中的关系肯定也在低级范式中。因此有 4NF⊂BCNF⊂3NF⊂2NF⊂1NF,如图 1.5.1 所示。

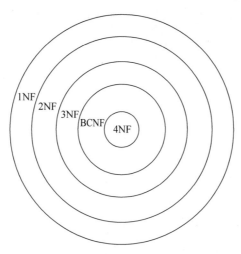

图 1.5.1 各级范式包含关系

规范化理论首先由 Cood 于 1971 年提出,目的是设计"好的"关系数据库模式。关系规范化实际上就是对有问题(操作异常)的关系进行分解,从而消除这些异常。

5.2.1 第一范式(1NF)

定义 5.9 每个属性都是原子的关系是第一范式,也就是说关系的每个属性都是原子属性(属性值不可再分)。例如,年龄、性别是原子属性;父母是非原子属性。表 1.5.6 和表 1.5.7 是非第一范式的。

表 1.5.6 非第一范式的表(包含多值属性)

学号	姓名	课程号
S0001	赵菁菁	1,4,5,7
S0002	李勇	1,3,4

表 1.5.7 非第一范式的表(包含复合属性)

学号	姓名	父母
S0001	赵菁菁	赵健,马晓梅
S0002	李勇	李云龙,刘娟

必须将非 1NF 的关系变为 1NF 的关系,关键的方法是将表中每个非原子的属性转换成原子属性。

包含多值属性的表规范成为第一范式的关系的处理步骤如下。

第一步:将多值属性从原表中移出,如表 1.5.8 所示。

表 1.5.8 第一范式的表(从原关系移出多值属性)

学号	姓名	学号	姓名
S0001	赵菁菁	S0002	李勇

第二步：生成一个新关系。这个新关系同时还包含原来的主码，新关系的主码是原关系的主码与多值属性两者的组合，如表 1.5.9 所示的主码为(学号，课程号)。

表 1.5.9 第一范式的表(多值属性和原关系主码构成的新关系)

学号	课程号	学号	课程号
S0001	1	S0002	1
S0001	4	S0002	3
S0001	5	S0002	4
S0001	7		

包含复合属性的表规范到第一范式的处理步骤比较简单，只要将复合属性转换成相应的多个原子属性即可。表 1.5.10 就是将表 1.5.7 非第一范式的表转换成第一范式的关系，将父母属性划分为父亲和母亲两个属性。

表 1.5.10 第一范式的表(将复合属性分解为原子属性)

学号	姓 名	父 亲	母 亲
S0001	赵菁菁	赵健	马晓梅
S0002	李勇	李云龙	刘娟

5.2.2 第二范式(2NF)

定义 5.10 若关系模式 $R(U,F) \in 1NF$，并且每一个非主属性都完全函数依赖于 R 的候选码，则 $R(U,F) \in 2NF$。

判断是否属于 2NF 的方法是：是否存在某个非主属性，它部分依赖候选码，或者说依赖候选码的一部分，存在则不属于 2NF，不存在则属于 2NF。

例如 5.1 节中表 1.5.5 所示的关系模式 S-C-G(Sno,Cno,Cname,Grade)就不是第二范式的关系。因为(Sno,Cno)是主键，在此关系中主属性有(Sno,Cno)，非主属性有 Cname、Grade。因为 Cno→Cname，所以(Sno,Cno) $\xrightarrow{P}$ Cname，这就是非主属性部分依赖于候选码。

这个关系模式 S-C-G(Sno,Cno,Cname,Grade)不是一个好的关系，它存在着数据冗余，以及插入异常、删除异常、修改异常。

5.2.3 第三范式(3NF)

定义 5.11 若关系模式 $R(U,F) \in 1NF$，并且每一个非主属性都非传递依赖于候选码，则 $R(U,F) \in 3NF$。

判断关系是否属于 3NF 的方法是：是否存在某个非主属性，它的传递函数依赖于候选码，或者函数依赖某个非主属性，存在则不属于 3NF，不存在则属于 3NF。

例如 5.1 节中表 1.5.5 所示的关系模式 worker(name,branch,manager)就不是第三范式的关系。因为 name 是主键，在此关系中主属性有 name，非主属性有 branch 和 manager。而 name→branch，branch→manager，所以 name $\xrightarrow{传递}$ manager，这就是非主属性

传递依赖于候选码。关系模式 worker（name，branch，manager）是第二范式的关系。因为该关系的候选码只有一个属性，其他非主属性对候选码都是完全函数依赖。

从上面例子可以看出，关系 $R \in 2NF$，但有可能 $R \notin 3NF$。达到 3NF 的要求比达到 2NF 高。

5.2.4 BC 范式（BCNF）

BCNF 是由 Boyce-Codd 提出的，比 3NF 又进了一步，通常认为 BCNF 是修正的第三范式。

定义 5.12 若关系模式 $R(U,F) \in 1NF$，X 和 Y 是 U 的子集，对每个非平凡的函数依赖 $X \rightarrow Y$，X 一定是超码（具有唯一性），那么 $R \in BCNF$。

判断是否属于 BCNF 的方法是：能够找到非平凡函数依赖 $X \rightarrow Y$，左边的 X 不是超码。

例 5.4 考虑关系模式：$R(S,T,C)$，其中各个属性的含义分别是 S 代表学生，T 代表教师，C 代表课程。语义为一个教师只教一门课程，但是一门课程有多个教师。那么可以得出 $T \rightarrow C$；给定一个学生和一门课程，只有一个教师给他上这门课程，可以得到 $SC \rightarrow T$。因此该关系模式函数依赖集为：$F = \{T \rightarrow C, SC \rightarrow T\}$。具体的部分数据示例见表 1.5.11。

表 1.5.11 $R(S,T,C)$部分数据示例

S	T	C
赵菁菁	Jones	JAVA
李勇	Jones	JAVA
张向东	Frank	C++
张力	Frank	C++
李晨	David	C++

这个关系的候选码是 ST、SC。

证明过程：因为 $(ST)^+ = (STC)$，$(SC)^+ = (STC)$，所以 ST、SC 是超码。而 $(S)^+ = (S)$，$(T)^+ = (TC)$，$(C)^+ = (C)$。所以 ST、SC 的真子集都不是超码。

$R(S,T,C)$ 在 3NF 中，因为 R 中没有非主属性；$R(S,T,C)$ 不在 BCNF 中，因为 $T \rightarrow C$ 是非平凡的，且左边 T 不是超码。尽管这个关系属于 3NF，但是因为组合 (T,C) 的值重复，它还是存在数据冗余和增、删、改异常的问题。

例 5.5 关系模式 $SJP(S,J,P)$ 中，S 表示学生，J 表示课程，P 表示名次。每一个学生选修每门课程的成绩有一定的名次，每门课程中每一名次只有一个学生（即没有并列名次）。由语义可得到下面的函数依赖：

$$(S,J) \rightarrow P, (J,P) \rightarrow S$$

所以 (S,J) 与 (J,P) 都可以作为候选码。这两个候选码各由两个属性组成，而且它们是相交的。这个关系模式中显然没有属性对码传递依赖或部分依赖。所以 $SJP \in 3NF$，而且除 (S,J)、(J,P) 以外没有其他的决定因素，所以 $SJP \in BCNF$。

5.2.5 多值依赖

前面讨论的是函数依赖最优的模式属于 BCNF 范式，那么 BCNF 范式是不是最优、最

关系数据库设计与理论

完美的？来看下面的例子。

例5.6 假设某院校中一门课可以由多名教师讲授，上课地点可以使用编号为 $1\sim6$ 的几个多媒体教室。用关系模式 $CTR(C,T,R)$，C 代表课程，T 代表教师，R 代表多媒体教室，用表 1.5.12 所示的非规范化的关系来表示课程 C、教师 T 和多媒教室 R 的关系。

表 1.5.12　非规范化关系 **CTR**

课程 C	教师 T	多媒体教室 R
数据库原理	王小梅 张成	多媒体教室 1 多媒体教室 5 多媒体教室 6
高等数学	刘立 赵明明 李小健	多媒体教室 2 多媒体教室 4 多媒体教室 3

如果把表 1.5.12 的关系 CTR 转换成规范的关系，则如表 1.5.13 所示。从中可以看到，规范的关系模式 CTR 的码是 (C,T,R)，是全码，因此 CTR 属于 BCNF 范式，但是关系模式 CTR 还是存在问题。

表 1.5.13　规范化关系 **CTR**

课程 C	教师 T	多媒体教室 R
数据库原理	王小梅	多媒体教室 1
数据库原理	王小梅	多媒体教室 6
数据库原理	王小梅	多媒体教室 5
数据库原理	张成	多媒体教室 1
数据库原理	张成	多媒体教室 6
数据库原理	张成	多媒体教室 5
高等数学	刘立	多媒体教室 2
高等数学	刘立	多媒体教室 4
高等数学	刘立	多媒体教室 3
高等数学	赵明明	多媒体教室 2
高等数学	赵明明	多媒体教室 4
高等数学	赵明明	多媒体教室 3
高等数学	李小健	多媒体教室 2
高等数学	李小健	多媒体教室 4
高等数学	李小健	多媒体教室 3

（1）数据冗余大。每一门课程上课的多媒体教室是固定的几个，但是在 CTR 关系中可能存在这样的问题，如果同一门课程有多名教师教，上课多媒体教室就要存储多次，造成大量的数据冗余。

（2）插入异常。当某一门课程增加一名讲授教师时，该课程有多少个多媒体教室，就必须添加多个元组。如"数据原理"课程增加一名讲授教师"孙明"，那么必须插入三个元组，分别是（数据库原理，孙明，多媒体教室 1），（数据库原理，孙明，多媒体教室 6），（数据库原理，孙明，多媒体教室 5）。

（3）删除异常。如果某一门课程要去掉一个多媒体教室，该课程有 N 名教师，就必须删除 N 个元组，如"高等数学"课程要去掉"多媒体教室 2"，则需要删除三个元组：(高等数学,刘立,多媒体教室 2)，(高等数学,赵明明,多媒体教室 2)，(高等数学,李小健,多媒体教室 2)，因此造成删除的复杂性，操作不当会造成删除异常。

（4）更新异常。如果某一门课要修改上课的多媒体教室，该课程有 N 名教师，就必须更新 N 个元组。

产生以上问题的主要原因有以下两个方面。

（1）对于关系模式 CTR 中的 C 和 T 之间，C 的一个具体值有多个 T 值与其对应，C 和 R 之间也存在这样的问题。

（2）对于关系模式 CTR 中的一个确定的 C 值，它所对应的一组 T 值和 R 值无关。如"数据库原理"课程对应的一组教师与该课程的多媒体教室没有关系。

BCNF 的关系模式 CTR 会产生上述问题，是因为关系模式 CTR 中存在一种新的数据依赖——多值依赖。

定义 5.13 设 $R(U)$ 是一个属性集 U 上的一个关系模式，X、Y 和 Z 是 R 的子集，且 $Z=U-X-Y$，当且仅当对 R 的任一关系 r，对于 X 的一个确定值，存在 Y 的一组值与之对应，且 Y 的这组值仅仅决定于 X 值而与 Z 值无关，称 Y 多值依赖于 X，或 X 多值决定 Y，记作 $X \rightarrow\rightarrow Y$。若 $Z=U-X-Y \neq \varphi$，则称 $X \rightarrow\rightarrow Y$ 是非平凡的多值依赖，否则称为平凡的多值依赖。

例 5.7 在关系模式 CTR 中，对于某一 C、R 属性值组合(数据库原理,多媒体教室 1)来说，有一组 T 值{王小梅,张成}与之对应，这组值仅仅取决于课程 C 上的值"数据库原理"。也就是说，对于另一个 C、R 属性值组合(数据库原理,多媒体教室 6)，它对应的一组 T 值仍是{王小梅,张成}，尽管这时多媒体教室 R 的值已经改变了。因此 T 多值依赖于 C，即 $C \rightarrow\rightarrow T$，如图 1.5.2 所示。

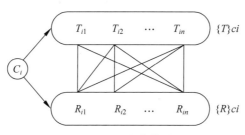

图 1.5.2　多值依赖

多值依赖的性质有以下几点。

（1）多值依赖具有对称性。即若 $X \rightarrow\rightarrow Y$，则 $X \rightarrow\rightarrow Z$，其中 $Z=U-X-Y$。如 CTR (C,T,R) 中，已经知道 $C \rightarrow\rightarrow T$，根据多值依赖的对称性必须有 $C \rightarrow\rightarrow R$。

（2）多值依赖具有传递性。$X \rightarrow\rightarrow Y$，$Y \rightarrow\rightarrow Z$，则 $X \rightarrow\rightarrow Z-Y$。

（3）函数依赖是多值依赖的特殊情况。即若 $X \rightarrow Y$，则 $X \rightarrow\rightarrow Y$ 一定成立。如果 $X \rightarrow Y$，对 X 的每个一 $X' \in X$，Y 有一个确定的值 $Y' \in Y$ 与之对应，所以 $X \rightarrow\rightarrow Y$。

（4）若 $X \rightarrow\rightarrow Y$，$X \rightarrow\rightarrow Z$，则 $X \rightarrow\rightarrow Y \subseteq Z$。

（5）若 $X \rightarrow\rightarrow Y$，$X \rightarrow\rightarrow Z$，则 $X \rightarrow\rightarrow Y \cap Z$。

关系数据库设计与理论

（6）若 $X \rightarrow\rightarrow Y,X \rightarrow\rightarrow Z$，则 $X \rightarrow\rightarrow Y-Z,X \rightarrow\rightarrow Z-Y$。

（7）有效性。多值依赖的有效性与属性集的范围有关，若 $X \rightarrow\rightarrow Y$ 在 U 上成立，则在 $W(XY \subseteq W \subseteq U)$ 上也一定成立；反之则不然，即 $X \rightarrow\rightarrow Y$ 在 $W(W \subset U)$ 上成立，在 U 上并不一定成立。多值依赖的定义中不仅涉及属性组 X 和 Y，而且涉及 U 中其余属性 Z。

通常情况下，如果在 $R(U)$ 上若有 $X \rightarrow\rightarrow Y$ 在 $W(W \subseteq U)$ 上成立，则称 $X \rightarrow\rightarrow Y$ 为 $R(U)$ 的嵌入型多值依赖。

但是函数依赖 $X \rightarrow Y$ 的有效性仅决定于 X 和 Y 这两个属性集的值，与其他属性无关。只要 $X \rightarrow Y$ 在属性集 W 上成立，则 $X \rightarrow Y$ 在属性 $U(W \subset U)$ 上也必定成立。

（8）若函数依赖 $X \rightarrow Y$ 在 $R(U)$ 上成立，则对于任何 $Y' \in Y$ 均有 $X \rightarrow Y'$ 成立。多值依赖 $X \rightarrow\rightarrow Y$ 若在 $R(U)$ 上成立，不能断言对于任何 $Y' \subseteq Y$ 有 $X \rightarrow\rightarrow Y'$ 成立。

（9）关系中不能有超过 1 个多值依赖。

5.2.6 第四范式

定义 5.14 关系模式 $R(U,F) \in 1NF$，如果对于 R 的每个非平凡多值依赖 $X \rightarrow\rightarrow Y$ $(Y \not\subset X)$，X 都含有候选码，则 $R \in 4NF$。

说明：

（1）如果一个关系模式满足 BCNF 范式，并且不是多值依赖，且关系模式 $R \in 4NF$，则有关系模式 $R \in BCNF$。也就是说 4NF 中所有的函数依赖都满足 BCNF。

（2）4NF 取决于多值依赖的概念。函数依赖（$X \rightarrow Y$ 表示：X 函数决定 Y，或 Y 函数依赖于 X）主要解决了关系模式 R 中属性值之间的 $M:1$ 联系，即属性 X 与属性 Y 是 $M:1$ 关系。

（3）多值依赖主要是解决属性值之间的 $1:M$ 联系，即属性 X 与属性 Y 是 $1:M$ 关系。

（4）4NF 中可能的多值依赖都是非平凡多值依赖。

在前面讨论关系模式 CTR 中存在非平凡的多值依赖 $C \rightarrow\rightarrow T$，且 C 不是候选码，因此 CTR 不属于 4NF。原因是存在数据冗余、插入和删除操作复杂等弊端。现在如果按投影的分解法分解为两个 4NF，即把关系模式 CTR 进行分解，得到 CT 和 CR，如表 1.5.14 和表 1.5.15 所示。

表 1.5.14 关系模式 CT

课程 C	教师 T	课程 C	教师 T
数据库原理	王小梅	高等数学	赵明明
数据库原理	张成	高等数学	李小健
高等数学	刘立		

表 1.5.15 关系模式 CR

课程 C	多媒体教室 R	课程 C	多媒体教室 R
数据库原理	多媒体教室 1	高等数学	多媒体教室 2
数据库原理	多媒体教室 6	高等数学	多媒体教室 4
数据库原理	多媒体教室 5	高等数学	多媒体教室 3

CT 中虽然有 $C \rightarrow\rightarrow T$，但这是平凡多值依赖，即 CT 中已经不存在非平凡函数的多值依赖。因此 CT 属于 4NF，同理，CR 也属于 4NF。分解后 CTR 关系中的数据冗余、操作异常的问题可以得到解决。

例 5.8 一个关于海尔洗衣机维修部的关系模式 R（省份名、维修单位、用户名），由于一个省份有多个维修单位和多名用户，所以关系 R 中的属性值之间，存在"一对多"的联系，存在多值依赖，即省份名 $\rightarrow\rightarrow$ 维修单位 $\rightarrow\rightarrow$ 用户名，此处的属性集 U 就是 $\{X,Y,Z\}$，X 就是 $\{$省份名$\}$，Y 就是 $\{$维修单位$\}$，Z 就是 $\{$用户名$\}$。有多值依赖就存在冗余，就不是 4NF。由此可见，多值依赖不好，消除的方法是分解。如果 X 包含 Y 或 $X \cup Y = U$，则 $X \rightarrow\rightarrow Y$ 是一个平凡的多值依赖，否则 $X \rightarrow\rightarrow Y$ 是一个非平凡的多值依赖。对于关系 R，如果 $R \in$ 1NF，并且所有非平凡的多值依赖的决定因素都是候选键，那么 $R \in$ 4NF。

4NF 就是限制关系模式的属性之间不允许有非平凡且非函数依赖的多值依赖。因为根据定义，对于每一个非平凡的多值依赖 $X \rightarrow\rightarrow Y$，$X$ 都含有候选码，于是就有 $X \rightarrow Y$，所以 4NF 所允许的非平凡的多值依赖实际上是函数依赖。

（1）多媒教室(R)只需要在 CR 关系中存储一次。

（2）当某一课程增加一名任课教师时，只需要在 CT 关系中增加一个相应的元组。

（3）当删除某一门课的一个上课地点时，只需要在 CR 关系中删除一个相应的元组。

函数依赖和多值依赖是两种最重要的数据依赖。在函数依赖范畴内，BCNF 的关系模式目前已经是最高范式了；如果考虑多值依赖，则 4NF 的关系模式是最高范式。

5.3　模　式　分　解

5.3.1　关系模式的分解原则

关系模式规范化的方法是进行模式分解，但是分解后产生的模式应与原模式等价，即模式分解必须遵守一定的准则，不能表面上消除了操作异常，却留下其他问题。模式分解要满足以下标准：

（1）模式分解具有无损连接性。

（2）模式分解能够保持函数依赖。

无损连接是指分解后的关系与原关系相比，既不多出信息，又不丢失信息。保持函数依赖的分解是指在模式分解的过程中函数依赖不能丢失的特性，即模式分解不能破坏原来的语义。为了得到更高范式的关系而进行的模式分解是否总能既保证无损连接，又保持函数依赖呢？答案是否定的。

对于无损连接分解就是不会丢失信息的分解，判定"一分二"是否无损连接分解的充分必要条件是，将关系 R 分解为 R_1 和 R_2，则当以下两个函数依赖之一能够成立时，这种分解是无损的。

$$R_1 \cap R_2 \rightarrow R_1 - R_2$$
$$R_1 \cap R_2 \rightarrow R_2 - R_1$$

例 5.9 有关系模式 $R(C,T,H,R,S)$，函数依赖集为 $F = \{C \rightarrow T, HR \rightarrow C, HT \rightarrow R, HS \rightarrow R\}$。现在将 R 分解为两个关系，$R_1(C,H,S)$ 和 $R_2(C,T,H,R)$。这一分解是无损的吗？

解：是无损连接分解。

先求得 $R_1 \cap R_2 = CH$，$R_1 - R_2 = S$，$R_2 - R_1 = TR$。因为 $CH^+ = (CTHR)$ 即 $CH \rightarrow TR$ 成立。可以发现 $R_1 \cap R_2 \rightarrow R_2 - R_1$，故 R 分解为 R_1、R_2 是无损的。

如果将 R 分解成 $R_1(C, H, S)$，$R_2(C, T)$，$R_3(C, H, R)$。思考下这一分解是无损的吗？

例 5.10 对于关系模式 worker(name, branch, manager)，属于 worker $\in$ 2NF，但是 worker $\notin$ 3NF，对其进行分解。给出两种分解方案。试对两种分解方案进行比较，见表 1.5.1。

1) 方案一：

将 worker(name, branch, manager) 分解为：w1(name, branch)，b1(branch, manager)。

在分解后消除了不良函数依赖，所以避免了同一组合的重复，解决了数据冗余和操作异常问题。具体的部分数据示例，如表 1.5.16 和表 1.5.17 所示。

表 1.5.16 w1 部分数据示例

name	branch
李勇	A
张向东	B
王芳	C
李晨	B
周小民	B

表 1.5.17 b1 部分数据示例

branch	manager
A	王民生
B	张衡
C	王民生

可以看到分解后没有信息的丢失。当然也可以用判定"一分二"是否无损连接分解的充分必要条件进行验证。

因为有：

$$w1 \cap b1 = branch;$$
$$branch^+ = branch, manager;$$
$$w1 - b1 = name;$$
$$b1 - w1 = manager;$$

$w1 \cap b1 \rightarrow b1 - w1$ 成立，所以方案一的分解是无损的。

2) 方案二：

将 worker(name, branch, manager) 分解为 w2(name, manager)、b2(branch, manager)。在分解后消除了不良函数依赖，所以避免了同一组合的重复，解决了数据冗余和操作异常问题。但是分解带来了新的问题，无法找到李勇在哪个部门工作的。分解丢失了有关员工属于哪个部门的信息，这样的分解是不正确的。具体的部分数据示例，如表 1.5.18 和表 1.5.19 所示。

表 1.5.18 w2 部分数据示例

name	manager
李勇	王民生
张向东	张衡
王芳	王民生
李晨	张衡
王小民	张衡

表 1.5.19 b2 部分数据示例

branch	manager
A	王民生
B	张衡
C	王民生

同样可以来验证这次的分解是否无损。

因为有：

$$w2 \cap b2 = manager；$$

$$manager^+ = manager；$$

$$w2 - b2 = name；$$

$$b2 - w2 = brancher；$$

$w2 \cap b2 \nrightarrow b2 - w2，w2 \cap b2 \nrightarrow w2 - b2$，所以方案二的分解是有损的。

5.3.2 规范化的算法

规范化就是将一个属于低级范式的"坏"关系，分解为多个属于高级范式的"好"关系，且无信息丢失的过程。根据目标范式的级别，又有规范化到 1NF、规范化到 3NF、规范化到 BCNF。

在 5.2.1 节已经介绍了如何将非 1NF 规范到 1NF，这里不再赘述。这里介绍如何将关系规范到 3NF 或者 BCNF。

算法 5.2 将 1NF 规范到 3NF 算法，算法如下。

输入：R（属于 1NF），F（R 满足的函数依赖集合）

输出：R_1，R_2，$R_3 \cdots R_n$（都属于 3NF）

步骤 1：$n = 0$；（n 是输出关系个数）

    for F 中每一个 $X \rightarrow Y$ do

    if X 是某一个输出关系 R_i（$1 \leqslant i \leqslant n$）的主码   then

        $R_i := R_i + Y$；

    else

        $n := n + 1$；

        $R_n := XY$；（增加一个新关系，X 作为主码）

    end if

步骤 2：if R 的每个候选码都不出现在输出关系 R_i（$1 \leqslant i \leqslant n$）中 then

        $n := n + 1$；

        $R_n := R$ 的任何一个候选码

    end if

例 5.11 关系模式 $R(A, B, C, D, E)$，函数依赖集为 $F = (A \rightarrow B, C \rightarrow D, D \rightarrow E)$。

此关系候选码是 AC。

此关系模式是 3NF 吗？如果不是将其规范到 3NF。

该关系 R 不属于第二范式。主属性是 A、C；非主属性是 B、D、E。因为有 $A \rightarrow B$，所以 $AC \rightarrow B$ 是非主属性部分依赖于候选码，所以该关系 $R \notin 2NF$。

将 R 作为输入关系，将其规范到 3NF 的过程如下：

(1) $R_1(\underline{AB})$

(2) $R_1(\underline{AB})$，$R_2(\underline{CD})$

(3) $R_1(\underline{AB})$，$R_2(\underline{CD})$，$R_3(\underline{DE})$

(4) $R_1(\underline{AB})$，$R_2(\underline{CD})$，$R_3(\underline{DE})$，$R_4(\underline{AC})$

输出：$R_1(\underline{AB}),R_2(\underline{CD}),R_3(\underline{DE}),R_4(\underline{AC})$

例 5.12　输入关系 $R(A,B,C,D,E,F)$，函数依赖集为 $F=(AB{\rightarrow}D,C{\rightarrow}E,AB{\rightarrow}C,C{\rightarrow}F)$。关系候选码是 AB。此关系模式是 3NF 吗？如果不是将其规范到 3NF。

该关系 R 不属于第三范式。主属性是 A、B；非主属性是 C、D、E、F。函数依赖集中有 $AB{\rightarrow}C,C{\rightarrow}F$，那么 $AB{\rightarrow}F$ 是非主属性传递依赖于候选码，所以该关系不属于 3NF。

因为 $A^+=A,B^+=B$，非主属性是 C、D、E、F 都不在 A^+ 和 B^+ 中，由此可见没有非主属性部分依赖于候选码，$R\in 2NF$。

将 R 作为输入关系，将其规范到 3NF 的过程如下：

(1) $R_1(ABD)$

(2) $R_1(ABD),R_2(CE)$

(3) $R_1(ABCD),R_2(CE)$

(4) $R_1(ABCD),R_2(CEF)$

输出：$R_1(ABCD),R_2(CEF)$

如果一个模型中的所有关系模式都属于 BCNF，那么在函数依赖范畴内，就实现了彻底的分解，消除了操作异常。也就是说，在函数依赖的范畴，BCNF 达到了最高的规范化程度。

算法 5.3　1NF 关系分解为 BCNF 关系的算法。

输入：R（属于 1NF），F（R 满足的函数依赖集合）

输出：$R,R_1,R_2,R_3,\cdots,R_n$（都属于 BCNF）

$n=0$；

  for　F 中每个这样的 $X{\rightarrow}Y$：X 在 R 中但不是 R 的超码 do

   $R=R-Y$

  if　X 是某个输出关系 R_j　$(1{\leqslant}j{\leqslant}n)$的主码 then

   $R_j:=R_j+Y$；

  else

   $n:=n+1$；

   $R_n:=XY$；（增加一个新关系，X 作为主码）

  end if

例 5.13　关系模式 $R(A,B,C,D,E,F)$，函数依赖集为 $F=(AB{\rightarrow}D,C{\rightarrow}E,AB{\rightarrow}C,C{\rightarrow}F)$，关系的候选码为 AB。试将其规范到 BCNF。

将 R 作为输入关系，将其规范到 BCNF 的过程如下：

(1) $R(\underline{ABCDF}),R_1(\underline{CE})$

(2) $R(\underline{ABCD}),R_1(\underline{CEF})$

输出：$R(\underline{ABCD}),R_1(\underline{CEF})$

例 5.14　关系模式 $R(A,B,C,D)$，其中函数依赖集为 $F=(AB{\rightarrow}C,C{\rightarrow}A,C{\rightarrow}D)$，此关系的候选码为 AB、BC。将其规范到 BCNF。

将 R 作为输入关系，将其规范到 BCNF 的过程如下：

(1) $R(\underline{BCD}),R_1(\underline{CA})$

(2) $R(\underline{BC}),R_1(\underline{CAD})$

输出：$R(\underline{BC}),R_1(\underline{CAD})$

此时原来的函数依赖 $AB{\to}C,C{\to}A,C{\to}D$ 在规范化的结果关系上是否还成立？可以看到原有的函数依赖 $AB{\to}C$ 丢失。一个关系规范到 BCNF 有可能会丢失原来的函数依赖。

把上面的关系规范化到 3NF，结果如何？试与 BCNF 的结果作比较。

在例 5.14 中，关系模式 $R(A,B,C,D)$，其中函数依赖集为 $F=(AB{\to}C,C{\to}A,C{\to}D)$，此关系的候选码为 AB、BC。将其规范到 BCNF，其分解的结果为将 $R(A,B,C,D)$"一分为二"得到 $R(BC),R_1(CAD)$。

因为是将 $R{\cap}R_1=C,C^+=CAD,R_1-R=AD$，也就是 $R{\cap}R_1{\to}R_1-R$，所以分解是无损的。但是这个分解没有保持函数依赖。

若将关系模式例 5.14 中的 $R(A,B,C,D)$ 规范到 3NF，模式分解的结果是 $R_1(ABC)$ $R_2(CAD)$。这个分解是既保持函数依赖，又具有无损连接性。

关于模式分解的两个重要事实是：

（1）若要求分解保持函数依赖，那么模式分解总是可以达到 3NF，但是不一定能达到 BCNF；

（2）若要求分解既保持函数依赖，又具有无损连接性，可以达到 3NF，但是不一定能达到 BCNF。

范式的每一次升级都是通过模式分解实现的，在进行分解时既要保持函数依赖，又要具有无损连接性。在例 5.14 中虽然将关系规范到 BCNF，但是不能保持函数依赖，这样的分解是不可取的。规范化到 BCNF 与规范化到 3NF 的对比中，可以知道规范化到 BCNF 得到的关系问题更少，但是可能丢失某些函数依赖，即在原来的关系上成立，但在分解后的关系上不成立。规范化到 3NF 得到的关系可能不是很好，但往往已经足够好了，而且不会丢失任何函数依赖。

5.4　复　习　思　考

5.4.1　小结

关系规范化理论是设计没有操作异常的关系数据库表的基本原则，主要研究关系表中各属性之间的依赖关系。根据属性间依赖关系的不同，我们介绍了各个属性都不能再分的原子属性的第一范式，消除了非主属性对主键的部分依赖关系的第二范式，消除了非主属性对主键的传递依赖关系的第三范式。一般情况下，将关系模式设计到第三范式基本就可以消除数据冗余和操作异常，但是第三范式的关系模式在有些情况下还是存在异常，因此可以继续分解为 BCNF。BCNF 要求决定因子必须是超码。

规范化理论为数据库的设计提供了理论的指南和工具，但仅是指南和工具，并不是规范化程度越高，模式就越好，而必须结合应用环境和现实世界的具体情况合理地选择数据库模式。

5.4.2　习题

一、理解并给出下列术语的定义：

函数依赖、平凡函数依赖、部分函数依赖、完全函数依赖、传递依赖、超码、候选码、外码、全码

二、下面的结论哪些是正确的,哪些是错误的? 对于错误的结论试给出判断理由或给出一个反例来说明。

1. 任何一个二目关系都是属于 3NF 的。

2. 任何一个二目关系都是属于 BCNF 的。

3. 任何一个二目关系都是属于 4NF 的。

三、求解题

1. 关系模式 $R(C,T,H,R,S)$,函数依赖集为 $F=\{C \to T, HR \to C, HT \to R, HS \to R\}$。解答以下问题:

(1) HT 是否为 R 的候选码? HS 呢?

(2) R 最高属于第几范式? 试证明。

(3) 把 R 规范到 BCNF 级别。

(4) 证明在(3)中使用的分解是无损分解。

2. 设有关系模式:授课表(课程号,课程名,学分,授课教师号,教师名,授课时数),其语义为:一门课程可以由多名教师讲授,一名教师可以讲授多门课程,每个教师对每门课程有唯一的授课时数。指出此关系模式的候选码,判断此关系模式属于第几范式。若不是第三范式的,请将其规范为第三范式关系模式,并指出分解后的每个关系模式的主码。

3. 假设有关系模式:管理(仓库号,设备号,职工号),它所包含的语义是:一个仓库可以有多个职工;一名职工仅在一个仓库工作;在每个仓库一种设备仅由一名职工保管,但每名职工可以保管多种设备。请根据语义写出函数依赖,求出候选码。判断此关系模式是否属于 3NF,是否属于 BC 范式。

第6章 数据库设计

数据库设计(DataBase Design)是指根据用户的需求在某一具体的数据库管理系统上设计数据库的结构和建立数据库的过程,这也是规划和结构化数据库中的数据对象以及这些数据对象之间关系的过程。本章主要介绍数据库设计的特点、方法和步骤;数据库设计的需求分析、概念设计、逻辑设计、物理设计、数据库实施、数据库运行和维护各个阶段的设计过程。通过本章的学习,读者应了解数据库设计的阶段划分和每个阶段的主要工作;还要能在实际工作中运用这些思想,设计符合应用需求的数据库应用系统。

本章导读

- 数据库设计的步骤
- 需求分析
- 概念结构设计
- 逻辑结构设计
- 数据库的物理设计
- 数据库的实施和维护

6.1 数据库设计的步骤

数据库设计主要是指数据库及应用系统的设计。如何设计一个好的数据库应用系统,第一是要求设计团队人员的组合不仅要有数据库专业设计人员、软件开发人员,同时要有应用领域的专业人员,他们之间互相合作,这样设计出来的数据库才能具有实用价值;第二是要求数据库要紧密结合应用环境。一个好的数据库结构是应用系统的基础,因此要设计一个好的数据库结构并不是一件容易的事。

6.1.1 数据库应用系统的生命周期

根据软件工程学原理,软件的生命周期指软件产品从考虑其概念开始,到该产品交付使用的整个时期,包括概念阶段、需求阶段、设计阶段、实现阶段、测试阶段、安装部署及交付阶段。数据库应用软件在内部可看作由一系列软件模块/子系统组成。参照软件开发瀑布模型的原理,数据库应用系统(DBAS)的生命周期由项目规划、需求分析、概念模型设计、逻辑设计、物理设计、程序编制及调试、运行管理与维护7个阶段组成。这些阶段的划分目前尚无统一标准,各阶段间相互连接,而且常常需要回溯修正。

DBAS需求是指用户对DBAS在功能、性能、行为、设计约束等方面的期望和要求;DBAS需求分析是在已经明确的DBAS系统范围基础上,通过对应用问题的理解和分析,采用合适的工具和符号,系统地描述 DBAS 的功能特征、性能特征和约束,并形成需求规范说明文档。每个阶段都是在上一阶段工作成果的基础上继续进行,整个开发工程是有依据、有组织、有计划、有条不紊地展开工作。

数据库概念模型设计是根据数据需求分析阶段得到的需求结果,分析辨识需要组织存储在数据库中的各类应用领域数据对象的特征及其相互之间的关联关系,并采用概念数据模型表示出来,得到独立于具体 DBMS 的数据库概念模型;数据库逻辑结构设计指从数据库的概念模型出发,设计表示为逻辑模式的数据库逻辑结构;数据库物理结构设计主要指数据文件在外存上的存储结构和存取方法,它依赖于系统具体的硬件环境、操作系统和 DBMS,其目标是设计一个占用存储空间少、具有较高的数据访问效率和较低的维护代价的数据库内模式。

DBAS 实现与部署包括以下一些工作内容:

(1) 建立数据库结构;

(2) 数据加载;

(3) 事务和应用程序的编码及测试;

(4) 系统集成、测试与试运行;

(5) 系统部署。

DBAS 的运行管理与维护包括日常维护(如数据库的备份与恢复、完整性维护、安全性维护、存储空间管理、并发控制及死锁处理等)、系统性能监控和分析、系统性能优化调整(如数据查询调整与优化、索引调整、数据库模式调整、DBMS 和操作系统参数调整、数据库应用程序优化、硬件配置调整和升级等)和系统升级(如改进应用程序、数据库重组、DBMS 和 OS 版本升级等)。

6.1.2 数据库设计的目标

数据库设计的目标是在数据库管理系统的支持下,按照具体应用的要求,为某一部门或组织设计一个结构合理、使用方便、效率较高的数据库及其应用系统。

1. 提高数据库的性能

在数据库的设计过程中,随着开发过程的推进,系统负载会越来越大,造成存储空间不合理,数据的冗余量大,存取速度下降等问题。因此在数据库设计的过程中首要考虑的问题是如何提高数据库的性能,进而考虑提高存储空间利用率,降低数据冗余,提高存取速度等。

2. 行为设计和结构设计密切结合

行为设计是指设计应用程序、事务处理等,结构设计是指数据模型的建立。早期的数据设计是行为设计和结构设计分离的,如图 1.6.1 所示,现在提倡的是数据库设计和应用系统结合。

3. 满足用户不断变化的需求

由于硬件环境在不断地变化,软件也应该随之改变,因此,数据应用系统要具有延伸性,错误的修改不会影响整个系统;用户在

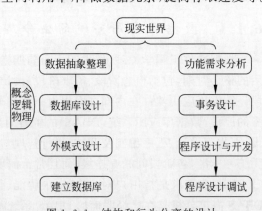

图 1.6.1　结构和行为分离的设计

使用数据库应用系统时,会提出一些新的要求,因此,数据应用系统要具有可扩展性,系统应具有添加和删除等功能。

4. 数据库设计需要广泛的知识与合作精神

一个大型的数据设计和开发是一项庞大的工程,涉及多种领域的综合知识,因此要求设计人员不仅具备计算机基础知识、数据库基本知识、软件开发能力等,同时还要求设计人员要有和具有专业知识的用户合作的精神。

6.1.3 数据库设计的步骤

数据库设计是指根据用户的需求,在某一具体的数据库管理系统上,构建数据库逻辑模式和物理结构的过程。在满足用户需求的同时,数据库设计要遵循软件工程的理论和方法,使用规范的设计方法,经历需求分析、概念设计、逻辑设计、物理设计、数据库实施、数据库运行和维护 6 个阶段,如图 1.6.2 所示。

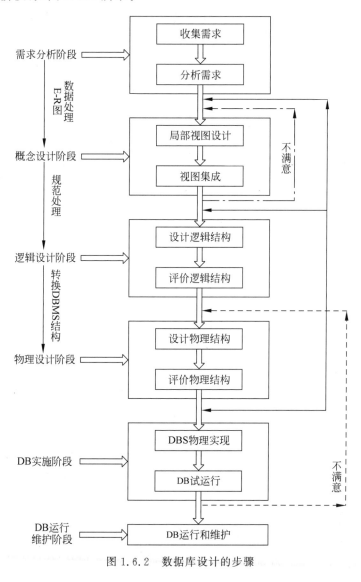

图 1.6.2　数据库设计的步骤

1. 需求分析

需求分析阶段的主要任务是调查和分析用户的业务活动和数据的使用情况,包括应用系统的应用环境和功能要求、具体的业务流程,同时要弄清各类数据的类型、范围、数量以及它们在业务流中的流向,确定用户对数据库系统的使用要求和各种约束条件等,形成用户需求规约。需求分析阶段是整个数据库设计阶段的起点,是最关键、最难、最消耗人力资源和时间的阶段,目的是为后续的开发打下一个坚实、良好的基础。如果这个环节出现问题,将会影响整个后续的系统开发。

2. 概念设计

概念设计阶段的主要任务是对用户需求进行分类、聚集、概括和抽象,形成一个独立的DBMS的概念模型。这个概念模型应反映现实世界存在的有形或无形的对象抽象成实体的结构、实体之间的信息流动情况、互相制约关系等,在这个基础上建立概念模式。

概念模式能充分反映各种实体及其属性、实体间的联系以及对信息的制约条件等,又是各种数据模型的共同基础,同时也容易向其他数据模型转换。

概念设计应避开数据库在计算机上的具体实现细节,用一种抽象的形式表示出来。以扩充的实体-联系模型(Entity Relationship Diagram,E-R 模型,也称 E-R 图)方法为例,第一步明确现实世界各部门所含的各种实体及其属性、实体间的联系以及对信息的制约条件等,从而给出各部门内所用信息的局部描述(在数据库中称为用户的局部视图)。第二步将前面得到的多个用户的局部视图集成为一个全局视图,即用户要描述的现实世界的概念模型。

3. 逻辑设计

逻辑设计阶段的主要任务是将现实世界的概念模型设计结构进一步转换成特定的某种数据库管理系统所支持的逻辑数据模式。目前大多数数据库管理系统支持关系模型。概括地讲,逻辑设计阶段主要进行数据抽象,设计局部概念模式,然后集成局部视图,形成全局的E-R 图,这一步设计的结果就是所谓的"逻辑数据库"。

4. 物理设计

物理设计阶段的主要任务是对给定逻辑数据模型选择一个最适合的应用环境的物理结构。数据库物理设计是一种完全依赖计算机硬件环境和数据库管理系统的,对具体的应用任务选定最合适的物理存储结构(包括文件类型、索引结构和数据的存放次序与位逻辑等)、存取方法和存取路径等。数据库良好的物理分布设计对其数据的安全和高效的性能均会有好的影响。在创建数据库之前先规划数据库的物理布局也是很有必要的。磁盘布局的优化和配置、数据库初始化参数的选择与设置、内存管理、CPU 管理、表空间管理、回滚段管理、联机重做日志管理、归档重做日志管理和控制文件管理等,这一步设计的结果就是所谓的"物理数据库"。

5. 数据库实施阶段

数据库实施阶段的主要任务是,运用数据库管理系统提供的数据语言、工具及宿主语言,根据逻辑设计和物理设计的结果收集数据并具体建立一个数据库,运行一些典型的应用任务来验证数据库设计的正确性和合理性。

6. 数据库运行和维护阶段

数据库应用系统经过试运行后即可投入正式运行,标志着程序设计任务基本完成。但是投入运行并不意味着数据库设计工作已全部完成,在运行过程中还须不断对其进行评价,分析数据库的性能,调整、修改相应的参数,这也是数据库设计的一项重要和长期的任务。因为为了适应物理环境变化、用户的需求变化,以及一些不可预测外界因素的变化,需要对数据库进行不断地维护。对数据库的维护,通常是由数据库管理员完成的,他们主要要进行对数据库的转储和恢复,对数据库安全性和完整性控制,对数据库性能的监督、分析和改进以及对数据库的重新组织和重新建构等工作。

一般地,一个大型数据库的设计过程往往需要经过多次循环反复。当设计的某步发现问题时,可能就需要返回到前面去进行修改。因此,在进行上述数据库设计时就应考虑到今后修改设计的可能性和方便性。

数据库设计的很多工作至今仍需要人工来做,除了关系型数据库已有一套较完整的数据范式理论可用来部分地指导数据库设计之外,尚缺乏一套完善的数据库设计理论、方法和工具,以实现数据库设计的自动化或交互式的半自动化设计。所以数据库设计今后的研究发展方向是研究数据库设计理论,寻求能够更有效地表达语义关系的数据模型,为各阶段的设计提供自动或半自动的设计工具和集成化的开发环境,使数据库的设计更加工程化、规范化和更加方便易行,使得在数据库的设计中充分体现软件工程的先进思想和方法。

6.2 需 求 分 析

6.2.1 需求分析的任务

需求分析的任务是通过详细调查现实世界要处理的对象(组织、部门、企业等),充分了解原系统的工作概况,明确用户的各种需求,然后在此基础上确定新系统的功能。由于用户需求的不断改变和计算机技术的发展,新系统的需求分析必须充分考虑今后可能的扩充和改变,不能仅仅按当前的应用需求来设计数据库。

需求分析的重点是调查、收集与分析用户在数据和业务处理方面的要求。业务处理过程中会有数据从源头流出,这些数据最终会流向汇聚点,因此业务处理过程中的数据流分析和处理是十分重要的。在确定数据和业务处理后,还要确定数据库应用系统的业务规则。

6.2.2 需求分析的内容

需求分析的内容是针对待开发软件提供完整、清晰、具体的要求,确定软件必须实现哪些任务。需求分析具体分为功能性需求、非功能性需求与设计约束三个方面。

1. 功能性需求

功能性需求即软件必须完成的事,必须实现的功能,以及为了向其用户提供有用的功能所需执行的动作。功能性需求是软件需求的主体。开发人员需要亲自与用户进行交流,核实用户需求,从软件帮助用户完成事务的角度上充分描述外部行为,形成软件需求规格说明书。在需求分析任务中明确用户的实际需求,与用户最终达成共识,然后再进行分析和表达用户的一些需求。

2. 非功能性需求

作为对功能性需求的补充,软件需求分析的内容中还应该包括一些非功能性需求。非功能性需求主要包括软件使用时对性能方面的要求和运行环境的要求,软件设计必须遵循的相关标准、规范,用户界面设计的具体细节,未来可能的扩充方案等。

3. 设计约束

设计约束一般也称作设计限制条件,通常是对一些设计或实现方案的约束说明。例如,要求待开发软件必须使用 Oracle 数据库系统完成数据。

6.2.3 需求分析的步骤

在数据库设计中需求分析就是指分析用户的需要与要求,它是设计数据库的开端,也是数据库设计最基础的保证。数据库在设计过程中存在很大漏洞,有一大半原因是由于需求分析的不明确而造成的。因此需求分析是数据库设计的关键阶段之一,该阶段的结果将直接影响到后面各个阶段的设计,并影响到设计结果是否合理和实用。

1. 成立调查研究组织机构

调查组织机构以了解该组织或是企业部门的组织情况,以及各部门之间的相互联系和它们的职责。由分析人员和程序员研究系统数据的流程及调查用户需求,查阅可行性报告、项目开发计划报告,访问现场,获得当前系统的具体模型。开发过程中的每一个阶段都要经过评审,确认任务是否全部完成,避免或纠正工作中出现的错误和疏漏。聘请项目外的专家参与评审,可保证评审的质量和客观性。评审可能导致开发过程回溯,甚至会反复多次。一定要使全部的预期目标都达到才能让需求分析阶段的工作暂告一个段落。

2. 调查各部门的业务活动情况

了解各个部门的业务活动情况,确定输入、输出数据是由哪里来的或是由哪些元素组成的,往往需要向用户和其他相关人员学习,他们的回答使分析人员对目标系统的认识更为深入与具体。同时也必须要求用户对每个分析步骤中得出的结果仔细地进行复查。所以对于目标系统开发,首先了解该组织的部门组成情况,从中知道各个部门输入的和使用的是什么数据,如何加工处理数据(常用的调查方法是跟班作业、开会调查、请专人介绍、询问、设计调查表请用户填写、查阅记录等方法)。需求信息的收集一般以机构设置和业务活动为主干线,从高层、中层到低层逐步展开,对收集到的信息要做分析整理工作。数据流图(Data Flow Diagram,DFD)是业务流程及业务中数据联系的形式描述,是需求分析的工具,也是需求分析的成果之一。数据字典(Data Dictionary,DD)详细描述系统中的全部数据,是进行数据收集和数据分析的主要成果。

1)常用的调查方法

(1)跟班作业:通过亲身参加业务工作了解业务活动的情况。

(2)开调查会:通过与用户座谈来了解业务活动情况及用户需求。

(3)请专人介绍。

(4)询问:对某些调查中的问题,可以找专人了解。

(5)设计调查表,请用户填写。

(6)查阅记录:查阅与原系统有关的数据记录。

在调查过程中通常是综合使用各种方法的。无论使用何种方法,都要求用户的积极参与和配合。

2)需求分析的过程

需求分析就是要分析用户的需要与要求,确定系统必须完成哪些工作,对系统提出完整、准确、清晰、具体的要求,然后再分析与表达这些需求,如图1.6.3所示。

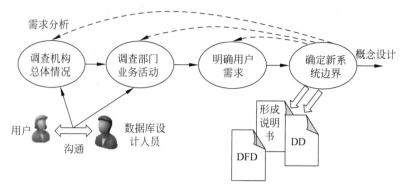

图 1.6.3 需求分析的过程

3) 数据流图

数据流图是描述系统中数据流程的图形工具,它标识了一个系统的逻辑输入和逻辑输出,以及把逻辑输入转换为逻辑输出所需的加工处理过程。结构化需求分析方法 SA 采用的是"自顶向下,由外到内,逐层分解"的思想,开发人员要先画出系统顶层的数据流图,然后再逐层画出低层的数据流图。顶层的数据流图要定义系统范围,并描述系统与外界的数据联系,它是对系统架构的高度概括和抽象。底层的数据流图是对系统某个部分的精细描述。数据流图的目的是在用户和系统开发人员之间提供语义的桥梁。数据流图的基本符号如图1.6.4所示。

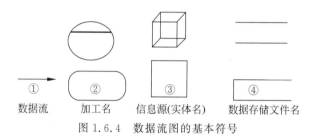

图 1.6.4 数据流图的基本符号

数据流图有 4 种基本图形符号。

(1) 数据流。表示数据流的流动方向。数据流可以从加工流向文件,或者从文件流向加工。数据流是数据在系统内传播的路径,因此由一组固定的数据组成。如学生缴费单由姓名、年龄、系单位、考号、日期等数据项组成。由于数据流是流动中的数据,所以必须有流向。除了与数据存储文件名之间的数据流不用命名外,数据流应该用名词或名词短语命名。在数据流图中用一个水平箭头或垂直箭头表示,箭头指出数据的流动方向,箭线旁注明数据流名。

(2) 加工名。对数据的加工(处理)。加工是对数据进行处理的单元,它接收一定的数据输入,对其进行处理,并产生输出。如对数据的算法分析和科学计算。

(3) 信息源。表示数据的源点和终点,代表系统之外的实体,可以是人、物或其他软件系统。数据流图中也可用"＊"号表示"与",用"＋"号表示"或"。图1.6.5所示为数据流图的辅助符号(加工 P 执行时,一种是要用到数据流 A 和数据流 B,另一种是数据流 A 或数据流 B。而 P 的输出可以是数据流 B 和数据流 C,或数据流 B 或数据流 C)。

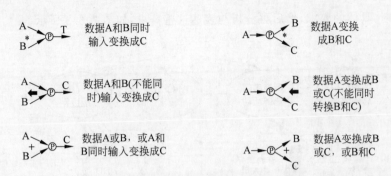

图 1.6.5　DFD 的辅助符号

（4）数据存储文件名。可以表示信息的输入或输出文件、信息的静态存储以及数据库的元素等。流向数据存储文件的数据流可理解为写入文件或查询文件，从数据存储流出的数据可理解为从文件读数据或得到查询结果。

DFD 是描述系统数据流程的工具，它将数据独立抽象出来，通过图形方式描述信息的来龙去脉和实际流程。为了描述复杂的软件系统的信息流向和加工，可采用分层的 DFD 来描述，分层 DFD 有顶层、中间层、底层之分，如图 1.6.6 所示。

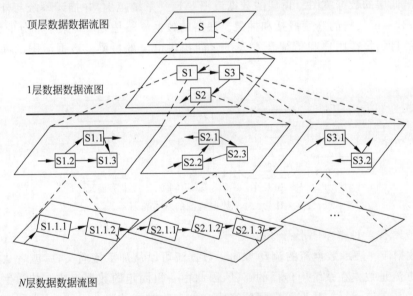

图 1.6.6　DFD 数据流分层图

（1）顶层。决定系统的范围，决定输入、输出数据流。它说明系统的边界，把整个系统的功能抽象为一个加工。顶层 DFD 只有一个。

（2）中间层。顶层之下是若干中间层。某一中间层既是它上一层加工的分解结果，又是它下一层若干加工的抽象，即它又可以进一步分解。

（3）底层。若某一 DFD 的加工不能再进一步分解，这个 DFD 就是底层的。底层 DFD 的加工是由基本加工构成的。所谓基本加工是指不能再进行分解的加工。

画数据流图的基本原则如下。

（1）数据流图上的所有图形符号必须使用前面所述的 4 种基本元素。

（2）数据流图的主图必须含有前面所述的 4 种基本元素，缺一不可。

（3）数据流图上的数据流必须封闭在外部实体之间。外部实体可以是一个，也可以是多个。

（4）处理过程至少含有一个输入数据流和一个输出数据流。

（5）任何一个数据流子图必须与它的父图上的一个处理过程对应，两者的输入数据流和输出数据流必须一致，即所谓的"平衡"。

（6）数据流图上的每个元素都必须有名称。

画数据流图的基本步骤如下。

（1）把一个系统看成一个功能的整体，明确信息的输入和输出。

（2）找到系统的外部实体。一旦找到外部实体，则系统与外部世界的界面就可以确定下来，系统的数据流的源点和终点也就找到了。

（3）找出外部实体的输入数据流和输出数据流。

（4）在图的边界上画出系统的外部实体。

（5）从外部实体的输入流（源）出发，按照系统的逻辑需要，逐步画出一系列逻辑处理过程，直至找到外部实体处理所需的输出流，形成封闭的数据流。

（6）将系统内部数据处理分别看成一个个功能的整体，其内部有信息的处理、传递、存储过程。

（7）如此一级一级地剖析，直到所有处理步骤都很具体为止。

画数据流图的注意事项如下。

（1）关于层次的划分。逐层扩展数据流图，就是对上一层图中某些处理框加以分解。随着处理的分解，功能越来越具体，数据存储、数据流越来越多。究竟怎样划分层次，划分到什么程度，没有绝对标准，一般认为展开的层次与管理层次一致，也可以划分得更细。但应注意，处理框的分解要自然，保持其功能的完整性；一个处理框经过展开，一般以分解为 4～10 个处理框为宜。

（2）检查数据流图。对一个系统的理解，不可能一开始就完美无缺。开始分析一个系统时，尽管对问题的理解有不正确的地方，但还是应该根据理解，用数据流图表达出来，进行核对，逐步修改，直至获得较为完美的数据流图。

（3）提高数据流图的易理解性。数据流图是系统分析人员调查业务的过程，与用户交换思想的工具。因此，数据流程图应简明易懂，这也有利于后面的设计，有利于对系统说明书进行维护。

4）数据字典

数据字典是数据管理的一个组成部分，数据字典是对系统中数据信息的收集、维护和发布的机制，包括这些实体之间的联系。如输入格式、报表、屏幕、处理、过程等。数据字典在整个数据库设计中占有很重要的地位，其主要内容如下。

（1）数据项。数据项是不可再分的最小数据单位，是对数据结构中数据项的说明。对数据项的描述通常包括以下内容：

数据项描述=｛数据项名，数据项含义说明，别名，数据类型，长度，取值范围，取值含义，
与其他数据项的逻辑关系｝

其中，"数据项名"代表描述实体的属性列；"数据类型"是指实体的属性列的类型（逻辑型、

数值型、字符型等）；"长度"是指字符型、数值型等的宽度。

（2）数据结构。数据结构反映了数据之间的组合关系。数据结构可以由若干数据项组成，也可以由若干个数据结构组成，或由若干个数据项和数据结构混合组成。对数据结构的描述通常包括以下内容：

数据结构描述＝{数据结构名，含义说明，组成：{数据项或数据结构}}

（3）数据流。数据流是数据结构在系统内传输的路径，表示某一处理过程的输入和输出。对数据流的描述通常包括以下内容：

数据流描述＝{数据流名，说明，数据流来源，数据流去向，组成：{数据结构}，平均流量，高峰期流量}

其中，"数据流来源"是指该数据流来自哪个过程；"数据流去向"是指该数据流流向哪个过程；"平均流量"是指在单位时间（每天、每周、每月等）里的传输次数；"高峰期流量"是指在高峰时期的数据流量。

（4）数据存储。数据存储是数据结构的停留或保存处，也是数据流的来源和去向之一。对数据存储的描述通常包括以下内容：

数据存储描述＝{数据存储名，说明，编号，流入的数据流，流出的数据流，组成：{数据结构}，数据量，存取方式}

其中，"数据量"是指每次存取多少数据，每天（或每小时、每周等）存取几次等信息；"存取方式"是指批处理还是联机处理，是检索还是更新，是顺序检索还是随机检索等。

（5）处理过程。处理过程的具体处理逻辑一般用判定表或判定树来描述。数据字典中只需要描述处理过程的说明性信息。处理过程通常包括以下内容：

处理过程描述＝{处理过程名，说明，输入：{数据流}，输出：{数据流}，处理：{简要说明}}

其中"简要说明"是指说明处理过程的功能，主要强调处理过程用来做什么（不是怎么做），以及处理顺序的要求，如在单位时间里处理多少事务、多少数据量以及响应时间要求等，这些处理要求为后续物理设计的输入及性能评价提供了标准。

（6）外部实体。外部实体指外部实体系统和外部环境接口，主要是指使用该系统的用户。外部实体描述通常有以下内容：

外部实体描述＝{外部实体，实体说明，流入数据流，流出数据流}

3. 明确用户需求

根据第1、2步调查的结果，形成初步的需求分析文档，这些文档包括收集的必要的信息，这在开发复杂的大系统时尤为重要。需求分析的文档可以起备忘录作用，也有助于审查和复查过程的成功，并且将成为软件工程下一阶段工作的基础。

4. 确定新系统

在对以前的调查结果进行反复分析，对现行问题和期望的信息进行分析的基础上，分析人员综合出一个或几个解决方案，最后确定系统中的数据和系统应该完成的功能，接下来是明确计算机和开发设计人员所要完成的任务。

5. 撰写需求分析说明书

经过分析确定了系统必须具有的功能和性能，定义了系统中的数据并且简略地描述了处理数据的主要算法。根据需求分析阶段的基本任务，最终形成需求分析的说明书。

6.2.4 案例分析

以某高校"毕业生就业服务系统"为例,经过可行性分析和需求分析,确定了系统的边界,该系统主要用户分为三类:就业管理人员、应届毕业生、招聘公司。系统分为以下 4 个子系统。

(1) 验证注册子系统:使用角色是应届毕业生、招聘公司、就业管理人员,主要功能为登录验证及公司、学生的注册。

(2) 招聘管理子系统:使用角色是招聘公司,主要功能是发布招聘信息、查询学生应聘信息、安排面试通知。

(3) 应聘管理子系统:使用角色是应届毕业生,主要功能是利用移动终端实现查询招聘信息、发送应聘信息、查询面试通知。

(4) 系统管理子系统:使用角色是就业管理人员,主要功能是负责招聘企业的审核、招聘信息的统计。

1. DFD

DFD 是一种图形化的系统模型。运用图形方式描述系统内部的数据流程,表达系统的各处理环节之间的数据联系,是结构化系统分析方法的主要表达工具。DFD 是结构化分析的最基本工具。由一系列表示系统中元素的图形符号组成,这些符号表达了系统中各元素之间的数据具体流动和处理的过程。

DFD 的描述符号主要有 4 种:起点(或终点)、数据流连线、数据加工/处理、输入/输出的文件,如表 1.6.1 所示。

表 1.6.1 DFD 的描述符号

名　　称	图　　例	说　　明
起点(或终点)	▭	数据流的起点或终点,表示数据源和数据宿
数据加工/处理	⬭	表示对流到此处的数据进行加工或处理,即对数据的算法分析与科学计算
输入/输出文件	══	表示输入/输出文件,说明加工/处理前的输入文件,记录加工/处理后的输出文件,也可画单线
数据流连线	→	表示数据流的流动方向

对系统的信息及业务流程进行初步分析后,采用了"自顶向下,由外向内"的绘制原则,得出该系统共三层部分 DFD。

顶层 DFD(系统的输入/输出),将系统视为一个整体,查看整体与外界的联系。分析通过外界获取的数据,即系统输入;向外界提供服务的数据,即系统输出,如图 1.6.7 所示。

数据流图主要是用于描述系统内部的处理过程,即画下层数据流图。毕业生就业服务系统的第 1 层数据流图如图 1.6.8 所示。

毕业生就业服务系统加工 1 的第 2 层数据流图如图 1.6.9 所示。

2. 数据字典

数据字典是指存储数据源定义和属性(描述说明)的文档,是数据描述的重要组成部分。数据字典有 4 类条目:数据流、数据项、文件及基本加工。在定义数据流或文件时,使用

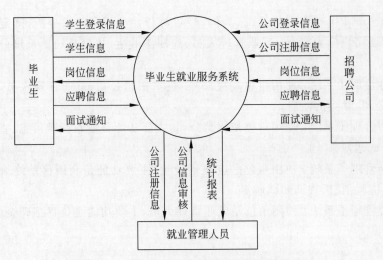

图 1.6.7 毕业生就业服务系统的顶层数据流图

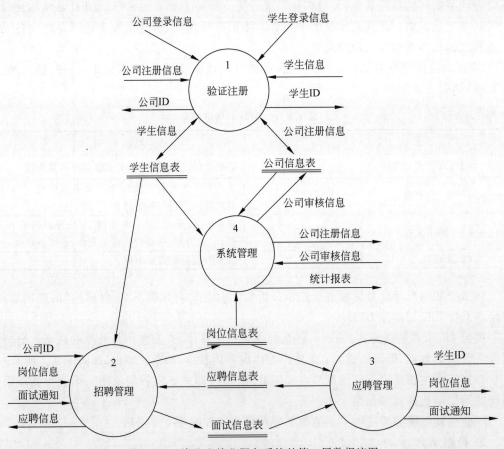

图 1.6.8 毕业生就业服务系统的第 1 层数据流图

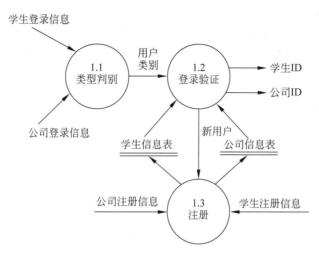

图 1.6.9　毕业生就业服务系统加工 1 的第 2 层数据流图

表 1.6.2 给出的符号。将这些条目按照一定的规则进行组织,构成数据字典。

表 1.6.2　在数据字典定义中使用的符号

符　　号	定　　义	举例及说明
=	被定义为	
+	与	$x=a+b$,表示 x 由 a 和 b 组成
[…|…]	或	$x=[a\|b]$,表示 x 由 a 或 b 组成
{…}	重复	$x=\{a\}$,表示 x 由 0 个或多个 a 组成
$m\{…\}n$ 或 $\{…\}nm$	重复	$x=2\{a\}5$ 或 $x=\{a\}52$,表示 x 中最少出现 2 次 a,最多出现 5 次 a,5 和 2 为重复次数的上下限
(…)	可选	$x=(a)$,表示 a 可在 x 中出现,也可不出现
"…"	基本数据元素	$x=$"a",表示 x 取值为字符 a 的数据元素
..	连接符	$x=1..9$,表示 x 可取 1~9 中任意一个值

　　数据字典以一种准确无二义性的说明方式,为软件分析、设计及维护提供了有关数据元素一致的定义和详细描述。数据字典要求具有完整性、一致性和可用性。

　　(1) 数据流条目。给出了数据流图中数据流的定义,通常对数据流的简单描述为列出该数据流的各组成数据项。主要包括数据流名称、别名及简述、数据流来源和去处、数据流组成、流通量。

　　例如,"毕业生就业服务系统"中的数据流"招聘信息"条目如下。

　　数据流名称:招聘信息。

　　别名:无。

　　简述:公司发布招聘信息。

　　来源:招聘公司。

　　去向:加工 2"招聘管理"。

　　数据流量:100 份/每月。

　　组成:公司代码＋公司名称＋招聘岗位＋招聘人数＋招聘条件＋工资待遇。

　　(2) 文件条目。给出某个文件的定义,文件的定义通常是列出文件记录的组成数据流,还可指出文件的组织方式。

例如,"毕业生就业服务系统"中公司注册信息文件如下。

数据文件名:公司信息表。

别名:Company_information。

简述:存储招聘公司基本信息。

组成:公司 ID+公司名称+公司性质+注册资金+人员数量+企业效益+公司地址+法人代表+经营范围。

存储方式:顺序。

组织方式:以"公司 ID"为关键字。

存取频率:1000 次/天。

(3)数据项条目。给出某个数据单项的定义,通常是该数据项的值类型、允许值等。

例如,"公司性质"数据项如下。

数据项名称:公司性质。

别名:Company_category。

简述:存储公司性质基本信息。

类型:字符串。

长度:10。

取值范围:[国有|有限责任|中外合资|外商独资|集体|个体]。

6.3 概念结构设计

概念结构设计就是对信息世界进行建模。即用一种数据模型来实现对现实世界的抽象表达。这种建模是现实世界到信息世界的第一层抽象,是现实世界到机器世界的一个中间层,所用的数据模型是用户与数据库设计人员之间进行交流的最重要的某种语言或表示方法。用于表达概念模式的数据模型具有较强的语义表达能力,能方便、直接地表达实际应用中的各种语义,并且简单、清晰、易于用户理解。

在需求分析阶段所得到的应用需求抽象为信息结构(概念模型)的过程就是概念结构设计,它是整个数据库设计的关键。

6.3.1 概念模型

在需求分析阶段所得到的应用需求应该首先抽象为信息世界的结构,然后才能更好、更准确地用某一数据库管理系统实现这些需求。

概念模型的主要特点:

(1)能真实、充分反映现实世界,包括事务和事务之间的联系,能满足用户对数据库的处理要求,是现实世界的一个真实模型。

(2)易于理解,可以用它和不熟悉计算机的用户交换意见。用户的积极参与是数据库设计的关键。

(3)易于更改,当应用环境和应用要求改变时,容易对概念模型修改和扩充。

(4)易于向关系模型、层次模型和网状模型等转换。

在数据库的概念设计中,概念模型不依赖于具体的计算机系统,它是纯粹反映信息需求的概念结构。建模是在需求分析结果的基础上展开,常常要对数据进行抽象处理。概念模型是各种数据模型的共同工具,它比数据模型更独立于机器、更抽象,从而更加稳定。描述概念模型最有力的工具是实体-联系模型(E-R模型),用设计好的E-R图再附以相应的说明书可作为阶段成果。

6.3.2　概念模型设计的方法

概念结构的设计方法主要有4种,分别是自顶向下、自底向上、由里向外(逐步扩张)和混合策略。

(1)自顶向下(up-down)。先定义全局概念结构的框架,再逐步细化。

(2)自底向上(bottom-up)。先定义各局部应用的概念结构,然后再将局部应用的概念模型集成起来,形成全局概念模型。

(3)由内向外(inside-out)。先定义最基本的、最重要的核心概念结构,再逐步向外扩充,即以中心点向外扩张的方式,最后形成一个同心圆,最终形成一个全局的概念模型。

(4)混合策略。采用自顶向下和自底向上相结合,用自顶向下策略设计一个全局概念结构的框架,再以它为骨架集成由自底向上策略设计的各局部概念结构。

其中常用的方法是自顶向下地进行需求分析,自底向上地设计概念结构。自底向上设计概念结构的步骤是先抽象数据并设计局部视图,再集成局部视图,得到全局概念结构。采用这种方法的概念模型的设计一般可分为三步完成,如图1.6.10所示。

在概念设计阶段,一般使用语义数据模型描述概念模型,通常使用E-R图作为概念设计的描述工具。用E-R图进行概念设计常用的两种方法是集中式模式设计法和视图集成法。前者是先设计一个全局概念的数据模型,然后再根据全局数据模式为各个用户组或应用定义外模式;后者是先以部分的需求说明为基础,分别设计各自的局部模式,也就是部分视图,然后再以这些视图为基础,集成一个全局模式。当今关系数据库设计主要采用视图集成法。

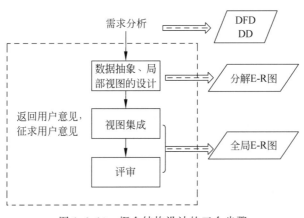

图1.6.10　概念结构设计的三个步骤

1. 数据抽象

概念结构是对现实世界的一种抽象。抽象是从实际的人、物、事和概念中抽取其共同的本质属性或特征,舍弃其非本质的属性或特征的思维过程。把这些特性用各种概念精确地加以描述,这些概念就组成了某种模型。常用的抽象方法有分类、聚集和概括三种。

(1) 分类(Classification)。分类定义某一类概念作为现实世界中一组对象的类型。这些对象具有某些共同的特性和行为抽象,对象和实体之间是"is member of"的关系,如刘放和赵明月都是学生,因此可以把类似的对象抽象为学生实体。通常情况下在 E-R 模型中,实体就是这种抽象。

(2) 聚集(Aggregation)。聚集定义某一类型的组成成分,它抽象了对象内部类型和成分之间"is part of"的语义。在 E-R 模型中若干属性的聚集组成了实体型,就是这种抽象。如学号、姓名、专业等属性的聚集组成学生实体型。

(3) 概括(Generalization)。概括是一种由个别到一般的认识过程。概括就是把同类事物的共同属性联结起来,或把个别事物的某种属性推广到同类事物中去的思维方法。概括定义类型之间的一种子集联系。它抽象了类型之间的"is subset of"的语义。如学生是实体型,本科生、研究生也是实体型,本科生、研究生是学生的子集,称学生为超类,本科生、研究生为子类。概括具有继承性:子类继承超类上定义的所有抽象。E-R 模型中用双竖边的矩形框表示子类,用直线加小圆圈表示超类与子类的联系。

2. 局部视图设计

局部视图设计依据需求分析阶段产生的数据流图和数据字典,在多层的数据流图中选择一个适当的中、底层数据流图作为设计分 E-R 图的出发点。

1) 局部 E-R 图设计

由于数据流图中的每一个部分都对应一个局部应用。选择好局部应用后,接下来就可以设计每个局部应用的分 E-R 图。将各局部应用涉及的数据分别从数据字典中抽取出来,参照数据流图,标定各局部应用中的实体、实体的属性,标识实体的码,确定实体之间的联系及其类型(1:1,1:n,m:n)。局部 E-R 图的设计步骤如图 1.6.11 所示。

(1) 确定实体类型和属性。现实世界中一组具有某些共同特性和行为的对象就可以抽象为一个实体。实体确定后要命名,名称主要反映实体的语义性质。例如对招生系统中的

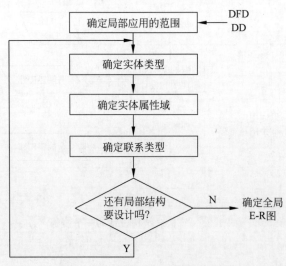

图 1.6.11　局部 E-R 图的设计步骤

每个成员,可以把每个成员对象抽象为学生实体。

对象类型的组成成分可以抽象为实体的属性。例如学号、姓名、年龄、所在系等可以抽象为学生实体的属性,其中学号为标识学生实体的码。

属性必须是不可再分的数据项。实际上实体与属性是相对而言的,很难有明确的划分界限。但是,同一事物在一种应用环境中作为"属性"则不能再包含其他属性。

属性不能与其他实体具有联系,在 E-R 图中联系只发生在实体之间。

(2)确定实体间的联系。如果存在联系,就要确定联系类型($1:1$、$1:n$、$m:n$)。例如,由于一个宿舍可以住多名学生,而一个学生只能住在某一个宿舍中,因此宿舍与学生之间是 $1:n$ 的联系;由于一个系可以有若干名学生,而一个学生只能属于一个系,因此系与学生之间也是 $1:n$ 的联系;而一个系只能有一名系主任,所以系主任和系是 $1:1$ 的联系。

2)视图集成

各子系统的局部 E-R 图设计好以后,下一步就是要将所有的局部 E-R 图综合成一个系统的总 E-R 图,如图 1.6.12 所示。

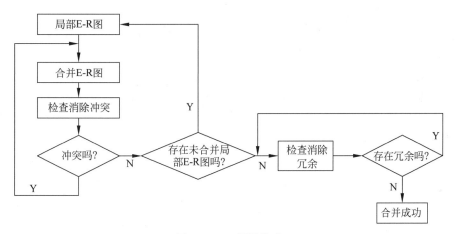

图 1.6.12　视图集成

一般来说,视图集成可以有两种方式。

(1)合并分 E-R 图,生成初步的 E-R 图。由于各个局部应用面向的问题不同,当局部 E-R 图集成为全局 E-R 图时,首先将具有相同实体的两个 E-R 图,以该相同实体为基准进行集成。如果还存在两个或两个以上的相同实体,再次按前面的方法集成,直到不存在相同的实体为止。这样就生成了初步的 E-R 图。在设计过程中各个分 E-R 图之间可能存在冲突。合并分 E-R 图的主要工作与关键所在就是合理消除各分 E-R 图的冲突。

分 E-R 图主要存在三类冲突。

第一类冲突是命名冲突,包括两种。同名异义冲突是指各个实体中存在意义不同但名称相同的属性。如果把学生实体中的"学号"改为"编号",宿舍实体中的"宿舍号"改为"编号",这样就会导致同名异义的冲突。异名同义冲突是指意义相同,在不同的实体中有不同名字的属性。例如学生的"学号",在不同实体中名字不同,有的是"学生 ID 号",有的是"学号"等。

命名冲突发生在实体和联系的一级上,也可能发生在属性一级上。但命名冲突发生概率小一些。

第二类冲突是属性冲突,即属性的取值范围和类型等不同。如学生实体中的"学号"在一个视图中可能当作字符型数据,而在另一个视图中可能当作数值型数据。还有"性别",有些实体是以字符型出现的,有些实体是以布尔型出现的。属性取值单位冲突。属性冲突通常采用讨论、协商等手段加以解决。

第三类冲突是结构冲突。同一对象在一个视图中可能作为实体,在另一个视图中可能作为属性或联系。如宿舍在某一局部应用中被当作实体,在另一局部应用中被当作属性。解决此类冲突通常是把属性变为实体或把实体变为属性,使同一对象具有相同的抽象。同一实体在不同的分 E-R 图中所包含的属性个数和属性排列次序不完全相同。这是由于不同局部应用关心的是该实体的不同侧面造成的。解决此类冲突可使该实体的属性取各分 E-R 图中属性的并集,再适当调整属性顺序。

实体之间的联系在不同局部视图中呈现不同的类型。如实体 E_1 与 E_2 在局部应用 A 中是 $M:N$ 联系,而在局部应用 B 中是 $1:N$ 联系;又如在局部应用 X 中 E_1 与 E_2 发生联系,而在局部应用 Y 中 E_1、E_2、E_3 三者之间有联系。解决此类冲突应根据应用语义对实体联系的类型进行综合或调整。

(2) 消除不必要的冗余,设计生成基本 E-R 图。在初步 E-R 图中可能存在冗余数据和冗余实体间的联系。所谓冗余数据是指可由基本数据导出的数据,而冗余联系是指可由其他联系导出的联系。冗余数据和冗余联系会破坏数据库的完整性,给数据库维护增加困难,必须消除。通过修改与重构初步 E-R 图,合并主码相同的实体类型可以消除冗余数据和冗余联系。消除一些冗余后的初步 E-R 图称为基本 E-R 图。

消除冗余的主要方法有:

① 用分析法消除冗余。以数据字典和数据流图为依据,根据数据字典中数据项间的逻辑关系的说明来消除冗余。分析法是消除冗余的主要方法。

② 用规范化理论消除冗余。规范化理论是关系数据库中消除冗余最理想的方法。

6.3.3　案例分析

以某高校"毕业生就业服务系统"为例进行系统 E-R 图的设计,设计步骤分为局部 E-R 图和局部 E-R 图的集成。

1. 局部 E-R 图设计

(1) 确定实体类型和属性。现实世界中一组具有某些共同特性和行为的对象就可以抽象为一个实体。实体确定后要命名,名称主要反映实体的语义性质。

对象类型的组成成分可以抽象为实体的属性。如学号、姓名、年龄、所在系等可以抽象为学生实体的属性,其中学号为标识学生实体的码。属性必须是不可再分的数据项。

例 6.1　某高校"毕业生就业服务系统"局部应用中主要涉及的实体有学生实体、公司实体、管理员实体、招聘信息实体、岗位信息实体、面试信息实体。

下面给出部分单个实体 E-R 图。

学号、姓名、年龄、所在系是学生实体的属性,如图 1.6.13(a)所示。公司代码、公司名称、招聘岗位、招聘人数、招聘条件、工资待遇是招聘信息实体的属性,如图 1.6.13(b)所示。

(2) 确定实体间的联系。如果存在联系,就要确定联系类型($1:1$、$1:n$、$m:n$)。例

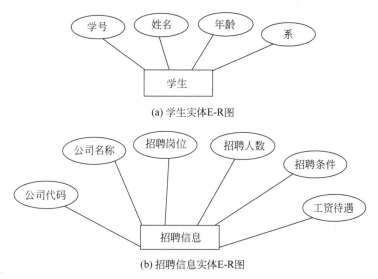

(a) 学生实体E-R图

(b) 招聘信息实体E-R图

图 1.6.13　学生和招聘信息实体 E-R 图

如,由于一个学生可以选择应聘多条应聘信息,而一条招聘信息也可以给多名学生应聘,因此招聘信息与学生之间是 $m:n$ 的联系,如图 1.6.14 所示。

图 1.6.14　学生与招聘信息实体之间联系 E-R 图

根据某高校就业管理系统集中由一个管理员进行系统的管理工作的要求,得到验证注册子系统模块的局部 E-R 图,如图 1.6.15 所示。

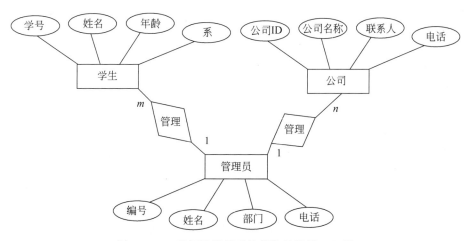

图 1.6.15　验证注册子系统模块的局部 E-R 图

由于学生可以在就业管理系统中查看招聘信息,一个公司的招聘信息可以让多个学生查看;一个公司可以在系统中发布多条招聘信息,也可以向多个学生发布面试通知,所以得到招聘及应聘管理子系统局部 E-R 图,如图 1.6.16 所示。

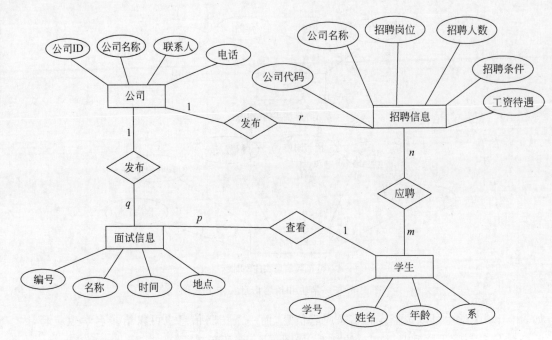

图 1.6.16　招聘及应聘管理子系统局部 E-R 图

在就业服务系统管理子系统中，管理员可以管理多个公司的注册信息及统计所有的招聘信息情况，得到管理子系统局部 E-R 图，如图 1.6.17 所示。

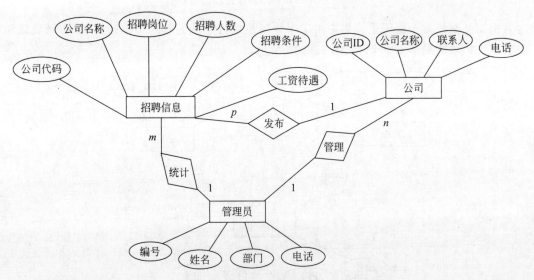

图 1.6.17　就业服务系统管理子系统局部 E-R 图

2. 视图集成

通过各个子系统的局部 E-R 图的合并及对实体属性命名规范与消除冗余，得到某高校"毕业生就业服务系统"全局 E-R 图，如图 1.6.18 所示。

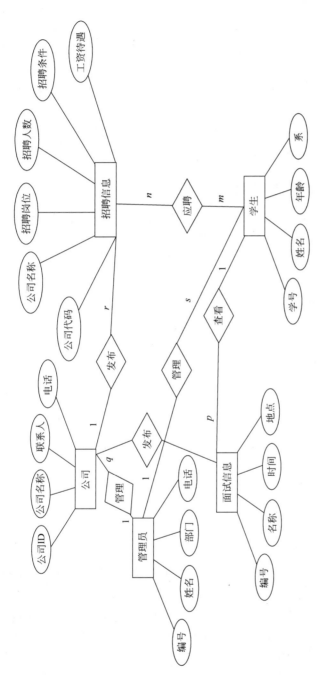

图 1.6.18 "毕业生就业服务系统"全局 E-R 图

6.4 逻辑结构设计

逻辑结构设计的任务,就是把概念结构设计阶段设计好的基本 E-R 图转换为所选用的数据库管理系统所支持的数据模型相符合的逻辑结构。即建立初始关系模式,对关系模式进行规范化处理、模式评价和模式修正,经过多次的模式评价和模式修正,确定最终的模式和子模式,写出逻辑数据库结构说明书。例如,数据库的数据容量、各个关系(文件)的数据容量、应用处理频率、操作顺序、响应速度、程序访问路径建议等。这些数据和要求将直接用于物理数据库的设计。

目前,大部分数据库应用系统都采用支持关系模型的关系数据库管理系统,所以这里只介绍 E-R 图向关系模型转换的原则与方法。

6.4.1 E-R 图向关系模式的转换

E-R 图向关系模型的转换要解决如何将实体和实体间的联系转换为关系模式,并确定这些关系的属性和码。下面介绍这种转换应遵循的一般原则。

1. 实体到关系模式的转换

E-R 图向关系模型的转换要解决的问题是,如何将实体和实体间的联系转换成关系模式,如何确定这些关系模式的属性和码。

关系模型的逻辑结构是一组关系模式的集合,E-R 图则是由实体型、实体的属性和实体之间的联系三个要素组成的,所以将 E-R 图转换成关系模型实际上就是要将实体型、实体和实体型之间的联系转换成关系模式。下面介绍转换的基本原则。

(1) 对于实体型,一个实体型转换为一个关系模式,关系的属性就是实体的属性,关系的码就是实体的码。

例如,将图 1.6.13(a)所示的实体学生转换为关系模式如下:

学生(学号,姓名,年龄,系)

(2) 对于实体之间的联系,可分为以下情况。

① 两个实体间一个 1∶1 联系,可以转换为一个独立的关系模式,也可以与任意一端的关系模式合并。如果转换为一个独立的关系模式,则与该联系相连的各实体的码与联系本身的属性均转换为关系的属性,每个实体的码均是该实体的候选码;如果与某一端实体对应的关系模式合并,则需要在该关系模式的属性中加入另一个关系模式的码和联系本身的属性。

② 两个实体间一个 $1∶n$ 联系,可以转换为一个独立的关系模式,也可以与 n 端对应的关系模式合并。如果转换为一个独立的关系模式,则与该联系相连的各实体的码与联系本身的属性均转换为关系的属性,关系的码为 n 端实体的码。

③ 两个实体间一个 $m∶n$ 联系,可以转换为一个独立的关系模式,与该联系相连的各实体的码以及联系本身的属性均转换为关系的属性,各实体的码组成关系的码或码的一部分。

④ 三个或三个以上实体间的一个多元联系可以转换为一个关系模式,与该多元联系相

连的各实体的码以及联系本身的属性均转换为关系的属性,各实体的码组成关系的码或码的一部分。

（3）具有相同码的关系模式可以合并。

6.4.2 关系模式的规范化

直接从系统 E-R 图转换为数据库逻辑结构得到的关系,有时往往不一定都是"好"的关系,可能会在实际数据库的应用中带来对数据的增、删、改操作及数据出现冗余等问题。为了进一步提高数据库应用系统的性能,改善数据库的性能,节省存储空间,还应该适当地修改、调整数据模型的结构,这就是数据模型的规范化。

数据库逻辑设计的结果不是唯一的。为了进一步提高数据库应用系统的性能,改善数据库的性能,节省存储空间,还应该适当地修改、调整数据模型的结构,这就是数据模型的优化。下面介绍数据模型的 3 种优化方法。

1. 确定数据依赖

对于各个关系模式之间的数据依赖进行极小化处理,消除冗余的联系并减少操作异常现象。根据规范理论对关系模式逐一进行分析,消除部分函数依赖、传递函数依赖、多值依赖等,最后优化为一个好的关系模式。

消除函数依赖的过程就是把一个关系分解成两个或两个以上的关系模式。但关系越多,在数据库查询操作中,连接运算的系统开销就越大,因此还要考虑尽量减少关系的连接。

2. 对关系模式进行分解

关系模式的数据量大小对查询速度的影响非常大。在查询操作中,为了提高检索的速度,需要把一个大关系分解成多个小关系,通常是使用水平分解法和垂直分解法(进行投影和选择运算)。

水平分解法是把一个关系模式的元组分解成若干个子集合。如学生关系,把全校新生放在一个关系中,这样数据冗余大,不利于查询,因此若考虑按分院建立学生关系,可提高按系查询的速度。当然,还可以尝试建立学生关系模式的其他方法。

垂直分解法是把一个关系模式分解成若干个子集合。可以根据需要建立多个关系模式,来提高查询的速度。

3. 确定属性的数据类型

每个关系模式中的属性都有一定的数据类型,为属性选择合适的数据类型不但可以提高数据的完整性,还可以提高数据库的性能,节省系统的存储空间。如数据库中提供了可变长的数据类型以及整型、字符型和用户自定义的数据类型。因此若使用的 DBMS 支持用户自定义的数据类型,则利用它可以更好地提高系统性能,更有效地提高存储效率,并能保证数据的安全。

6.4.3 确定完整性约束

数据的完整性是指数据库中存储的数据的正确性和相容性。正确性是指数据要符合具体的语义,相容性是指数据的关系要正确。

数据完整性分为以下 3 种:实体完整性(主键约束)、参照完整性(外键约束)和用户定义的完整性(NOT NULL、CHECK、DEFAULT)。

1. 实体完整性（主键约束）

实体完整性保证关系中的每个元组都是可识别的和唯一的。在关系数据库中，用主码来保证实体完整性。要求关系数据库中的表都必须有主码。

2. 参照完整性（外键约束）

参照完整性就是用来描述实体之间的联系。

3. 用户定义完整性

用户定义完整性约束有 NOT NULL 约束、CHECK 约束、DEFAULT 约束、UNIQUE 约束。具体各种完整性约束的详细内容请参照第 3、4 章内容。

6.4.4　用户视图的确定

在将概念模型转换为全局逻辑模型后，还应根据局部应用需求，结合具体的 DBMS，设计用户的外模式。

外模式又称子模式，是针对用户级的。它是多个用户所看到的数据库的数据视图（虚拟的表），是与某一应用有关的数据的逻辑表示。外模式是从模式导出的一个子集，包含模式中允许特定用户使用的那部分数据。外模式反映了数据库的用户观，因此定义数据库的外模式主要是满足用户的需求，但同时要考虑到用户使用数据库的安全和操作方便，因此在定义外模式时要注意以下 3 点：

（1）使用符合用户习惯的别名。

（2）针对不同级别的用户定义不同的外模式，以满足对安全性的要求。

（3）简化用户对系统的使用，将经常使用的某些复杂查询定义为视图。

设置视图可以减少数据的冗余，给用户查询提供了方便，同时也保证数据的安全性，防止非法用户访问。

6.4.5　案例分析

以某高校"毕业生就业服务系统"为例进行系统数据库逻辑结构设计。

1. 系统全局 E-R 图向关系模式的转换

由 6.3 节分析得出的系统全局 E-R 图可转换为如下的关系模式：

学生(学号,姓名,年龄,系,管理员编号)

公司(公司编号,公司名称,联系人,联系电话,管理员编号)

管理员(管理员 ID,姓名,部门,联系电话)

招聘信息(招聘编号,岗位名称,招聘要求,招聘人数,工资,公司编号)

面试信息(编号,岗位名称,面试时间,地点,公司编号,学号)

应聘(招聘编号,学号,招聘状态)

2. 关系模式的规范化

至此，已经得到基本的关系模式。为了减少乃至消除关系模式中存在的各种异常，改善完整性、一致性和存储效率，应根据关系模式规范化的理论对关系的逻辑模式进行优化。

这里选出部分模式进行规范化说明。

一般地，对于行业中相同岗位一般都有大同小异的要求和名称。那么，在招聘信息(招聘编号,岗位名称,岗位要求,招聘人数,工资,公司编号)这个模式中就会出现大量的数据冗余,根据关系模式规范化的理论需要对关系进行分解。可分解为两个关系,即招聘信息(招聘编号,岗位编号,招聘人数,工资,公司编号)和岗位信息(岗位编号,岗位名称,岗位要求)。同理,面试信息关系模式也需要优化。

学生实体与公司实体中有管理员编号信息,也是存在大量的冗余,且该属性在关系模式中没有合理的关系依赖。因此,可以从关系模式中去掉该属性。

综上所述,可得到系统逻辑结构如下:

学生(学号,姓名,年龄,系)
公司(公司编号,公司名称,联系人,联系电话)
管理员(管理员ID,姓名,部门,联系电话)
招聘信息(招聘编号,岗位编号,招聘人数,工资,公司编号)
岗位信息(岗位编号,岗位名称,岗位要求)
面试信息(编号,岗位编号,面试时间,地点,公司编号,学号)
应聘(招聘编号,学号,招聘状态)

3. 确定完整性约束

主外键约束在上述关系模式中已基本确定。还需再进一步细化用户自定义约束,例如"年龄"字段不能小于0,"工资"值应该在一个合理的正数范围内等。这部分请读者在实际设计数据库时根据系统的具体要求自行给出。

综上分析,进一步考虑各个字段数据类型和数据之间的关系,可以得到系统结构,如表1.6.3~表1.6.9所示。

表1.6.3 学生信息表结构

列　名	数据类型	约束说明
学号	字符串,长度为10	主键
姓名	字符串,长度为8	取值唯一
性别	字符串,长度为2	取"男"或"女"
年龄	整数	取值范围为15~45
所在系	字符串,长度为15	默认值"计算机系"

表1.6.4 公司信息表结构

列　名	数据类型	约束说明
公司编号	字符串,长度为6	主码
公司名称	字符串,长度为20	非空值
联系人	字符串,长度为20	允许为空
联系人电话	数字字符串,长度为11	允许为空

表1.6.5 管理员信息表结构

列　名	数据类型	约束说明
管理员编号	字符串,长度为6	主码
管理员名字	字符串,长度为20	非空值
所属部门	字符串,长度为20	允许为空
电话	数字字符串,长度为11	允许为空

表 1.6.6 岗位信息表结构

列　名	数据类型	约束说明
岗位编号	字符串,长度为10	主码
岗位名称	字符串,长度为20	非空值
岗位要求	字符串,长度为200	允许为空

表 1.6.7 招聘信息表结构

列　名	数据类型	约束说明
招聘编号	字符串,长度为10	主码
岗位编号	字符串,长度为10	外键,参照岗位信息表
公司编号	字符串,长度为10	外键,参照公司信息表
招聘人数	整数	大于0的整数
工资	整数	大于0的整数

表 1.6.8 面试信息表结构

列　名	数据类型	约束说明
编号	字符串,长度为10	主码
岗位编号	字符串,长度为10	外键,参照岗位信息表
公司编号	字符串,长度为10	外键,参照公司信息表
学号	字符串,长度为10	外键,参照学生信息表
时间	日期型	允许为空
地点	字符串,长度为20	允许为空

表 1.6.9 应聘表结构

列　名	数据类型	约束说明
招聘编号	字符串,长度为10	外键,参照招聘信息表
学号	字符串,长度为10	外键,参照学生信息表
招聘状态	整数	允许为空

4. 确定系统视图

最后,根据系统应用需求,结合具体的 DBMS,设计用户的视图。例如,可以设计查看某一个公司所有岗位的招聘信息的视图,也可以设计查看所有公司对某一个具体岗位的招聘信息的视图。

6.5　数据库的物理设计

数据库是对给定的逻辑数据模型配置一个最适合应用环境的物理结构。数据库在物理设备上的存储结构与存取方法称为数据库的物理结构,物理结构依赖于给定的 DBMS 和计算机系统。

6.5.1　物理结构设计的任务

物理结构设计阶段的任务是把逻辑结构设计阶段得到的逻辑数据库在物理上加以实

现。主要内容是根据 DBMS 提供的各种手段和技术,设计数据的存储形式和存储路径,如文件结构、索引设计等,最终获得一个高效的、可实现的物理数据库结构。

6.5.2 物理结构设计方法

由于不同的 DBMS 提供的硬件环境和存储结构、存取方法以及提供数据库设计者的系统参数以及变化范围有所不同,因此,物理结构设计还没有一个通用的准则。本书所提供的方法仅供参考。

数据库物理结构设计通常分为三步:

(1)确定数据库的存储结构,设计综合分析数据存储要求和应用需求,设计存储记录格式。

(2)确定数据库的存取方法,将设计好的存储记录作为一个整体合理地分配物理存储区域,尽可能充分利用物理顺序特点,把不同类型的存储记录指派到不同的物理群中。存取频度高的数据尽量安排在快速、随机设备上,存取频度低的数据则安排在速度较慢的设备上。相互依赖性强的数据尽量存储在同一台设备上,且尽量安排在邻近的存储空间上。

(3)对物理结构进行评价,评价的重点为时间和空间性能。从查询开始到有结果显示之间所经历的时间称为查询响应时间,即服务时间、等待时间和延迟时间;对系统的性能进行评价,即时间、空间、效率、开销等各个方面。

1. 确定存储结构

确定数据库存储结构时要综合考虑存取时间、存储空间利用率和维护代价三方面的因素。这三个方面常常是相互矛盾的,例如消除一切冗余数据虽然能够节约存储空间,但往往会导致检索代价的增加,因此必须进行权衡,选择一个折中方案。常用的存储方式有顺序存储、散列存储和聚簇存储。

关于数据的存储位置,程序设计人员是不关心数据到底存放在磁盘的什么位置上的,具体的存储位置应该由 DBMS 管理。但是,有时为了提高存取效率,DBA 可以指定数据的存储位置。当服务器有多个 CPU、多块硬盘的时候,把数据分布到各个硬盘上存储,可以大大地提高存取效率。各种 DBMS 指定存取路径的方法不同,在这里就不再赘述了。

2. 确定存取方法

为了提高数据的存取效率,应该建立合适的索引。建立索引的原则为:

(1)如果某个属性经常作为查询条件,应该在它上面建立索引。

(2)如果某个属性经常作为表的连接条件,应该在它上面建立索引。

(3)为经常进行连接操作的表建立索引。

用户通常可以通过建立索引来改变数据的存储方式以及存取方法。数据是采用顺序存储、散列存储,还是其他的存储方式,是由系统根据数据的具体情况来决定的。一般系统都会为数据选择一种最合适的存储方式。

最后,针对特定的 DBMS,DBA 还可以通过修改特定的系统参数来提高数据的存取效率。

3. 物理结构设计的评价

数据库物理设计过程中需要对时间效率、空间效率、维护代价和各种用户要求进行权衡,其结果可以产生多种方案,数据库设计人员必须对这些方案进行细致的评价,从中选择一个较优的方案作为数据库的物理结构。

　　评价物理数据库的方法完全依赖于所选用的 DBMS,主要是从定量估算各种方案的存储空间、存取时间和维护代价入手,对估算结果进行权衡、比较,选择出一个较优的合理的物理结构。如果该结构不符合用户需求,则需要修改设计。

　　最后,关于数据库的物理结构设计,读者要明确一点,即使不进行物理结构设计,数据库系统照样能够正常运行,物理结构设计主要是想进一步提高数据的存取效率。如果项目的规模不大,数据量不多,可以不进行物理结构设计。

6.6　数据库的实施和维护

6.6.1　数据库实施

　　在确定了数据库的逻辑结构和物理结构后,应用程序设计的编制就可以和物理设计并行地展开。程序模块代码通常先在模拟的环境下通过初步调试,然后再进行联合调试。在 DBMS 上建立实际数据库结构,并输入数据,进行试运行和评估,这个阶段称为数据库实施。

　　在接下来的章节中,主要介绍如何进行数据库的实施。数据库的实施阶段就是选择一个 RDBMS 软件平台,如 SQL Server,将整个数据库结构设计付诸实施。数据库实施阶段的主要任务如下。

　　(1) 根据逻辑模式设计的结果,利用 RDBMS 的数据定义语言完成数据库存储模式的创建,其中包括很多数据库对象:数据库、数据表、属性、视图、索引、函数、存储过程、触发器等。

　　(2) 实施完整性控制,包括创建表时的属性值域的控制、实体完整性控制、参照完整性控制、表间的级联控制,用触发器和规则进行补充完整控制和复杂完整性控制等。

　　(3) 实施安全性控制,设置用户和用户组的访问权限,用触发器设置常规以外的安全性控制,为数据库服务器设置防火墙和防病毒措施。

　　(4) 实施需求分析中的数据库恢复机制,确保数据库的正常运行。

　　(5) 组织数据入库,在创建数据库的基础上编制与调试应用程序,并进行数据库的试运行。

6.6.2　数据库运行和维护阶段

　　经过数据库实施阶段的试运行后,数据库系统就可以交付给用户,也就是说数据库应用系统即可投入正式运行。在数据库系统运行过程中必须根据系统运行状况和用户的合理意见,不断地对其进行评价、调整和修改。这个阶段的主要工作有:

　　(1) 数据库的转储和恢复,如常规的异地备份与恢复。

　　(2) 数据库安全性和完整性控制,如新的约束控制的增补。

　　(3) 数据库性能的监督、分析和改进。

　　(4) 数据库的重组织和重构造。

　　数据库设计过程是一个严格规范的设计过程,由一套工程设计标准控制着整个设计过程,只有按照数据库设计的步骤、设计规范和设计理论严格地执行,才能设计出高质量、高性能的数据库模式。

6.7 复习思考

6.7.1 小结

本章主要介绍了数据库设计的方法和步骤,详细介绍了数据库设计各个阶段的任务、方法、步骤和应注意事项,重点介绍了需求分析、概念设计和逻辑结构的设计,这也是数据库设计的关键环节。

数据库系统的开发需要经历需求分析、概念设计、逻辑设计、物理设计、数据库实施、数据库运行和维护 6 个阶段。需求分析阶段的主要任务是调查和分析用户的业务活动和数据的使用情况,弄清楚用户的需求是什么;概念设计阶段的主要任务是对用户要求进行分类、聚集、概括和抽象,形成一个独立的 DBMS 的概念模型;逻辑设计阶段的主要任务是将现实世界的概念模型设计结构进一步转换成某种特定数据库管理系统所支持的逻辑数据模型;物理设计阶段的主要任务是对给定逻辑数据模型选择一个最适合应用环境的物理结构;数据库实施阶段的主要任务是根据物理设计的结果建立数据库和组织数据库;数据库应用系统经过试运行后即可投入正式运行,并在运行过程中不断评价、分析数据库的性能,调整修改相应的参数。

总之,数据库必须是一个数据模型良好、逻辑正确、物理有效的系统,这也是每一个数据库设计人员的工作目标。

6.7.2 习题

一、选择题

1. 数据流程图是用于描述结构化方法中( )阶段的工具。
   A. 概要设计　　　　　　　　　　B. 可行性分析
   C. 程序编码　　　　　　　　　　D. 需求分析

2. 数据库设计中,用 E-R 图来描述信息结构但不涉及信息在计算机中的表示,这是数据库设计的( )。
   A. 需求分析阶段　　　　　　　　B. 逻辑设计阶段
   C. 概念设计阶段　　　　　　　　D. 物理设计阶段

3. 在数据库设计中,将 E-R 图转换成关系数据模型的过程属于( )。
   A. 需求分析阶段　　　　　　　　B. 逻辑设计阶段
   C. 概念设计阶段　　　　　　　　D. 物理设计阶段

4. 子模式 DDL 是用来描述( )。
   A. 数据库的总体逻辑结构　　　　B. 数据库的局部逻辑结构
   C. 数据库的物理存储结构　　　　D. 数据库的概念结构

5. 数据库设计的概念设计阶段,表示概念结构的常用方法和描述工具是( )。
   A. 层次分析法和层次结构图　　　B. 数据流程分析法和数据流程图
   C. 实体联系法和实体联系图　　　D. 结构分析法和模块结构图

6. 在 E-R 模型向关系模型转换时,$m:n$ 的联系转换为关系模式时,其关键字是(　　)。

    A. m 端实体的关键字   B. n 端实体的关键字

    C. m,n 端实体的关键字组合   D. 重新选取其他属性

7. 某学校规定,每一个班级最多只能有 50 名学生,至少应有 10 名学生;每一名学生必须属于一个班级。在班级与学生实体的联系中,学生实体的基数是(　　)。

    A. $(0,1)$ B. $(1,1)$ C. $(1,10)$ D. $(10,50)$

8. 在关系数据库设计中,设计关系模式是数据库设计中(　　)阶段的任务。

    A. 逻辑设计阶段   B. 概念设计阶段

    C. 物理设计阶段   D. 需求分析阶段

9. 关系数据库的规范化理论主要解决的问题是(　　)。

    A. 如何构造合适的数据逻辑结构

    B. 如何构造合适的数据物理结构

    C. 如何构造合适的应用程序界面

    D. 如何控制不同用户的数据操作权限

10. 数据库设计可划分为 7 个阶段,每个阶段都有自己的设计内容,"为哪些关系,在哪些属性上,建什么样的索引"这一设计内容应该属于(　　)设计阶段。

    A. 概念设计   B. 逻辑设计   C. 物理设计   D. 全局设计

11. 假设设计数据库性能用"开销",即时间、空间及可能的费用来衡量,则在数据库应用系统生存期中存在很多开销。其中,对物理设计者来说,主要考虑的是(　　)。

    A. 规划开销   B. 设计开销   C. 操作开销   D. 维护开销

12. 数据库物理设计完成后,进入数据库实施阶段,下述工作中,(　　)一般不属于实施阶段的工作。

    A. 建立库结构   B. 系统调试

    C. 加载数据   D. 扩充功能

13. 从 E-R 图导出关系模型时,如果实体间的联系是 $m:n$,下列说法中正确的是(　　)。

    A. 将 n 方关键字和联系的属性纳入 m 方的属性中

    B. 将 m 方关键字和联系的属性纳入 n 方的属性中

    C. 增加一个关系表示联系,其中纳入 m 方和 n 方的关键字

    D. 在 m 方属性和 n 方属性中均增加一个表示级别的属性

14. 在 E-R 模型中,如果有三个不同的实体集,三个 $m:n$ 联系,根据 E-R 模型转换为关系模型的规则,转换为关系的数目是(　　)。

    A. 4   B. 5   C. 6   D. 7

二、简答题

1. 试述数据库设计过程。

2. 试述数据库设计过程的各个阶段上的设计描述。

3. 什么是数据库的概念结构?试述其特点和设计策略。

4. 什么是 E-R 图?构成 E-R 图的基本要素是什么?

第 7 章 数据库的管理

安全性对任何一个数据库管理系统来说都是至关重要的。数据库通常存储了大量的数据，如果有人未经授权非法侵入了数据库，并窃取了查看和修改数据的权限，将会造成极大的危害，特别是在银行等金融系统中更是如此。数据库安全管理的主要任务是，防止不合法用户对数据库进行操作或者合法的用户进行非法操作，确保数据库的安全性。

数据库中的数据是共享的，多个用户会在同一时刻使用同一个数据库中的同一张表、同一条记录，甚至同一个字段，这种同一时刻的并发操作肯定会互相干扰，从而导致数据出错，产生数据不一致的问题。并发控制就是用来解决并发操作时带来的数据不一致问题。

为了保证数据库中数据的正确性，要对数据库进行管理，本章将从数据库的安全性控制、数据库的恢复技术和数据库的并发控制等方面进行介绍。

本章导读

- 数据库的安全性控制
- 事务
- 数据库的恢复技术
- 并发控制

7.1 数据库的安全性控制

数据库的安全性是指保护数据库以防止非法用户访问数据库，避免造成数据泄露、更改或破坏。由于数据库中集中存放着大量的数据，其中大部分数据是非常关键的，并为许多用户直接共享，数据库的安全性相对于其他系统的安全性显得尤其重要，因此实现数据库的安全性是数据库管理系统的重要指标之一。

7.1.1 概述

人们经常将数据库安全性问题与数据完整性问题混淆，但实际上这是两个不同的概念。安全性是指保护数据以防止不合法的使用造成数据被泄露、更改和破坏；完整性是指数据库的准确性和有效性。通俗地讲，安全性（Security）即保护数据以防止不合法用户故意造成的破坏。完整性（Integrity）即保护数据以防止合法用户无意中造成的破坏。

或者可以简单地说，安全性确保用户被允许做其想做的事情；完整性确保用户所做的事情是正确的。例如，用户在登录时，用户名或密码输入错误时无法进入系统，这是属于安全性范畴；而用户删除某条记录时，系统报错，提示说在另一个关系中有相同的外码值，这是属于完整性范畴。

安全性问题并非数据库应用系统所独有,实际上在许多系统中都存在同样的问题。数据库中的安全控制是指数据库应用系统的不同层次提供对有意和无意损害行为的安全防范。

在数据库中,对有意的非法活动可采用加密存、取数据的方法控制;对有意的非法操作可使用用户身份验证、限制操作权限来控制;对无意的损坏可采用提高系统的可靠性和数据备份等方法来控制。

数据库的安全性不是孤立的。在网络环境下,数据库的安全性与三个层次相关:网络系统层、操作系统层、数据库管理系统层。这三层共同构筑起数据库的安全体系,它们与数据库的安全性逐步紧密,重要性逐层加强,从外到内保证数据库的安全性。在规划和设计数据库的安全性时,要综合每一层的安全性,使三层之间相互协调,互为补充,形成一个比较完善的数据库安全与保障体系,提高整个系统的安全性。

本章只讨论数据库管理系统对数据库进行安全管理的问题,网络系统层和操作系统层的安全性不进行介绍。

数据共享和数据的独立性是数据库的主要特点之一。数据库安全性控制就是尽可能地杜绝对数据库所有可能的非法访问,而不管他们是有意的还是无意的。数据库安全性的控制目标是在不过分影响用户的前提下,通过节约成本的方式将由预期事件导致的损失最小化。

数据库的安全性控制包括许多方面,从数据库角度而言,保证安全性所采取的措施有用户认证和鉴定、访问控制、视图和数据加密等。

一般来说,造成数据库的数据不正确,甚至被破坏的原因是多方面的,但归纳起来主要有以下 4 个方面。

(1) 数据库遭受破坏。数据库遭受破坏,包括自然的或人为的破坏,如火灾、计算机病毒或未被授权人有意篡改数据等。

(2) 数据丢失。数据丢失指对数据库数据的更新操作有误,如操作时输入的数据有误或存取数据库的应用程序有错等。

(3) 数据不一致。数据库的并发操作引起的数据不一致。

(4) 数据库管理系统故障。计算机软、硬件故障造成数据被破坏。

在一般计算机系统中,安全措施是一级一级地层层设置的,可以有如图 1.7.1 所示的模型。

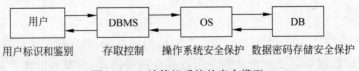

图 1.7.1　计算机系统的安全模型

在图 1.7.1 的安全模型中,用户要求进入计算机系统时,系统首先根据输入的用户标识进行用户身份鉴定,只有合法的用户才准许进入计算机系统。对已进入系统的用户,DBMS还要进行存取控制,只允许合法的数据库用户执行合法的数据库操作。操作系统一般也会有自己的保护措施。数据最后还可以以密码形式存储到数据库中。

影响数据库安全性的因素有很多,不仅有软、硬件因素,还有环境和人的因素;不仅涉及技术问题,还涉及管理问题、政策法律问题等。其内容包括计算机安全的理论、策略、技术,计算机安全的管理、评价、监督,与计算机安全有关的犯罪、侦察与法律等。概括起来,计算机系统的安全性问题可分为三大类,即技术安全类、管理安全类和政策法律类。此处只在技术层面介绍数据库的安全性。

为了准确地测定和评估计算机系统的安全性能指标,规范和指导计算机系统的生产,人们逐步建立和发展出了一套"可信计算机系统评测标准"。其中最重要的是 1985 年美国国防部(DoD)颁布的《DoD 可信计算机系统评估标准》(Trusted Computer System Evaluation Criteria,TCSEC,也称橘皮书)和 1991 年美国国家计算机安全中心(NCSC)颁布的可信计算机系统评估标准的《可信数据库系统的解释》(Trusted Database Interpretatution,TDI,也称紫皮书)。TDI 将 TCSEC 扩展到数据库管理系统,定义了数据库管理系统的设计与实现中需要满足和用以进行安全性级别评估的标准。

TCSEC/TDI 将系统划分为 D、C、B、A 四组,D、C1、C2、B1、B2、B3、A1 从低到高 7 个等级。较高安全等级提供的安全保护要包含较低等级的所有保护要求,同时提供更多更完善的保护能力。在数据库安全管理中主要采用 B1 级标准,即标记安全保护(Labeled Security Protection),对系统的数据加以标记,并对标记的主体和客体实施强制存取控制(Mandatory Access Control,MAC)。B1 级能够较好地满足大型企业或一般政府部门对于数据的安全需求,这一级别的产品被认为是真正意义上的安全产品。满足此级别的产品多冠以"安全"(Security)或"可信的"(Trusted)字样,作为区别于普通产品的安全产品出售。

在数据库管理系统方面有 Oracle 公司的 Trusted Oracle 7、Sybase 公司的 Secure SQL Server version 11.0.6、Informix 公司的 Incorporated INFORMIX-OnLine/Secure 5.0。

从分级标准可以看出,支持自主存取控制(DAC)的 DBMS 属于 C1 级,支持审计功能的 DBMS 属于 C2 级,支持强制存取控制(MAC)的 DBMS 则可以达到 B1 级。B2 级以上的系统标准更多地还处于理论研究阶段,产品化以至商品化的程度都不高,其应用也多限于一些特殊的部门(如军队等)。下面以 B1 级标准中的用户标识和鉴别、存取控制(DAC 和 MAC)、审计等功能进行介绍。

7.1.2 用户标识和鉴别

用户标识和鉴别(Identification & Authentication)是数据库系统提供的最外层安全保护措施。数据库系统是不允许一个不明身份的用户对数据库进行操作的。每次用户在访问数据库之前,必须先标识自己的名字和身份,由 DBMS 系统通过鉴别后才提供系统使用权。用户标识的鉴别方法有多种,可以委托操作系统进行鉴别,也可以委托专门的全局验证服务器进行鉴别。一般的数据库管理系统提供用户标识和鉴别机制。

用户标识包括用户名(User Name)和口令(Password)两部分。DBMS 有一张用户口令表,每个用户有一条记录,其中记录着用户名和口令两项数据。用户在访问数据库前,必须先在 DBMS 中进行登记备案,即标识自己(输入用户名和口令)。为保密起见,用户在终端上输入的口令不会直接显示在屏幕上,系统核对口令以鉴别用户身份。

通过用户名和口令来鉴别用户的方法简单易行,但用户名与口令容易被人窃取,因此还需要使用更复杂的方法。在数据库使用过程中,DBMS 根据用户输入的信息来识别其身份是否合法,这种标识鉴别可以重复多次,采用的方法也可以多种多样。鉴别用户身份,常驻机构用的方法有三种。

1. 使用只有用户掌握的特定信息鉴别用户

最广泛使用的就是口令。用户在终端输入口令,若口令正确则允许用户进入数据库系统,否则不能使用该系统。

口令是在用户注册时系统和用户约定好的,可以是一个别人不易猜出的字符串,也可以是由被鉴别的用户回答系统的提问,问题答对了也就证实了用户的身份。

在实际应用中,系统还可以采用更复杂的方法来核实用户,如设计比较复杂的变换表达式,甚至可以加进与环境有关的参数,如年龄、日期和时间等。例如,系统给出一个随机数 X,然后按 $T(X)$ 对 X 完成某种变换,把结果 Y(等于 $T(X)$)输入系统,此时系统也根据相同的转换来验证与 Y 值是否相等。假设用户注册一个变换表达式 $T(X)=2X+8$,当系统给出随机数为 5,如果用户回答为 18,就证明该用户身份是合法的。与口令相比,这种方式的优点就是不怕别人偷看。系统每次都提供不同的随机数,即使用户的回答被他人看到了也没关系,要猜出用户的变换表达式是困难的。用户可以约定比较简单的计算过程或函数,以便计算起来方便;也可以约定比较复杂的计算过程或函数,以使安全性更好。

2. 使用只有用户具有的物品鉴别用户

磁卡就属于鉴别物之一,其使用较为广泛。磁卡上记录有用户的用户标识符,使用时,数据库系统通过磁卡阅读装置读入信息并与数据库内的存档信息进行比较来鉴别用户的身份。但应该注意磁卡有丢失或被盗的危险。

3. 使用用户的个人特征鉴别用户

这种方式是利用用户的个人特征,如指纹、签名、声音等进行鉴别。相对于以用户身份鉴别的方法,需要昂贵、特殊的鉴别装置,因此,影响了其推广和使用。

7.1.3 存取控制

在数据库系统中,为了保证数据库的安全,要求用户只能访问允许范围内的数据,因此必须针对使用该数据库的用户进行授权,来确保数据库的安全。

用户数据库安全控制主要是指 DBMS 的存取控制机制。保障数据库安全最重要的一点就是确保只有授权用户访问数据库,同时令所有未被授权的人员无法接近数据,这主要通过数据库系统的存取控制机制实现。

1. 定义用户权限

用户权限是指不同的用户对于不同的数据对象允许执行的操作权限。系统必须提供适当的语言定义用户权限,这些定义经过编译后存放在数据字典中,被称作安全规则或授权规则。用户的权限由两部分构成,一部分是数据对象,另一部分是操作类型,如表 1.7.1 所示。

表 1.7.1 对象权限表

对象类型	对　　象	常　用　权　限
数据库	模式	CREATE SCHEMA
	基本表	CREATE TABLE|ALTER TABLE
模式	视图	CREATE VIEW
	索引	CREATE INDEX

对象类型	对象	常用权限
数据	基本表	SELECT | INSERT | UPDATE | DELETE | INDEX | ALTER | ALL PRIVILEGES
	视图	SELECT | INSERT | UPDATE | DELETE | ALL PRIVILEGES
数据	属性列	SELECT | INSERT | UPDATE | ALL PRIVILEGES＋(列名,[列名],…)

2. 合法权限检查

每当用户发出存取数据库的操作请求后(请求一般应包括操作类型、操作对象和操作用户等信息),DBMS 查找数据字典,根据安全法则进行合法权限检查,若用户的操作请求超出了定义的权限,系统将拒绝执行此操作。

用户权限定义和合法权检查机制一起组成了 DBMS 的安全子系统。前面已经讲到,当前大型的 DBMS 一般都支持 C2 级中的自主存取控制(DAC),有些 DBMS 同时还支持 B1级中的强制存取控制(MAC)。

自主存取控制方法和强制存取控制方法的简单定义如下。

(1) 自主存取控制方法:用户对于不同的数据对象有不同的存取权限,不同的用户对同一对象也有不同的权限,而且用户还可将其拥有的存取权限转授给其他用户。因此自主存取控制非常灵活。

(2) 强制存取控制方法:每一个数据对象被标以一定的密级,每一个用户也被授予某一个级别的许可证。对于任意一个对象,只有具有合法许可证的用户才可以存取。因此,强制存取控制相对比较严格。

3. 自主存取控制方法

大型数据库管理系统几乎都支持自主存取控制(又称为自主安全模式),目前的 SQL 标准也对自主存取控制提供支持,这主要是通过 SQL 的 GRANT(授予)和 REVOKE(收回)语句来实现的。

用户权限是由 4 个要素组成的:权限授出用户(Grantor)、权限接受用户(Grantee)、数据对象(Object)和操作类型(Operate)。定义一个用户的存取权限就是权限授出用户定义权限接受用户可以在哪些数据对象上进行哪些类型的操作。在数据库系统中,定义存取权限称为授权(Authorization)。

关系数据库系统中存取控制的对象不仅有数据本身(基本表中的数据、属性列上的数据),还有数据库模式(包括数据库 SCHEMA、基本表 TABLE、视图 VIEW 和索引 INDEX 的创建)等,参见表 1.7.1 列出的主要存取权限。

存取控制机制包括以下两个方面。

管理用户权限:通过两个 SQL 语句——GRANT 语句授予用户以权限,REVOKE 语句回收用户的权限。

检查用户权限:用户要对某个对象进行某个操作时,DBMS 首先会检查用户是否被授予了相应的权限,以决定是响应还是拒绝用户请求。

4. 强制存取控制方法

所谓 MAC 是指系统为保证更高程度的安全性,按照 TCSEC/TDI 标准中安全策略的要求,所采取的强制存取检查手段,它不是用户能直接感知或进行控制的。MAC适用于那些对数据有严格而固定密级分类的部门,例如军事部门或政府部门。

在MAC中,DBMS所管理的全部实体被分为主体和客体两大类。

主体是系统中的活动实体,既包括DBMS所管理的实际用户,也包括代表用户的各进程。客体是系统中的被动实体,是受主体操纵的,包括文件、基本表、索引、视图等。对于主体和客体,DBMS为它们每个实例(值)指派一个敏感度标记(Label)。

敏感度标记被分成若干级别,例如绝密(Top Secret)、机密(Secret)、可信(Confidential)、公开(Public)等。主体的敏感度标记称为许可证级别(Clearance Level),客体的敏感度标记称为密级(Classification Level)。MAC机制就是通过对比主体和客体的敏感度标记,最终确定主体是否能够存取客体。

当某一用户(或一主体)以敏感度标记在系统注册时,系统要求他对任何客体的存取必须遵循如下规则:

(1) 仅当主体的许可证级别大于或等于客体的密级时,该主体才能读取相应的客体;

(2) 仅当主体的许可证级别等于客体的密级时,该主体才能写相应的客体。

第一条规则的意义是明显的,而第二条规则需要解释一下。在某些系统中,第二条规则与这里的规则有些差别。这些系统规定:仅当主体的许可证级别小于或等于客体的密级时,该主体才能写相应的客体,即用户可以为写入的数据对象赋予高于自己的许可证级别密级。这样一旦数据被写入,该用户自己也不能再读该数据对象了。这两种规则的共同点在于它们均禁止了拥有高许可证级别的主体更新低密级的数据对象,从而防止了敏感数据的泄露。

MAC是对数据本身进行密级标记,无论数据如何复制,标记与数据是一个不可分的整体,只有符合密级标记要求的用户才可以操作数据,从而提供更高级别的安全性。

前面已经提到,较高安全性级别提供的安全保护包含较低级别的所有保护,因此在实现MAC时要首先实现DAC,即DAC与MAC共同构成DBMS的安全机制,如图1.7.2所示。系统首先进行DAC检查,对通过DAC检查的允许存取的数据库对象,再由系统自动进行MAC检查,只有通过MAC检查的数据库对象方可存取。

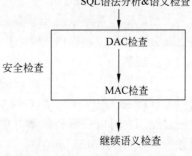

图1.7.2 DAC+MAC安全检查

7.1.4 数据用户权限与角色控制

授予和收回权限是DBMS的DBA的职责。DBA依照数据的实际应用情况将合适的权限授予相应的用户。DBA自动拥有数据对象的所有操作权限,包括授出的权限;接受权限的用户可以是系统中标识的任何用户;数据对象不仅有表和属性列等数据本身,还有模式、外模式、内模式等数据字典中的内容。

授权机制是指用户使用该数据库对象的范围有多大,就是授权的粒度。授权的粒度大,授权子系统的灵活性就会差一些,相反,如果数据对象粒度越小,授权子系统就越灵活,提供的安全性就越完善。

1. 授权命令

GRANT 语句的一般格式为：

GRANT <权限名>[,<权限名>] ON <对象> TO<用户1>,<用户2>, … ｜ PUBLIC [WITH GRANT OPTION]

对应不同对象,有不同权限,代表不同的操作(语句)。

注意：PUBLIC：表示所有用户。

指定 WITH GRANT OPTION 时,用户可以把获得的权限转授给其他用户；否则,用户只能使用而不能转授该权限。

SQL 标准允许具有 WITH GRANT OPTION 的用户把相应的权限或其子集传递授予其他用户,但不允许循环授权,即被授权者不能把权限再授回给授权者或其祖先,如图 1.7.3 所示。

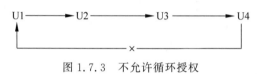

图 1.7.3 不允许循环授权

例 7.1 DBA 执行了如下语句：

GRANT SELECT,UPDATE ON STUDENT TO LIMING
WITH GRANT OPTION;

则 DBA 把对 Student(基本表或视图)的权限赋给用户 Liming,因为有 WITH GRANT OPTION,所以 Liming 可以把这个权限再转授给其他用户。

用户 Liming 执行如下语句：

GRANT SELECT (Sno, Sname), UPDATE (Sname) ON Student TO U5;

则 Liming 把对 Student 上某些列的权限赋给用户 U5,但 U5 不可以把这个权限再转授给其他用户。

例 7.2 DBA 把对 SC 表查询的权限授予所有用户。

代码如下：

GRANT SELECT ON SC TO PUBLIC;

GRANT 还可以实现数据库类型和模式类型权限管理,格式如下：

GRANT <权限名>[, …] TO <用户1>,<用户2>, … ｜ PUBLIC[WITH GRANT OPTION];

例 7.3 DBA 授予用户 Liming 具有创建数据表和视图的权限。

代码如下：

GRANT CREATE TABLE,CREATE VIEW TO LIMING;

例 7.4 DBA 授予用户 LiFang 对 Student 操作的所有权限。

代码如下：

GRANT ALL ON Student TO LiFang;

例 7.5 Student 表的建立者 user1 建立视图 v_student 并授权 user2 查询的权限,其中属性列只选择 Sno(学号)、Sname(姓名)、Sdept(所在系),其他列不能存取;只选所在系为"计算机系"的记录,其他记录不能查询。

代码如下:

```
CREATE VIEW v_student AS
SELECT Sno, Sname, Sdept FROM student WHERE Sdept = '计算机系';
GRANT SELECT ON v_student TO user2;
```

自主存取控制能够通过授权机制有效地控制其他用户对敏感数据的存取。但是由于用户对数据的存取权限是"自主"的,用户可以自由地决定将数据的存取权限授予何人,决定是否也将"授权"的权限授予别人。在这种授权机制下,仍可能存在数据的"无意泄露"。

如用户 user1 将数据对象权限授予用户 user2,user1 的意图是只允许 user2 操纵这些数据,但是 user2 可以在 user1 不知情的情况下进行数据备份并进行传播。出现这种问题的原因是,这种机制仅通过限制存取权限进行安全控制,而没有对数据本身进行安全标识。解决这一问题需要对所有数据进行强制存取控制。

2. 收回权限

收回权限语句的一般格式为:

```
REVOKE   <权限名> [,…]  ON  <对象>  FROM
<用户 1>,<用户 2>,… | PUBLIC
```

收回权限时,若该用户已将权限转授给其他用户,则这些转授的权限也一并收回。

例 7.6 DBA 执行以下语句:

```
REVOKE  UPDATE  ON  Student  FROM Liming
```

则 DBA 收回用户 Liming 对 Student 的更新权限。理论上,Liming 转授给用户 U5 对 Student 某些列的更新权限也要一并收回。

例 7.7 收回所有用户对表 SC 的查询权。

代码如下:

```
REVOKE  SELECT  ON  SC  FROM PUBLIC
```

REVOKE 还可以实现数据库类型和模式类型权限收回,格式如下:

```
REVOKE <权限名> [,…]   FROM <用户 1>,<用户 2>,… | PUBLIC
```

例 7.8 收回 Liming 创建表的权限。

代码如下:

```
REVOKE  CREATE  TABLE FROM Liming
```

3. 数据库角色

数据库角色是指被命名的一组与数据库操作相关的权限。从概念上讲它与操作系统用户是完全无关的。数据库角色属于用户权限对某个数据库操作的集合。通过角色,可以方便快捷地把用户集中到某些数据库类型的操作中,然后对这些操作授予具体的权限。对角色授予、收回权限时,将对其中的所有成员生效。因此,减少了在用户接受或离开某项工作时，反复地进行授予、收回每个用户的权限。

角色的创建用 SQL 语言中 CREATE ROLE 语句；角色的删除用 SQL 语言中 DROP ROLE 语句。

（1）创建角色，格式为：

```
CREATE   ROLE <角色名>;
```

说明：角色名的命名遵循 SQL 标识符的规则。

（2）给角色授权，格式为：

```
GRANT   <权限 1>[,<权限 2>][,…,<权限 n>]
ON <对象类型> 对象名
TO <角色 1>[<角色 2>,…,<角色 n>]…
```

（3）角色权限收回，格式为：

```
REVOKE <权限>[,<权限 2>][,…,<权限 n>]
ON <对象类型> 对象名
FROM <角色 1>[<角色 2>,…,<角色 n>]
```

（4）删除角色，格式为：

```
DROP ROLE <角色名>;
```

说明：DROP ROLE 删除指定的角色。只有超级用户有权限删除一个超级用户角色；要删除普通用户角色，必须是创建角色（CREATE ROLE）的用户。

例 7.9 通过角色来实现将一组权限授予用户张兰、李丽、王红。

（1）创建角色 R1，代码如下：

```
CREATE ROLER1;
```

（2）对 R1 赋予对表 Course 的 INSERT、UPDATE、DELETE 权限，代码如下：

```
GRANT   INSERT,UPDATE,DELETE
ON TABLE Course
To R1;
```

（3）通过 R1 赋予用户张兰、李丽、王红权限，使这三个用户拥有 R1 的全部权限，代码如下：

```
GRANT R1
TO 张兰,李丽,王红;
```

（4）通过 R1 可以收回张兰所拥有的所有权限，代码如下：

```
REVOKE   R1
FROM 张兰;
```

（5）对 R1 增加 SELECT 权限，代码如下：

```
GRANT   SELECT
ON TABLE Course
To R1;
```

（6）对 R1 减少 SELECT 权限，代码如下：

```
REVOKE    SELECT
ON TABLE Course
FROM R1;
```

可以看出，通过角色的使用可以使自主授权的执行更加灵活、方便。

7.1.5　视图机制

数据库管理系统一般都支持视图数据对象，允许使用视图机制实现属性列的授权和与数据值有关的授权。将属性列的存取限制和数据值的存取限制定义在合适的视图中，然后针对视图进行授权。可以为不同的用户定义不同的视图，把数据对象限制在一定的范围内，也就是说，通过视图机制把要保密的数据对无权存取的用户隐藏起来，从而自动地对数据提供一定程度的安全保护。

视图机制间接地实现支持谓词的用户权限定义。例如，在某大学中假定王平老师只能检索计算机系学生的信息，系主任张明具有检索和增、删、改计算机系学生信息的所有权限。这就要求系统能支持"存取谓词"的用户权限定义。在不直接支持存取谓词的系统中，可以先建立计算机系学生的视图 CS_Student，然后在视图上进一步定义存取权限。

例 7.10　建立计算机系的学生视图，把对该视图的 SELECT 权限授予王平，把该视图的所有操作权限授予张明。

代码如下：

```
GREATE VIEW CS_Student
AS
SELECT *
FROM   Student
WHERE   Sdept = '计算机系';
GRANT   SELECT
ON   CS_Student
TO   王平;
GRANT    ALL    PRIVILEGES
ON   CS_Student
TO   张明;
```

7.1.6　审计跟踪

上面所介绍的数据库安全性保护措施都是正面的预防性措施，可防止非法用户进入 DBMS 并从数据库系统中窃取或破坏保密的数据。而审计跟踪则是一种事后监视的安全性保护措施，它跟踪数据库的访问活动，以发现数据库的非法访问，达到安全防范的目的。按照 TCSEC/TDI 标准中安全策略的要求，"审计"功能就是 DBMS 达到 C2 级以上安全级别必不可少的一项指标。DBMS 的跟踪程序可对某些保密数据进行跟踪监测，并记录有关数据的访问活动。当发现潜在的窃密活动（如重复的、相似的查询等）时，一些有自动报警功能的 DBMS 就会发出警报信息；对于没有自动报警功能的 DBMS，也可根据这些跟踪记录信息进行事后分析和调查。审计跟踪的结果记录在一个特殊的文件上，这个文件叫作"跟踪审查记录文件"。

审记跟踪记录一般包括下列内容：

(1) 操作类型(如修改、查询等)。

(2) 操作终端标识与操作者标识。

(3) 操作日期和时间。

(4) 所涉及的数据。

(5) 数据的前像和后像。

除了对数据访问活动进行跟踪审查外，跟踪程序对每次成功或失败的注册以及成功或失败的授权或取消授权也进行记录。跟踪审查一般由 DBA 控制，或由数据的所有者控制。DBMS 提供相应的语句供施加和撤销跟踪审查之用。

审计通常是很费时间和空间的，所以 DBMS 往往都将其作为可选特征，允许 DBA 根据应用对安全性的要求，灵活地打开或关闭审计功能。审计功能一般主要用于安全性要求较高的部门。

通常情况下用 SQL 语句中 AUDIT 语句进行审计，用 NOAUDIT 语句来取消审计。

例 7.11　对 Student 表结构的修改进行审计。

代码如下：

```
AUDIT  ALTER
ON Student;
```

例 7.12　取消对 Student 表结构的修改审计。

代码如下：

```
NOAUDIT  ALTER
ON  Student;
```

例 7.13　取消对 Student 表的所有审计。

代码如下：

```
NOAUDIT ALL
ON Student
```

7.1.7　数据加密

对于高度敏感性数据，例如财务数据、军事数据、国家机密，除以上安全性措施外，还可以采用数据加密技术。

数据加密是防止数据库中数据在存储和传输中失密的有效手段。加密的基本思想是根据一定的算法将原始数据(术语为明文，Plain Text)变换为不可直接识别的格式(术语为密文，Cipher Text)，从而使得不知道解密算法的人无法获知数据的内容。

加密方法主要有两种。一种是替换方法，使用密钥(Encryption Key)将明文中的每一个字符转换为密文中的一个对应字符；另一种是置换方法，仅将明文的字符按不同的顺序重新排列。单独使用这两种方法的任意一种都是不够安全的。但是将这两种方法结合起来就能提供相当高的安全程度。采用这种结合算法的例子是美国 1977 年制定的官方加密标准——数据加密标准(Data Encryption Standard，DES)。

有关 DES 密钥加密技术及密钥管理问题在这里不讨论,读者可参考有关书籍。

目前有些数据库产品提供了数据加密例行程序,可根据用户的要求自动对存储和传输的数据进行加密处理。另一些数据库产品虽然本身未提供加密程序,但提供了接口,允许用户用其他厂商的加密程序对数据加密。

由于数据加密与解密也是比较费时的操作,而且数据加密与解密程序会占用大量系统资源,因此数据加密功能通常也作为可选特征,允许用户自由选择,以便只对高度机密的数据加密。

7.1.8 统计数据库安全性

统计数据库提供基于各种不同标准的统计信息或汇总数据,而统计数据库安全系统是用于控制对统计数据库的访问。统计数据库允许用户查询聚合类型的信息,包括总和、平均值、数量、最大值、最小值、标准差等,例如查询"职工的平均工资是多少?";但不允许查询个人信息,例如查询"职工张三的工资是多少?"。

在统计数据库中存在着特殊的安全性问题,即可能存在隐藏的信息通道,使得可以从合法的查询中推导出不合法的信息。例如,下面两个查询都是合法的。

(1) 本单位有多少个女教授?

(2) 本单位女教授的工资总和是多少?

如果第一个查询的结果是 1,那么第二个查询的结果显然就是这个女教授的工资。这样的统计数据库就失去安全性了。为了解决这个问题,可以规定任何查询至少要涉及 N 个记录(N 要足够大)。但即使如此,还是存在例外的泄密途径。例如,如果某个职工 A 想知道另一个职工 B 的工资数额,他可以通过下面两个合法的查询得到结果。

(1) 职工 A 和其他 N 个职工的工资总和是多少?

(2) 职工 B 和其他 N 个职工的工资总和是多少?

假设第一个查询的结果是 X,第二个查询的结果是 Y,由于 A 知道自己的工资是 Z,因此他可以计算出职工 B 的工资 $=Y-(X-Z)$。

这个例子的关键之处在于两个查询之间有很多重复的数据项(即其他 N 个职工的工资),因此可以再规定任意两个查询的相交数据项不能超过 M 个,这样就不容易获得其他人的数据了。

另外,还有一些其他方法解决统计数据库的安全性问题,但是无论采用什么安全机制,都可能存在绕过这些机制的途径。好的安全性措施应该使得那些试图破坏安全的人所花费的代价,远远超过它们所能得到的利益,这也是整个数据库安全机制设计的目标。

7.2 事 务

事务是一系列的数据库操作,是数据库应用程序的基本逻辑单元。事务处理技术主要包括数据库恢复技术和并发控制技术,数据库恢复技术和并发控制机制是数据库管理系统的重要组成部分。本节讨论数据库恢复的概念和常用技术。

7.2.1 事务的基本概念

在讨论数据库恢复技术之前先介绍事务的基本概念和事务的性质。先思考下面的情

况,在 SQL Server 中,Employee 职工表包含 1 000 000 条记录,假设要执行以下语句:

```
UPDATE  Employee  SET  salary = salary * 1.1;
```

如果在执行到一半的时候,突然停电。那么重启后,Employee 表会发生什么样的变化?

1. 事务定义

事务是由一系列访问和更新操作组成的程序执行单元。这些操作要么都做,要么都不做,是一个不可分割的整体。在关系数据库中,一个事务可以是一条 SQL 语句、一组 SQL 语句或整个程序。例如银行转账事务由两个操作组成:①对账户 A 扣除某一金额;②对账户 B 增加相同金额。这两个操作应该放在同一个事务里,因为要么都做,要么都不做。现在给出一个事务的从账户 A 转 50 元到账户 B 的事务示例。

```
T: BEGIN TRANSACTION
   READ(A);
   A := A - 50;
   WRITE(A);
   READ(B);
   B := B + 50;
   WRITE(B);
   COMMIT
```

注意:READ(X),把数据项 X 从数据库读出到事务的私有缓冲中;WRITE(X),把数据项 X 从事务的私有缓冲中写回到数据库。

在 SQL 中,定义事务的语句有三条:

```
BEGIN TRANSACTION
COMMIT
ROLLBACK
```

事务通常是以 BEGIN TRANSACTION 开始,以 COMMIT 或 ROLLBACK 结束。COMMIT 表示提交,即提交事务的所有操作。具体地说就是将事务中所有对数据库的更新写回到磁盘上的物理数据库中去,事务正常结束。ROLLBACK 表示回滚,即在事务运行的过程中发生了某种故障,事务不能继续执行,系统将事务中对数据库的所有已完成的操作全部撤销,回滚到事务开始时的状态。这里的操作指数据库的更新操作。

那么如何判断 SQL 语句属于哪一个事务呢?

事务有两种类型,一种是显式事务,一种是隐式事务。隐式事务是指每一条数据操作语句都自动地成为一个事务,显式事务是有显式的开始和结束标记的事务。如果 SQL 语句处于某个事务的 BEGIN TRANSACTION 和 COMMIT/ROLLACK 之间,那么它就属于这个事务;如果以上不成立,那么这个 SQL 语句本身构成一个事务。

例如,下面的 SQL 程序包含一个显式事务。

```
BEGIN TRANSACTION
UPDATE  ACCOUNT  SET  money = money - 50  WHERE  no = "A";
UPDATE  ACCOUNT  SET  money = money + 50  WHERE  no = "B";
COMMIT
```

对于这个事务,思考一下,如果执行完第一个 UPDATE 语句之后,没有执行第二个

UPDATE 语句之前，系统断电，那么在重启以后，两个账户的金额会发生什么样的变化？

因为 SQL 语句本身构成一个事务，下面的 SQL 程序就包含两个隐式事务。

```
UPDATE   ACCOUNT   SET   money = money − 50   WHERE no = "A";
UPDATE   ACCOUNT   SET   money = money + 50   WHERE no = "B";
```

针对上面这样的语句，如果执行完第一个 UPDATE 语句之后，没有执行第二个 UPDATE 语句之前，系统断电，那么两个账户的金额会发生什么样的变化？

2. 事务的特性

事务具有 4 个特性：原子性(Atomicity)、一致性(Consistency)、隔离性(Isolation)、持续性(Durability)。这 4 个特性简称为 ACID 特性。

1) 原子性

事务是数据库的逻辑工作单位，事务中包含的所有操作(特指修改操作)要么全部做，要么全不做。

例如某个转账事务：对账户 A 扣除 50 元，对账户 B 增加 50 元。这两个操作要么都做，要么都不做。

原子性由 DBMS 的恢复机制实现。

2) 一致性

事务执行的结果必须是使数据库从一个一致性状态变到另一个一致性状态。独立执行一个事务(无其他事务同时并发执行)的结果必须保证数据一致性。即事务开始前，数据满足一致性要求；事务结束后，数据虽然变化了，但仍然满足一致性的要求。

这里的数据一致性要求是指应用的要求，应根据具体现实而定。

例如在银行系统中，转账事务的一致性要求是前后两个账户的金额总和不变。假如一个事务为账户 A 减去 100 元，为账户 B 加上 50 元，那么这个事务就违反了一致性。

保证单个事务的一致性，由编写事务的应用程序员来负责，并借助完整性机制来协助实现。也就是说，如果有数据一致性要求，应该将其定义成某些完整性规则。

3) 隔离性

一个事务的执行不能被其他事务干扰。即一个事务内部的操作及使用的数据对其他并发的事务是隔离的，并发执行的各个事务之间不能互相干扰。

任何一对事务 T_1、T_2，在 T_1 看来，T_2 要么在 T_1 开始之前已经结束，要么在 T_1 结束以后再开始执行。即 T_2 对数据库的修改，T_1 要么全部看到，要么全部看不到。

例如，两个事务 T_1、T_2 同时对账户 A、B 操作。如果 T_1 读取的 A 是 T_2 修改前的 A，而读取的 B 是 T_2 修改后的 B，这就违反了隔离性，并可能导致数据错误。

隔离性通过 DBMS 并发控制机制实现。

4) 持久性

任何事务一旦提交了，它对数据库的影响就必须是永久性的。无论发生什么故障，都不能取消或破坏这种影响。

例如，一个事务将 50 元从账户 A 转到账户 B，那么事务一旦提交，这种交易是无法"悔改"的——即便发生故障，也不能把这 50 元"还"回去。

持久性通过恢复机制实现。

7.2.2 SQL Server 中的事务

对于显式事务,不同的数据库管理系统有不同的形式,一类是采用 ISO 制定的事务处理模型,另一类是采用 T-SQL 的事务。

ISO 制定的事务处理模型是明尾暗头,即事务开始是隐式的,而事务结束有明确的标记。T-SQL 使用的事务处理模型对每个事务都有显式的开始和结束标记。事务的开始标记是 BEGIN TRANSACTION(TRANSACTION 可简写为 TRAN),事务的结束标记有以下两个:

COMMIT [TRANSACTION | TRAN]: 正常结束
ROLLBACK [TRANSACTION | TRAN]: 异常结束

前面的转账例子用 T-SQL 事务处理模型可描述如下:

```
BEGIN TRANSACTION
    UPDATE 支付表 SET 账户总额 = 账户总额 - n
    WHERE 账户名 = 'A'
    UPDATE 支付表 SET 账户总额 = 账户总额 + n
    WHERE 账户名 = 'B'
COMMIT
```

例 7.14 创建一个事务,把学号为 S015 的学生的选修课程号 C003 改为 C001,选修课程号 C004 改为 C006,以上两个操作任意一个操作失败,事务回滚,查看事务执行结果。

代码如下:

```
BEGIN  TRANSACTION  t1_student
UPDATE  SC
SET  Cno = 'C001'
WHERE  Sno = 'S015'  AND  Cno = 'C003'
UPDATE  SC
SET Cno = 'C006'
WHERE  Sno = 'S015'  AND  Cno = 'C004'
IF  @@ERROR!= 0
    ROLLBACK  TRANSACTION
    ELSE
COMMIT  TRANSACTION  t_student
```

说明:"@@ERROR"返回执行的上一个 T-SQL 语句的错误号。如果前一个 T-SQL 语句执行没有错误,则返回 0。

7.3 数据库的恢复技术

7.3.1 数据库系统故障的概述

尽管数据库系统中采取了各种保护措施来防止数据库的安全性和完整性被破坏,保证并发事务的正确执行,但是计算机系统中硬件故障、软件错误、操作员的失误以及恶意的破坏仍不可避免,这些故障轻则造成运行事务非正常中断,影响数据库中数据的正确性,重则破坏数据库,使数据库中全部或部分数据丢失。因此数据库管理系统必须具有把数据库从错误状态恢复到某一已知的正确状态(也称为一致状态或完整状态)的功能,这就是数据库的恢复。恢复子系统是数据库管理系统的一个重要组成部分,而且还相当庞大,常常占整个系统代码的 10% 以上。数据库系统所采用的恢复技术是否行之有效,不仅对系统的可靠程度起着决定性作用,而且对系统的运行效率也有很大影响,是衡量系统性能优劣的重要指标。

数据库系统中可能发生各种各样的故障,大致故障可以分为以下 4 类。

1. 事务内部的故障

事务内部的故障有的可以通过事务程序本身发现(见下面转账事务的例子),有的是非预期的,不能由事务程序处理。

例如银行转账事务,这个事务把一笔金额从账户 A 转给账户 B,账户 A 中的余额不足,则应该不能进行转账,否则可以进行转账。这个对金额的判断就可以在事务的程序代码中进行。如果发现不能转账的情况,对事务进行回滚即可。这种事务内部的故障就是可以预期的。

但事务内部的故障有很多是非预期的,这样的故障就不能由应用程序来处理。如运算溢出或因并发事务死锁而被撤销的事务等。以后所讨论的事务故障均指这类非预期性的故障。

事务故障意味着事务没有达到预期的终点(COMMIT 和 ROLLBACK),因此,数据库可能处于不正确的状态。数据库的恢复机制要在不影响其他事务运行的情况下,强行撤销该事务中的全部操作,使得该事务就像没有发生过一样。

2. 系统故障

系统故障是指造成系统停止运转和重启的故障。例如,硬件错误(CPU 故障)、操作系统故障、突然停电等。这样的故障会影响正在运行的所有事务,但不会破坏数据库。这时内存中的内容全部丢失。如图 1.7.4 所示,这可能会有两种情况:第一种,一些未完成事务的结果可能已经送入物理数据库中,从而造成数据库可能处于不正确状态;第二种,有些已经

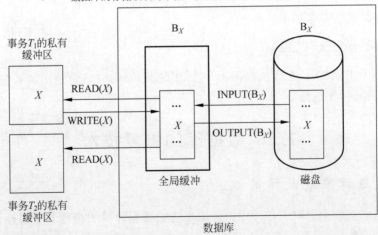

图 1.7.4 事务的读和写

提交的事务可能还有一部分结果还保留在全局缓冲区中,尚未写入到物理数据库中,这样系统故障会丢失这些事务对数据的修改,也使数据库处于不一致状态。

3. 介质故障

介质故障是因某种原因,磁盘上的数据部分或完全丢失。一般是相关的人为破坏或者硬件故障,例如,错误的格式化、磁盘坏道、机房失火等。这类故障比前两类故障发生的可能性小很多,但是破坏性最大。

介质故障的特征是磁盘上的数据丢失。对于介质故障的数据库恢复策略是根据其他地点(磁盘、磁带)上的数据备份,重建数据库。任何数据被破坏或发生错误后,都可以通过存储在其他地点的冗余数据重建该数据,恢复的原理简单,但是实现的技术细节却很复杂。

4. 计算机病毒

计算机病毒是一种人为的故障或破坏,是一些恶作剧者研制的一种计算机程序。这种程序与其他程序不同,它像微生物学所称的病毒一样可以繁殖和传播,并造成对计算机系统包括数据库的危害。

病毒的种类很多,不同病毒有不同的特征。小的病毒只有 20 条指令,不到 50B。大的病毒像一个操作系统,由上万条指令组成。

有的病毒传播很快,一旦侵入系统就马上摧毁系统;有的病毒有较长的潜伏期,计算机在感染后数天或数月才开始发病;有的病毒感染系统所有的程序和数据;有的只对某些特定的程序和数据感兴趣。多数病毒一开始并不摧毁整个计算机系统,它们只在数据库中或其他数据文件中将小数点向左或向右移一移,增加或删除一两个 0。

计算机病毒已经成为计算机系统的主要威胁,自然也是数据库系统的主要威胁。为此计算机的安全工作者已研制了许多预防病毒的"疫苗",检查、诊断、消灭计算机病毒的软件也在不断发展。但是,至今还没有一种可以使计算机"终生"免疫的"疫苗"。因此数据库一旦被破坏仍要用恢复技术将数据库恢复。

总结各类故障对数据库的影响,有两种可能性:一是数据库本身被破坏;二是数据库没有被破坏,但数据可能不正确,这是由于事务的运行被非正常终止而造成的。

恢复的原理十分简单。可以用一个词来概括——冗余。这就是说,数据库中任何一部分被破坏的或不正确的数据可以根据存储在系统别处的冗余数据来重建。尽管恢复的基本原理很简单但实现技术的细节却相当复杂。

7.3.2 数据库恢复技术

恢复机制涉及的两个关键问题是:第一,如何建立冗余数据;第二,如何利用这些冗余数据实时恢复数据库。

建立冗余数据最常用的技术是数据转储和登记日志文件。

1. 数据转储

数据转储是由 DBA 定期将数据库进行复制,得到后备副本并保存在另外的磁盘或磁带上的过程。

当数据库遭到破坏后可以将后备副本重新装入,但重装后备副本只能将数据库恢复到转储时的状态,要想恢复到故障发生前的状态,必须重新运行自转储以后的所有更新事务。例如,在图 1.7.5 中,系统在 T_a 时刻停止运行事务,进行数据库转储,在 T_b 时刻转储完毕,

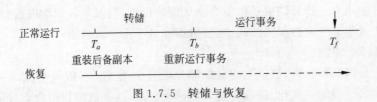

图 1.7.5　转储与恢复

得到 T_b 时刻的数据库一致性副本。系统运行到 T_f 时刻发生故障。为恢复数据库，首先由 DBA 重装数据库后备副本，将数据库恢复至 T_b 时刻的状态，然后重新运行自 $T_b \sim T_f$ 时刻的所有更新事务，这样就把数据库恢复到故障发生前的一致状态。

转储是十分耗费时间和资源的，不能频繁进行。DBA 应该根据数据库使用情况确定一个适当的转储周期。

转储可分为静态转储和动态转储。

(1) 静态转储是在系统中无运行事务时进行的转储操作。即转储操作开始的时刻，数据库处于一致性状态，而转储期间不允许（或不存在）对数据库进行任何存取、修改活动。显然，静态转储得到的一定是一个数据一致性的副本。

静态转储简单，但转储必须等待正运行的用户事务结束才能进行。同样，新的事务必须等待转储结束才能执行。显然，这会降低数据库的可用性。

动态转储是指转储期间允许对数据库进行存取或修改。即转储和用户事务可以并发执行。

(2) 动态转储可以克服静态转储的缺点，它不用等待正在运行的用户事务结束，也不会影响新事务的运行。但是，转储结束时后备副本上的数据并不能保证有效。例如，在转储期间的某个时刻 T_c，系统把数据 $A=100$ 转储到磁带上，而在下一时刻 T_d，某一事务将 A 改为 200。转储结束后，后备副本上的 A 已是过时的数据了。

为此，必须把转储期间各事务对数据库的修改活动登记下来，建立日志文件(Log File)。

这样，后备副本加上日志文件就能把数据库恢复到某一时刻的正确状态。

转储还可以分为海量转储和增量转储两种方式。海量转储是指每次转储全部数据库。增量转储则指每次转储上一次转储后更新过的数据。例如：某个数据库有 100MB 数据，自上次转储以来，有 1MB 的数据被修改过（添加、更新、删除），则海量转储和增量转储的数据量近似 100：1。从恢复角度看，一般来说，使用海量转储得到的后备副本进行恢复会更方便些。但如果数据库很大，事务处理又十分频繁，则增量转储方式更实用、更有效。

2. 登记日志文件(Logging)

(1) 日志文件的格式和内容。

日志文件是用来记录事务对数据库的更新操作的文件。不同数据库系统采用的日志文件格式并不完全一样。概括起来日志文件主要有两种格式：以记录为单位的日志文件和以数据块为单位的日志文件。

对于以记录为单位的日志文件，登记到日志文件的内容包括：

① 登记各个事务开始(BEGIN TRANSACTION)的日志记录。

② 登记各个事务结束(COMMIT 或 ROLLBACK)的日志记录。

③ 登记各个事务中修改操作对象的日志记录（每次修改对应一条记录）。

这里每个事务开始的标记、每个事务结束的标记和每个更新操作均为日志文件中的一个日志记录(Log Record)。

一条日志记录的数据结构(操作对象为记录)如下：

① 事务标识(哪个事务?)＝事务的编号

② 操作类型(哪种操作?)＝事务开始/事务结束/添加/删除/更新

③ 操作对象的标识(哪个操作对象?)＝记录的内部编号

说明：其中更新操作包括增加记录删改前的旧值(对插入操作而言,旧值为空),和修改后记录的新值(对删除操作而言,新值为空)。

例如,单个执行的事务 T_1,假设开始时 $A=1000$,$B=2000$。事务 T_1 的日志文件中日志记录的内容和过程如图 1.7.6 所示。

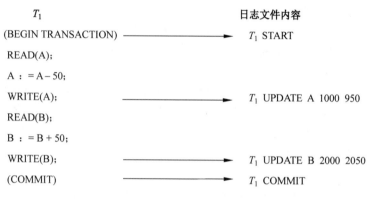

图 1.7.6　登记日志的内容和过程

(2) 日志文件的作用。

日志文件在数据库恢复中起着非常重要的作用。可以用来进行事务故障恢复和系统故障恢复,并协助后备副本进行介质故障恢复。日志文件的具体作用是：事务故障恢复和系统故障恢复必须用日志文件。

在动态转储方式中必须建立日志文件,后备副本和日志文件结合起来才能有效地恢复数据库。

在静态转储方式中,也可以建立日志文件。当数据库毁坏后可重新装入后备副本把数据库恢复到转储结束时刻的正确状态,然后利用日志文件,把已完成的事务进行重做处理,对故障发生时尚未完成的事务进行撤销处理。这样不必重新运行已完成的事务程序就可把数据库恢复到故障前某一时刻的正确状态,如图 1.7.7 所示。

(3) 登记日志文件。

为保证数据库是可恢复的,登记日志文件时必须遵循两条原则：

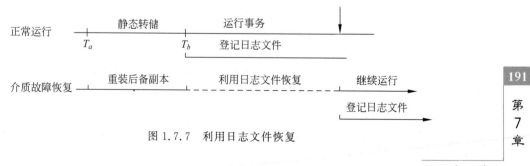

图 1.7.7　利用日志文件恢复

① 登记的次序严格按并发事务执行的时间次序；

② 必须先写日志文件，后写数据库。

把对数据的修改写到数据库中和把表示这个修改的日志记录写到日志文件中是两个不同的操作。有可能在这两个操作之间发生故障，即这两个写操作只完成了一个。如果先写了数据库修改，而在运行记录中没有登记这个修改，则以后就无法恢复这个修改了。如果先写日志，但没有修改数据库，按日志文件恢复时只不过是多执行一次不必要的 UNDO 操作，并不影响数据库的正确性。所以为了安全，一定要先写日志文件，即首先把日志记录写到日志文件中，然后写数据库的修改。这就是"先写日志文件"的原则。

7.3.3 恢复策略

当系统运行过程中发生故障，利用数据库后备副本和日志文件就可以将数据库恢复到故障前的某个一致性状态。不同故障恢复的策略和方法也不一样。

1. 事务故障的恢复

事务故障是指事务在运行至正常终点前被终止，这时恢复子系统应利用日志文件撤销（UNDO）此事务已对数据库进行的修改。事务故障的恢复由系统自动完成，对用户透明（不介入）。

事务故障的恢复过程（UNDO 该事务）步骤如下。

（1）反向扫描日志文件，查找该事务的全部修改记录。

（2）对每个修改记录撤销之：将记录中"修改前旧值"写入磁盘。即将日志记录中"更新前的值"写入数据库。这样，如果记录中是插入操作，则相当于做删除操作（因此"更新前的值"为空）；若记录中是删除操作，则做插入操作；若是修改操作，则相当于用修改前值代替修改后值。

（3）直至扫描到该事务的开始记录，事务故障恢复即告完成。

2. 系统故障的恢复

前面已讲过，系统故障造成数据库不一致状态有两个原因，第一个原因是一些未完成事务的结果可能已经送入物理数据库中，第二个原因是有些已经提交的事务可能还有一部分结果还保留在全局缓冲区中，没有来得及写入到物理数据库中。因此恢复操作就要撤销（UNDO）故障发生时未完成的事务，重做（REDO）已完成的事务。

系统故障由 DBMS 在重新启动后自动完成，不需要用户的干预。

系统故障恢复步骤如下。

（1）正向扫描日志文件，找到故障发生前已提交（有开始和 COMMIT 记录）的全部事务，把其事务标识放入重做队列；找到故障发生前尚未提交（有开始无 COMMIT 记录）的全部事务，将其事务标识记入撤销队列。

（2）UNDO 队列中的所有事务——反向扫描日志文件，对属于这些事务的修改记录，撤销之：写入"修改前旧值"到磁盘。

（3）REDO 队列中的所有事务——正向扫描日志文件，对属于这些事务的修改记录，重做之：写入"修改后新值"到磁盘。

3. 介质故障的恢复

发生介质故障后，磁盘上的物理数据和日志文件被破坏，这是最严重的一种故障，恢复方法是重装数据库,然后重做已完成的事务。介质故障的恢复一般由 DBA 来完成。DBA 只需要重装最近转储的数据库副本和有关的各日志文件副本,然后执行系统提供的恢复命令即可,具体的恢复操作仍由 DBMS 完成。

介质故障的恢复步骤如下。

(1) 装入最近一次转储的数据库副本,并使数据库恢复到最近一次转储时的状态(对于动态转储得到的副本,还需同时装入转储时的日志文件副本,通过 REDO＋UNDO 恢复到一致性状态)。

(2) 装入转储后到故障发生时的日志文件副本,REDO 那些已提交事务。即首先扫描日志文件,找出故障发生时已经提交的事务的标识,将其记入重做队列。然后正向扫描日志文件,对重做队列中的所有事务进行重做处理。即将日志记录中"更新后的值"写入数据库。

这样就可以将数据库恢复至故障前某一时刻的一致状态了。

7.3.4　具有检查点的恢复技术

利用日志技术进行数据库恢复时,恢复子系统必须搜索日志,确定哪些事务需要 REDO,哪些事务需要 UNDO。一般来说,需要检查所有日志记录。这样做具有两个问题:一是搜索整个日志将耗费大量时间。不断有新的事务开始——修改数据——结束,这些操作都要登记日志记录,导致日志文件不断加长。如不采取措施,这种增长是无限制的。例如,一个 10MB 的数据库,每天主要做更新操作,产生 1MB 的日志数据,100 天后,日志文件是数据库容量的 10 倍。二是有必要完整地扫描全部日志吗? 例如在恢复系统故障中,首先正向扫描全部日志文件以确定哪些事务已提交(需要 REDO),哪些事务未提交(需要 UNDO)。然后反向扫描进行 UNDO;正向扫描进行 REDO。对于大部分早已结束的事务,它们的修改已经写入磁盘,或者已经撤销了。REDO、UNDO 这些事务实际上就是再写入或者撤销一遍修改,虽然不会造成错误,但是浪费了时间。以上的两个问题会导致数据库性能低下。

为了解决这两个问题,发展了具有检查点的恢复技术。这种技术在日志文件中增加了一类新的记录——检查点(Checkpoint)记录,增加一个重新开始文件,并让恢复子系统在登录日志文件期间动态地维护日志。

把日志分为相对小得多的若干段,检查点可以作为这种段间的分隔。在进行恢复时,把扫描的范围尽量限制在最后的一两段内。检查点记录的内容包括以下两点:

(1) 建立检查点时刻所有正在执行的事务列表。

(2) 这些事务最近一个日志记录的地址。

重新开始文件用来记录各个检查点记录在日志文件中的地址。图 1.7.8 说明了建立检查点 C_i 对应的日志文件和重新开始文件。引入检查点后,日志文件的登记需要周期地建立检查点。此外,在事务开始、结束、修改数据时,仍和原来一样进行登记日志记录的操作。

动态维护日志文件的方法是,周期性地执行如下操作:建立检查点,保存数据库状态。具体步骤是:

(1) 将缓冲中的所有日志记录写入到磁盘(先写日志);

(2) 将缓冲中的所有修改写入到磁盘(后写数据);

(3) 在日志文件中写入一个检查点记录;

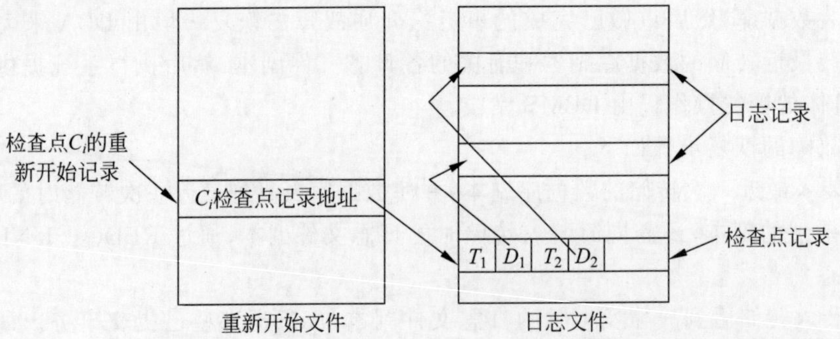

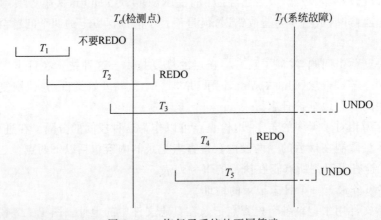

图 1.7.8　具有检查点的日志文件和重新开始文件

（4）把这个检查点记录在日志文件中的地址写入重新开始文件（检查点生效）。

恢复子系统可以定期或不定期地建立检查点保存数据库状态。检查点可以按照预定的一个时间间隔建立，如每隔一小时建立一个检查点；也可以按照某种规则建立检查点，如日志文件写满一半建立一个检查点。

使用检查点方法可以改善恢复效率。T 在一个检查点之前提交，T 对数据库所做的修改一定都已经写入到数据库，写入时间是在这个检查点建立之前或在这个检查点建立之时。这样，在进行恢复处理时，没有必要对事务 T 执行 REDO 操作。当事务 T 提交意味着全部修改已经写入数据库——要么写入了磁盘，要么仍在缓冲中。而之后建立检查点 cp，则缓冲中所有修改包括 T 的那些，全部写入磁盘。所以 cp 一旦成功建立，意味着 T 的全部修改已写入磁盘，也意味着 T 无必要 REDO（因为 REDO 是为了防止已提交事务修改未写入磁盘的错误）。系统出现故障时，恢复子系统将根据事务的不同状态采取不同的恢复策略，如图 1.7.9 所示。

图 1.7.9　恢复子系统的不同策略

T_1：在检查点之前提交。

T_2：在检查点之前开始执行，在检查点之后、故障点之前提交。

T_3：在检查点之前开始执行，在故障点时还未完成。

T_4：在检查点之后开始执行，在故障点之前提交。

T_5：在检查点之后开始执行，在故障点时还未完成。

T_3 和 T_5 在故障发生时还未完成，所以予以撤销；T_2 和 T_4 在检查点之后才提交，它们对数据库所做的修改在故障发生时可能还在缓冲区中,尚未写入数据库,所以要 REDO;T_1 在检查点之前已经提交,所以不必执行 REDO 操作。

系统使用检测点方法进行恢复的步骤是:

(1) 从重新开始文件中找到最后一个检查点记录在日志文件中的地址,由该地址在日志文件中找到最后一个检查点记录。

(2) 由该检查点记录得到检查点建立时刻所有正在执行的事务清单 ACTIVE-LIST。这里建立两个事务队列。

① UNDO-LIST:需要执行 UNDO 操作的事务集合。

② REDO-LIST:需要执行 REDO 操作的事务集合。

把 ACTIVE-LIST 暂时放入 UNDO-LIST 队列,REDO 队列暂为空。

(3) 从检查点开始正向扫描日志文件。

如有新开始的事务 T_i,把 T_i 暂时放入 UNDO-LIST 队列;如有提交的事务 T_j,把 T_j 从 UNDO-LIST 队列移到 REDO-LIST 队列;直到日志文件结束。

(4) 对 UNDO-LIST 中的每个事务执行 UNDO 操作,对 REDO-LIST 中的每个事务执行 REDO 操作。

7.3.5 数据库镜像

根据前面所述,介质故障是对系统影响最为严重的一种故障。系统出现介质故障后,用户应用全部中断,恢复起来比较费时。而且 DBA 必须周期性地转储数据库,这也加重了 DBA 的负担。如果不及时且正确地转储数据库,一旦发生介质故障,会造成较大的损失。

随着磁盘容量越来越大,价格越来越便宜,为避免磁盘介质出现故障影响数据库的可用性,许多数据库管理系统提供了数据库镜像(Mirror)功能用于数据库恢复。即根据 DBA 的要求,自动把整个数据库或其中的关键数据复制到另一个磁盘上。每当主数据库更新时,DBMS 自动把更新后的数据复制过去,即 DBMS 自动保证镜像数据与主数据库的一致性(如图 1.7.10(a)所示)。这样,一旦出现介质故障,可由镜像磁盘继续提供使用,同时 DBMS 自动利用镜像磁盘进行数据库的恢复,不需要关闭系统和重装数据库副本(如图 1.7.10(b)所示)。

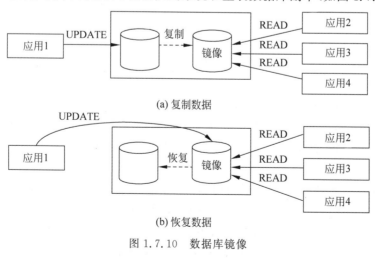

(a) 复制数据

(b) 恢复数据

图 1.7.10　数据库镜像

数据库的管理

在没有出现故障时,数据库镜像还可以用于并发操作,即当一个用户对数据加排他锁修改数据时,其他用户可以读镜像数据库上的数据,而不必等待该用户释放锁。

由于数据库镜像是通过复制数据实现的,频繁地复制数据自然会降低系统运行效率,因此在实际应用中用户往往只选择对关键数据和日志文件镜像,而不是对整个数据库进行镜像。

7.4 并 发 控 制

数据库是一个共享的资源,可以供多个用户使用。允许多个用户同时使用的数据库系统称为多用户数据库系统。例如飞机订票数据库系统、银行数据库系统等都是多用户数据库系统。在这样的系统中,在同一时刻并发运行的事务数可达数百个。

事务调度的类型可以分为串行调度和并发调度。

事务可以一个一个地串行执行,执行完一个事务才开始执行下一个事务,因此从时间顺序上看,同一事务的指令紧挨在一起。如图 1.7.11(a)所示。事务在执行过程中需要不同的资源,有时需要 CPU,有时需要存取数据库,有时需要 I/O,有时需要通信。

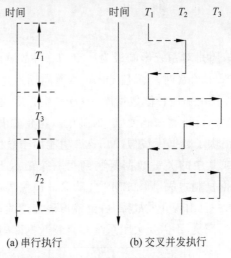

(a) 串行执行   (b) 交叉并发执行

图 1.7.11　事务的执行方式

如果事务串行执行,则许多系统资源将处于空闲状态。因此,为了充分利用系统资源发挥数据库共享资源的特点,应该允许多个事务并行地执行。

在单处理机系统中,并发调度是未执行完一个事务时,可转去执行另一个事务。因此从时间顺序上看,不同事务的指令彼此交叉。如图 1.7.11(b)所示。虽然单处理机系统中的并行事务并没有真正地并行运行,但是减少了处理机的空闲时间,提高了系统的效率。

在多处理机系统中,每个处理机可以运行一个事务,多个处理机可以同时运行多个事务,实现多个事务真正的并行运行。这种并行执行方式称为同时并发方式(Simultaneous Concurrency)。本节讨论的数据库系统并发控制技术是以单处理机系统为基础的,其中理论可以推广到多处理机的情况。并发调度相对串行调度的优点如下。

（1）不同事务的不同指令,涉及的系统资源也不同。同时执行这些指令,可以提高资源利用率和系统吞吐量。例如,事务 A 和事务 B,都由指令 1(要求 CPU 计算)和指令 2(要求 I/O)组成。CPU 和 I/O 设备是可以并行工作的,所以以并发执行事务 A 的指令 2 和事务 B 的指令 1 时,可以避免资源闲置和缩短总执行时间。

（2）系统中存在着周期不等的各种事务,串行调度导致短事务可能要等待长事务的完成。而采用并发调度,灵活决定事务的执行顺序,可以减少平均响应时间。

当多个用户并发地存取数据库时就会产生多个事务同时存取同一个数据的情况。若对并发操作不加控制就可能会存取和存储不正确的数据,破坏事务的一致性和数据库的一致性。所以数据库管理系统必须提供并发控制机制。并发控制机制是衡量一个数据库管理系统性能的重要标志之一。

7.4.1 并发操作的概述

前面已经讲到,事务是并发控制的基本单位,保证事务 ACID 特性是事务处理的重要任务,而事务 ACID 特性可能遭到破坏的原因之一是多个事务对数据库的并发操作造成的。为了保证事务的隔离性和一致性,DBMS 需要对并发操作进行正确调度。这些就是数据库管理系统中并发控制机制的责任。

下面先来对串行调度和并发调度作出比较,观察并发操作带来的数据不一致问题。

例 7.15 有事务 T_1 和事务 T_2。事务 T_1 是从 A 账户转 50 元到 B 账户,事务 T_2 是从 A 账户转 10％到 B 账户。A 的初值为 1000,B 的初值为 2000。根据事务的一致性要求 A 和 B 的总和要保持不变。分别串行和并发调度 T_1 和 T_2。

事务 T_1	事务 T_2
READ(A);	READ(A);
A := A−50;	temp＝A * 0.1;
WRITE(A);	A := A−temp;
READ(B);	WRITE(A);
B := B + 50;	READ(B);
WRITE(B);	B := B + temp;
	WRITE(B);

如图 1.7.12 所示,串行调度 T_1、T_2 的过程。

这里开始时 A＝1000,B＝2000;结束时 A＝855,B＝2145。事务开始时 A、B 的和(3000)与事务结束时 A、B 的和(3000)保持一致。

如图 1.7.13 所示,串行调度 T_2、T_1 的过程。

在图 1.7.13 中,开始时 A＝1000,B＝2000;结束时 A＝850,B＝2150。事务开始时 A、B 的和(3000)与事务结束时 A、B 的和(3000)保持一致。

从图 1.7.12 和图 1.7.13 的分析中可以得出,在保证单个事务一致性的情况下,串行调度多个事务时,不会破坏数据一致性。

显然如果事务串行执行,则许多系统资源将处于闲置的状态,因此应该允许多个事务并发执行。

接下来分析并发调度的情况。如图 1.7.14 所示是并发调度的第一种情况。

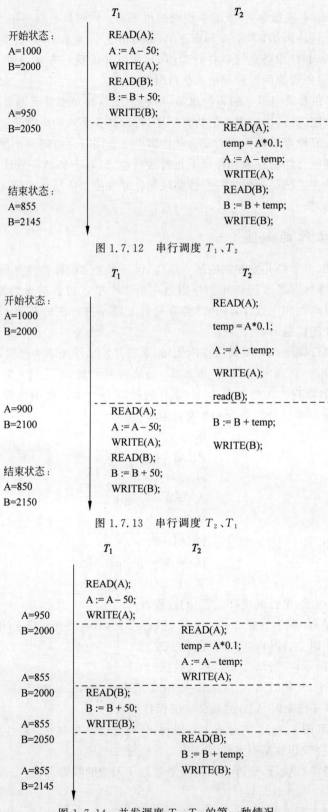

图 1.7.12 串行调度 T_1、T_2

图 1.7.13 串行调度 T_2、T_1

图 1.7.14 并发调度 T_1、T_2 的第一种情况

这个并发调度的结果是否保证了数据的一致性？显然这个并发调度保证了数据的一致性。这里开始时 A＝1000，B＝2000；结束时 A＝855，B＝2145。事务开始时 A、B 的和（3000）与事务结束时 A、B 的和（3000）保持一致。其并发调度的结果与图 1.7.12 所示的串行调度的结果一致。那么 T_1、T_2 读取的是否为对方修改过的数据？T_1 每次读取的数据都没有被 T_2 所修改过，可以说 T_1 没有看到 T_2 对数据的修改。而 T_2 每次读取的数据都被 T_1 所修改过，可以说 T_2 全部看到 T_1 对数据的修改。这样的操作满足了事务的隔离性。

图 1.7.15 所示并发调度失去了数据的一致性。其运行的最终结果，与任何一个串行调度的结果都不一样。

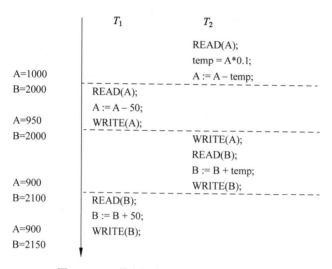

图 1.7.15　并发调度 T_1、T_2 的第二种情况

这里开始时 A＝1000，B＝2000；结束时 A＝900，B＝2150。事务开始时 A、B 的和（3000）与事务结束时 A、B 的和（3050）未能保持一致。其并发调度的结果与图 1.7.12、图 1.7.13 所示的串行调度的结果都不一致。那么 T_1、T_2 读取的是否为对方修改过的数据？T_1 读取了没有被 T_2 所修改过的数据 A，T_1 还读取了被 T_2 所修改过的数据 B。可以说 T_1 有时看到 T_2 对数据的修改，有时又没有看到 T_2 对数据的修改。这样的操作违背了事务的隔离性，从而导致失去了一致性。

错误的并发调度可能产生三种错误，又称为三类数据不一致性：

（1）丢失修改。

（2）不可重复读。

（3）读"脏"数据。

丢失修改产生的原因是：并发调度两个事务 T_1、T_2，当 T_1 与 T_2 从数据库中读入同一数据后分别修改。假设 T_1 先提交，而 T_2 后提交，则 T_2 提交的修改覆盖了 T_1 提交的修改，导致 T_1 的修改丢失。丢失修改的示例见图 1.7.16。

不可重复读的产生的原因是：当事务 T_1 读取某些数据（记录）后，事务 T_2 对这些数据（记录）作了某种修改操作，当 T_1 再次读取该数据（记录）时，得到的是与前一次不同的值。不可重复读的示例见图 1.7.17。

不可重复读又分为三种情况（后两种不可重复读有时也称为幻影现象）：

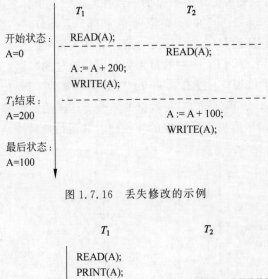

图 1.7.16 丢失修改的示例

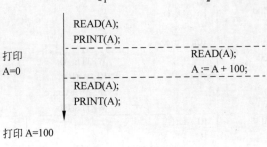

图 1.7.17 不可重复读示例

(1) 在事务 T_1 两次读取之间,另一事务 T_2 更新了记录。当 T_1 第二次读取时,得到与前一次不同的记录值。

(2) 在事务 T_1 两次读取之间,另一事务 T_2 删除了部分记录。当 T_1 第二次读取时,发现其中的某些记录神秘地消失了。

(3) 在事务 T_1 两次读取之间,另一事务 T_2 插入了一些记录。当 T_1 第二次按相同条件读取时,发现神秘地多了一些记录。

幻影现象的示例见图 1.7.18。

读"脏"数据的产生的原因是:事务 T_1 修改某一数据,并写入数据库,但尚未结束(提交);事务 T_2 读取同一数据,得到的是 T_1 修改后的新值;然而事务 T_1 由于某种原因被撤

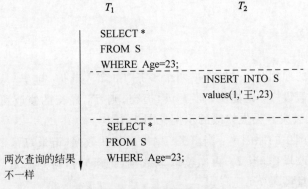

图 1.7.18 幻影现象示例

销,则数据库中的数据恢复为修改前的旧值,这样事务 T_2 读到的数据就与数据库最终的数据不一致,是不正确的数据,又称为"脏"数据——其他事务修改后但又被撤销的数据。

广义的"脏"数据指凡是另一事务修改过但是还没有提交的数据,对本事务来说都是"脏"的。读这种广义的"脏"数据是一件冒风险的事情:可能会正确——如果最后对方事务提交了这种修改;也可能会出错——如果像图 1.7.19 的例子一样,对方事务最后把这种修改撤销了。所以在严格要求正确性的场合,读"脏"数据是不允许的。

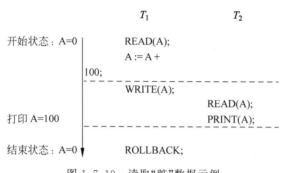

图 1.7.19　读取"脏"数据示例

事务调度分为串行调度和并发调度。尽管并发调度能够提高执行事务的效率,但并发调度事务时,如果不作控制,在未保证事务隔离性的情况下,就可能产生三类数据不一致性(错误):丢失修改、不可重复读、读"脏"数据,所以 DBMS 必须提供并发控制机制,来保证事务的并发调度是正确的,即保证隔离性/可串行化。

7.4.2　封锁

多个事务的并发执行是正确的,当且仅当其结果与按某一次序串行地执行这些事务时的结果相同,称这种调度策略为可串行化(Serializable)的调度。例如,图 1.7.14 就是一个可串行化的并发调度。可串行化是并发事务正确调度的准则。虽然以不同的顺序串行执行事务可能会产生不同的结果,但是不会将数据库置于不一致的状态,因此都是正确的。

按这个准则规定,一个给定的并发调度,当且仅当它是可串行化的,才认为是正确调度。并发控制的任务是:保证事务的并发调度是正确的(保证隔离性/可串行化——效果上等价于某个串行调度),最后不会破坏数据一致性。

封锁是实现并发控制的一个非常重要的技术。所谓封锁就是事务 T 在对某个数据对象如表、记录等操作之前,先向系统发出请求,对其加锁。加锁后事务 T 就对该数据对象有了一定的控制,在事务 T 释放它的锁之前,其他的事务不能对此数据对象进行某些操作。

封锁的基本类型有两种:排他锁(Exclusive Locks,简称 X 锁)和共享锁(Share Locks,简称 S 锁)。

X 锁,又称写锁,或排他锁。一个事务对数据对象 A 进行修改(写)操作前,给它加上 X 锁。加上 X 锁后,其他任何事务都不能再对 A 加任何类型的锁,直到 X 锁被 T 释放为止。

S 锁,又称读锁,或共享锁。一个事务对 A 进行读取操作前,给它加上 S 锁。加上 S 锁后,其他事务可以对 A 加更多的锁。当然,只能是另外一个 S 锁,而不能是 X 锁,直到 S 锁被 T 释放为止。

排他锁与共享锁的控制方式可以用表 1.7.2 的相容矩阵(Compatibility Matrix)来表示。

表 1.7.2　封锁类型的相容矩阵

T_1 \\ T_2	X	S	—
X	N	N	Y
S	N	Y	Y
—	Y	Y	Y

在表 1.7.2 的封锁类型相容矩阵中,最左边一列表示事务 T_1 已经获得的数据对象上的锁类型,其中横线表示没有加锁。最上面一行表示另一事务 T_2 对同一数据对象发出的封锁请求。T_2 的封锁请求能否被满足用矩阵中的 Y 和 N 表示,其中 Y 表示事务 T_2 的封锁要求与 T_1 已持有的锁相容,封锁请求可以满足。N 表示 T_2 的封锁请求与 T_1 已持有的锁冲突,T_2 的请求被拒绝。

封锁协议

事务对数据对象加锁时,还需遵循某些规则,包括是否(对读写操作)加锁;何时加锁,何时释放。我们称这些规则为封锁协议(Locking Protocol)。对封锁方式规定不同的规则,就形成了不同级别的封锁协议。不同级别的封锁协议所能达到的系统一致性级别是不同的。

1) 一级封锁协议

一级封锁协议的要求为若事务对数据对象 A 做的是修改操作时,必须首先对其加 X 锁(第一次 READ/WRITE 之前),且直到事务结束才能释放 X 锁(COMMIT 或 ROLLBACK后)。若事务对 A 做的是读取操作,则没有任何要求(加锁或者不加锁都可以)。

如图 1.7.20 所示,利用一级封锁协议解决丢失修改的问题。

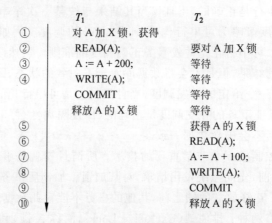

	T_1	T_2
①	对 A 加 X 锁, 获得	
②	READ(A);	要对 A 加 X 锁
③	A := A + 200;	等待
④	WRITE(A);	等待
	COMMIT	等待
	释放 A 的 X 锁	等待
⑤		获得 A 的 X 锁
⑥		READ(A);
⑦		A := A + 100;
⑧		WRITE(A);
⑨		COMMIT
⑩		释放 A 的 X 锁

图 1.7.20　没有丢失修改

因为两个事务无法"分别修改"同一个数据,所以一级封锁协议可解决丢失修改的问题。

2) 二级封锁协议

在一级封锁协议的基础上,若事务对数据对象 A 做读取操作,则读操作(READ)前要求对其加 S 锁,读操作后可在任意时刻释放 S 锁。

如图 1.7.21 所示,利用二级封锁协议除了可以解决丢失修改外,还能解决读取"脏"数据的问题。因为没有事务能够读取其他事务正在修改、还未提交的数据,所以利用二级封锁

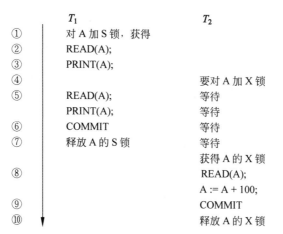

T_1 　　　　　　　　　T_2

① 　对 A 加 X 锁，获得
② 　READ(A);　　　　　　　　　要对 A 加 S 锁
③ 　A := A + 100;　　　　　　　等待
④ 　WRITE(A);　　　　　　　　　等待
　　ROLLBACK　　　　　　　　　 等待
　　释放 A 的 X 锁　　　　　　　 等待
⑤ 　　　　　　　　　　　　　　 获得 A 的 S 锁
⑥ 　　　　　　　　　　　　　　 READ(A);
⑦ 　　　　　　　　　　　　　　 释放 A 的 S 锁
⑧ 　　　　　　　　　　　　　　 PRINT(A);
⑨ 　　　　　　　　　　　　　　 COMMIT

图 1.7.21　没有读"脏"数据

协议可解决读"脏"数据的问题。

3）三级封锁协议

在一级封锁协议的基础上，若事务对 A 做的是读取操作，则要求首先对其加 S 锁（第一次 READ 之前），且直到事务结束才能释放 S 锁（COMMIT 或 ROLLBACK 后）。

如图 1.7.22 所示为利用三级封锁协议解决丢失修改、读"脏数据"、不可重复读的问题。

T_1 　　　　　　　　　T_2

① 　对 A 加 S 锁，获得
② 　READ(A);
③ 　PRINT(A);
④ 　　　　　　　　　　　　　　 要对 A 加 X 锁
⑤ 　READ(A);　　　　　　　　　 等待
　　PRINT(A);　　　　　　　　　 等待
⑥ 　COMMIT　　　　　　　　　　 等待
⑦ 　释放 A 的 S 锁　　　　　　　 等待
　　　　　　　　　　　　　　　　 获得 A 的 X 锁
⑧ 　　　　　　　　　　　　　　 READ(A);
　　　　　　　　　　　　　　　　 A := A + 100;
⑨ 　　　　　　　　　　　　　　 COMMIT
⑩ 　　　　　　　　　　　　　　 释放 A 的 X 锁

图 1.7.22　可重复读

因为没有事务能够修改其他事务正在读取的数据，所以三级封锁协议可解决不可重复读的问题。

三个级别封锁协议的主要区别在于哪些操作需要申请封锁，以及何时释放锁。三个级别的封锁协议的总结如表 1.7.3 所示。

表 1.7.3　不同级别的封锁协议

封锁协议	X锁（对写数据）	S锁（对只读数据）	不丢失修改（写）	不读"脏"数据（读）	可重复读（读）
一级	事务全程加锁	不用加锁	√		
二级	事务全程加锁	读前加锁，读完后即可释放	√	√	
三级	事务全程加锁	事务全程加锁	√	√	√

并发控制的目标,是通过保证事务隔离性,来保证事务并发调度是正确的。理想情况下,事务是完全隔离的,不会发生任何错误,包括丢失修改、读"脏"数据、不可重复读、幻影等。

但是要达到完全没有错误的目标,会增加开销——使用更高级的封锁协议、加更多的锁,并且降低了并发度——事务加的锁越多,阻碍其他事务的可能性就越大。所以在实际的数据库系统中,会允许用户适当降低隔离性的等级,允许出现某些可容忍的错误,来换得性能的提升。

7.4.3 活锁与死锁

和操作系统一样,并发控制的封锁方法可能会引起死锁和活锁。

1) 死锁

如果事务 T_1 封锁了数据 R_1,T_2 封锁了数据 R_2,然后 T_1 又请求封锁 R_2,由于 T_2 已经封锁了 R_2,因此 T_1 等待 T_2 释放 R_2 上的锁。然后 T_2 又请求封锁 R_1,由于 T_1 已经封锁了 R_1,因此 T_2 也只能等待 T_1 释放 R_1 上的锁。这样就会出现 T_1 等待 T_2 先释放 R_2 上的锁,而 T_2 又等待 T_1 先释放 R_1 上的锁的局面,此时 T_1 和 T_2 都在等待对方先释放锁,因此形成死锁,如图 1.7.23 所示。

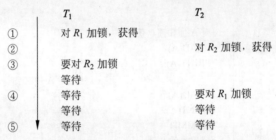

图 1.7.23　死锁示意图

2) 死锁的预防

在数据库中,产生死锁的原因是两个或多个事务都已封锁了一些数据对象,然后又都请求对已被其他事务封锁的数据对象加锁,从而出现死锁。防止死锁的发生其实就是要破坏产生死锁的条件。预防死锁通常有以下两种方法。

(1) 一次封锁法。每个事务一次将所有要使用的数据全部加锁,否则就不能继续执行。例如,对于如图 1.7.23 所示的死锁例子,如果事务 T_1 将数据对象 R_1 和 R_2 一次全部加锁,则 T_2 在加锁时就只能等待,这样就不会造成 T_1 等待 T_2 释放锁的情况,从而也就不会产生死锁。

一次封锁法的问题是封锁范围过大,降低了系统的并发性。而且,由于数据库中的数据不断变化,使原来可以不加锁的数据,在执行过程中可能变成了被封锁对象,进一步扩大了封锁范围,从而更进一步降低了并发性。

(2) 顺序封锁法。预先对数据对象规定一个封锁顺序,所有事务都按这个顺序封锁。这种方法的问题是若封锁对象很多,则它们随着插入、删除等操作会不断变化,使维护这些资源的封锁顺序很困难,另外事务的封锁请求可随事务的执行而动态变化,因此很难事先确定每个事务的封锁数据及其封锁顺序。

可见,用一次封锁法和顺序封锁法可以预防死锁,但是不能从根本上消除死锁,因此DBMS在解决死锁的问题上还要有诊断并解除死锁的方法。

3)死锁的诊断与解除

数据库管理系统中诊断死锁的方法与操作系统类似,一般使用超时法和事务等待图法。

(1)超时法。如果一个事务的等待时间超过了规定的时限,则认为发生了死锁。超时法的优点是实现起来比较简单,但不足之处也很明显。一是可能产生误判的情况。比如,如果事务因某些原因造成等待时间比较长,超过了规定的等待时限,则系统会误认为发生了死锁。二是若时限设置得比较长,则不能对发生的死锁进行及时处理。

(2)等待图法。事务等待图是一个有向图 $G=(T,U)$。T 为节点的集合,每个节点表示正在运行的事务;U 为边的集合,每条边表示事务等待的情况。若 T_1 等待 T_2,则 T_1 和 T_2 之间画一条有向边,从 T_1 指向 T_2。事务等待图动态地反映了所有事务的等待情况。并发控制子系统周期性地(如每隔 1min)检测事务等待图,如果发现图中存在回路,则表示系统中出现了死锁,如图 1.7.24 所示。

DBMS 的并发控制子系统一旦检测到系统中存在死锁,就要设法解除。通常采用的方法是选择一个处理死锁代价最小的事务,将其撤销,释放此事务持有的所有的锁,使其他事务得以继续运行下去。当然,对撤销的事务所执行的数据修改操作必须加以恢复。

图 1.7.24(a)表示事务 T_1 等待 T_2,T_2 等待 T_1,因此产生了死锁。图 1.7.24(b)表示事务 T_1 等待 T_2,T_2 等待 T_3,T_3 等待 T_4,T_4 又等待 T_1,因此也产生了死锁。

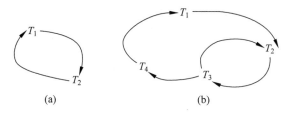

图 1.7.24　事务等待图

4)活锁

如果事务 T_1 封锁了数据 R,事务 T_2 也请求封锁 R,则 T_2 等待数据 R 上的锁的释放。这时又有 T_3 请求封锁数据 R,也进入等待状态。当 T_1 释放了数据 R 上的封锁之后,若系统首先批准了 T_3 对数据 R 的请求,则 T_2 继续等待。然后又有 T_4 请求封锁数据 R。若 T_3 释放了 R 上的锁之后,系统又批准了 T_4 对数据 R 的请求……则 T_2 可能永远在等待,这就是活锁的情形,如图 1.7.25 所示。

避免活锁的简单方法是采用"先来先服务"的策略。当多个事务请求封锁同一数据对象时,数据库管理系统按"先请求先满足"的事务排队策略,当数据对象上的锁被释放后,让事务队列中的第一个事务获得锁。

7.4.4　两段锁协议

根据前面分析,多个事务串行执行时,其结果一定是正确的。在并发调度中,只有当并发调度的结果跟某一次序串行调度的结果相同,它才是一个正确的调度,我们称该并发调度为可串行化调度。在实际情况中,我们又怎样来判断它是否是一个可串行化调度呢?下面

顺序	事务 T_1	事务 T_2	事务 T_3	事务 T_4
①	LOCK R			
②		LOCK R		
③		等待	LOCK R	
④	UNLOCK	等待	等待	LOCK R
⑤		等待	LOCK R	等待
⑥		等待		等待
⑦		等待	UNLOCK	等待
⑧		等待		LOCK R
⑨		等待		

图 1.7.25　活锁示意图

给出可串行化调度的两个充分条件。

1. 冲突可串行化调度

具有什么样性质的调度是可串行化调度呢？如何判断调度是可串行化调度呢？现给出判断可串行化调度的充分条件。

首先介绍冲突操作的概念。

冲突操作是指不同的事务对同一个数据的读写操作和写写操作：

$$R_i(x) 与 W_j(x) \qquad /* 事务 T_i 读 x, T_j 写 x */$$
$$W_i(x) 与 W_j(x) \qquad /* 事务 T_i 写 x, T_j 写 x */$$

其他操作是不冲突操作。

不同事务的冲突操作和同一个事务的两个操作是不能交换（Swap）的。对于 $R_i(x)$ 与 $W_j(x)$，若改变二者的次序，则事务 T_i 看到的数据库状态就发生了改变，自然会影响到事务 T_i 后面的行为。对于 $W_i(x)$ 与 $W_j(x)$，改变二者的次序，会影响数据库的状态，x 的值由等于 T_j 的结果变成了等于 T_i 的结果。

一个调度 Sc 在保证冲突操作的次序不改变的情况下，通过交换两个事务不冲突的操作的次序得到另一个调度 Sc′，如果 Sc′ 是串行的，称调度 Sc 为冲突可串行化的调度。一个调度是冲突可串行化，一定是可串行化的调度。因此可以用这种方法来判断一个调度是否是冲突可串行化的。

例 7.16　今有调度 $Sc_1 = r_1(A)w_1(A)r_2(A)w_2(A)r_1(B)w_1(B)r_2(B)w_2(B)$

可以把 $w_2(A)$ 与 $r_1(B)w_1(B)$ 交换，得到：

$$r_1(A)w_1(A)r_2(A)r_1(B)w_1(B)w_2(A)r_2(B)w_2(B)$$

再把 $r_2(A)$ 与 $r_1(B)w_1(B)$ 交换：

$$Sc_2 = r_1(A)w_1(A)r_1(B)w_1(B)r_2(A)w_2(A)r_2(B)w_2(B)$$

Sc_2 等价于一个串行调度 T_1、T_2。所以 Sc_1 是冲突可串行化的调度。

应该指出的是冲突可串行化调度是可串行化调度的充分条件，不是必要条件。还有不满足冲突串行化条件的可串行化调度。

例 7.17　有三个事务 $T_1 = W_1(Y)W_1(X)$，$T_2 = W_2(Y)W_2(X)$，$T_3 = W_3(X)$

调度 $L_1 = W_1(Y)W_1(X)W_2(Y)W_2(X)W_3(X)$ 是一个串行调度。

调度 $L_2 = W_1(Y)W_2(Y)W_2(X)W_1(X)W_3(X)$ 不满足冲突可串行化。但是调度 L_2 是串行化的,因为 L_2 执行的结果与调度 L_1 相同,Y 的值等于 T_2 的值,X 的值都等于 T_3 的值。

前面已经讲到,商用 DBMS 的并发控制一般采用封锁的方法来实现,那么如何使封锁机制能够产生可串行化调度呢?下面介绍的两段锁协议就可以实现可串行化调度。

2. 两段锁协议

为了保证并发调度的正确性,DBMS 的并发控制机制必须提供一定的手段来保证调度是可串行化的。目前 DBMS 普遍采用两段锁协议(Two-Phase Locking,2PL)来实现并发调度的可串行化,从而保证调度的正确性。

两段锁协议(也称为两阶段锁协议)是指所有事务必须分两个阶段对数据项加锁和解锁。两段锁协议要求,在对任何数据进行读写之前,事务首先要获得对该数据的 S 或 X 封锁,释放封锁后不能再读、写该数据。在释放第一个封锁之后,事务不再获得任何其他封锁,即事务分为如下两个阶段,如图 1.7.26 所示。

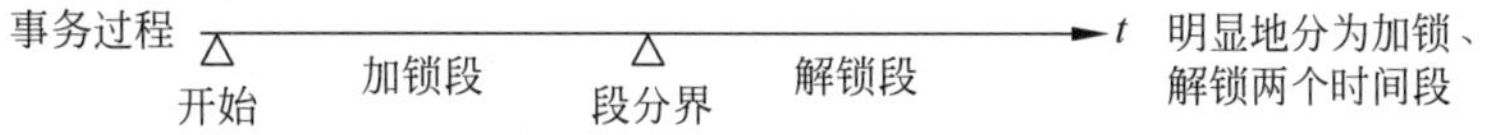

图 1.7.26　两段锁协议示意图

(1) 生长阶段(也称为扩展阶段):在这个阶段事务获得所有需要的封锁,并且不释放任何封锁。

(2) 收缩阶段:在这个阶段事务释放全部的锁,并且也不能再获得任何新锁。

首次释放掉一个封锁后,即由生长阶段转入收缩阶段。

若所有事务均遵从两段锁协议,则对这些事务的并发调度一定是可串行化的。反过来,在一个可串行化调度中,不一定所有事务都遵从两段锁协议。因此,所有事务都遵从两段锁协议,是可串行化调度的充分而不是必要条件。

可以证明,若并发执行的所有事务都遵守两段锁协议,则这些事务的任何并发调度策略都是可串行化的。但若并发事务的某个调度是可串行化的,并不意味着这些事务都遵守两段锁协议,如图 1.7.27 所示。在图 1.7.27 中,(a)是遵守两段锁协议,(b)是没有遵守两段锁协议,但它们都是可串行化调度的。

7.4.5　封锁的粒度

封锁对象的大小称为封锁粒度(Granularity)。封锁对象可以是逻辑单元,也可以是物理单元。以关系数据库为例,封锁对象可以是属性值、属性值的集合、元组、关系、索引项、整个索引直至整个数据库等逻辑单元,也可以是页(数据页或索引页)、块等物理单元。

封锁粒度与系统的并发度和并发控制的开销密切相关。封锁的粒度越大,数据库所能够封锁的数据单元就越少,并发度就越小,系统开销也越小;反之,封锁的粒度越小,并发度越高,但系统开销也就越大。

例如,若封锁对象是数据页,事务 T_1 需要修改元组 L_1,则 T_1 必须对包含 L_1 的整个数据页 A 加锁。如果 T_1 对 A 加锁后事务 T_2 要修改 A 中元组 L_2,则 T_2 被迫等待,直到 T_1 释放 A。如果封锁对象是元组,则 T_1 和 T_2 可以同时对 L_1 和 L_2 加锁,不需要互相等待,提高了系统的并行度。又如,事务 T 需要读取整个表,封锁对象是元组,T 必须对表中的

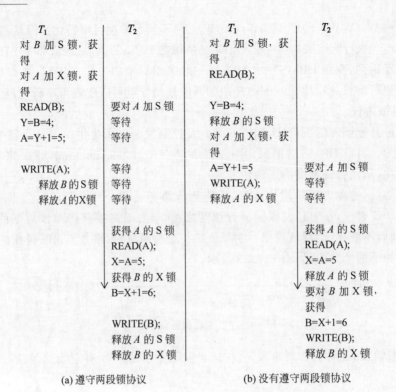

(a) 遵守两段锁协议　　　　　　(b) 没有遵守两段锁协议

图 1.7.27　可串行化示意图

每一个元组加锁,显然开销极大。

因此,在一个系统中同时支持多种封锁粒度供不同的事务选择是比较理想的,这种封锁方法称为多粒度封锁(Multiple Granularity Locking)。选择封锁粒度时应该同时考虑封锁开销和并发度两个因素,适当选择封锁粒度以求得最优的效果。一般来说,需要处理大量元组的事务可以以关系为封锁粒度;需要处理多个关系的大量元组的事务可以以数据库为封锁粒度;而对于一个处理少量元组的用户事务,以元组为封锁粒度就比较合适了。

1．多粒度封锁

下面讨论多粒度封锁。首先定义多粒度树。多粒度树的根节点是整个数据库,表示最大的数据粒度,而叶节点表示最小的数据粒度。图 1.7.28 给出了一个三级粒度树。根节点为数据库,数据库的子节点为关系,关系的子节点为元组。

下面讨论多粒度封锁的封锁协议。多粒度封锁协议允许多粒度树中的每个节点被独立地加锁。对一个节点加锁意味着这个节点的所有后裔节点也被加以同样类型的锁。因此,在多粒度封锁中,一个数据对象可能以两种方式封锁——显式封锁和隐式封锁。

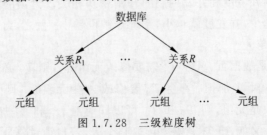

图 1.7.28　三级粒度树

显式封锁是应事务的要求直接加到数据对象上的封锁；隐式封锁是该数据对象没有独立加锁，是由于其上级节点加锁而使该数据对象加上了锁。

在多粒度封锁方法中，显式封锁和隐式封锁的效果是一样的，因此系统检查封锁冲突时不仅要检查显式封锁，还要检查隐式封锁。例如事务 T 要对关系 R_1 加 X 锁，系统必须搜索其上级节点的数据库的关系 R_1 以及 R_1 中的每一个元组，如果其中某一个数据对象已经加了不相容锁，则 T 必须等待。

一般地，对某个数据对象加锁，系统不仅要检查该数据对象上有无显式封锁与之冲突，还要检查其所有上级节点，看本事务的显式封锁是否与该数据对象上的隐式封锁（即由于上级节点已加的封锁造成的）冲突；此外，还要检查其所有下级节点，看上面的显式封锁是否与本事务的隐式封锁（将加到下级节点的封锁）冲突。显然，这样的检查方法效率很低。为此，人们引进了一种新型锁，称为意向锁(Intention Lock)。

2. 意向锁

意向锁的含义是如果对一个节点加意向锁，则对该节点的下层节点也要加锁；对任意一个节点加锁时，必须先对它的上层节点加意向锁。

例如，对任意一个元组加锁时，必须先对它所在的关系加意向锁。

于是，事务 T 要对关系 R_1 加 X 锁时，系统只要检查根节点数据库和关系 R_1 是否已加了不相容的锁，而不再需要搜索和检查 R_1 中的每一个元组是否加了锁。

下面介绍三种常用的意向锁：意向共享锁(Intention Share Lock，简称 IS 锁)；意向排他锁(Intention eXclusive Lock，简称 IX 锁)；共享意向排他锁(Share Intention eXclusive Lock，简称 SIX 锁)。

(1) IS 锁。如果对一个数据对象加 IS 锁，表示它的后裔节点拟(意向)加 S 锁。例如，要对某个元组加 S 锁，则要首先对关系和数据库加 IS 锁。

(2) IX 锁。如果对一个数据对象加 IX 锁，表示它的后裔节点拟(意向)加 X 锁。例如，要对某个元组加 X 锁，则要首先对关系和数据库加 IX 锁。

(3) SIX 锁。如果对一个数据对象加 SIX 锁，表示对它加 S 锁，再加 IX 锁，即 SIX＝S＋IX。例如对某个表加 SIX 锁，则表示该事务要读整个表(所以要对该表加 S 锁)，同时会更新个别元组(所以要对该表加 IX 锁)。

图 1.7.29(a)给出了这些锁的相容矩阵，从中可以发现这 5 种锁的强度的偏序关系，如图 1.7.29(b)所示。所谓锁的强度是指它对其他锁的排斥程度。一个事务在申请封锁时以强锁代替弱锁是安全的，反之则不然。

T_1 \ T_2	S	X	IS	IX	SIX	—
S	Y	N	Y	N	N	Y
X	N	N	N	N	N	Y
IS	Y	N	Y	Y	Y	Y
IX	N	N	Y	Y	N	Y
SIX	N	N	Y	N	N	Y
—	Y	Y	Y	Y	Y	Y

Y=Yes，表示相容的请求；N=No，表示不相容的请求

(a) 数据锁的相容矩阵

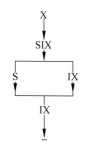

(b) 锁的强度的偏序关系

图 1.7.29　锁的相容矩阵和强度的偏序关系

在多粒度封锁方法中,任意事务 T 要对一个数据对象加锁,必须先对它的上层节点加意向锁。申请封锁时应该按自上而下的次序进行,释放封锁时则应该按自下而上的次序进行。

具有意向锁的多粒度封锁方法提高了系统的并发度,减少了加锁和解锁的开销,它已经在实际的数据库管理系统产品中得到广泛应用。

7.5 复习思考

7.5.1 小结

计算机网络技术的发展,使数据的共享性日益加强,数据的安全性问题也日益突出。DBMS 作为数据库系统的数据管理核心,自身必须具有一套完整而有效的安全性机制。实现数据库安全的技术和方法有多种,其中最重要的是存取控制技术。

数据库的重要特征是它能为多个用户提供数据共享。数据库管理系统允许共享的用户数目是数据库管理系统的重要标志之一。数据库管理系统必须提供并发控制机制来协调并发用户的并发操作以保证并发事务的隔离性,保证数据库的一致性。

数据库的并发控制以事务为单位,通常使用封锁技术实现并发控制。本章介绍了事务、并发控制等概念。事务在数据库中是非常重要的概念,它是保证数据并发控制的基础。事务的特点是,事务中的操作作为一个完整的工作单元,这些操作,或者全部成功,或者全部不成功。并发控制指当同时执行多个事务时,为了保证一个事务的执行不受其他事务的干扰所采取的措施。并发控制的主要方法是加锁,根据对数据操作的不同,锁分为共享锁和排他锁两种。为了保证并发执行的事务是正确的,一般要求事务遵守两段锁协议,即在一个事务中明显地分为锁申请期和释放期,它是保证事务是可并发执行的充分条件。

不同的数据库管理系统提供的封锁类型、封锁协议、达到的系统一致性级别不尽相同,但是其依据的基本原理和技术是共同的。

故障发生后,利用数据库备份进行还原,在还原的基础上利用日志文件进行恢复,重新建立一个完整的数据库,然后继续运行。恢复的基础是数据库的备份和还原以及日志文件,只有有了完整的数据库备份和日志文件,才能有完整的恢复。

7.5.2 习题

一、选择题

1. 以下(   )不属于实现数据库系统安全性的主要技术和方法。
    A. 存取控制技术　　　　　　　　　　B. 视图技术
    C. 审计技术　　　　　　　　　　　　D. 出入机房登记和加防盗门
2. SQL 中的视图机制提高了数据库系统的(   )。
    A. 完整性　　　　　　　　　　　　　B. 并发控制
    C. 隔离性　　　　　　　　　　　　　D. 安全性
3. SQL 语言的 GRANT 和 REMOVE 语句主要是用来维护数据库的(   )。
    A. 完整性　　　B. 可靠性　　　C. 安全性　　　D. 一致性

4. 在数据库的安全性控制中,授权的数据对象的(　　　),授权子系统就越灵活。

    A. 范围越小 　　　　　　　　　　　　　B. 约束越细致

    C. 范围越大 　　　　　　　　　　　　　D. 约束范围越大

5. 事务 T 在修改数据 R 之前必须先对其加 X 锁,直到事务结束才释放,这是(　　　)。

    A. 一级封锁协议 　　　　　　　　　　　B. 二级封锁协议

    C. 三级封锁协议 　　　　　　　　　　　D. 零级封锁协议

6. 下面哪一个不是事务具有的特性(　　　)。

    A. 原子性 　　　　　B. 一致性 　　　　　C. 完整性 　　　　　　D. 持久性

7. 若事务 T 对数据 R 已加 X 锁,则其他事务对数据(　　　)。

    A. 可以加 S 锁不能加 X 锁 　　　　　　B. 不能加 S 锁可以加 X 锁

    C. 可以加 S 锁也可以加 X 锁 　　　　　D. 不能加任何锁

8. 以下(　　　)封锁违反两段锁协议。

    A. SLOCK A…SLOCK B…XLOCK C…UNLOCK A…UNLOCK B…UNLOCK C

    B. SLOCK A…SLOCK B…XLOCK C…UNLOCK C…UNLOCK B…UNLOCK A

    C. SLOCK A…SLOCK B…XLOCK C…UNLOCK B…UNLOCK C…UNLOCK A

    D. SLOCK A…UNLOCK A…SLOCK B…XLOCK C…UNLOCK B…UNLOCK C

9. 下面不属于实现安全性措施的是(　　　)。

    A. 授权规则 　　　　B. 数据加密 　　　　C. 视图机制 　　　　　D. 日志文件

10. 数据库中的封锁机制是(　　　)的主要方法。

    A. 完整性 　　　　　B. 安全性 　　　　　C. 并发控制 　　　　　D. 恢复

11. 在数据库技术中,未提交的随后又被撤销的数据称为(　　　)。

    A. 错误数据 　　　B. 冗余数据 　　　　C. 过期数据 　　　　　D. "脏"数据

二、判断题

1. 符合二级封锁协议的事务必定符合两段锁协议。　　　　　　　　　　　　(　　　)

2. 数据转储和登记日志文件是数据库恢复的基本技术。　　　　　　　　　　(　　　)

3. 在并发控制中,事务遵守两段锁协议是可串行化调度的充要条件。　　　　(　　　)

4. 死锁属于系统故障。发生故障的事务和系统都停止运行。　　　　　　　　(　　　)

5. 如果事务 T 获得了数据项 Q 上的排他锁,则 T 对 Q 只能写不能读。　　　(　　　)

6. 遵守三级封锁协议能解决读取"脏"数据的问题,也能解决不可重复读的问题。

                                                                   (　　　)

三、简答题

1. 简述数据库的完整性概念与数据库的安全性概念有什么区别和联系。

2. SQL 语言中提供了哪些数据控制(自主存取控制)的语句?请试举几例说明它们的使用方法。

3. 现有两个关系模式:

职工(职工号,姓名,年龄,职务,工资部门号)

部门(部门号,名称,经理名,地址,电话号)

请用 SQL 的 GRANT 和 REVOKE 语句(加上视图机制)完成以下授权定义或存取控制功能。

数据库的管理

(1) 用户王明对两个表有 SELECT 权力。

(2) 用户李勇对两个表有 INSERT 和 DELETE 权力。

(3) 每个职工只对自己的记录有 SELECT 权力。

(4) 用户刘星对职工表有 SELECT 权力,对工资字段具有更新权力。

(5) 用户张新具有修改这两个表的结构的权力。

(6) 用户周平具有对两个表的所有权力(读、插、改、删数据),并具有给其他用户授权的权力。

(7) 用户杨兰具有从每个部门职工中 SELECT 最高工资、最低工资、平均工资的权力,她不能查看每个人的工资。

(8) 撤销题(7)中杨兰查看部门职工工资的权力。

四、阅读以下 SQL 语句,并回答这段代码实现的功能。

设有学生选课数据库:学生(学号,姓名,性别,系号);课程(课号,课名,学时);选课(学号,课号,成绩)

```
CREATE   PROCEDURE  proc1
@var1   CHAR(10) ,@var2   CHAR(10), @var3   INT
AS
BEGIN   TRANSACTION  tran1
INSERT   INTO   选课 VALUES  (@var1, @var2, @var3);
IF  NOT  EXISTS  (SELECT *   FROM 学生 WHERE 学号 = @var1)
    ROLLBACK   TRANSACTION  tran1
ELSE
COMMIT   TRANSACTION  tran1
GO;
```

第8章 Transact-SQL 程序设计与开发

结构化查询语言(Structured Query Language,SQL)自出现以来,因其功能丰富,面向集合的操作、使用方式灵活、语言简洁易学等特点,受到广大用户和数据库厂商的青睐,已成为关系数据库管理系统的主流查询语言。微软公司在 SQL 语言的基础上对其进行了大幅度的扩充,并将其应用于 SQL Server 服务器技术中,从而将 SQL Server 所采用的 SQL 语言称为 Transact-SQL(T-SQL)语言。本章主要介绍 T-SQL 程序设计基础、流程控制、游标、存储过程、函数和触发器等知识。通过本章的学习,读者应该掌握 T-SQL 编程的基础知识、基本语句;理解游标、存储过程、函数和触发器的基本原理;能够熟练应用游标、存储过程、函数和触发器。

本章导读

- T-SQL 程序基础
- 流程控制语句
- 游标
- 存储过程
- 用户定义函数
- 触发器

8.1 T-SQL 程序基础

SQL 语言是在关系型数据库系统中被广泛采用的一种语言形式,是关系型数据库领域中的标准化查询语言。SQL 语言不同于 C、C++、Java 等程序设计语言,它只是数据库能识别的指令。例如,在 Java 程序中要得到 SQL Server 数据库表中的记录,可以编写 SQL 查询语句,然后发送到数据库中。数据库根据查询 SQL 语句进行查询,再把查询结果返回给 Java 程序。

8.1.1 常量

常量(Constant),又称标量,在程序运行中值保持不变,用于表示程序中固定不变的数据。常量的格式取决于它所表示的数据类型,不同的数据类型对应的常量格式不尽相同。在 T-SQL 中,常量分为多种类型。

1. 字符串常量

字符串常量由字母(a~z、A~Z)、数字字符(0~9)以及特殊字符(如"!""@"和"#")组成并包含在单引号中,如下所示:

```
'This is a string'
'56789'
'#abcd12'
```

如果字符串本身包含单引号,应该用连续的两个单引号来表示字符串中的该单引号本身。如字符串"Jerry's book",在 T-SQL 中应该表示为如下形式:

```
'Jerry's book'
```

2. 二进制常量

二进制是以 0x 开头后面紧接十六进制数字表示的值,与字符串常量不同,二进制常量不需要包含在引号中,如 0xCF、0x10A 都是二进制常量。需要注意的是,单独的 0x 表示空二进制常量。

3. Bit 常量

Bit 常量用 0 或 1 表示,和二进制常量相同,它不需要包含在引号中,如果一个大于 1 的数表示 Bit 常量,它会自动转换成 1。

4. 日期时间(Datatime)常量

SQL Server 提供了专门的日期时间类型用于标配日期和时间,该类型可以识别多种日期时间格式。日期时间常量需要用成对单引号包含起来,如下所示的日期时间常量:

```
'20191231'
'19:50:10 PM'
'2020-01-10 19:50:10'
'20191231 10:20:40'
```

5. 整数常量

整数常量用一串数字表示,中间不能出现小数点并且数字串不需要包含在单引号中,如 128、3、59 都是整数常量。

6. Decimal 常量

Decimal 常量也是由一串数字表示,但是与整数常量不同的是可以包含小数点。Decimal 常量不需要包含在单引号中,如 3.14159、35.67、.519。

7. Float 和 Real 常量

这两种常量常用科学计数法表示,如 5.67E2、.51E−3。

8. 货币(Money)常量

货币常量用前缀为可选的小数点和可选的货币符合的数字字符串来表示,它不需要包含在单引号中。SQL Server 不强制采用任何类的分组规则,如不强制在代表货币的字符串中每三个数字插入一个逗号",",例如¥4310,654 为一个货币常量。

9. 全球唯一标识符(GUID)常量

全球唯一标识符常量的格式可以为字符串或二进制字符串。如果为二进制字符串,则常量以 0x 为前缀,后面紧跟十六进制数字。如'8U3469DH-LK34-5720-YLFD-9304DFHW00'、0xaddd8839d99ab0039。

8.1.2 变量

变量是用来存储单个特定数据类型数据的对象,它用来在程序运行过程中暂存数据,一个变量一次只能存储一个值。T-SQL 中可以使用两种变量：用户自定义的局部变量和系统提供的全局变量。

1. 局部变量

局部变量是用户可自定义的变量，它的作用范围从声明的地方开始到声明变量的批处理或存储过程的结尾。在程序中通常用来储存从表中查询到的数据，或在程序执行过程中作为计数器保存循环执行的次数，或用来保存由存储过程返回的值。

（1）局部变量声明。

在 T-SQL 中，使用 DECLARE 语句声明变量。在声明变量时需要注意：为变量指定名称，且必须以"@"开头；指定该本来的数据类型和长度；若要声明多个局部变量，可在定义的第一个变量后使用一个逗号，然后指定下一个变量名称和数据类型。

变量声明格式如下：

```
DECLARE @变量名 变量类型[,@变量名变量类型…];
```

在使用 DECLARE 命令声明以后，所有的变量都被赋予初值 NULL。

例 8.1 声明一个 INT 类型的局部变量"@成绩"。

代码如下：

```
DECALRE  @成绩 INT;
```

例 8.2 声明两个局部变量"@姓名"和"@成绩"。

代码如下：

```
DECALRE  @姓名 CHAR(10), @成绩 INT;
```

（2）局部变量赋值。

在 T-SQL 中，不能像在一般的程序语言中一样使用"变量＝变量值"来给变量赋值，必须使用 SELECT 或 SET 命令来设定变量的值。其语法格式如下：

```
SELECT @变量名 = 变量值;
SET @变量名 = 变量值;
```

例 8.3 声明两个变量，然后使用 SET 和 SELECT 为已声明的变量赋值。再使用这两个变量查询 Student 表中年龄低于 20 岁，且为"计算机系"的学生信息。

代码如下：

```
DECLARE @年龄 INT,@系 CHAR(10);
SET @年龄 = 20;
SELECT @系 = 'CS';
SELECT * FROM STUDENT WHERE Sage <@年龄 AND Sdept = @系;
```

注意：SET 语句一次只能给一个变量赋值，SELECT 语句可同时为多个变量赋值。

利用 SELECT 查询语句，可将查询出的结果赋值给变量，并且只能在 SELECT 查询语句的 SELECT 子句的位置为变量赋值，而在其他子句部分则是引用变量。

例 8.4 在 Students 数据库中，将 Student 表中，学号为 200515001 的学生的姓名和系分别赋值给"@姓名"和"@系"变量。

```
DECLARE @姓名 CHAR(10),@系 CHAR(10);
SELECT @姓名 = Sname,@系 = Sdept   FROM Student WHERE Sno = '200515001';
SELECT  @姓名 AS 姓名,@系 AS 系;              //利用 SELECT 语句显示变量内容
```

2. 全局变量

全局变量是 SQL Server 系统内部使用的变量,其作用范围并不局限于某一程序,而是任何程序均可随时调用。全局变量不是由用户程序定义的,它们是 SQL Server 系统在服务器级定义的,通常用来存储一些配置设定值和统计数据,用户可以在程序中用全局变量来测试系统的设定值或者 T-SQL 命令执行后的状态值。

全局变量具有如下 4 个特点。

(1) 用户只能使用系统提供的预先定义的全局变量,不能自定义全局变量。

(2) 任何程序均可以随时使用全局变量。

(3) 全局变量均以"@@"开头。

(4) 局部变量的名称不能与全局变量的名称相同。

例 8.5 用全局变量查看 SQL Server 的版本、当前所使用的 SQL Server 服务器的名称以及所使用的服务名称等信息。

代码如下:

```
PRINT   '目前所用 SQL Server 的版本信息如下:';
PRINT @@VERSION;
PRINT   '目前 SQL Server 服务器名称为: ' + @@SERVERNAME;
PRINT   '目前所用服务名称为: ' + @@SERVICENAME;
```

运行结果如图 1.8.1 所示。

```
目前所用SQL Server的版本信息如下:
Microsoft SQL Server 2008 (RTM) - 10.0.1600.22 (Intel X86)
    Jul  9 2008 14:43:34
    Copyright (c) 1988-2008 Microsoft Corporation
    Developer Edition on Windows NT 5.1 <X86> (Build 2600: Service Pack 3)

目前SQL Server服务器名称为: YL-201301050438
目前所用服务名称 为: MSSQLSERVER
```

图 1.8.1 运行查询结果

8.1.3 运算符

运算符是一种符号,用来指定要在一个或多个表达式中执行的操作。Microsoft SQL Server 2008 提供了算术运算符、逻辑运算符、赋值运算符、字符串串联运算符、按位运算符、一元运算符和比较运算符。

1. 算术运算符

算术运算符用于两个表达式执行数学运算,表达式均为数值数据类型。加(+)和减(—)也可用于对 datetime、smalldatetime、money 和 smallmoney 值执行算术运算。

SQL Server 2008 提供的算术运算符如表 1.8.1 所示。

2. 赋值运算符

赋值运算符只有一个,即"="(等号),用于为字段或变量赋值。

表 1.8.1 算术运算符

运 算 符	含 义
＋（加）	加法
－（减）	减法
*（乘）	乘法
/（除）	除法
%（模）	返回一个除法的整数余数。例如,12％5＝2

例 8.6 下面的语句先定义一个 INT 变量"@xyz",然后将其值赋为 123。
代码如下：

```
DECLARE @xyz INT;
SET @xyz = 123;
```

3. 字符串串联运算符

字符串串联运算是指使用加号（＋）将两个字符串连接成一个字符串,加号作为字符串的连接符。例如,'abc' ＋'123'结果为'abc123'。

4. 比较运算符

比较运算符用于测试两个表达式是否相等,除了 text、ntext 或 image 数据类型的表达式外,比较运算符还可用于其他所有类型的表达式。比较运算符运算结果为布尔数据（TRUE 或 FALSE）,表 1.8.2 列出了比较运算符及其含义。

SQL Server 2008 提供的比较运算符如表 1.8.2 所示。

表 1.8.2 比较运算符

运 算 符	含 义	运 算 符	含 义
＝	等于	<>	不等于
>	大于	! ＝	不等于（非 SQL-92 标准）
<	小于	!<	不小于（非 SQL-92 标准）
>=	大于等于	!>	不大于（非 SQL-92 标准）
<=	小于等于		

5. 逻辑运算符

逻辑运算符用于对某个条件进行测试,和比较运算符一样,逻辑运算的运算结果为布尔数据（TRUE 或 FALSE）。表 1.8.3 列出了逻辑运算符及其含义。

表 1.8.3 逻辑运算符

运 算 符	含 义
AND	如果两个布尔表达式都为 TRUE,则结果为 TRUE
NOT	取反,TRUE 取反为 FALSE,FALSE 取反为 TRUE
OR	如果两个布尔表达式中的一个为 TRUE,则结果为 TRUE

6. 按位运算符

按位运算符对两个二进制数据或整数数据进行位操作,但是两个操作数不能同时为二

Transact-SQL 程序设计与开发

进制数据,必须有一个为整数数据。SQL Server 2008 提供的按位运算符如表 1.8.4 所示。

表 1.8.4　按位运算符

运 算 符	含 义	举 例
&	按位与	9&3=1
|	按位或	9|3=1
^	按位异或	9^3=10
~	按位取反	~9=-10

7. 一元运算符

一元运算符只对一个表达式进行运算,SQL Server 2008 提供的一元运算符如表 1.8.5 所示。

表 1.8.5　一元运算符

运 算 符	含 义	运 算 符	含 义
+(正)	数值为正	~(位非)	按位取反
-(负)	数据为负		

8. 运算符的优先顺序

如果一个表达式中使用了多种运算符,则运算符的优先顺序决定计算的先后次序。计算时,从左向右计算,先计算优先级高的运算,再计算优先级低的运算。

下面列出了运算符的顺序。

- ~(按位取反)
- *(乘)、/(除)、%(取余)
- +(正)、-(负)、+(加)、+(字符串串联)、-(减)、&(按位与)、^(按位异或)、|(按位或)
- =、>、<、>=、<=、<>、!=、!>、!<(比较运算符)
- NOT
- AND
- =(赋值)

8.1.4　函数

SQL Server 包含多种不同的函数用以完成各种工作,函数是由一个或多个 T-SQL 语句组成的子程序,可用于封装代码以便重复使用。

SQL Server 提供的函数分为两类:内部函数和用户自定义函数。用户自定义函数将在 8.5 节中详细介绍。

系统提供的函数称为内置函数,也叫作系统函数,它为用户方便快捷地执行某些操作提供帮助。SQL 所提供的内部函数又分为数学函数、日期和时间函数、字符串函数、数据类型转换函数、聚合函数和其他函数等。下面将对这 6 类常用的函数进行介绍。

1. 数学函数

数学函数用来对数值型数据进行数学运算。表 1.8.6 列出了常用的数学函数。

表 1.8.6　常用的数学函数

函　数　名　称	功　　　能
ABS(数值型表达式)	返回表达式的绝对值,其值的数据类型与参数一致,例如:ABS(−1),ABS(0),ABS(1)的值分别为1,0,1
ACOS(float 表达式)	反余弦函数:返回以弧度表示的角度值
ASIN(float 表达式)	反正弦函数:返回以弧度表示的角度值
ATAN(float 表达式)	反正切函数:返回以弧度表示的角度值
CEILING(数值型表达式)	返回最小的大于或等于给定数值型表达式的整数值,值的类型和给定的值相同,例如:CEILING(123.45)的值为124
COS(float 表达式)	余弦函数:返回输入表达式的三角余弦值
COT(float 表达式)	余切函数:返回输入表达式的三角余切值
FLOOR(数值型表达式)	返回最大的小于或等于给定数值型表达式的整数值,例如:FLOOR(123.45)的值为123
POWER(数值型表达式 1,数值型表达式 2)	此函数用于返回给定表达式乘指定次方的值。乘方运算函数返回值的数据类型与第一个参数的数据类型相同,例如:POWER(2,3)表示 2 的 3 次方
RAND(整型表达式)	返回一个位于 0 和 1 之间的随机十进制数
ROUND(数值表达式,整数)	将数值四舍五入成整数指定的精度形式;整数为正表示要进行的运算位置在小数点后,为负表示在小数点前
SIGN(数值型表达式)	当数值表达式>0,返回 1,数值表达式＝0,返回 0,数值表达式<0,返回−1
SIN(float 表达式)	正弦函数:返回输入表达式的三角正弦值
SQUARE(float 表达式)函数	此函数用于返回给定表达式的平方值,例如:SQUARE(3)的结果为 9.0
TAN(float 表达式)	正切函数:返回输入表达式的三角正切值

例 8.7　ROUND 函数的应用举例。

代码如下:

```
SELECT  ROUND(789.34,1),ROUND(789.34,0)
SELECT ROUND(789.34,−1),ROUND(789.22234,−2)
```

运行结果如图 1.8.2 所示。

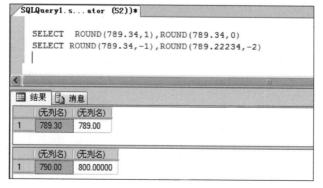

图 1.8.2　ROUND 函数的运行结果

2. 日期和时间函数

日期函数用来显示日期和时间的信息。表 1.8.7 列出了所有的日期函数。

表 1.8.7 日期函数

函 数 名 称	功 能
GETDATE()	返回当前系统的日期和时间
DATEADD(datepart,number,date)	datepart 指定对哪一部分加,在 date 值上加上 number 参数指定的时间间隔,返回新的 date 值
DATENAME(datepart,date)	返回表示指定日期的指定日期部分的字符串
DATEPART(datepart,date)	返回表示指定日期的指定日期部分的整数
YEAR(date)	返回表示指定日期中的年份的整数
MONTH(date)	返回表示指定日期中的月份的整数
DAY(date)	返回表示指定日期的天的日期部分的整数

表 1.8.8 给出了日期元素及其缩写和取值范围。

表 1.8.8 日期元素及其缩写和取值范围

日 期 元 素	缩 写	取 值 范 围
YEAR	YY	1753~9999
MONTH	MM	1~12
DAY	DD	1~31
DAY OF YEAR	DY	1~366
WEEK	WK	0~52
WEEKDAY	DW	1~7
HOUR	HH	0~23
MINUTE	MI	0~59
QUARTER	QQ	1~4
SECOND	SS	0~59
MILLISECOND	MS	0~999

例 8.8 显示服务器当前系统的日期与时间。

代码如下:

```
SELECT '当前日期' = GETDATE(),
'月' = MONTH(GETDATE()),
'日' = DAY(GETDATE()),
'年' = YEAR(GETDATE())
```

运行结果如图 1.8.3 所示。

例 8.9 小王的生日为"1992/12/23",使用日期函数计算小王的年龄。

代码如下:

```
SELECT '年龄' = DATEDIFF(yy,'1992/12/23',GETDATE())
```

运行结果如图 1.8.4 所示。

3. 字符串函数

字符串函数用于对字符串进行连接、截取等操作。表 1.8.9 列出了常用的字符串函数。

图 1.8.3　系统日期和时间

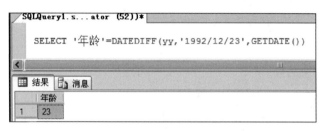

图 1.8.4　小王的年龄

表 1.8.9　常用的字符串函数

字符串函数	功　　能
ASCⅡ(字符表达式)	返回字符表达式最左边字符的 ASCⅡ 码
CHAR(整型表达式)	将一个 ASCⅡ 码转换为字符,ASCⅡ 码的范围为 0～255
SPACE(整型表达式)	返回由 n 个空格组成的字符串,n 是整型表达式的值
LEN(字符表达式)	返回字符表达式的字符(而不是字节)数,不计算尾部的空格
RIGHT(字符表达式,整型表达式)	从字符表达式中返回最右边的 n 个字符,n 是整型表达式的值
LEFT(字符表达式,整型表达式)	从字符表达式中返回最左边的 n 个字符,n 是整型表达式的值
SUBSTRING(字符表达式,起始点,n)	返回字符串表达式中从"起始点"开始的 n 个字符
STR(浮点表达式[,长度[,小数]])	将浮点表达式转换为给定长度的字符串,小数点后的位数由给定的"小数"确定
LTRIM(字符表达式)	去掉字符表达式的前导空格
RTRIM(字符表达式)	去掉字符表达式的尾部空格
LOWER(字符表达式)	将字符表达式的字母转换为小写字母
UPPER(字符表达式)	将字符表达式的字母转换为大写字母
REVERSE(字符表达式)	返回字符表达式的逆序
CHARINDEX(字符表达式 1,字符表达式 2,[开始位置])	返回字符表达式 1 在字符表达式 2 的开始位置,可从所给出的"开始位置"进行查找,如果没有指定开始位置,或者指定为负数或 0,则默认从字符表达式 2 的开始位置查找
REPLICATE(字符表达式,整型表达式)	将字符表达式重复多次,整型表达式给出重复的次数
STUFF(字符表达式 1,start,length,字符表达式 2)	将字符表达式 1 中从 start 位置开始的 length 个字符换成字符表达式 2
+	将字符串进行连接

例 8.10 给出字符串"信息"在字符串"计算机信息工程系"中的位置。

代码如下：

```
SELECT CHARINDEX('信息','计算机信息工程系')
```

运行结果如图 1.8.5 所示。

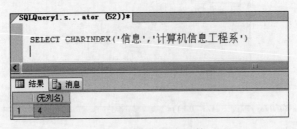

图 1.8.5 字符串函数

4. 数据类型转换函数

(1) CAST(expression AS data_type)。

功能：将某种数据类型的表达式显式转换为另一种数据类型。

(2) CONVERT(data_type[(length)],expression [,style])。

功能：将表达式的值从一种数据类型转换为另一种数据类型。

例 8.11 请查询每个学生的平均成绩。

代码如下：

```
USE    Students
GO
SELECT   Sno+'同学平均成绩为'+CAST(AVG(Grade)
AS CHAR(2))+'分'
FROM SC
GROUP BY Sno
```

图 1.8.6 例 8.11 每个学生的平均成绩

查询结果如图 1.8.6 所示。

5. 聚集函数

聚集函数对一组值进行计算后，向调用者返回单一的值。一般情况下，它经常与 SELECT 语句的 GROUP BY 子句一同使用。表 1.8.10 列出了常用的聚集函数。

表 1.8.10 聚集函数

聚 集 函 数	功 能	聚 集 函 数	功 能
COUNT(*)	用于计算所有行数	SUM(数值表达式)	用于计算表达式的和
MIN(数值表达式)	用于计算表达式的最小值	AVG(数值表达式)	用于计算表达式的平均值
MAX(数值表达式)	用于计算表达式的最大值		

例 8.12 使用聚集函数统计 Students 数据库中学生的成绩情况。

代码如下：

```
USE Students
GO
SELECT Sno,COUNT(*) AS 课程门数,MAX(Grade) AS 最高分数,
```

```
MIN(Grade) AS 最低分数,SUM(Grade) AS 总成绩,
AVG(Grade) AS 平均成绩
FROM SC
GROUP BY  Sno
GO
```

查询结果如图 1.8.7 所示。

	SNO	课程门数	最高分数	最低分数	总成绩	平均成绩
1	S001	4	96	73	333	83
2	S002	5	89	67	393	78
3	S003	1	81	81	81	81
4	S004	1	69	69	69	69

图 1.8.7　例 8.12 学生成绩情况

6. 其他函数

(1) ISDATE(表达式)。

功能：确定输入表达式的值是否为有效日期，如果是返回 1，否则返回 0。

(2) ISNULL(表达式 1，表达式 2)。

功能：判断表达式 1 的值是否为空，如果是，则返回表达式 2 的值；如果不是则返回表达式 1 的值。使用此函数时，表达式 1 和表达式 2 的类型必须相同。

(3) PRINT(字符串表达式)。

功能：将字符串输出给用户。

8.2　流程控制语句

在 T-SQL 中，用于控制语句流的语句被称为流程控制语句(也称控制流语句)。用户通过使用流程控制语句可以控制程序的流程，允许语句彼此相关及相互依赖。在 SQL Server 2008 中，流程控制语句用来控制 SQL 语句、语句块或者存储过程的执行流程。

T-SQL 语言使用的流程控制命令与常见的程序设计语言类似，主要有以下 3 种控制命令。

8.2.1　语句块：BEGIN…END

在控制流程中需要执行两条或两条以上的语句，应该将这些语句定义为一个语句块(称为复合语句)。BEGIN 和 END 必须成对实现。

BEGIN…END 语句的语法格式如下：

```
BEGIN
< SQL 语句>|<语句块>
END
```

8.2.2　选择结构

T-SQL 中有两种形式的选择结构，一种是 IF…ELSE 选择结构，另一种是 CASE 结构。

1. IF…ELSE 结构

IF…ELSE 语句是条件判断语句,其中,ELSE 子句是可选的,最简单的 IF 语句没有 ELSE 子句部分。IF…ELSE 语句用来判断当某一条件成立时执行某段程序,条件不成立时执行另一段程序。SQL Server 允许嵌套使用 IF…ELSE 语句,而且嵌套层数没有限制。

IF…ELSE 语句的语法格式为:

```
IF <布尔表达式>
        < SQL 语句>|<语句块>
    [ELSE
        < SQL 语句>|<语句块>]
```

其中各参数的含义如下。

(1)布尔表达式:返回 TRUE 或 FALSE 的表达式。如果该表达式中含有 SELECT 表达式,则需要用圆括号将其括起来。

(2)SQL 语句:有效的 T-SQL 表达式。

(3)语句块:有效的 T-SQL 语句块。

语句执行时,先确定布尔表达式的值,如果为 TRUE,则执行 IF 关键字后的语句或语句块,如果为 FALSE 且 ELSE 关键词存在,则执行 ELSE 关键词后的语句或语句块。如果 ELSE 关键词不存在,则跳出 IF 语句继续执行后面的语句。IF…ELSE 结构运行嵌套,因此可以利用嵌套结果编写复杂的 T-SQL 语句段。

例 8.13 在 Student 表中查询是否有"张力"这个学生,如果有,则显示这个学生的姓名和系,否则显示没有此人。

代码如下:

```
USE Student
GO
DECLARE @message VARCHAR(20);
IF EXISTS(SELECT * FROM Student WHERE Sname = '张力');
    SELECT SNAME,Sdept FROM Student WHERE Sname = '张力';
ELSE
BEGIN
    SET @message = '没有此人';
    PRINT @message;
END
```

运行结果如图 1.8.8 所示。

例 8.14 在 SC 表中查询是否有成绩大于 90 分的学生,有则输出"有学生的成绩高于 90 分",否则输出"没有学生的成绩高于 90 分"。

代码如下:

```
USE Student
GO
DECLARE @message VARCHAR(20);
IF EXISTS(SELECT * FROM SC WHERE GRADE > 90)
    PRINT '有学生的成绩高于 90 分';
ELSE
```

```
BEGIN
    SET @message = '没有学生的成绩高于 90 分';
    PRINT @message;
END
```

运行结果如图 1.8.9 所示。

图 1.8.8 例 8.13 运行结果

图 1.8.9 例 8.14 运行结果

2. CASE 结构

某些复杂结构可能需要对一个变量进行多次判断,如果使用 IF…ELSE 结构就会使程序显得烦琐,这时可使用 CASE 结构来简化代码。使用 CASE 表达式可以很方便地实现多重选择的情况,从而可以避免编写多重的 IF…ELSE 嵌套循环。CASE 语句按照使用形式不同,可以分为简单 CASE 语句和搜索 CASE 语句,它们的语法格式分别如下。

1) 简单 CASE 函数

```
CASE <输入表达式>
WHEN <比较表达式> THEN <结果表达式>[,…]
[ELSE <结果表达式>]
END
```

对于简单 CASE 函数,程序首先计算输入表达式的值,然后按照 WHEN 关键字的顺序,以此计算条件表达式的值并返回第一个结果为真所对应的结果表达式,如果所有的比较计算结果都为假,则返回 ELSE <结果表达式>,如果不存在 ELSE <结果表达式>,则返回 NULL。

例 8.15 从学生表 Student 中,选取 Sno、Ssex,如果 Ssex 为"男"输出 M,如果为"女"输出 F。

代码如下:

```
SELECT Sno, Ssex =
CASE Ssex
    WHEN '男' THEN 'M';
    WHEN '女' THEN 'F';
  END
FROM Student;
```

运行结果如图 1.8.10 所示。

2) CASE 搜索函数

```
CASE
WHEN <布尔表达式> THEN <结果表达式>[,…]
  [ELSE <结果表达式>]
END
```

225

例 8.16 从 SC 表中查询所有同学选课成绩情况,凡成绩为空者输出"未考",小于 60 分时输出"不及格",60～70 分时输出"及格",70～90 分时输出"良好",大于或等于 90 分时输出"优秀"。

代码如下：

```
SELECT Sno,Cno,Grade,
Grade = CASE
    WHEN Grade IS NULL THEN '未考';
    WHEN Grade < 60 THEN '不及格';
    WHEN Grade >= 60 AND Grade < 70 THEN '及格';
    WHEN Grade >= 70 AND Grade < 90 THEN '良好';
    WHEN Grade >= 90 THEN '优秀';
    END
        FROM SC;
```

运行结果如图 1.8.11 所示。

	Sno	Ssex
1	S001	F
2	S002	M
3	S004	M
4	S005	M
5	S006	F
6	S007	F
7	S008	M
8	S009	F
9	S010	F

图 1.8.10 例 8.15 运行结果

	Sno	Cno	Grade	Grade
1	S001	C001	96	优秀
2	S001	C002	80	良好
3	S001	C003	84	良好
4	S001	C004	73	良好
5	S002	C001	87	良好
6	S002	C003	89	良好
7	S002	C004	67	及格
8	S002	C005	70	良好
9	S002	C006	80	良好
10	S003	C002	81	良好
11	S004	C001	69	及格

图 1.8.11 例 8.16 运行结果

8.2.3 循环结构

当程序中反复执行一段相同代码时，可以使用 T-SQL 提供的循环结构来实现。WHILE 语句在条件为 TRUE 的时候，重复执行一条或一个包含多条 T-SQL 语句的语句块，直到条件表达式为 FALSE 时退出循环体。WHILE 循环结构的语法格式如下：

```
WHILE <布尔表达式>
    {< SQL 语句>|<语句块>}
    [BREAK]
    {< SQL 语句>|<语句块>}
    [CONTINUE]
```

说明：CONTINUE 命令可以让程序跳过 CONTINUE 命令之后的语句，回到 WHILE 循环的第一行，继续进行下一次循环。BREAK 命令则让程序完全跳出循环，结束 WHILE 命令的执行，WHILE 语句也可以嵌套。

例 8.17 计算 $1+2+3+\cdots+100$ 的结果。

代码如下：

```
DECLARE @i INT,@sum INT;
SET @i = 1;
SET @sum = 0;
WHILE @i <= 100
```

```
BEGIN
    SET @sum = @sum + @i;
    SET @i = @i + 1;
END
SELECT @sum AS 合计 ,@i AS 循环数;
```

运行结果如图 1.8.12 所示。

例 8.18   假定要给考试成绩提分。提分规则很简单,给没达到 60 分的学生每人都加 2 分,看是否都达到 60 分以上,如果没有全部达到 60 分以上,每人再加 2 分,再看是否都达到 60 分以上,如此反复提分,直到所有人都达到 60 分以上为止。

```
DECLARE @n INT;
WHILE(1 = 1)                        //条件永远成立
  BEGIN
    SELECT @n = COUNT( * ) FROM SC
            WHERE Grade < 60;       //统计没达到分的人数
    IF (@n > 0)
        UPDATE SC;                  //每人加分
            SET Grade = Grade + 2
            WHERE Grade < 60;
    ELSE
        BREAK;                      //退出循环
  END
PRINT '加分后的成绩如下: ';
SELECT * FROM SC;
```

运行结果如图 1.8.13 所示。

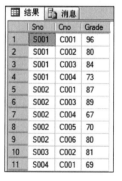

图 1.8.12   例 8.17 运行结果   图 1.8.13   例 8.18 运行结果

例 8.19   请读下列程序并回答下列程序的功能。

代码如下:

```
DECLARE @i INT;
SET @i = 1;
WHILE (@i< 11)
  BEGIN
    IF(@i < 5)
    BEGIN
        SET @i = @i + 1;
```

227

```
        CONTINUE;
    END
    PRINT @i;
    SET @i = @i + 1;
  END
```

运行结果如图 1.8.14 所示。

图 1.8.14　例 8.19 运行结果

8.2.4　其他流程控制语句

1. GOTO 语句

GOTO 语句用于改变程序执行的流程,使程序无条件跳转到用户指定的标识符处继续执行。GOTO 语句的语法格式如下:

```
GOTO  标识符
```

例 8.20　求 $1+2+3+\cdots+10$ 的总和。

代码如下:

```
DECLARE @S SMALLINT,@I SMALLINT;
SET @I = 1;
SET @S = 0;
BEG:
IF (@I <= 10)
    BEGIN
        SET @S = @S + @I;
        SET @I = @I + 1;
        GOTO BEG;
    END
PRINT @S;
```

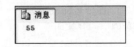

图 1.8.15　例 8.20 运行结果

运行结果如图 1.8.15 所示。

2. RETURN 语句

RETURN 语句用于结束当前程序的执行,返回调用它的程序或其他程序。其语法格式如下:

```
RETURN[整型表达式]
```

存储过程可向执行调用的过程或应用程序返回一个整数值,若没有返回值,SQL Server系统会自动根据程序的执行结果返回一个系统内定值。

8.2.5　调度执行语句

该语句可以指定它以后的语句在某个时间间隔之后执行,或未来的某一时间执行。

其语法格式如下:

```
WAIT  FOR{DELAY 'time'|TIME 'time'}
```

其中各参数含义如下。

(1) DELAY 'time'指定 SQL Server 等待的时间间隔,最长可达 24h。

（2）TIME 'time'指定 SQL Server 等待到某一时刻。

例 8.21 若变量"@等待"的值等于"间隔"，查询 Student 表是在等待 2min 后执行，否则在下午 2:10 执行。

代码如下：

```
DECLARE @等待 CHAR(10);
SET @等待 = '间隔';
IF @等待 = '间隔'
    BEGIN
        WAITFOR DELAY '00:02:00';
        SELECT * FROM Student;
    END
ELSE
    BEGIN
        WAITFOR TIME '14:10:00';
        SELECT * FROM Student;
    END
```

8.3 游　　标

关系型数据库中，SQL 命令操作的结果往往是由多行构成的结果集，应用程序往往需要对得到的结果集中的数据逐行处理，而不是将结果集作为一个整体的单元进行操作。游标(Cursor)提供了一种对结果集进行一次一行或多行、向前或向后处理的机制，满足了应用程序的需求。可以将游标看成一个指针，它可以方便地指向当前结果集中的任何位置并允许应用程序对当前的行进行相应的操作。例如，将 Student 表中的系为"信息系"的第一条记录的系改为"数学系"。要解决这个问题，使用游标比较合适。

8.3.1 游标的基本操作

使用游标的基本流程包括以下 5 个步骤：声明游标、打开游标、存取游标、关闭游标和释放游标。

1. 声明游标

同声明变量一样，声明游标同样使用 DECLARE 语句，但在声明的同时还要为其指定获取数据时所使用的 SELECT 语句。在 T-SQL 中，声明游标的语法格式如下：

```
DECLARE cursor_name [SCROLL] CURSOR
FOR select_statement
[FOR {READ ONLY|UPDATE[OF column_name_list]}]
```

各项说明如下。

（1）cursor_name 是游标的名字，为一个合法的 SQL Server 标识符，游标的名字必须遵循 SQL Server 命名规范。

（2）SCROLL：表示取游标时可以使用关键字 NEXT、PRIOR、FIRST、LAST、ABSOLUTE、RELATIVE。每个关键字的含义将在介绍 FETCH 子句时讲解。

（3）select_statement：是定义游标结果集的标准 SELECT 语句，它可以是一个完整语法和语义的 T-SQL 的 SELECT 语句。

2. 打开游标

打开游标是指打开已被声明但尚未被打开的游标,打开游标使用 OPEN 语句。其语法格式如下:

```
OPEN  cursor_name
```

其中,cursor_name 是一个已声明的尚未打开的游标名。

注意:

(1) 当游标打开成功时,游标位置指向结果集的第一行之前。

(2) 只能打开已经声明但尚未打开的游标。

(3) 从打开的游标中提取行。

使用 OPEN 语句之后,可以使用全局变量"@@ERROR"来判断打开游标是否成功,当没有发生错误时返回 0;还可以使用全局变量"@@CURSOR_ROWS"返回打开的上一个游标中的当前限定行的数目。

3. 存取游标

游标被打开后,游标位置位于结果集的第一行前,此时可以从结果集中提取(FETCH)行。SQL Server 将沿着游标结果集一行或多行向下移动游标位置,不断提取结果集中的数据,并修改和保存游标当前的位置,直到结果集中的行全部被提取。FETCH 的语法格式如下:

```
FETCH  [[NEXT|PRIOR|FIRST|LAST|ABSOLUTE|RELATIVE] FROM] cursor_name [INTO fetch_target_list]
```

其中,各参数含义如下。

(1) cursor_name:为一已声明并已打开的游标名字。

(2) NEXT|PRIOR|FIRST|LAST|ABSOLUTE|RELATIVE:游标移动方向,默认情况下是 NEXT,即向下移动。

① NEXT:取下一行数据。

② PRIOR:取前一行数据。

③ FIRST:取第一行数据。

④ LAST:取最后一行数据。

⑤ ABSOLUTE:按绝对位置取数据。

⑥ RELATIVE:按相对位置取数据。

游标位置确定了结果集中哪一行可以被提取,如果游标方式为 FOR UPDATE,也就确定该位置一行数据可以被更新或删除。

(3) INTO fetch_target_list:指定存放被提取的列数据的目的变量清单。这个清单中变量的个数、数据类型、顺序必须与定义该游标的 select_statement 的 select_list 中列出的列清单相匹配。为了更灵活地操纵数据,可以把从已声明并已打开的游标结果集中提取的列数据,分别存放在目的变量中。

有两个全局变量提供关于游标活动的信息。

(1) "@@FETCH_STATUS"保存着最后 FETCH 语句执行后的状态信息,其值和含义如下。

① 0 表示成功完成 FETCH 语句。

② -1 表示 FETCH 语句执行有错误,或者当前游标位置已在结果集中的最后一行,结果集中不再有数据。

③ -2 表示提取的行不存在。

(2)"@@rowcount"保存着自游标打开后的第一个 FETCH 语句,直到最近一次的 FETCH 语句为止,已从游标结果集中提取的行数。也就是说它保存着任何时间点客户机程序看到的已提取的总行数。一旦结果集中所有行都被提取,那么"@@rowcount"的值就是该结果集的总行数。每个打开的游标都与一特定的"@@rowcount"有关,关闭游标时,该"@@rowcount"变量也被删除。在 FETCH 语句执行后查看这个变量,可得知从游标结果集中已提取的行数。

4. 关闭游标

关闭(Close)游标是停止处理定义游标的查询。关闭游标并不改变它的定义,可以再次用 OPEN 语句打开它,SQL Server 会用该游标的定义重新创建这个游标的一个结果集。

关闭游标的语法格式如下:

```
CLOSE cursor_name
```

其中,cursor_name 是已被打开并将要被关闭的游标名字。

在如下情况下,SQL Server 会自动地关闭已打开的游标:

(1) 退出这个 SQL Server 会话时。

(2) 从声明游标的存储过程中返回时。

5. 释放游标

释放(Deallocate)游标是指释放所有分配给此游标的资源,包括该游标的名字。

释放游标的语法格式是:

```
DEALLOCATE CURSOR cursor_name
```

其中,cursor_name:指将要被 DEALLOCATE 释放的游标名字。如果释放一个已打开但未被关闭的游标,SQL Server 会自动先关闭这个游标,然后再释放它。

注意:关闭游标与释放游标的区别是,关闭游标并不改变游标的定义,一个游标关闭后,不需要再次声明,就可以重新打开并使用它。但一个游标释放后,就释放了与该游标有关的一切资源,也包括游标的声明,游标释放后就不能再使用该游标了,如需再次使用游标,就必须重新定义。

8.3.2 游标应用举例

1. 利用变量输出游标中的字段值

例 8.22 输出 Student 表中第 5 行学生的姓名和系。

代码如下:

```
DECLARE @stu_name VARCHAR(8),@stu_dept VARCHAR(16);
DECLARE stu_coursor SCROLL CURSOR FOR
SELECT Sname,Sdept FROM Student FOR READ ONLY;
OPEN stu_coursor;
```

```
FETCH ABSOLUTE 5 FROM stu_coursor INTO @stu_name,@stu_dept;
PRINT '学生姓名:'+@stu_name+'     '+'系:'+@stu_dept;
CLOSE stu_coursor;
DEALLOCATE stu_coursor;
```

运行结果如图 1.8.16 所示。

2. 利用游标逐行显示数据库中的记录

例 8.23 定义一个游标,将 Student 表中所有学生的姓名、系显示出来。

代码如下:

```
//1.声明游标
DECLARE @stu_name VARCHAR(8),@stu_dept VARCHAR(16);
DECLARE stu_coursor SCROLL CURSOR FOR
SELECT Sname,Sdept FROM Student FOR READ ONLY;
//2.打开游标
OPEN stu_coursor;
//3.存取游标
FETCH FROM stu_coursor INTO @stu_name,@stu_dept;
WHILE @@FETCH_STATUS = 0
    BEGIN
        PRINT '学生姓名:'+@stu_name+'     '+'系:'+@stu_dept;
        FETCH FROM stu_coursor INTO @stu_name , @stu_dept;
    END
//4.关闭游标
CLOSE stu_coursor;
//5.释放游标
DEALLOCATE stu_coursor;
```

说明:"@@fetch_status"是 MicroSoft SQL Server 的一个全局变量,其值有以下三种,分别表示三种不同含义。

(1) 0 表示 FETCH 语句成功;

(2) -1 表示 FETCH 语句失败或此行不在结果集中;

(3) -2 表示被提取的行不存在。

运行结果如图 1.8.17 所示。

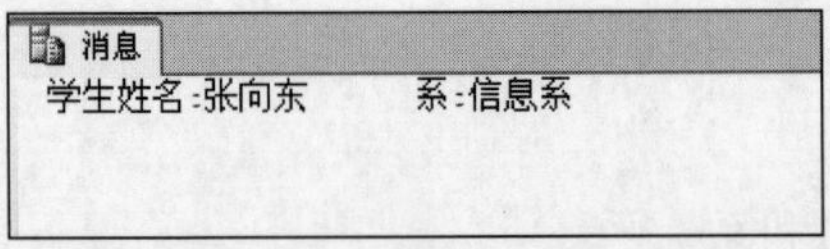

图 1.8.16 例 8.22 运行结果

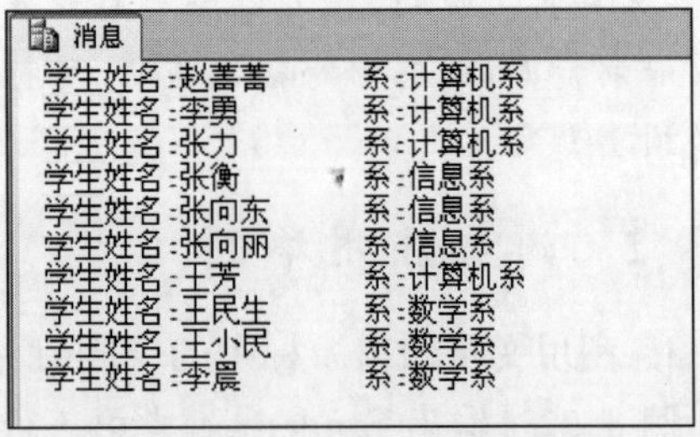

图 1.8.17 例 8.23 运行结果

3. 使用游标更新数据

用户可以在 UPDATE 或 DELETE 语句中使用游标来更新、删除表或视图中的行,但不能用来插入新行。被更新的行依赖于游标位置的当前值。

更新数据的语法格式如下：

```
UPDATE {table_name|view_name}
SET [[{table_name.|view_name.}]]  column_name = {new_value}[ … ]
WHERE CURRENT OF     cursor_name
```

说明：紧跟 UPDATE 之后的 table_name|view_name：指要更新的表名或视图名，可以加或不加限定。但它必须是声明该游标的 SELECT 语句中的表名或视图名。

注意：

（1）使用 UPDATE…CURRENT OF 语句一次只能更新当前游标位置确定的那一行，OPEN 语句将游标位置定位在结果集第一行前，可以使用 FETCH 语句把游标位置定位在要被更新的数据行处。

（2）用 UPDATE…WHERE CURRENT OF 语句更新表中的行时，不会移动游标位置，被更新的行可以再次被修改，直到下一个 FETCH 语句的执行。

（3）UPDATE…WHERE CURRENT OF 语句可以更新多表视图或被连接的多表，但只能更新其中一个表的行，即所有被更新的列都来自同一个表。

例 8.24　使用游标将 Student 表中的系为"信息系"的第一条记录的系改为"数学系"。

代码如下：

```
DECLARE s_cur SCROLL CURSOR;
FOR SELECT  *    FROM Student WHERE Sdept = '信息系';
OPEN s_cur;
FETCH FIRST FROM s_cur;
UPDATE Student SET Sdept = '数学系' WHERE CURRENT OF s_cur;
CLOSE s_cur;
DEALLOCATE s_cur;
```

4. 使用游标删除数据

通过在 DELETE 语句中使用游标来删除表或视图中的行。被删除的行依赖于游标位置的当前值。

删除数据的语法格式如下：

```
DELETE     [ FROM ]
[[database.]owner.]{table_name|view_name}
WHERE CURRENT OF     cursor_name;
```

其中各参数说明如下。

（1）table_name|view_name：要从其中删除行的表名或视图名，可以加或不加限定。但它必须是定义该游标的 SELECT 语句中的表名或视图名。

（2）cursor_name：已声明并已打开的游标名。

（3）WHERE CURRENT OF：它使 SQL Server 只删除由指定游标的游标位置当前值确定的行。

例 8.25　使用游标将 Student 表中的第 3 条记录删除。

代码如下：

```
DECLARE s_del SCROLL CURSOR FOR SELECT  *  FROM Student;
```

Transact-SQL 程序设计与开发

```
OPEN s_del;
FETCH ABSOLUTE 3 FROM s_del;
DELETE FROM Student   WHERE CURRENT OF s_del;
CLOSE s_del;
DEALLOCATE s_del;
```

8.4 存储过程

在使用 T-SQL 语言编程中,可以将某些需要多次调用的实现某个特定任务的代码段编写成一个过程,将其保存在数据库中,并有 SQL Server 服务器通过过程名来调用它们,这些过程就称为存储过程。存储过程在创建时就被编译和优化,调用一次后,相关信息就保存在内存中,下次调用时可以直接执行。

存储过程具有以下特点。

(1)可以包含一条或多条 SQL 语句。

(2)可以接收输入参数并返回输出值。

(3)可以嵌套使用。

(4)可以返回执行值的状态代码并调用它的程序。

与 SQL 语句相比,使用存储过程有很多优点,具体如下。

(1)实现了模块化编程,一个存储过程可以被多个用户共享和重用,从而减少数据库开发人员的工作量。

(2)存储过程具有对数据库立即访问的功能。

(3)加快程序的运行速度。存储过程只有在创建时进行编译,以后每次执行存储过程都不需要再重新编译。

(4)可以减少网络流量。一个需要数百行的 T-SQL 代码的操作可以通过一条执行存储过程的语句来执行,而不需要在网络中发送数百行代码。

(5)可以提高数据库的安全性。用户可以调研存储过程实现对表中数据的有限操作,但可以不赋予它们直接修改数据表的权限,这提高了表中数据的安全性。

(6)自动完成需要预先执行的任务。存储过程可以在系统启动时自动执行,而不必在系统启动后再手动操作。

SQL Server 中的存储过程分为三类:系统存储过程、扩展存储过程和用户定义的存储过程。

1)系统存储过程

在 SQL Server 中,许多管理活动都是通过一种特殊的存储过程执行的,这种存储过程被称为系统存储过程。系统存储过程由系统自动创建,可以作为命令执行各种操作。定义在系统数据库 master 中,其前缀是 sp_,例如常用的显示系统信息的 sp_help 存储过程。

2)扩展存储过程

扩展存储过程允许编程语言(如 C 语言)创建自己的外部例程。扩展存储过程的显示和执行的方式与常规存储过程一样。可以将参数传递给扩展存储过程,而且扩展存储过程也可以返回结果和状态。扩展存储过程使 Microsoft SQL Server 的实例可以动态加载和运行 DLL,扩展存储过程是使用 SQL Server 扩展存储过程的 API 编写的,一般使用 sp_或 xp_前缀,可直接在 Microsoft SQL Server 实例的地址空间中运行。

3) 用户定义的存储过程

用户定义的存储过程是指封装了可重用代码的模块或例程。由用户创建,能完成某一特定功能,可以接收输入参数、向客户端返回表或标量结果和消息,调用数据定义语句(DDL)和数据操作语句(DML),然后返回输出参数。

8.4.1 存储过程的创建与执行

1. 存储过程的定义

存储过程(Procedure)类似于 C 语言中的函数、Java 中的方法,它可以重复调用。当存储过程执行一次后,可以将语句放入缓存中,在下次执行的时候直接使用缓存中的语句,这样就可以提高存储过程的性能。存储过程是一组编译在单个执行计划中的 T-SQL 语句,将一些固定的操作集中起来交给 SQL Server 数据库服务器完成,以实现某个任务。创建简单存储过程的语法格式如下:

```
CREATE  PROC[EDURE]<存储过程名>
[WITH  ENCRYPTION]
[WITH  RECOMPILE]
AS
    SQL 语句
```

其中,[WITH ENCRYPTION]指对存储过程进行加密,加密的存储过程用 sp_helptext 查看不到存储过程的原码;[WITH RECOMPILE]指对存储过程重新编译。

2. 简单存储过程的执行

简单存储过程的语法格式如下:

```
EXEC <存储过程名>
```

例 8.26 创建一个名为 GetInfo 的存储过程,用于获取所有学生的信息。

```
CREATE PROCEDURE GetInfo
AS
SELECT * FROM Student
```

执行存储过程:

```
EXEC GetInfo
```

执行的结果如图 1.8.18 所示。

3. 带参数的存储过程

上例中的存储过程可以获取所有学生的信息,如果要获取指定学生的信息怎么做? 这里就需要创建带参数的存储过程。存储过程的参数分两种:输入参数和输出参数。输入参数用于向存储过程传入值,类似 C 语言的按值传递;输出参数用于在调用存储过程后返回结果,类似 C 语言的按引用传递;带参数的存储过程的语法格式如下:

```
CREATE  PROC[EDURE]<存储过程名>
@参数 1  数据类型 = 默认值[OUTPUT],
   …,
```

	Sno	Sname	Ssex	Sage	Sdept
1	S001	赵菁菁	女	23	计算机系
2	S002	李勇	男	20	计算机系
3	S004	张衡	男	18	数学系
4	S005	张向东	男	20	信息系
5	S006	张向丽	女	20	信息系
6	S007	王芳	女	20	计算机系
7	S008	王民生	男	25	数学系
8	S009	王小民	女	18	数学系
9	S010	李晨	女	22	数学系

图 1.8.18　执行例 8.26 存储过程的结果

```
@参数 n  数据类型 = 默认值 [OUTPUT]
AS
  SQL 语句
```

4. 带参数存储过程的执行

带参数存储过程的语法格式如下：

```
EXEC <存储过程名>  @参数
```

例 8.27　创建一个带输入参数的存储过程，要求用于获取指定学生的信息。

代码如下：

```
CREATE PROCEDURE StuInfo
    @name CHAR(10)
AS
    SELECT * FROM Student WHERE Sname = @name
```

执行存储过程：

```
EXEC StuInfo @name = '李晨'
```

或按位置传递参数值：

```
EXEC StuInfo '李晨'
```

执行的结果如图 1.8.19 所示。

例 8.28　创建一个带输入和输出参数的存储过程 GetScore，获取指定课程的平均成绩、最高成绩和最低成绩，并返回结果。

代码如下：

```
CREATE PROCEDURE GetScore
@kcID CHAR(10),@AVGScore INT OUTPUT,
@MAXScore INT OUTPUT,@MINScore INT OUTPUT
AS
SELECT
@AVGScore = AVG(Grade),@MAXScore = MAX(Grade),@MINScore = MIN(Grade)
FROM SC
WHERE Cno = @kcID
SELECT  @AVGScore AS 平均成绩,@MAXScore AS 最高成绩,@MINScore AS 最低成绩
```

执行存储过程：

```
DECLARE @kcID CHAR(10),@AVGScore INT,@MAXScore INT,@MINScore INT;
SET @kcID = 'C001';
EXEC GetScore @kcID,@AVGScore,@MAXScore,@MINScore;
```

执行的结果如图 1.8.20 所示。

图 1.8.19　执行存储过程结果

图 1.8.20　执行存储过程结果

8.4.2　存储过程的管理与维护

1. 查看存储过程

在 SQL Server 中，根据不同需要，可以使用 sp_helptext、sp_help、sp_depends 系统存储过程来查看用户自定义函数的不同信息。

例 8.29　查看 Students 数据库中存储过程 GetInfo 的信息。

代码如下：

```
EXEC sp_helptext GetInfo
EXEC sp_help GetInfo
EXEC sp_depends GetInfo
```

运行后得到存储过程的定义、参数和依赖信息。

2. 存储过程的重新编译

存储过程所采用的执行计划，只在编译时优化生成，以后便驻留在高速缓存中。当用户对数据库新增了索引或其他影响数据库逻辑结构的更改后，已编译的存储过程执行计划可能会失去效率。通过对存储过程进行重新编译，可以重新优化存储过程的执行计划。

SQL Server 为用户提供了三种重新编译的方法。

(1) 在创建存储过程时设定。

在创建存储过程时，使用 WITH RECOMPILE 子句时 SQL Server 不将该存储过程的查询计划保存在缓存中，而是在每次运行时重新编译和优化，并创建新的执行计划。

(2) 在执行存储过程时设定。

通过在执行存储过程时设定重新编译，可以让 SQL Server 在执行存储过程时重新编译该存储过程，这一次执行完成后，新的执行计划又被保存在缓存中。这样用户就可以根据需要进行重新编译。其语法格式如下：

```
EXECUTE stu_cj1 WITH   RECOMPILE
```

(3) 通过系统存储过程设定重新编译。

通过系统存储过程 sp_recompile 设定重新编译标记，使存储过程在下次运行时重新编译。其语法格式如下：

```
EXECUTE sp_recompile 数据库对象
```

Transact-SQL 程序设计与开发

3. 存储过程的修改

修改存储过程是由 ALTER 语句来完成的,其语法格式如下:

```
ALTER PROCEDURE procedure_name
[WITH ENCRYPTION]
[WITH RECOMPILE]
AS
Sql_statement
```

例 8.30　修改存储过程 StuInfo,根据用户提供的系名统计该系的人数,并要求加密。
代码如下:

```
ALTER PROCEDURE StuInfo
@dept CHAR(10),
@num INT OUTPUT
WITH ENCRYPTION
AS
    SELECT @num = COUNT( * ) FROM Student WHERE Sdept = @dept
    PRINT @num
```

执行存储过程:

```
DECLARE @dept CHAR(10),@num INT
SET @dept = 'CS'
EXEC StuInfo @dept,@num
```

4. 存储过程的删除

存储过程的删除是通过 DROP 语句来实现的。

例 8.31　使用 T-SQL 语句来删除存储过程 StuInfo。
代码如下:

```
DROP PROCEDURE StuInfo
```

8.5　用户定义函数

在 SQL Server 中,用户不仅可以使用标准的内置函数,也可以使用自己定义的函数来实现一些特殊的功能。用户自定义函数可以在企业管理器中创建,也可以使用 CREATE FUNCTION 语句创建。在创建时需要注意:函数名在数据库中必须唯一,可以有参数,也可以没有参数,参数只能是输入参数,最多可以有 1024 个参数。

1. 创建用户自定义函数

SQL Server 2008 支持的用户自定义函数分为三种,分别是标量用户自定义函数、内联表值用户定义函数和多语句表值用户自定义函数。

1) 创建标量用户自定义函数

用户自定义标量函数返回在 RETURNS 子句中定义的类型的单个数据值,其语法格式为:

```
CREATE FUNCTION <函数名称>([{@参数名称 参数类型[ = 默认值]}[, …]])
```

```
RETURN <数据类型>
AS
BEGIN
<函数体>
RETURN <标量表达式>
END
```

例 8.32   在 Students 库中创建一个用户自定义函数 Fun1,该函数通过输入成绩来判断是否取得学分,当成绩大于等于 50 分时,返回"取得学分",否则,返回"未取得学分"。

(1) 创建函数 Fun1。

```
CREATE FUNCTION Fun1(@inputxf int) RETURNS  NVARCHAR(10)
    BEGIN
        DECLARE @retrunstr NVARCHAR(10)
        IF @inputxf >= 50
            SET   @retrunstr = '取得学分'
        ELSE
            SET   @retrunstr = '未取得学分'
            RETURN @retrunstr
    END
```

(2) 使用 Fun1 函数。

```
SELECT Sno, Grade, DBO. Fun1(Grade)   AS 学分情况
FROM SC WHERE Cno = 'C001'
```

运行结果如图 1.8.21 所示。

图 1.8.21   课程号为 C001 的学生学分情况

2) 创建内联表值函数

用户定义函数不仅返回单个数据值,而且还可以返回单个表,对内联表值用户定义函数而言,返回的结果只是一系列表值,没有明确的函数体。该表是 SELECT 语句的结果集。

内联表值函数的语法格式为:

```
CREATE FUNCTION <名称>
([{@参数名称 参数类型[ = 默认值]}[, …]])
RETURNS TABLE
AS
RETURN SELECT 语句
```

该语法格式说明如下。

(1) RETURNS 子句只包含关键字 TABLE。不必定义返回变量的格式,因为它由 RETURN 子句中的 SELECT 语句的结果集的格式设置。

(2) 函数体不用 BEGIN 和 END 分隔。

（3）RETURN 子句在括号中包含单个 SELECT 语句。SELECT 语句的结果集构成函数所返回的表。

（4）表值函数只接收常量或"@local_variable"参数。

例 8.33　在 Students 库中创建一个内联表值函数 Fun_info，该函数可以根据输入的系部代码返回该系学生的基本信息。

（1）创建 Fun_info 函数。

```
CREATE    FUNCTION Fun_info(@Deptno NVARCHAR(4)) RETURNS   TABLE
AS
RETURN (SELECT Sno,Sname   FROM Student WHERE Sdept = @Deptno)
```

（2）使用 Fun_info 函数。

建立好该内联表值函数后，就可以像使用表或视图一样来使用它：

```
SELECT   * FROM   DBO.Fun_info('数学系')
```

运行结果如图 1.8.22 所示。

（3）创建多语句表值用户自定义函数。

如果表值函数的函数体含有多个语句，则称为多语句表值函数。对于多语句表值函数，在 BEIN…END 语句块中定义的函数体包含一系列 SQL 语句，这些语句可生成行并将其插入到返回的表中。

多语句表值函数的语法格式如下：

```
CREATE FUNCTION <名称>
([{@参数名称 参数类型[ = 默认值]}[,…]])
RETURNS @局部变量 TABLE< table_type_definition >
AS
BEGIN
    函数体
    RETURN
END
```

说明："@局部变量"指一个 TABLE 类型的变量用于存储和累积返回的表中的数据行。

例 8.34　在 Students 库中创建一个多语句表值函数 Fun_score，该函数可以根据输入的课程名称返回选修该课程的学生姓名和成绩。

（1）创建 Fun_score 函数。

```
CREATE   FUNCTION Fun_score( @Cno AS CHAR(10) )
RETURNS @chji TABLE
 (
    课程名   CHAR(10),
    姓名     CHAR(10),
    成绩     INT
 )
AS
BEGIN
    INSERT @chji;
    SELECT C.CNAME,A.SNAME ,B.GRADE
```

```
      FROM Student AS A INNER JOIN SC AS B
      ON A.SNO = B.SNO INNER JOIN Course AS C
      ON C.CNO = B.CNO
      WHERE C.CNAME = @Cno
      RETURN
END
```

（2）使用 Fun_score 函数。

```
SELECT  *  FROM  DBO.Fun_score('高等数学')
```

运行结果如图 1.8.23 所示。

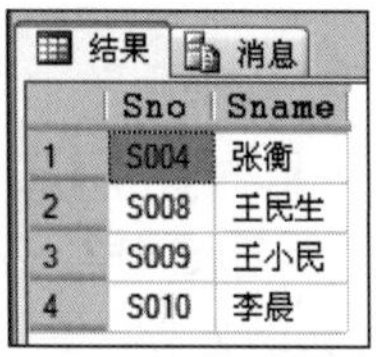

	Sno	Sname
1	S004	张衡
2	S008	王民生
3	S009	王小民
4	S010	李晨

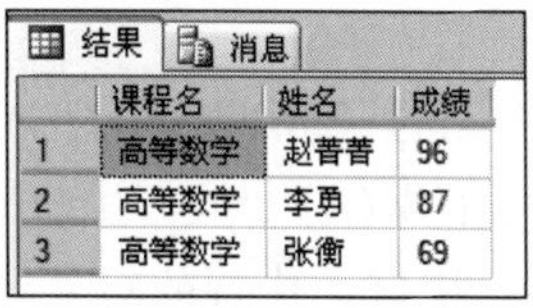

	课程名	姓名	成绩
1	高等数学	赵菁菁	96
2	高等数学	李勇	87
3	高等数学	张衡	69

图 1.8.22　例 8.33 的运行结果　　　图 1.8.23　例 8.34 多语句表值函数运行结果

2. 函数管理

1) 查看用户自定义函数

在 SQL Server 中，根据不同需要，可以使用 sp_helptext、sp_help 等系统存储过程来查看用户自定义函数的不同信息。每个系统存储过程的具体作用和语法如下。

使用 sp_helptext 查看用户自定义函数的文本信息，其语法格式为：

```
sp_helptext <用户自定义函数名>
```

使用 sp_help 查看用户自定义函数的一般信息，其语法格式为：

```
sp_help <用户自定义函数名>
```

例 8.35　使用有关系统过程查看在 Students 数据库中名为 Fun_score 的用户自定义函数的文本信息。其程序代码如下：

```
USE Students
GO
EXEC sp_helptext Fun_score
    GO
```

2) 修改用户自定义函数

使用 ALTER FUNCTION 命令可以修改用户自定义函数。修改由 CREATE FUNCTION 语句创建的现有用户自定义函数，不会更改权限，也不影响相关的函数、存储过程或触发器。其语法格式如下：

```
ALTER  FUNCTION [ owner_name.] function_name
    ( [ { @parameter_name [AS] scalar_parameter_data_type [ = default ] } [ ,… ] ] )
RETURNS scalar_return_data_type
[ AS ]
BEGIN
```

```
        function_body
        RETURN scalar_expression
END
```

其中的参数与建立用户自定义函数中的参数意义相同。

3）删除用户自定义函数

使用 DROP 命令可以一次删除多个用户自定义函数，其语法格式为：

```
DROP FUNCTION [所有者名称.]函数名称[,…]
```

8.6 触 发 器

前面已经介绍过了表、视图、存储过程以及函数的创建。一般而言，创建这些对象后，需要配置一些对应的操作。例如，执行 SELECT 语句查询数据，执行 EXEC 命令执行存储过程等。SQL 也支持自动执行的对象，对数据的更改做出反应，即触发器。

如要求当从学生表中删除一个学生的记录时，相应地从成绩表中删除该学生对应的所有成绩。要解决该问题，可以使用触发器。

8.6.1 触发器的基本概念

1. 触发器的简介

触发器是一类特殊的存储过程，它是在执行某些特定的 T-SQL 语句时可以自动执行的一种存储过程。

触发器的特点如下。

（1）约束和触发器在特殊情况下各有优势。触发器的主要优点在于它可以包含使用 T-SQL 代码的复杂处理逻辑。因此，触发器可以支持约束的所有功能，但它在所给的功能上并不一定是最好的方法。

（2）约束只能通过标准的系统错误信息传递错误信息。如果应用程序需要使用自定义信息和较为复杂的错误处理，则必须使用触发器。

（3）触发器可以实现比 CHECK 约束更为复杂的约束。与 CHECK 约束不同，CHECK 约束只能根据逻辑表达式或同一表中的另一列来验证列值，而触发器可以引用其他表中的列。例如，在触发器中可以参照另一个表中某列的值，以确定是否插入或更新数据，或者是否执行其他操作。

（4）触发器可通过数据库中的相关表实现级联更改，不过，通过级联引用完整性约束可以更有效地执行这些更改。

（5）如果触发器表上存在约束，则在 INSTEAD OF 触发器执行后且在 AFTER 触发器执行前检查这些约束。如果约束被破坏，则回滚 INSTEAD OF 触发器操作，并且不执行 AFTER 触发器。

2. 触发器的 INSERTED 表和 DELETED 表

在创建触发器时，可以使用两个特殊的临时表：INSERTED 表和 DELETED 表，这两个表都存在于内存中。可以使用这两个临时表测试某些数据修改的效果以及设置触发器操作的条件,但不能直接对表中的数据进行更改。

INSERTED 表中存储着被 INSERT 和 UPDATE 语句影响的新的数据行。在执行 INSERT 或 UPDATE 语句时,新的数据行被添加到基本表中,同时这些数据行的备份被复制到 INSERTED 临时表中。

DELETED 表中存储着被 DELETE 和 UPDATE 语句影响的旧数据行。在执行 DELETE 或 UPDATE 语句时,指定的数据行从基本表中删除,然后被转移到 DELETED 表中。在基本表和 DELETED 表中一般不会存在相同的数据行。

8.6.2　创建触发器

利用 T-SQL 语句创建触发器的基本语法如下:

```
CREATE  TRIGGER  trigger_name
ON    {table|view}
{FOR | AFTER | INSTEAD OF }
{[INSERT], [UPDATE], [DELETE]}
[WITH ENCRYPTION]
AS
[IF UPDATE (cotumn_name)
[{AND| OR} UPDATE(cotumn_name) … ]
Sql_statements
```

其中各参数的含义如下。

(1) trigger_name:是触发器的名称,用户可以选择是否指定触发器所有者。

(2) table|view:是执行触发器的表或视图,可以选择是否指定表或视图所有者的名称。

(3) AFTER:指在对表的相关操作正常执行后,触发器被触发,如果仅指定 FOR 关键字,则 AFTER 是默认设置。

(4) INSTEAD OF:指定执行触发器而不是执行触发语句,从而替代触发语句的操作,可以为表或视图中的每个 INSERT、UPDATE 或 DELETE 语句定义一个 INSTEAD OF 触发器。如果在定义一个可更新的视图时,使用了 WITH CHECK OPTION 选项,则 INSTEAD OF 触发器不允许在这个视图上定义。用户必须用 ALTER VIEW 删除选项后,才能定义 INSTEAD OF 触发器。

(5) [INSERT],[UPDATE],[DELETE]:指在表或视图上执行哪些数据修改语句时激活触发器的关键字。这其中必须至少指定一个选项。在触发器定义中允许使用以任意顺序组合的关键字,如果指定的选项多于一个,需要用逗号分隔。对于 INSTEAD OF 触发器,不允许在具有 ON DELETE 级联操作引用关系的表上使用 UPDATE 选项。

(6) ENCRYPTION:是加密含有 CREATE TRIGGER 语句正文文本的 syscomments 项,这是为了满足数据安全的需要。

(7) Sql_statements:定义触发器被触发后,将执行数据库操作。它指定触发器执行的条件和动作。触发器条件是除引起触发器执行的操作外的附加条件;触发器动作是指当前用户执行触发器的某种操作并满足触发器的附加条件时,触发器所执行的动作。

(8) IF UPDATE:指定对表内某列进行增加或修改内容时,触发器才起作用,它可以指定两个以上列,列名前可以不加表名。在 IF 子句中,多个触发器可以放在 BEGIN 和 END 之间。

1. INSERT 触发器

例 8.36 在数据库 Students 中创建一触发器,当向 SC 表插入一条记录时,检查该记录的学号在 Student 表中是否存在,检查课程号在 Course 表中是否存在,若有一项不存在,则不允许插入。

实例代码如下:

```
CREATE  TRIGGER  check_trig
ON  SC
FOR  INSERT
AS
IF EXISTS(SELECT * FROM  INSERTED A
          WHERE A.SNO NOT  IN (SELECT B.SNO FROM Student B)
          OR A.CNO NOT  IN(SELECT C.CNO FROM Course C))
BEGIN
   RAISERROR('违背数据的一致性',16,1)
   ROLLBACK  TRANSACTION
END
```

当用户向 SC 表中插入数据时将触发触发器,如向表中插入如下数据:

```
INSERT INTO SC VALUES('123','5',67)
```

运行结果如图 1.8.24 所示。

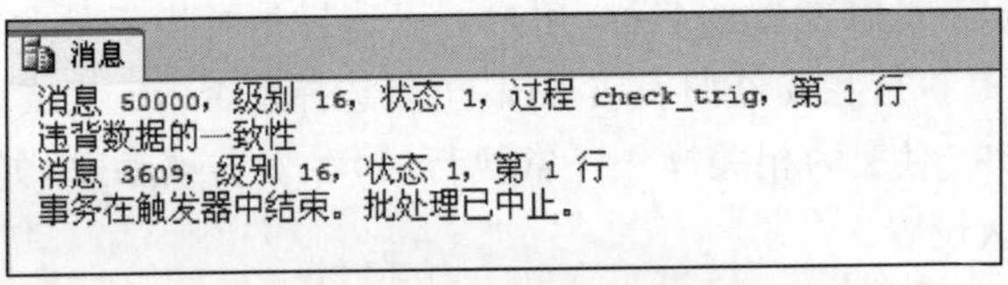

图 1.8.24 例 8.36 运行结果

例 8.37 不允许对 Student 表进行插入操作。

代码如下:

```
CREATE TRIGGER Tri_insert
ON Student
INSTEAD OF INSERT
AS
PRINT '不允许对表进行插入操作'
```

当用户向 Student 表中插入数据时将触发触发器,如向表中插入如下数据:

```
INSERT INTO Student VALUES('200515056','张红','女',21,'CS')
```

运行结果如图 1.8.25 所示。

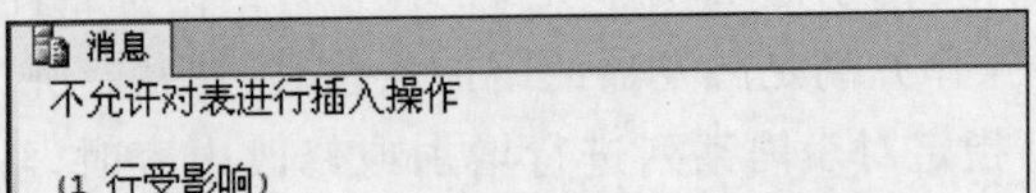

图 1.8.25 例 8.37 运行结果图

2. UPDATE 触发器

例 8.38 在数据库的 SC 表上创建一触发器,若对学号列和课程号列修改,则给出提示信息,并取消修改操作。

代码如下:

```
CREATE   TRIGGER   Tri_update
ON   SC
FOR UPDATE
AS
IF   UPDATE(Sno)   OR   UPDATE(Cno)
BEGIN
     RAISERROR('学号或课程号不能进行修改!',7,2)
     ROLLBACK   TRANSACTION
END
```

当用户向 SC 表中修改数据时将触发触发器,如向表中修改如下数据:

```
UPDATE SC
SET Sno = 'S123'
WHERE Sno = 'S001'
```

运行结果如图 1.8.26 所示。

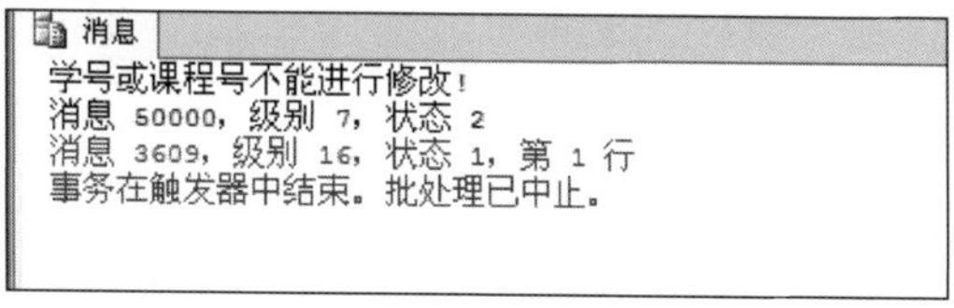

图 1.8.26   用户向表 SC 修改数据时运行结果

3. DELETE 触发器

例 8.39 当从 Student 表中删除一个学生的记录时,相应的应从 SC 表中删除该学生对应的所有记录。

代码如下:

```
CREATE   TRIGGER   Tri_del
ON Student
AFTER   DELETE
AS
DELETE   FROM SC WHERE Sno = (SELECT Sno FROM   DELETED)
```

在触发器建立后,在查询窗口运行如下命令:

```
DELETE FROM Student WHERE Sname = '李勇'
```

能够引发 Tri_del 触发器执行,在删除 Student 表中"李勇"对应的记录,同时还在 SC 表中删除"李勇"所对应的所有的成绩。

8.6.3   管理触发器

1. 修改触发器

修改触发器的语法格式如下:

```
ALTER TRIGGER  trigger_name
ON   {table|view}
{FOR | AFTER | INSTEAD OF }
{[INSERT], [UPDATE], [DELETE]}
[WITH ENCRYPTION]
AS
[IF UPDATE (cotumn_name)
[{AND| OR} UPDATE(cotumn_name)…]
Sql_statements
```

说明：各参数的意义与建立触发器语句中的参数的意义相同。

2．删除触发器

使用 DROP TRIGGER <触发器名>命令，即可删除触发器。

3．禁止和启用触发器

禁止和启用触发器的具体语法格式如下：

```
ALTER TABLE table_name
{ENABLE | DISABLE}TRIGGER
{ALL |trigger_name[,…]}
```

例 8.40 禁止或启用在 Students 数据库中 Student 表上创建的所有触发器。

代码如下：

```
ALTER TABLE Student DISABLE TRIGGER ALL
ALTER TABLE Student ENABLE TRIGGER ALL
```

8.7 复习思考

8.7.1 小结

本章从基础的 T-SQL 语法入手，由浅入深地讲解存储过程、游标、函数和触发器等知识。

由于存储过程在创建时即在数据库服务器上进行了编译并存储在数据库中，所以存储过程的运行要比单个的 SQL 语句块快。同时由于在调用时只需要提供存储过程名和必要的参数信息，所以在一定程度上也可以减少网络流量、减轻网络负担。触发器是一种特殊类型的存储过程，触发器主要是通过事件进行触发被自动调用执行的，而存储过程可以通过存储过程的名称被调用。

在数据库中，游标是一个十分重要的概念。游标提供了一种对从表中检索出的数据进行操作的灵活手段，就本质而言，游标实际上是一种能从包括多条数据记录的结果集中每次提取一条记录的机制。

8.7.2 习题

一、选择题

1. 在 WHILE 循环语句中，如果循环体语句条数多于一条，必须使用（　　）。

A. BEGIN…END
B. CASE…END
C. IF…THEN
D. GOTO

2. T-SQL 语言的字符串常量都要包含在( )内。

A. 单引号
B. 双引号
C. 书名号
D. 中括号

3. 以下哪一个不是逻辑运算符( )。

A. NOT
B. AND
C. OR
D. IN

4. 以下( )是用来创建一个触发器。

A. CREATE PROCEDURE
B. CREATE TRIGGER
C. DROP PROCEDURE
D. DROP TRIGGER

5. 关于存储过程的说法错误的是( )。

A. 不可以重复使用
B. 减少网络流量
C. 安全性高
D. 以提高系统性能

6. 如果一个游标不再使用,可以使用哪一个命令释放游标所占用的资源( )。

A. CLOSE
B. DELETE
C. FETCH
D. DEALLOCATE

7. 触发器创建在( )中。

A. 表
B. 视图
C. 数据库
D. 查询

8. 要删除一个名为 AA 的存储过程,应用命令( )PROCEDURE AA。

A. DELETE
B. ALTER
C. DROP
D. EXECUTE

9. 当删除( )时,与它关联的触发器也同时被删除。

A. 视图
B. 临时表
C. 过程
D. 表

10. 触发器可引用视图或临时表,并产生两个特殊的表是( )。

A. DELETED、INSERTED
B. DELETE、INSERT
C. VIEW、TABLE
D. VIEW1、TABLE1

二、简答题

1. 试述什么是存储过程,存储过程和触发器有什么不同?

2. 当一个表同时具有约束和触发器时,如何执行?

3. 如果触发器执行 ROLLBACK TRANSACTION 语句后,引起触发器触发的操作语句是否还会有效?

三、在图书馆数据库中,编写如下程序。

1. 在图书馆数据库中,定义一个游标,将所有读者号、读者姓名、书名和借出日期信息显示出来。

2. 创建一个存储过程,该存储过程能根据给定的读者号返回该读者的借阅情况(读者号、读者姓名、书名、借出日期和归还日期)。

3. 创建一个带输入和输出参数的存储过程,该存储过程根据给定的读者号获取该读者总的借阅书的本数,并返回结果。

4. 在图书馆数据库中,创建一个用户自定义函数,返回特定出版社所出书的总册数。

5. 创建一个触发器,如对借阅表中的借出日期进行修改,给出提示,并取消操作。

6. 创建一个触发器,当在读者表中删除一个读者的记录时,将触发该触发器,在触发器中判断该读者是否有没还的书,如果有书没有还,它将激发一个例外,把无法删除的信息返回用户。

第9章 数据库应用系统的开发

本章通过一个数据库应用系统实例的开发过程,介绍数据库应用系统设计方法和数据库应用系统的体系结构。无论是面向数据的数据库应用系统还是面向处理的数据库应用系统,第一步都要做好数据库的设计。数据库所存储的信息能否正确地反映现实世界,在运行中能否及时、准确地为各个应用程序提供所需的数据,关系到以此数据库为基础的应用系统的性能。因此,设计一个能够满足应用系统中各个应用要求的数据库,是数据库应用系统设计中的一个关键问题。

本章导读

• 数据库应用程序设计方法
• 数据库应用程序的体系结构
• 数据库应用程序开发

9.1 数据库应用程序设计方法

按照传统的软件开发方法,开发一个应用程序应该遵循"分析—设计—编码—测试"的步骤。分析的任务是弄清让目标程序"做什么"(what?),即明确程序的需求。设计则为了解决"怎样做"(how?),又可以分为两步:第一步称为概要设计,用以确定程序的总体结构;第二步叫作详细设计,目的是决定每个模块的内部逻辑过程。然后便是编码,使设计的内容能通过某种计算机语言在机器上实现。最后是测试,用以保证程序的质量。

数据库应用程序开发,通常情况采取 5 个步骤,即"功能分析—总体设计—模块设计—编码—调试",下面主要从应用程序设计方面加以说明。

9.1.1 应用程序总体设计

通常一个应用系统的程序可以划分为若干个子系统,而每个子系统又可以划分为若干个程序模块。总体设计的任务,就是根据功能分析所得到的系统需求,自顶向下地对整个系统进行功能分解,以便分层确定应用程序的结构。如图 1.9.1 所示为一个用层次图(HC图)来表示的应用程序总体结构图。图中顶层为总控模块,次层为子系统的控制模块,第三层为功能模块,它们是应用程序的主体,借以实现程序的各项具体功能。自此以下为操作模块层,其任务是完成功能模块中的各种特定的具体操作,操作模块可以不止一层。划分模块时,应注意遵守"模块独立性"的原则,尽可能使每个模块完成一项独立的功能,借以增强模块内部各个成分之间的块内联系,减少存在于模块相互之间的块间联系。

为了提高模块的利用率,可以将操作层的模块设计成"公用"模块,使同一模块能够供同

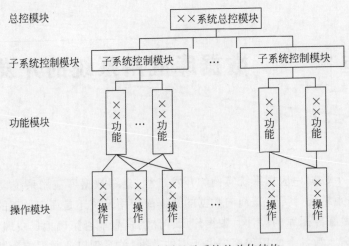

图 1.9.1　用层次图显示系统的总体结构

一层的多个模块调用。上半部分因自顶向下分解,由小变大;下半部分因模块公用,又由大变小。所以一个典型的应用程序宏观上通常有"两头小,中间大"的总体结构,如图 1.9.2 所示。系统层是总程序的控制模块。

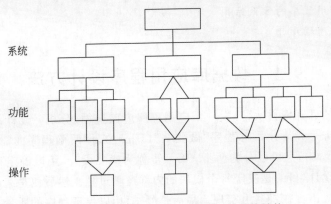

图 1.9.2　典型的"两头小,中间大"的总体结构

9.1.2　模块设计

数据库应用程序的模块设计,一般可包括确定模块基本功能和画出模块 DFD 两个步骤。

总体结构确定后,首先要对 HC 图中的所有模块逐个确定其基本功能。一般应包括模块的输入、输出和主要处理功能。

然后,可以用 DFD 画出每个模块从接收输入数据起,怎样逐步地通过加工或处理,生成所需要的输出数据的全部流程。

DFD 是传统软件开发中的一种常用工具。它通过描述数据从输入到输出所经历的加工或处理,勾画出应用程序的逻辑模型。与流程图等工具相似,它表达的范围可大可小,内容也可粗可细,从系统的整个应用程序到其中的单个模块,都可用这种图来描述。在数据库应用系统的开发中,它主要用来分析模块,建立模块的逻辑模型。在 DFD 上出现的数据流或数据库文件,其组成均应由数据字典明确定义,并载入字典条目卡片。但有时为了方便查阅,在不影响 DFD 清晰性的前提下,允许直接在 DFD 上标明个别数据流或文件的组成,这样,在查看 DFD 的同时,就可马上了解到有关数据的组成了。

在传统的软件开发中,模块设计又称为详细设计。其中心任务是使用伪代码或 N-S 图、PAD 图等设计表达工具,详细描述模块内部的逻辑过程。但由于数据库语言通常是非过程化语言,加上 DFD 本身的特点,在模块设计中直接用 DFD 来代替模块逻辑过程的详细描述,往往更能事半功倍。

9.1.3 编码测试

编码就是编程序,即按照所选择的数据库语言,由模块 DFD 直接写出应用程序的代码。编码的风格与方法应遵循结构化程序设计的原则。

编码产生的源程序,应该正确可靠,简明清晰,而且具有较高的效率。在编码中应该尽量做到:

(1) 尽可能使用标准的控制结构;

(2) 要有规律地使用控制语句;

(3) 要实现源程序的文档化;

(4) 尽量使程序满足运行工程学的输入和输出风格。

编码完成后要进行软件的测试。应用程序的测试通常和数据库的测试结合进行。软件测试是为了发现错误而执行程序的过程,它是提高软件质量的重要手段,在软件开发中占重要的地位。测试的方法有人工测试(代码复审)和机器测试(动态测试),在机器测试中可用黑盒测试技术和白盒测试技术。按照软件工程的观点,软件测试包括下面 4 个层次的测试:

(1) 单元测试;

(2) 综合测试;

(3) 确认测试;

(4) 系统测试。

其中单元测试是在编码阶段完成的,综合测试和确认测试放在测试阶段完成,系统测试是指整个计算机系统的测试,可与系统的安装与验收结合进行。在对规模不太大的应用程序进行测试,当发现程序有错时,可以采用下面 5 种测试技术,迅速找出并纠正其中的错误。

(1) 在程序的合适位置临时增加一些输出命令,输出某些变量的中间结果或者把对用户有用的信息反馈出来,可以帮助分析错误的原因,进而纠正错误。

(2) 通过对系统环境参数的设置来获得更多的运行信息。例如由 SET 命令的设置可以得到更多的运行信息。

(3) 在程序中设置断点,使它在预定的地方自动停止运行,可以分段观察与分析程序的执行情况。

(4) 如果分段观察仍未找到出错的位置,可以逐条跟踪程序的运行进程,从而找出错误。

(5) 将程序分解为若干个小的部分,分别执行,以缩小错误的范围。

数据库应用系统的开发

9.2 数据库应用程序的体系结构

数据库应用程序结构是指数据库运行的软、硬件环境。通过这个环境,用户可以访问数据库中的数据。不同的数据库管理系统可以具有不同的应用结构。下面介绍主机集中型结构、文件服务器结构、开放式客户体系结构等,并重点介绍现阶段两种最常见的应用结构:客户机/服务器(C/S)结构和浏览器/服务器(B/S)结构。

9.2.1 主机集中型结构

主机集中型结构的数据库应用系统一般在一台主机(大型计算机或小型计算机)带多台终端的环境下运行,这种结构在20世纪60—20世纪70年代比较盛行。在这种结构的数据库应用程序中,数据库的存储、计算、读取与应用程序的执行,全部集中在后端的主机上执行。用户通过前端的终端输入信息传至主机处理,主机处理完成后将处理的结果返回到前端的终端显示给用户。其结构如图1.9.3所示。

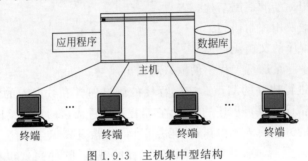

图1.9.3 主机集中型结构

9.2.2 文件服务器结构

到了20世纪80年代,随着苹果计算机、IBM个人计算机的诞生,其开放性的结构、日渐低廉的价格,以及越来越强的执行性能,已能满足一般企业所需,而文件型数据库应用程序也就在此时趁势崛起。在文件型数据库应用程序中,数据存放在文件型数据库中,如早期的dBase Ⅲ,到今天的Access,就是一些拥有高知名度的文件型数据库。存放数据库文件的服务器作为文件服务器使用,应用程序的数据运算和处理逻辑则存放在前端的工作站中。其体系结构如图1.9.4所示。

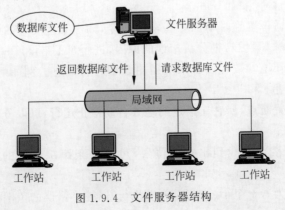

图1.9.4 文件服务器结构

例如,在数据库中有一客户表,共有 10 000 条客户资料。现假设想找出客户编号为 00001 的客户信息,则文件型数据库应用程序处理这个请求的方法是:

(1) 先把这 10 000 条客户数据从文件服务器通过局域网传至前端工作站。

(2) 前端工作站再从这 10 000 条客户数据中查找客户编号为 00001 客户信息。

(3) 查询作业结束后,再把这 10 000 条记录返回到文件服务器。

9.2.3 客户机/服务器(C/S)结构

客户机/服务器系统是在计算机网络环境下的数据库系统。首先介绍"分布计算"的概念。

1. 分布计算

分布计算的主要含义如下。

(1) 处理的分布。数据是集中的,处理是分布的。网络中各节点上的用户应用程序从同一个集中的数据库存取数据,而由各自节点上的计算机进行应用处理。这是单点数据、多点处理的集中数据库模式。数据在物理上是集中的,仍属于集中式的 DBMS。

(2) 数据的分布。数据分布在计算机网络的不同计算机上,逻辑上是一个整体。网络中的每个节点具有独立处理的能力,可以执行局部应用。同时,每个节点也能通过网络通信子系统执行全局应用。这就是前面介绍的分布数据库。

(3) 功能的分布。将在计算机网络系统中的计算机按功能区分,把 DBMS 功能与应用处理功能分开。在计算机网络系统中,把进行应用处理的计算机称为"客户机",把执行 DBMS 功能的计算机称为"服务器",这样组成的系统就是客户机/服务器系统。

2. 客户机/服务器系统结构

客户机/服务器结构的基本思路是计算机将具体应用分为多个子任务,由多台计算机完成。客户机端完成数据处理、用户接口等功能;服务器端完成 DBMS 的核心功能。客户机向服务器发出信息处理的服务请求,系统通过数据库服务器响应用户的请求,将处理结果返回客户机。客户机/服务器结构有单服务器结构和多服务器结构两种方式。

数据库服务器是服务器中的核心部分,它实施数据库的安全性、完整性、并发控制处理,还具有查询优化和数据库维护的功能,其系统结构如图 1.9.5 所示。

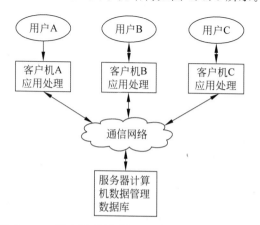

图 1.9.5　客户机/服务器系统结构(单服务器结构)

数据库应用系统的开发

3. 客户机/服务器系统结构的工作模式

客户机/服务器系统是计算机网络中常用的一种数据库体系结构,目前许多数据库系统都是基于这种结构的,对于具体的软件,在功能和结构上仍存在一定的差异。

最简单的客户机/服务器体系结构的数据库应用由两部分组成,即客户应用程序和数据库服务器程序,二者可分别称为前台程序与后台程序。运行数据库服务器程序的计算机,也称为应用服务器。一旦服务器程序被启动,就随时等待响应客户程序发来的请求;客户应用程序运行在用户自己的计算机上,对应于数据库服务器,可称为客户计算机,当需要对数据库中的数据进行任何操作时,客户程序就自动地寻找服务器程序,并向其发出请求,服务器程序根据预定的规则做出应答送回结果。其工作过程如图 1.9.6 所示。

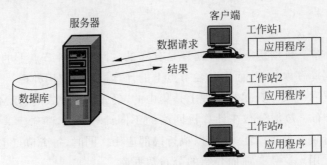

图 1.9.6　客户机/服务器系统结构工作过程

在客户机/服务器结构中,客户机安装所需要的应用软件工具(如 Visual Basic、Power Builder、Delphi 等),在服务器上安装 DBMS(如 Oracle、Sybase、MS SQL Server 等),数据库存储在服务器中。

客户机的主要任务是:

(1) 管理用户界面;

(2) 接收用户的数据和处理要求;

(3) 处理应用程序;

(4) 产生对数据库的请求;

(5) 向服务器发出请求;

(6) 接收服务器产生的结果;

(7) 以用户需要的格式输出结果。

服务器的主要任务是:

(1) 接收客户机发出的数据请求;

(2) 处理对数据库的请求;

(3) 将处理结果发送给发出请求的客户机;

(4) 查询/更新优化处理;

(5) 控制数据安全性规则和进行数据完整性检查;

(6) 维护数据字典和索引;

(7) 处理并发问题和数据库恢复问题。

4. 客户机/服务器系统的主要技术指标

(1) 一个服务器可以同时为多个客户机提供数据服务,服务器必须具备对多用户共享资源的协调能力,必须具备处理并发控制和避免死锁的能力。

(2) 客户机/服务器应向用户提供位置透明性服务。用户的应用程序书写起来就如同数据全部都在客户机上一样,用户不必知道服务器的位置,就可以请求服务器服务。

(3) 客户机和服务器之间通过报文交换来实现"服务请求/服务响应"的传递方式。服务器应具备自动识别用户报文的功能。

(4) 客户机/服务器系统具有良好的可扩充性。

5. 客户机/服务器结构的组成

客户机/服务器系统由服务器平台、客户平台和连接支持三部分组成。

(1) 服务器平台:必须是多用户计算机系统。安装网络操作系统(如 UNIX、Windows NT),安装客户机/服务器系统支持的 DBMS 软件(如 MS SQL Server、Sybase、Oracle、Informix 等)。

(2) 客户机平台:一般使用微型计算机,操作系统可以是 DOS、Windows、UNIX 等。应根据处理问题的需要安装方便高效的应用软件系统(如 PowerBuilder、Visual Basic、Developer 2000、Delphi 等)。

(3) 连接支持:位于客户机和服务器之间,负责透明地连接客户机与服务器,完成网络通信功能。

在客户机/服务器结构中,服务器负责提供数据和文件的管理、打印、通信接口等标准服务。客户机运行前端应用程序,提供应用开发工具,并且通过网络获得服务器的服务,使用服务器上的共享资源。这些计算机通过网络连接起来成为一个相互协作的系统。

6. 客户机/服务器系统完整性与并发控制

数据的完整性约束条件定义在服务器上,以进行数据完整性和一致性的控制。一般系统中大多采用数据库触发器的机制,即当某个事件发生时,由 DBMS 调用一段程序去检测是否符合数据完整性的约束条件,以实现对数据完整性的控制。在客户机/服务器上还设置必要的封锁机制,以处理并发控制问题和避免发生死锁。

7. 客户机/服务器结构的优缺点

客户机/服务器结构的优点是能充分发挥客户端 PC 的处理能力,很多工作可以在客户端处理后再提交给服务器,对应的优点就是客户端响应速度快。其具体优点表现为以下两点。

(1) 应用服务器运行数据负荷较轻。最简单的客户机/服务器体系结构的数据库应用由两部分组成,即客户应用程序和数据库服务器程序。二者可分别称为前台程序与后台程序。运行数据库服务器程序的机器,也称为应用服务器。一旦服务器程序被启动,就随时等待响应客户程序发来的请求;客户应用程序运行在用户自己的计算机上,对应于数据库服务器,可称为客户计算机,当需要对数据库中的数据进行任何操作时,客户程序就自动地寻找服务器程序,并向其发出请求,服务器程序根据预定的规则做出应答,送回结果,应用服务器运行数据负荷较轻。

(2) 数据的存储管理功能较为透明。在数据库应用中,数据的存储管理功能,是由服务器程序和客户应用程序分别独立进行的,并且通常把那些不同的(不管是已知的还是未知的)前台应用所不能违反的规则,在服务器程序中集中实现,例如访问者的权限,编号可以重复,必须有客户才能建立订单等规则。所有这些,对于工作在前台程序上的最终用户是"透明"的,他们无须过问(通常也无法干涉)背后的过程,就可以完成自己的一切工作。在客户服务器架构的应用中,前台程序不是非常"瘦小",麻烦的事情都交给了服务器和网络。在客户机/服务器体系结构下,数据库不能真正成为公共、专业化的仓库,它受到独立的专门管理。

随着互联网的飞速发展,移动办公和分布式办公越来越普及,这需要我们的系统具有扩展性。这种远程访问方式需要专门的技术,同时要对系统进行专门的设计来处理分布式的数据。

客户端需要安装专用的客户端软件。首先,涉及安装的工作量。其次,任何一台计算机出问题,如中病毒、硬件损坏,都需要进行安装或维护。特别是有很多分部或专卖店的情况,不是工作量的问题,而是路程的问题。最后,系统软件升级时,每一台客户机需要重新安装,其维护和升级成本非常高。

对客户端的操作系统一般也会有限制。可能适应于 Windows 98,但不能用于 Windows 2000 或 Windows XP。或者不适用于微软新的操作系统等,更不用说 Linux、UNIX 等(目前,大多数客户端都适应 Windows XP 系统,但对微软新的操作系统或其他开发系统不兼容)。

传统的客户机/服务器体系结构虽然采用的是开放模式,但这只是系统开发一级的开放性,在特定的应用中无论是客户端还是服务器端都还需要特定的软件支持。由于没能提供用户真正期望的开放环境,客户机/服务器结构的软件需要针对不同的操作系统开发不同版本的软件,加之产品的更新换代十分快,已经很难适应百台计算机以上的局域网用户同时使用。而且客户机/服务器结构的代价高,效率低。

客户机/服务器结构的劣势还有高昂的维护成本且投资大。

首先,采用客户机/服务器结构,要选择适当的数据库平台来实现数据库数据的真正"统一",使分布于两地的数据同步完全交由数据库系统去管理,但逻辑上两地的操作者要直接访问同一个数据库才能有效实现,有这样一些问题,如果需要建立"实时"的数据同步,就必须在两地间建立实时的通信连接,保持两地的数据库服务器在线运行,网络管理工作人员既要对服务器维护管理,又要对客户端维护和管理,这需要高昂的投资和复杂的技术支持,维护成本很高,维护任务量大。

其次,传统的客户机/服务器结构的软件需要针对不同的操作系统开发不同版本的软件,由于产品的更新换代十分快,代价高和低效率已经不适应工作需要。在 Java 这样的跨平台语言出现之后,浏览器/服务器结构更是猛烈冲击客户机/服务器结构,并对其形成威胁和挑战。

9.2.4　浏览器/服务器(B/S)结构

1. B/S 结构的概念

浏览器/服务器(Brower/Server,B/S)模式又称 B/S 结构,是 Web 兴起后的一种网络结构模式。Web 浏览器是客户端最主要的应用软件。这种模式统一了客户端,将系统功能实现的核心部分集中到服务器上,简化了系统的开发、维护和使用。

客户机上只需要安装一个浏览器,服务器上安装 SQL Server、Oracle、MySQL 等数据库;浏览器通过 Web Server 同数据库进行数据交互。

B/S 结构采用三层架构,如图 1.9.7 所示。

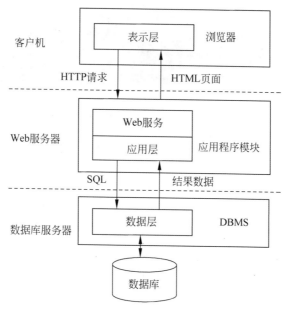

图 1.9.7　三层架构

2. B/S 体系结构的特点

（1）由于 Web 支持底层的 TCP/IP 协议族,使 Web 网与局域网都可以做到连接,从而彻底解决了异构系统的连接问题。

（2）由于 Web 采用了"瘦客户端",使系统的开放性得到很大的改善,系统对将要访问系统的用户数的限制有所放松。

（3）系统的相对集中性使得系统的维护和扩展变得更加容易。例如,数据库存储空间不够,可再加一个数据库服务器;系统要增加功能,可以新增一个应用服务器来运行新功能。

（4）界面统一（全部为浏览器方式）,操作相对简单。

（5）业务规则和数据捕获的程序容易分发。

3. B/S 结构的工作原理

B/S 结构采取浏览器请求、服务器响应的工作模式。

用户可以通过浏览器去访问 Internet 上由 Web 服务器产生的文本、数据、图片、动画、视频点播和声音等信息;而每一个 Web 服务器又可以通过各种方式与数据库服务器连接,大量的数据实际存放在数据库服务器中。

从 Web 服务器上下载程序到本地来执行,在下载过程中若遇到与数据库有关的指令,由 Web 服务器交给数据库服务器来解释执行,并返回给 Web 服务器,Web 服务器又返回给用户。在这种结构中,将许许多多的网连接到一起,形成一个巨大的网,即全球网。而各个企业可以在此结构的基础上建立自己的 Internet。浏览器/服务器（B/S）结构工作原理如图 1.9.8 所示。

B/S 结构的工作流程如下。

（1）客户端发送请求:用户在客户端"浏览器页面"提交表单操作,向服务器发送请求,等待服务器响应。

图 1.9.8　浏览器/服务器(B/S)结构

(2) 服务器端处理请求:服务器端接收并处理请求,应用服务器端通常使用服务器端技术,如 JSP 等,对请求进行数据处理,并产生响应。

(3) 服务器端发送响应:服务器端把用户请求的数据(网页文件、图片、声音等)返回给浏览器。

(4) 浏览器解释执行 HTML 文件,呈现用户界面。

浏览器是阅读和浏览 Web 的工具,它是通过 B/S 方式与 Web 服务器交互信息的。一般情况下,浏览器就是客户端,它要求服务器把指定信息传送过来,然后通过浏览器把信息显示在屏幕上。

浏览器实际上是一种允许用户浏览 Web 信息的软件,只不过这些信息是由 Web 服务器发送出来的。

服务器既是计算机硬件的称谓,有时又是计算机服务端软件的称谓,用户应该从语境上去区分它们。

(1) 服务器是一种计算机硬件:服务器应该算是一种高性能的计算机,它作为网络的节点,存储、处理网络上的数据、信息,因此也被称为网络的灵魂。

(2) 服务器是一种计算机软件:一般 IIS 服务器、Java 服务器、.NET 服务器等名词,都是指一种计算机软件。当用户使用计算机上网时,其实是访问服务器硬件。但是,这个服务器硬件上安装了服务器软件,例如 IIS 服务器、Java 服务器、.NET 服务器,它们负责接收用户的访问请求,并根据请求经过计算将数据返回给用户的客户端(浏览器)。

服务器软件分为两类:一类是 Web 服务器;另一类是应用程序服务器(简称 App Server)。IIS 服务器和 Apache 是最常用的 Web 服务器软件;Java 服务器、.NET 服务器、PHP 服务器是最常用的应用程序服务器软件。

(3) Web 服务器:Web 服务器实际上是一种连接在 Internet 上的计算机软件。它负责 Web 浏览器提交的文本请求。

最简单的 Web 应用程序其实就是一些 HTML 文件和其他的一些资源文件组成的集合。

Web 站点则可以包含多个 Web 应用程序。它们位于 Internet 上的一个服务器中,一个 Web 站点其实就对应着一个网络服务器(Web 服务器)。

4. B/S 结构的优缺点

B/S 结构最大的优点是总体拥有成本低、维护方便、分布性强、开发简单,可以不用安装任何专门的软件就能实现在任何地方进行操作,客户端零维护,系统的扩展非常容易,只要有一台能上网的计算机就能使用。

(1) 维护和升级方式简单。

目前,软件系统的改进和升级越来越频繁,B/S 结构的产品明显体现着更为方便的特性。对一个稍微大一点的单位来说,系统管理人员如果需要在几百甚至上千台计算机之间来回奔跑,效率和工作量是可想而知的,但 B/S 结构的软件只需要管理服务器就行了,所有的客户端只是浏览器,根本不需要做任何的维护。无论用户的规模有多大,有多少分支机构,都不会增加任何维护升级的工作量,所有的操作只需要针对服务器进行;如果是异地,只需要把服务器连接专网即可,实现远程维护、升级和共享。所以客户机越来越"瘦",而服务器越来越"胖"是将来信息化发展的主流方向。今后,软件升级和维护会越来越容易,而使用起来会越来越简单,这对用户人力、物力、时间、费用的节省是显而易见的、惊人的。因此,维护和升级革命的方式是"瘦"客户机,"胖"服务器。

(2) 成本降低,选择更多。

大家都知道 Windows 在桌面计算机上几乎一统天下,浏览器成为标准配置,但在服务器操作系统上 Windows 并不是处于绝对的统治地位。现在的趋势是凡使用 B/S 结构的应用管理软件,只需安装在 Linux 服务器上即可,而且安全性高。所以服务器操作系统的选择是很多的,不管选用哪种操作系统都可以让大部分人使用 Windows 作为桌面计算机的操作系统,这使得最流行的免费的 Linux 操作系统快速发展起来。Linux 除了操作系统是免费的以外,连数据库也是免费的,这种选择非常盛行。例如,很多人每天上新浪网,只要安装了浏览器就可以了,并不需要了解新浪的服务器用的是什么操作系统,而事实上大部分网站确实没有使用 Windows 操作系统,但用户的计算机本身安装的大部分是 Windows 操作系统。

虽说 B/S 结构有很多优越性,但是也不可避免有些缺陷。不过,在理论上,既然 B/S 结构是 C/S 结构的改进版,缺点应该不是很多。在实际使用中存在的最大的缺点就是通信开销大、系统和数据的安全性较难保障。

由于 B/S 结构管理软件只安装在服务器端,网络管理人员只需要管理服务器就行了,用户界面的主要事务逻辑在服务器端完全通过 WWW 浏览器实现,极少部分事务逻辑在前端浏览器实现,所有的客户端只有浏览器,网络管理人员只需要做硬件维护。但是,应用服务器运行数据负荷较重,一旦发生服务器"崩溃"等问题,后果不堪设想。因此,许多单位都备有数据库存储服务器,以防万一。

5. 与传统 C/S 结构的比较

1) 硬件环境的比较

C/S 结构建立在局域网的基础上,局域网之间再通过专门服务器提供连接和数据交换服务。在 C/S 结构中,客户机和服务器都需要处理数据任务,这就对客户机的硬件提出了较高的要求。B/S 结构建立在广域网上,不必配备专门的网络硬件环境。虽然对客户端的硬件要求不是很高,只需要运行操作系统和浏览器,但服务器端需要处理大量实时的数据,这就对服务器端的硬件提出了较高的要求。总体来讲,B/S 结构相对 C/S 结构能够大大降低成本。

2) 系统维护、升级的比较

C/S 结构中的每一个客户机都必须安装和配置相关软件,如操作系统、客户端软件等。当客户端软件需要维护、升级,即使只是增加或删除某一功能,也需要逐一将 C/S 结构中所有的客户端软件卸载并重新安装。如果不进行升级,可能会碰到客户端软件版本不一致而无法工作的情况。B/S 结构中每一个客户端只需通过浏览器便可进行各种信息的处理,而不需要安装客户端软件,维护、升级等几乎所有的工作都在服务器端进行,如果系统需要升级,只需要将升级程序安装在服务器端即可。

3) 系统安全的比较

C/S 结构采取点对点的结构模式,数据的处理是基于安全性较高的网络协议之上。另外,C/S 结构一般面向相对固定的用户群,它可以对权限进行多层次的校验,对信息安全的控制能力很强,安全性可以得到很好的保障。B/S 结构采取一点对多点、多点对多点的开放式结构模式,其安全性只能靠数据服务器上的管理密码的数据库来保证,况且网络安全技术尚未成熟,需不断发现、修补各种安全漏洞。

4) 用户接口的比较

C/S 结构多是建立在 Windows 平台上,表现方法有限,对程序员普遍要求较高。B/S 结构是建立在浏览器上,有更加丰富和生动的表现方式与用户交流。

5) 处理上的比较

C/S 结构建立在局域网上,处理面向在相同区域的比较固定的用户群,满足对安全要求高的需求,与操作系统相关。B/S 结构建立在广域网上,处理面向分散的地域的不同的用户群,与操作系统关系较少。另外,B/S 结构的处理模式与 C/S 结构处理模式相比,简化了客户端,只需要安装操作系统、浏览器即可。

6) 软件重用的比较

C/S 结构软件可从不可避免的整体性考虑,构件的重用性不如在 B/S 结构要求下构建的重用性好。B/S 结构对应的是多重结构,要求构建相对独立的功能,能够相对较好地重用。

7) 系统速度的比较

C/S 结构在逻辑结构上比 B/S 结构少一层,对于相同的任务,C/S 结构完成的速度总比 B/S 结构快,使得 C/S 结构更利于处理大量数据。另外,由于客户端实现与服务器的直接相连,没有中间环节,因此响应速度快。

8) 交互性与信息流的比较

C/S 结构的交互性很强,在 C/S 结构中,客户机有完整的客户端软件,能处理大量的、实时的数据流,响应速度快。B/S 结构虽然可以提供一定的交互能力,但交互能力很有限。C/S 结构的信息流单一,而 B/S 结构可处理如 B-B、B-C、B-G 等信息并具有流向的变化。

9.2.5 开放式客户体系结构

开放式的客户体系结构使得客户端应用不再紧密地依赖数据库管理系统,开发者可以选择自己喜欢和熟悉的开发工具进行客户端口独立开发。等真正联调时再通过 ODBC、ADO 或 JDBC 接口连接到数据库管理系统。

数据库应用程序的设计由两部分组成:数据库设计和界面设计,数据库是应用程序的数据源,而界面是应用程序的用户与数据交互的载体,因此要完成一个应用系统的设计,首先要根据用户需求设计好数据库(称为后台或数据层)和应用程序界面(称为前台或表示层),然后采用好的数据库访问技术,实现前台与后台交互访问,从而完成整个应用程序的设计。

1. ODBC

ODBC(Open Database Connectivity,开放数据库互连)是微软公司开放服务结构

(Windows Open Services Architecture,WOSA)中有关数据库的一个组成部分,它建立了一组规范,并提供了一组对数据库访问的标准应用程序编程接口(API)。这些 API 利用 SQL 来完成其大部分任务。ODBC 本身也提供了对 SQL 语言的支持,用户可以直接将 SQL 语句送给 ODBC。

一个基于 ODBC 的应用程序对数据库的操作不依赖任何 DBMS,不直接与 DBMS 打交道,所有的数据库操作由对应的 DBMS 的 ODBC 驱动程序完成。也就是说,不论是 FoxPro、Access 还是 Oracle 数据库,均可用 ODBC API 进行访问。由此可见,ODBC 的最大优点是能以统一的方式处理所有的数据库。

一个完整的 ODBC 由下列 4 个部件组成。

(1) 应用程序(Application)。应用程序对外提供使用者交谈界面,同时对内执行资料的准备工作,数据库系统所传回来的结果再显示给使用者看。

(2) ODBC 管理器(Administrator)。该程序位于 Windows 95 控制面板(Control Panel)的 32 位 ODBC 内,其主要任务是管理安装的 ODBC 驱动程序和管理数据源。

(3) 驱动程序管理器(Driver Manager)。驱动程序管理器包含在 ODBC32. DLL 中,对用户是透明的。其任务是管理 ODBC 驱动程序,是 ODBC 中最重要的部件。

(4) 数据源名称(Data Source Name,DSN)是用于将应用程序连接到特定的 ODBC 数据库的信息集合。ODBC 驱动程序管理器用这些信息创建与数据库的连接。使用数据库进行开发之前,需要通过设置,定义以 DSN 为指定的 ODBC 数据源。

定义数据源前,必须保证安装了所要连接的数据库的 ODBC 驱动程序。一般在安装开发工具或相应软件时可能已经自动或选择安装了 ODBC 驱动程序。也可以选择安装由数据库厂商专门提供的 ODBC 驱动程序。安装过程依向导指示进行即可。

定义 ODBC 时,打开 Windows 的控制面板,打开“ODBC 数据源(32 位)”项,出现“ODBC 数据源管理器”对话框,如图 1.9.9 所示。“ODBC 数据源管理器”专门用来维护 32 位的 ODBC 数据源和驱动程序。

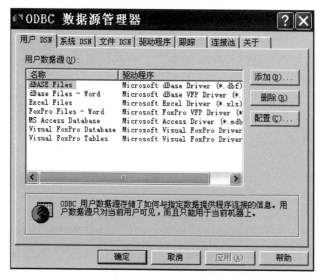

图 1.9.9 “ODBC 数据源管理器”对话框

数据库应用系统的开发

在图1.9.9中的"驱动程序"选项卡中,可以看到当前计算机上已经安装的ODBC驱动程序。在这个对话框中,还可以对"用户DSN""系统DSN"和"文件DSN"进行设置。

用户DSN和系统DSN都存储在Windows注册表中。用户DSN只对当前用户可用,并且只能用在当前计算机中,系统DSN可以被当前计算机的所有用户使用。另外,文件DSN把同一数据库的连接信息保存到一个.dsn的文件当中,所有安装了相应驱动程序的计算机都可以使用。

以SQL Server数据库为例,添加DSN和配置DSN的向导用4个窗口对应的4个步骤完成;第1步要求指定数据源的名称、数据库所在的服务器、对数据源的描述;第2步指定登录SQL Server的方式及登录时默认的用户名,在输入密码后可以允许在第3步登录到数据库上;第3步将连接数据库,选择默认数据库,附加数据库文件名等;第4步用来设置提示信息所用语言,是否在显示日期、货币等信息时使用区域设置等,单击"完成"按钮即可结束DSN的设置。完成后,系统将弹出一个窗口,在其中列出所有的选项取值,这时还可以单击"测试数据源"按钮以确定设置是否成功。

ODBC对应用程序来说就是一些标准函数,称作ODBC API。可以直接用这些函数编程,完成对数据库的复杂操作。大多数的前端开发工具都提供了多种访问ODBC数据源的途径,如使用数据库引擎、数据库对象接口ODBC API函数等。比较而言,直接使用ODBC API函数的编程难度最大,但由此获得的存取数据库的性能也是最佳的,同时,ODBC API函数的使用不受操作系统等软件和硬件平台的限制。所以,在跨平台、性能要求高的应用中,用ODBC访问数据库也常被采用。在下面的例子中用到的数据库是SQL Server数据库。目前常用的ODBC有ODBC 2.X和ODBC 3.X两个版本。

使用ODBC,首先需要获得句柄。ODBC提供了4种句柄:环境、连接、语句和描述符句柄。其中,环境句柄是一系列资源的集合,这些资源在总体上对ODBC进行管理。一个应用程序只用一个环境句柄,并且必须在连接数据源之前申请环境句柄。连接句柄的作用是将资源分配给实际的数据库连接。应用程序与数据源的连接必须通过连接句柄完成。每个连接句柄只与一个环境句柄相连,一个环境句柄可以与多个连接句柄相连。语句句柄用于管理对系统发出的实际请求,它必须与一个连接句柄关联在一起。应用程序在提交SQL请求前必须先请求一个语句句柄。每一个语句句柄只与一个连接句柄相连,一个连接句柄可以与多个语句句柄相连。描述符句柄则提供了一些特殊的描述信息,例如结果集的数据列信息、SQL语句的动态参数等。

(1) 连接ODBC数据源。在应用程序调用ODBC函数前,必须初始化ODBC接口,建立一个环境句柄。首先声明一个环境句柄变量,例如:

```
Dim hEnv1 As Long
```

用参数SQL_HANDLE_ENV调用函数SQLAllocHandle可以建立环境句柄,例如:

```
SQLAllocHandle(SQL_HANDLE_ENV,SQL_NULL_ HANDLE,hEnv1)
```

这样,ODBC的驱动程序管理器将初始化ODBC环境,为环境变量分配存储空间,并返回一个环境句柄传递给hEnv1。这个步骤只能进行一次。接下来可以在这个OBDC环境中连接多个数据源。

在连接数据源之前,应用程序应该先分配一个或多个连接句柄。首先声明一个连接句

柄,例如:

```
Dim hDbc1 As Long
```

用参数 SQL_HANDLE_DBC 调用函数 SQLAllocHandle 可以建立连接句柄,例如:

```
SQLAllocHandle(SQL_HANDLE_DBC,hEnv1,hDbcl)
```

ODBC 的驱动程序管理器将为该连接分配一块存储空间,返回一个连接句柄,并赋值给 hDbcl。

有了连接句柄后,就可以用函数 SQLConncct 来连接指定的数据源。SQLConnect 函数的调用格式是:

```
SQLConnect (ConnectionHandle, ServerName, NameLengthl, UserName, NameLength2, Authentication,
NameLength3)
```

其中,ConnoctionHandle 为连接句柄,ServerName 指定建立连接的数据源名称,NameLength 为 ServerName 的长度,UserName 为指定连接采用的用户名,NameLengrh2 为 Username 的长度,Authentication 指定该用户的密码,NameLength3 为密码的长度。

例如,和名称为 school 的数据源建立连接,用户名为 sa,密码为 ok:

```
SQLConnect(hDbcl."school",SQL NTS,"sa",SQL_NTS,"ok",SQL_NTS)
```

(2) 处理 SQL 语句。在处理 SQL 语句之前,首先必须分配一个语句句柄。先声明一个语句句柄变量,例如:

```
Dim hStmtl As Long
```

然后使用参数 SQL_HANDLE_STMT 调用函数 SQLAllocHandle,例如:

```
SQLAllocHandle(SQL_HANDLE_STMT,hDbcl,hStmtl)
```

这样,ODBC 的驱动程序管理器将为执行语句分配一块存储空间,返回一个语句句柄,并赋值给 hStmtl。

执行 SQL 语句一般采用“准备”的方式执行,一般在应用程序中采用以下几个步骤。

① 调用 SQLPrepare 函数准备一个 SQL 语句,把 SQL 语句作为函数的一个参数。例如:

```
SQLPrepare(hStmtl,"SELECT * FROM Student WHERE Sage = ?",SQL_NTS)
```

② 设置 SQL 语句中的参数值。如果 SQL 语句中出现了问号(?),那么表明这个 SQL 语句是带参数的,必须设置这个参数值。用函数 SQLBindParameter 来设置 SQL 语句的参数,例如:

```
SQLBindParameter(hStmtl,I,SQL_PARAM_INPUT,SQL_C_SLONG,SQL_INTEGER,0,0,age,vbNull)
```

这样参数就和 age 联系在一起了。设置参数时,只要设置变量 age 的值就可以了。

③ 设置查询结果的存储变量。查询出某些字段后,必须把结果存储在变量中,这个任务由函数 SQLBindCol 来完成,例如:

```
SQLBindCol(hStmtl,1,SQL_C_CHAR,SQL_CHAR,SNAME_LEN,0,name,vbNull)
```

数据库应用系统的开发

这样,每次查询后,SNAME 字段的值就存放在变量 name 中。还可以为其他字段一一指定存储变量。

④ 调用函数 SQLExecute 来执行 SQL 语句,例如:

```
SQLExecute(hStmtl)
```

⑤ 用 SQLFetch 将查询的结果提取到设置的存储变量中,例如:

```
SQLFetch (hStmtl)
```

⑥ 根据程序的需要,重复上面的 5 个步骤。

SQL 语句的执行还可以用另一种称为"立即执行"的方式进行,用到的函数是 SQLExecDirect,例如:

```
SQLExecDirect(hStmtl,"SELECT * FROM Student",SQL_NTS)
```

就速度而言,准备方式在第一次执行前进行了编译,所以执行速度相对要快得多。所以除非 SQL 语句只执行一次,一般使用准备方式,而不用立即执行的方式。

(3) 断开连接

在完成对数据库的存取后,应该用函数 SQLDisconnect 断开与数据源的连接,例如:

```
SQLDisconnect(hDbcl)
```

在断开连接后,用 SQLFreeHandle 函数释放所有的句柄,包括语句句柄、连接句柄和环境句柄。SQLFreeHandle 中的参数不同,释放的句柄也不同。例如:

① 释放语句句柄。

```
SQLFreeHandle(hStmtl)
```

② 释放连接句柄。

```
SQLFreeHandle(hDdbcl)
```

③ 释放环境句柄。

```
SQLFreeHandle(hEnvl)
```

2. ADO

ADO(ActiveX Data Objects,ActiveX 数据对象)是 Microsoft 提出的应用程序接口(API)用以实现访问关系或非关系数据库中的数据。像 Microsoft 的其他系统接口一样,ADO 是面向对象的。Microsoft 和其他数据库公司在它们的数据库和 Microsoft 的 OLE 数据库之间提供了一个"桥"程序,OLE 数据库已经在使用 ADO 技术。ADO 的一个特征(称为远程数据服务)支持网页中的数据相关的 ActiveX 控件和有效的客户端缓冲。作为 ActiveX 的一部分,ADO 也是 Microsoft 的组件对象模式(COM)的一部分,它的面向组件的框架用以将程序组装在一起。

ADO 是对当前微软所支持的数据库进行操作的最有效和最简单直接的方法,它是一种功能强大的数据访问编程模式,从而使得大部分数据源可编程的属性得以直接扩展到 Active Server 页面上。可以使用 ADO 去编写紧凑简明的脚本以便连接到 ODBC 兼容的数据库和 OLE DB 兼容的数据源,这样 ASP 程序员就可以访问任何与 ODBC 兼容的数据库,包括 MS SQL Server、Access、Oracle 等。

例如,如果网站开发人员需要让用户通过访问网页来获得存在于 IBM DB2 或者 Oracle 数据库中的数据,那么就可以在 ASP 页面中包含 ADO 程序,用来连接数据库。于是,当用户在网站上浏览网页时,返回的网页将会包含从数据库中获取的数据。而这些数据都是由 ADO 代码做到的。

ADO. NET 技术框架如图 1.9.10 所示。ADO. NET 提供了访问数据的统一接口。ADO. NET 包含连接到数据库、执行命令和检索结果等几项基本的数据库操作功能。对于检索结果,既可以直接处理,也可以将其存储在 DataSet 对象中。

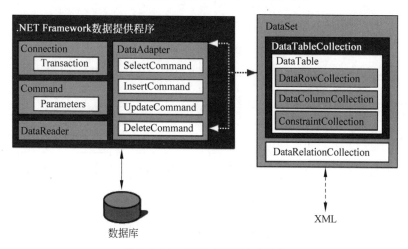

图 1.9.10　ADO. NET 技术框架

ADO. NET 类在 System. Data. dll 中,并且与 System. Xml. dll 中的 XML 类集成。当编译使用 System. Data 命名空间的代码时,请引用 System. Data. dll 和 System. Xml. dll。

ADO 中封装了 OLE DB 中最常用的一些特征,提供了一个开放的应用程序级的数据访问对象模型,能够使程序员使用任何语言编写数据库应用程序。通过 ADO,开发人员能够比以前访问更多类型的数据,并且在编写复杂程序时可以节省大量的时间。如图 1.9.11 所示,每一个层次都可以单独调用。然而从编制应用程序角度讲,更多人愿意直接使用 ADO。

ADO 是 Microsoft 的关于数据库访问的解决方案中的内容,Microsoft 所推出的开发工具是 Microsoft Visual Studio 系列,特别推荐在 Visual Basic、Visual C++开发中使用 ADO。

ADO 对象是一个集合,在其中包含了 Connection 对象、Recordset 对象和 Command 对象,还有 Errors、Properties、Fields、Parameters 4 个集合,在这 4 个集合中分别包含 Error、Property、Field、Parameter 4 种对象。ADO 对象模型如图 1.9.12 所示。

下面对 ADO 中的每个对象和集合进行说明。

(1) Connection 对象:表示同数据源的连接。

Connection 对象主要用于建立和管理应用程序与数据源之间的连接,也可以用来执行一个命令。Connection 对象的属性和方法可用来打开和关闭数据库连接,并发布对数据库的更新和查询。

数据库应用系统的开发

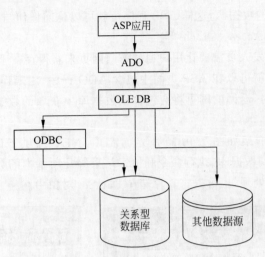

图 1.9.11　Microsoft Data Access 的层次结构

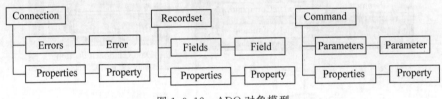

图 1.9.12　ADO 对象模型

① Connection 对象的属性和方法。在 Connection 对象的属性中，ConnectionString 属性说明怎样建立与一个数据源连接的字符串；CommandTimeout 属性指定 ADO 用于等待一条命令执行的时间，默认值是 30s，如果超过时间未完成命令，则终止命令；ConnectionTimeout 属性指定 ADO 用于等待与一个数据源建立连接的时间，默认值是 15s，如果超过时间未完成连接，则终止连接；DefaultDatabase 属性指定默认的数据库。

命令无法在指定时间内执行完或连接不能按时完成，可能是网络延时或服务器负载过重而无法及时响应造成的。如果 CommandTimeout 属性和 ConnectionTimeout 属性设为 0，则将无限期地等待，直到成功为止。在 Recordset 对象、Command 对象中也有相同的属性。

在 Connection 对象的常用方法中。Open 方法用于打开一个连接；Close 方法将关闭连接，同时释放与连接有关的系统资源；Execute 方法用于执行指定的查询、SOL 语句或存储过程。

② 连接数据源及关闭连接。创建 Connection 对象后，调用 Open 方法来建立与数据源的连接。Open 方法的语法比较灵活，有很多的使用方式，在此不再一一介绍。下面通过实例介绍一些最常见的形式。不管使用哪种方式，在创建连接对象后，都要指明待连接的 DSN、登录账户和密码，然后连接，例如：

```
'创建连接对象 cnn
Dim conn As Connection
Set cnn = New Connection
'打开连接
```

```
cnn. Open "school","sa" ,""
```

也可以设置 Connection 对象的 Connectionstring 属性后调用 Open 方法打开,例如:

```
cnn. ConnectionString = "dsn = school;uid = sa;pwd = ;database = school; "
cnn. Open
```

或者直接用连接串 Open 方法的参数来打开数据库连接,例如:

```
cnn. Open"dsn = school;uid = sa;pwd = ;database = school;"
```

使用上面三种连接方法之前必须先用"ODBC 数据源管理器"建立一个 DSN。其实不用建立 DSN 也可打开连接,ADO 提供了使用 OLE DB 连接字符串来识别 OLE DB 提供者,并直接找到数据源的办法。例如:

```
cnn. Open "Provider = SQLOLEDB.1;UserID = sa;Password = ;InitialCatalog = school;DataSource =
Qiandaol"
```

其中,Provider 指定数据提供者,由 SQLOLED B. 1 可以指向 SQL Server 数据库;UserID 和 Password 指定用户名和密码,InitialCatalog 指向待访问的数据库。DataSource 指定 SQL Server 所在的计算机名或 IP 地址。

Connection 对象不再使用时要用 Close 方法关闭 Connection 对象,例如:

```
cnn. Close
```

③ 执行 SQL 语句。使用 Connection 对象的 Execute 方法可以将 SQL 语句发布到数据库中执行,Execute 方法的语法是:

```
Connection. Execute CommandText,RecordsAffected,Options
```

其中,参数 CommandText 表示要执行的 SQL 语句、表名称或存储过程;RecordsAffected 指操作影响的记录数目。例如:

```
strSQL =  "SELECT Sno,Sname,Sage FROM Student"
cnn. Execute strSQL, ,adCmdText + adExecuteNoRecord
strSQL =  "INSERT INTO Student values ('0200105', '陈兵',20,'男', 'CS')"
cnn. Execute StaSQL, , adCmdText + adExecuteNoRecord
```

上面的例子中,首先将 SQL 语句存放到变量 strSQL 中,然后用 Execute 方法执行。第一次调用执行了查询,第二次调用实施了对表的插入。在 Execute 方法的执行中,参数 RecordsAffected 使用系统的默认值,可以不指出,但语法格式中要求的逗号不能省略。

(2) Command 对象:定义和执行对数据源的特定命令。

Command 对象定义并执行要在数据源上执行的命令,这些命令可以是 SQL 语句、表、存储过程。使用 Command 对象,可以查询数据库并返回记录集,也可以用存储过程对数据库进行复杂的操作或处理数据库结构。除了可以用和 Connection 和 Recordset 对象一样的查询方式外,用 Command 对象还可以先准备好对数据源的查询,然后用参数指定不同的值重复执行查询。如果想重复执行查询,必须使用 Command 对象。

① Command 对象的属性和方法。ActiveConnection 属性用于设置或返回 Command 对象的连接信息,其值可以是一个 Connection 对象名或连接字符串;CommandText 属性

数据库应用系统的开发

用于设置对数据源的命令串,这个串可以是 SQL 语句、表名或存储过程名;Prepared 属性的值为 TRUE 或 FALSE,指出在调用 Command 对象的 Execute 方法时,是否将查询的编译结果保存在数据库中,如果是 TRUE,则保存,这样第一次执行之后,数据提供者在以后的查询中将直接使用编译后的版本,从而极大地提高了速度;CommandType 属性是指 Command 对象的类型,值为 adCmdText 时表示 CommandText 是一个 SQL 语句,值为 adCmdTable 时表示 CommandText 是一个表名,ADO 将返回该表的全部行和列,值为 adCmdstoredProc 时表示 CommandText 是一个存储过程名。

Command 对象的 CreateParameter 方法用于创建一个新的 Parameter 对象,Parameter 对象用来向 SQL 语句或存储过程传递参数;Execute 方法执行一个由 CommandText 属性指定的查询、SQL 语句或存储过程,返回一个记录集,不过该记录集是仅向前的和只读的,如果想得到其他类的游标或要写数据,必须使用 Recordset 对象并用 Open 方法打开记录集。

② 使用 Command 对象。每个 Command 对象都有一个相关联的 Connection 对象,打开 Command 对象前应该打开 Connection 对象,并将 Command 对象的 ActiveConnection 属性设为 Connection 对象名。不过,也可以直接将 Command 对象的 ActiveConnection 属性设置为一个连接字符串,ADO 仍旧会创建一个 Connection 对象。如果多个 Command 对象要使用相同的连接,则应明确地创建并打开一个 Connection 对象。

设置相关参数之后,可以用 Execute 方法来执行命令。Execute 方法有两种使用方式,一种不返回行,另一种返回行。在下面的例子中,第一次执行 Execute 方法没有返回行,第二次执行得到了一个记录集。

```
Dim cnn As Connection
Dim rst As Recordset
Dim cmd As Command
Set conn = New Connection
Set cmd = New Command
Cnn. Open "dsn = school; uid = sa; pwd = ; database = school;"
Set rst = New Recordset
'为 Command 对象设置参数'
cmd. ActiveConnection = cnn
cmd. CommandTimeOut = 20
cmd. Prepared = True
cmd. CommandType = adCmdText
'用 Command 执行 SQL 语句,本次调用不返回行'
cmd. CommandText = "DELETE FROM Student WHERE Sno = '200105'"
cmd. Execute
'用 Command 对象执行命令并返回记录集'
cmd. CommandText = "SELECT * FROM Student"
Set rst = cmd. Execute
```

(3) Recordset 对象:表示基本表或命令执行结果的记录集。

Recordset 对象称为记录集,是表中的记录或运行一次查询所得到的结果,是按字段(或列)和记录(或行)的形式构成的二维表。使用 Recordset 对象,可以在记录一级上对数据库中的数据进行各种操作,如增删记录、更新数据库、在记录中移动等,在 Recordset 对象中,将当前正在操作的记录叫作当前记录，或称记录指针指向的记录。在任何时候，Recordset 对象只对当前记录进行访问，可以通过移动记录指针的办法改变当前记录。

① Recordset 对象的属性和方法。在 Recordset 对象的属性中，ActiveConnction 属性定义了 Recordset 对象与数据提供者和数据库的连接，该属性可以指向一个当前打开的 Connection 对象，也可以定义一个新的连接；BOF 属性指示记录指针是否位于第一条记录前，若是，则为 True，否则为 False；EOF 属性指示记录指针是否位于最后一条记录之后，若是，则为 True，否则为 False；CursorType 用于设置记录集所用游标的类型；LockType 属性用于设置记录集的锁定类型；RecordCount 属性确定一个记录集内有多少条记录；通过 EditMode 属性可以知道当前记录的编辑状态，如当前记录是否被修改、是否是新增记录或已经被删除。

Recordset 对象提供的方法比较多，支持对记录集的各种操作。Open 方法用于打开记录集，Close 方法用于关闭记录集并释放记录集所占用的资源。

用于更新记录中数据的方法有：AddNew 方法用于新增一条记录；Delete 方法删除当前记录或多条记录；Update 方法将对当前记录的任何更改保存到数据库；UpdateBatch 方法将记录集中所有更新成批地保存到数据库中；CancelUpdate 方法可以在更新前取消对当前记录的所有更改；CancelBatch 方法用于取消一个批处理更新。

为了操作记录集中的每一条记录，需要移动记录指针。用于移动记录指针的方法有：Move 方法将记录集指针移到特定的位置；MoveFirst 方法将指针移到第一条记录处；MoveLast 方法将指针移到最后一条记录处；MoveNext 方法将指针移到下一条记录处；MovePrevious 方法将指针移到前一条记录处。

除了通过 Fields 集合和 Field 对象对记录进行访问以外，ADO 还允许在客户端用下面的方法对记录集进行整体处理：GetRows 方法从记录集中得到多条记录并存入数组中；Save 方法将记录集保存到一个文件中；Requery 方法用于重新执行查询来刷新记录集，它可以确保记录集中包含的是最新的数据。该方法相当于关闭后再打开记录集。Resync 方法用于刷新服务器内的同步数据。

② 打开与关闭 Recordset 对象。典型的应用程序都是用 Connection 对象建立连接，然后用 Recordset 对象来处理返回的数据。首先要定义并创建一个记录集对象，然后用记录对象的 Open 方法打开，从而获得记录集。记录集的 Open 方法的语法是：

```
Recordset.Open Source,ActiveConnection,CursorType,LockType
```

其中，参数 Source 指数据集来源，可以是 SQL 语句、表名、Command 对象、存储过程等；ActiveConnection 参数指记录集所用连接的 Connection 对象变量的名称或连接字符串；CursorType 指当打开 Recordset 时提供者应使用的游标类型，默认值为 adOpenForwardOnly；LockType 属性确定打开 Recordset 时提供者应使用的锁定类型（并发），默认值为 adLockReadOnly。后两种属性一旦打开，记录集无法改变，例如：

```
Dim rst As Recordset
Set rst = New Recordset
rst.Open "SELECT * FROM Student", cnn, adOpenStatic, adLockOptimistic
```

当要取得表的全集，即所有行和所有列时，可以直接用表名作为数据集来源，例如：

数据库应用系统的开发

270

```
rst.Open "Student", cnn, adOpenStatic, adLockOptimistic
```

在 Open 方法中使用已经建立的连接对象，可以使用一个连接对象打开多个记录集，这样可以有效地利用系统资源。但是，Recordset 对象也可以不通过打开 Connection 对象来打开记录集，方法是直接用连接字符串指定参数 ActiveConnection，例如：

```
rst.Open "SELECT * FROM Student ", "dsn = school;uid = sa;pwd = ;database = school;"
```

Recordset 对象不再使用时要用 Close 方法关闭，例如：

```
rst.Close
```

③ 游标类型和锁定类型。使用记录集时，记录集对象的游标类型 CursorType 将决定不同的数据获取形式。游标是用来控制记录定位、数据可更新性以及决定是否可见其他用户对数据库所做的更改的数据库元素，不同的设置各有一定的使用范围。ADO 中定义了几种不同的游标类型。

- 动态游标：adOpenDynamic，是功能最强的游标，可以看到其他用户所做的添加、更改和删除，支持 Recordset 对象中的所有移动类型。
- 键集游标：adOpenKeyset，其行为类似动态游标，不同的只是它禁止查看其他用户添加的记录，并且禁止访问其他用户删除的记录，其他用户所做的数据更改依然可见。
- 静态游标：adOpenStatic，提供记录集的静态副本，可用来查找数据或生成报告；支持 Recordset 中的所有移动类型。其他用户所做的添加、更改或删除将不可见。当打开客户端 Recordset 对象时，这是唯一允许的游标类型。
- 仅向前游标：adQpenForwardOnly，只允许在 Recordset 中向前滚动。其他用户所做的添加、更改或删除将不可见。当只需要对 Recordset 进行一次传递时，仅向前型游标在性能上有明显的优势。

锁定类型 LockType 将影响 Recordset 对象的并发事件的控制处理方式，还决定了记录集的更新是否能批量地进行。ADO 中定义的锁定类型也有 4 种。

- 开放式批更新：adLockBatchOptimistic，当编辑记录时不会被锁定，修改、插入及删除是在批量处理的方式下进行的，只有在批处理更新时才锁定。
- 开放式：adLockOptimistic，是逐个记录开放式锁定的方式，数据提供者只有在调用 Update 方法时锁定记录，在此之前可以对当前记录进行各种更新操作。
- 保守式：adLockPessimistic，是逐个记录保守式锁定的方式，数据提供者要确保记录编辑成功，通常在编辑时立即在数据源锁定记录，是一种最安全的方式，同时也会降低并发程度。
- 只读：adLockReadOnly，记录集中的记录是只读的，无法改变数据。

(4) Errors 集合与 Error 对象：Connection 对象包含 Errors 集合，Errors 集合中的 Error 对象是在对数据最新访问出现错误的详细信息。

涉及 ADO 对象的操作可能产生一个或多个错误，这些错误都和数据提供者有关。每当错误发生时，就会有一个或多个 Error 对象被放置到 Connection 对象的 Errors 集合中。当另外一个 ADO 操作产生错误时，将消除 Errors 集合，并把新的 Error 对象集放到 Errors

集合内。

Errors 集合有一个 Count 属性,该属性用来指出 Errors 集合目前所包含的 Error 对象的个数。可以调用 Item 属性从 Errors 集合中获得某个具体的 Error 对象。用 Clear 方法从 Errors 集合中清除所有的 Error 对象。

Error 对象中,Description 属性是错误描述;Number 属性是错误码;Source 指示了错误所产生的对象;SQLState 属性是一个长度为 5 字节的字符串,包含按 SQL 标准所定义的错误。

利用 Errors 集合和 Error 对象可以有效地捕获错误,做出针对性的处理。

(5) Fields 集合与 Field 对象:Fields 集合属于 Recordset(记录集)对象,记录集中的每一列在 Fields 集合中都有一个相关的 Field 对象,用 Field 对象可以访问字段名、字段的数据类型及当前记录中列的值。

每个 Recordset 对象包含一个 Fields 集合,该集合用来处理记录集中的各个字段。记录集中返回的每个字段在 Fields 集合中都有一个相关的 Field 对象。通过 Field 对象,就可以访问字段名、字段类型及当前记录中字段的实际值等信息。

① Fields 集合的属性和方法。Fields 集合的 Count 属性用于返回记录集中字段的个数;Item 属性通过字段名或序号返回当前记录的相关的字段的值,例如:rst. Fields. Item (2)和 rst. Fields. Item("Sname")都可以返回记录集 rst 中第二个字段(假设为 Sname)的值。由于 Item 属性是 Fields 集合的默认属性,而 Fields 集合又是 Recordset 对象的默认集合,因此编程时可以省略 Item 和 Fields,rst. Fields(2)、rst(2)、rst. Fields("Sname")、rst("Sname")和前面两种访问效果完全一样,都可以获得当前记录的 Sname 字段的值。

Fields 集合的 Refresh 方法用于刷新查询中 Fields 的信息。

② Field 对象的属性。Field 对象的 Actualsize 属性返回字段的实际长度;Attributes 属性返回字段的特征,指明字段是否可以更新,是否可以接受空值等;Name 属性返回字段的名字;NumericScale 属性说明了字段的小数部分需要多少个数字位;Precision 属性说明字段的值需要多少个数字位;UnderlyingValue 属性从数据库中返回字段的当前值;Type 属性确定的是字段的数据类型;Value 属性返回字段的值。

(6) Parameters 集合与 Parameter 对象:Parameters 集合属于 Command 对象,为执行参数化的查询和存储过程提供参数,Parameters 集合中的每个参数信息由 Parameter 对象表示。

Command 对象包含一个 Parameters 集合。用 Parameters 集合可以为 Command 对象提供参数,集合中每个参数信息由 Parameter 对象表示。

Parameters 集合主要有两个属性:Count 属性返回 Command 对象的参数个数;Item 属性用于访问 Parameters 集合中指定的 Parameter 对象。用 cmd. Parameters. Item(1)可以访问 Command 对象 cmd 的 Parameters 集合中的第一个参数 Parameter 对象,假设这个参数的名字是 sno,也可以用 cmd. Parameters. Item("sno")得到。和 Fields 集合的 Item 属性一样,Item 属性是 Parameters 集合的默认属性,而 Parameters 集合又是 Command 对象的默认集合,因此编程时可以省略 Item 和 Parameters,例如,以下 4 种写法与前面的两种写法等价: cmd. Parameters(1)、cmd(1)、cmd. Parameters("sno")、cmd("sno")。

Parameters 集合的 Append 方法用于增加一个 Parameter 对象到 Parameters 集合中。

Delete 方法从 Parameters 集合中删除一个 Parameter 对象；Refresh 方法可以从存有 Parameters 集合的数据提供者那里重新取得参数信息。

Parameter 对象包含下面的属性：Attributes 属性用于设置或返回 Parameter 对象的信息，如是否接受有符号值、是否接受空值、是否接受长整型二进制值等；Name 属性指定参数的名字；Precision 属性用于设置参数需要多少数字位来表示；Size 属性为定长参数设置大小或为变长参数设置最大值；Value 属性设置或返回参数的值。

① 参数化命令。Command 对象的最大好处就在于能够提供参数化的查询，即允许用户在执行命令前设置带有参数的 SQL 语句。只要改变参数的值，就可以多次地运行同一个 SQL 语句，并得到不同的结果。只要在 SQL 字符串中嵌入由"?"标明的参数，就可以通过 SQL 命令进行参数化，然后在应用程序中为每个参数指定数值并且执行该命令。

要在应用程序中为每个参数指定值，必须先用 Command 对象的 CreateParameter 方法创建一个 Parameter 对象，然后用 Command 对象的 Append 方法将其添加到 Parameters 集合中，赋值以后的 Parameter 对象就可以用于参数化命令了。Command 对象的 CreateParameter 方法的语法格式是：

```
Set Parameter = Command.CreateParameter (Name, Type, Direction, Size, Value)
```

该方法返回已经创建的 Parameter 对象，参数 Name 是 Parameter 对象的名称；Type 是 Parameter 对象的数据类型，如 adChar 表示字符串；Direction 指定 Parameter 对象是输入参数、输出参数、既是输出又是输入参数，还是将为存储过程返回的值，如 adParamInput 表示作为输入参数；Size 指定以字节为单位的参数的最大长度；Value 指定 Parameter 对象的默认值。

例如，下面的代码可以用同一个 Command 对象查找特定学生的记录。

```
cmd.CommandText = "SELECT * FROM Student WHERE Sno = ?"
Dim para As Parameter
Set pare = cmd.CreateParameter("Sno", adChar, adPararmInput,6)
cmd.Parameters.Append para
cmd.Parameters.Item("Sno") = "200102"
Set rst = cmd.Execute()
cmd.Parameters.Item("Sno") = "200104"
Set rst = cmd.Execute()
```

记录集 rst 第一次得到学号为 200102 的学生的记录，第二次得到学号为 200104 的学生的记录。

② 执行存储过程。使用 SQL Server 等大型数据库时，可以使用存储过程直接在数据库中存储并运行功能强大的任务，而不必在应用程序中实现，这是客户机/服务器结构中客户端同服务器端分工协作的要求。存储过程是存放在数据库服务器上的预先编译好的 SQL 语句，存储过程在第一次执行时进行语法检查和编译，编译好的版本保存在高速缓存中供后续调用。存储过程由前台应用程序调用，由后台数据库执行。

在 ADO 中，用 Command 对象调用存储过程。要求 CommandType 为 adCmdStoredProc，CommandText 的值为存储过程名，如果是带参数的存储过程，则要创建相应的 Parameter 对象。例如，为了查询指定学号的学生的记录，在 SQL Server 数据库中建立存储过程

FindStudent，下面是 FindStudent 的定义，要求提供一个参数"@Student_no"。

```
CREATE PROCEDURE FindStudent
@Student_no CHAR(6)
AS
SELECT * FROM Student WHERE Sno = Student_no
```

在客户端应用程序中，就可以用下面的程序段查询指定学号的学生：

```
cmd.CommandType = adCmdStoredProc
cmd.CommandText = "FindStudent"
Set para = cmd.Createparamter("Sno", adChar, adParamInput, 6)
cmd.Parameters.Append para
cmd.Parameters.Item("Sno") = "200104"
Set rst = emd.Execute()
```

（7）Properties 集合和 Property 对象。Connection、Command、Recordset 和 Field 对象都含有 Properties 集合。Properties 集合用于保存与这些对象有关的各个 Property 对象。Property 对象表示各个选项设置或其他没有被对象的固有属性处理的 ADO 对象特征。

ADO 对象一般包含两种类型的属性：一种是固有属性，另一种是动态属性。当创建新的 ADO 对象后，这些固有属性可立即使用，例如，可以用 Recordset 对象的 EOF 和 BOF 属性来判断当前记录是否已到达边界。

动态属性是由后端数据提供者定义的，这些属性被放到 Properties 集合中。每个特定的 ADO 对象都有一个 Properties 集合。当一个特定的 ADO 对象第一次存取这个 Properties 集合时，数据提供者定义的属性数据可以从数据提供者处取得并套用在这个属性集合中。

Properties 集合有一个 Count 属性，用来指出 Properties 集合上有多少个 property 对象。可以用 Item 属性从 Properties 集合中获得某个 Property 对象。Item 方法是 Properties 集合的默认方法，Refresh 方法将从数据提供者处重新取得 Properties 集合和扩展的属性信息。

Property 对象的 Attributes 属性包含数据提供者指定 Property 对象的特性，Name 属性为 Property 对象的名称，Type 属性指示当前 Property 对象的值的数据类型，Value 属性设置 Property 对象的值。

借助于 Recordset 对象和 Fields 集合、Field 对象的各种属性和方法，可以以记录为单位对数据库进行检索、更新。下面列出常见的应用，借此加深对这些属性和方法的理解。假定 Connection 对象、Recordset 对象已经用恰当的方式打开，Connection 对象名为 cnn，Recordset 对象名为 rst，包含 Student 表中的所有行和列。

① 将记录指针指向下一条记录。

```
If Not rst.EOF Then rst.MoveNext
If rst.EOF And rst.RecordCount > 0 Then
'如果指向了最后一条记录下面,重新回到最后一条记录'
rst.MoveLast
End If
```

② 将记录指针指向上一条记录。

数据库应用系统的开发

```
If Not rst.EOF Then rst.MovePrevious
If rst.BOF And rstRecordCount < 0 Then
'如果指向了第一条记录之前,重新指向第一条记录'
rst.MoveFirst
End If
```

③ 逐条浏览记录集中的所有的记录。在打开记录集时,因为是要逐条向后处理,游标类型可以选为 adOpenForwardOnly(仅向前型);因为只是对记录集进行浏览,锁定类型可选为 adLockReadOnly(只读)以提高效率。例如:

```
rst.Open "SELECT * FROM Student", cnn, adOpenForwardOnly, adLockReadOnly
Do While Not rst.EOF
Print rstFields.Item("Sname")
rst.MoveNext
loop
```

逐条浏览记录集的应用模式可以延伸到其他一切逐条对记录集中的数据进行处理的应用,将代码 Print rst.Fields.Item("Sname")换成相应的处理语句,可以用 rstFields.Item("字段名")或 rst.Fields.Item(序号)的形式取出字段的值或为字段赋值。要进行其他处理时,请注意游标类型和锁类型的选择。

④ 更新记录。可以在记录集中添加记录、删除当前记录和修改记录。

添加记录用 Addnew 方法,之后为各字段赋值,最后用 Update 方法将添加的记录写入数据库。例如:

```
rst.Addnew
rst.Fields("Sno") = "200105"
rst.Fields("Sname") = "陈兵"
…
rst.Update
```

删除记录时,首先要移动记录指针,指向要删除的记录,然后用 Delete 方法删除当前记录,并用 Update 方法将更新结果写入数据库。例如:

```
rst.Delete
rst.Update
```

修改记录时,首先将记录指针移到要修改的记录上,直接为各字段赋值完成修改,之后用 Update 方法将修改写入数据库。不必每修改一条记录就调用一次 Update 方法,ADO 支持成批修改,可以完成所有修改后,调用 UpdateBatch 方法将更新成批写入。

(8) ADO 中并发控制方法。并发控制除了要求 Recordset 对象支持各种锁定机制外,还要求支持事务处理。事务是捆绑在一起的一组操作。同一事务中的所有操作必须作为一个整体来完成,如果事务中的某一操作失败了,则会导致整个事务的失败。当某些原因导致不能将所有的操作都实施于数据库时,可以撤销整个事务处理,恢复数据库的原始状态。

在 ADO 中,通过 Connection 对象的 BeginTrans、CommitTrans 和 RollBackTrans 方法来实现事务处理。其中,BeginTrans 方法用于开始一个事务,CommitTrans 方法用于提交事务,将更新永久性地写入数据中;RollBackTrans 方法用于取消一个事务。下面的例子将所有学生的年龄增加一岁,若整个修改正确则提交事务,否则撤销事务。

```
cnn.BeginTrans
Do While Not rst.EOF
rst.Fields("Sage") = rst.Fields("Sage") + 1
rst.Update
rst.MoveNext
Loop
If cnn.Errors.Count > 0 Then
cnn.RollbackTrans        '如果出错,则取消所有的修改'
Else
cnn.CommitTrans          '如果没有出错,则提交事务'
End If
```

3. JDBC

由于微软的数据库不是用 Java 语言来编写的,但是我们需要用 Java 语言连接微软的数据库,这样就要编写一个桥连接,使 Java 语言编写的代码也可以操作数据库。

JDBC-ODBC 这个桥连接就可以实现。建立一个 JDBC-ODBC 桥连接,由于建立桥连接时可能会发生异常,因此,要捕获这个异常。建立桥连接的标准如下:

```
try{
Class.forName("sun.jdbc.odbc.JdbcOdbcDriver");
}catch(ClassNotFoundException e){}
```

这里,Class 是包 java.lang 中的一个类,该类通过调用静态方法 forName 加载 sun.jdbc.odbc 包中 JdbcOdbcDriver 类来建立 JDBC-ODBC 桥接器。

返回与带有给定字符串名的类或接口相关联的 Class 对象:

```
static Class <?> forName(String className)
```

使用给定的类加载器,返回与带有给定字符串名的类或接口相关联的 Class 对象:

```
static Class <?> forName(String name, boolean initialize, ClassLoader loader)
```

JDBC,全称为 Java DataBase Connectivity standard,它是一个面向对象的应用程序接口(API),通过它可访问各类关系数据库。JDBC 也是 Java 核心类库的一部分。

JDBC 的最大特点是它独立于具体的关系数据库。与 ODBC 类似,JDBC API 中定义了一些 Java 类分别用来表示与数据库的连接(Connections)、SQL 语句(SQL Statements)、结果集(Result Sets)以及其他的数据库对象,使得 Java 程序能方便地与数据库交互并处理所得的结果。使用 JDBC,所有 Java 程序(包括 Java Applications,Applets 和 Servlet)都能通过 SQL 语句或存储在数据库中的过程(Stored Procedures)来存取数据库。

数据库的连接 connections:riverManager.getConnection("jdbc:orale:thin:@Ip 的地址及端口号和数据库的实力名","用户名"," 密码")

SQL 语句如下。

获得一个 statements 对象:

```
statements stat = Connection.createstatements()
```

通过 statements 对象执行 SQL 语句:

stat.executeQuery(String sql)返回查询的结果集。

数据库应用系统的开发

stat. executeUpdate(String sql)返回值为 int 型,表示影响记录的条数。

要通过 JDBC 来存取某一特定的数据库,必须有相应的 JDBC Driver,它往往是由生产数据库的厂家提供,是连接 JDBC API 与具体数据库之间的桥梁。

通常,Java 程序首先使用 JDBC API 来与 JDBC Driver Manager 交互,由 JDBC Driver Manager 载入指定的 JDBC Drivers,以后就可以通过 JDBC API 来存取数据库。

9.3　数据库应用程序开发

本章的数据库应用系统开发是以"学生选课管理信息系统"为例,该系统主要为学生提供选课功能和成绩查询功能,为教师提供课程信息的输入功能。该系统主要功能包括系统管理、课程管理、用户信息管理、查询系统、选课管理、成绩管理。

系统管理主要实现用户和权限的管理,课程管理主要完成课程的申请,课程信息的增、删、改功能;用户信息包括学生信息和教师信息的增、删、改功能;查询系统包括各种信息的查询;选课管理实现学生选课课程信息的管理;成绩管理实现教师登记学生的课程成绩,学生查看该课程的成绩,对于必修课,默认该班的同学全选,对于选修课,则由每个学生自己决定选修。具体功能结构如图 1.9.13 所示。

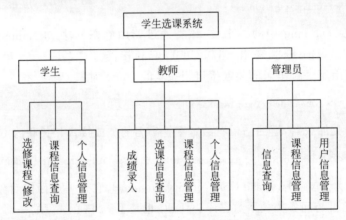

图 1.9.13　学生选课系统功能模块结构

9.3.1　数据库设计

在数据库的设计过程中,要进行充分的数据需求分析,真正了解实际系统的应用需求,抽象出各种实体及实体之间联系的描述,以及各种完整性控制需求,这些信息形成需求分析阶段文档,为下一阶段概念模式设计做好准备。

1. 数据的需求分析

在数据库应用系统的设计中,前台主要完成功能需求,但功能需求是建立在后台数据库的基础上的,所以在功能需求分析的同时,也要进行数据库中数据的需求分析。

(1) 实体的抽象。

在学生选课系统中,针对上述几个主要的功能需求,系统需要包括的实体及其属性如下。

课程：课程号、课程名称、课程描述、学分、开课系部、课程类型

教师：教师号、教师姓名、职称、所属系部

学生：学号、姓名、性别、专业、所属班级、所在系

班级：班号、班级名称、所属系部、学生人数

（2）实体之间的联系。

在做了充分的需求问答和分析后，可以确定上述实体中存在下述联系：一位教师可以在一学期教授多门课程，一门课程可以由多位教师来教，班级信息用以区别多位教师上同一门课程，一名学生可以选修多门课程，而一门课程可以由多名学生选修，学生选修了该门课程最终会有一个考试成绩。

（3）完整性控制需求。

在需求分析阶段应对每个实体的相关属性的取值进行完整性需求定义，比如，课程类型的取值有"必修课""公共选修课""专业选修课"；学生的性别只能是"男"或"女"。这些完整性控制的需求因具体应用而不同，所以也需要在做需求分析时给出详细说明。

2. 概念模式设计

概念模式设计的主要任务是根据需求分析的描述设计出 E-R 图。一般情况下，可以直接设计出系统的 E-R 图，但是如果系统比较复杂，存在很多实体和实体之间的联系描述，为了保证正确性，一般先设计出局部的 E-R 图，然后再综合为全局 E-R 图，当然在合成全局 E-R 图的过程中一定要消除重名冲突和结构冲突，以及数据冗余。

在"学生选课管理信息系统"中，涉及的实体为学生、班级、教师、课程，其中选课表示学生和课程之间的联系，授课表示班级、教师和课程之间的联系；学生和班级之间存在着从属联系。据此，该系统的 E-R 图描述如图 1.9.14 所示。

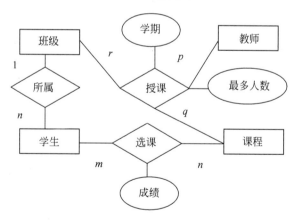

图 1.9.14　学生选课系统功能 E-R 图

3. 逻辑模式设计

（1）E-R 图到关系模式的转换。

逻辑模式设计时，将概念模式设计阶段完成的概念模型转换成能被计算机上安装的数据库管理系统所支持的数据模型，在本例中，就是将概念模式设计阶段生成的 E-R 图转换为关系模式。

从 E-R 图转换为关系模式时必须遵守第 6 章介绍的转换规则，具体的转换结果如下：

学生(<u>学号</u>、姓名、性别、班级)
课程(<u>课程号</u>、课程名称、课程描述、学分、开课系部、课程类型)
班级(<u>班号</u>、班级名称、所属系部)
教师(<u>教师号</u>、密码、教师姓名、职称、所属系部)
授课(<u>教师号</u>、<u>班号</u>、<u>课程号</u>、学期、最多人数)
选课(<u>学号</u>、<u>课程号</u>、成绩)
系部(<u>系部编号</u>,系部名称)

以上是根据 E-R 图到关系模式的转换规则生成的关系模式,其中标有下画线的属性或属性集表示关系模式的主码。

(2) 关系模式的规范化处理。

在将概念模式转换为关系模式后,由于关系模式内各属性之间还有可能存在不正常的函数依赖关系,从而导致数据冗余和数据的不一致性,所以在逻辑模式设计的最后阶段要进行规范化处理。

分析上述各个关系模式,由于各个非主属性和主码之间不存在部分依赖和传递依赖,并且每个关系模式里的决定因素都是主码,故上述的关系模式都属于 B/C 范式。

4. 物理模型的设计

物理结构设计阶段的任务是把逻辑结构设计阶段得到的逻辑数据库在物理上加以实现。主要内容是根据 DBMS 提供的各种手段和技术,设计数据的存储形式和存储路径,如文件结构、索引设计等,最终获得一个高效的、可实现的物理数据库结构。

本应用实例选用 Microsoft SQL Server 2008 作为数据库管理系统,具体的存储方式由数据库管理系统决定,由于选课系统中经常要根据具体的课程和学生选课情况查询,因此在选课表的学号属性和课程号属性上面建立索引。

进一步考虑各个字段数据类型和数据之间的关系,从关系模式转换成物理表,在物理表中进一步明确数据类型、长度、约束等内容。在该阶段生成的物理表有部门表、班级表、课程表、学生表、教师表、授课表、选课表。

1) 部门表

把部门表命名为 dept 表,dept 表如表 1.9.1 所示。

表 1.9.1　dept 表

字 段 名	类 型	长 度	说 明	约 束 说 明
dno	varchar	6	部门编号	主键
dname	varchar	10	部门名称	非空

2) 班级表

把班级表命名为 clazz 表,clazz 表如表 1.9.2 所示。

表 1.9.2　clazz 表

字 段 名	类 型	长 度	说 明	约 束 说 明
czno	varchar	6	班级编号	主键
czname	varchar	20	班级名称	非空
dept	varchar	6	班级所属部门编号,参照 dept 表	外键

3）课程表

把课程表命名为 course 表，course 表如表 1.9.3 所示。

表 1.9.3 course 表

字 段 名	类 型	长 度	说 明	约 束 说 明
cno	varchar	6	课程编号	主键
cname	varchar	20	课程名称	非空
cdes	varchar	50	课程描述	可空
credit	int		学分	非空
dept	varchar	6	开课部门编号，参照 dept 表	外键
ctype	varchar	8	课程类型	非空

4）学生表

把学生表命名为 student 表，student 表如表 1.9.4 所示。

表 1.9.4 student 表

字 段 名	类 型	长 度	说 明	约 束 说 明
sno	varchar	12	学号	主键
sname	varchar	10	学生名称	非空
spassword	varchar	8	学生密码	可空
gender	varchar	2	性别	非空
clazz	varchar	6	学生所属系部，参照 clazz 表	外键

5）教师表

把教师表命名为 teacher 表，teacher 表如表 1.9.5 所示。

表 1.9.5 teacher 表

字 段 名	类 型	长 度	说 明	约 束 说 明
tno	varchar	6	教师编号	主键
tname	varchar	10	教师名称	非空
tpassword	varchar	8	教师密码	非空
prof	varchar	6	职称	非空
dept	varchar	6	教师所属系部，参照 dept 表	外键

6）授课表

把授课表命名为 teach 表，teach 表如表 1.9.6 所示。

表 1.9.6 teach 表

字 段 名	类 型	长 度	说 明	约 束 说 明
tno	varchar	6	教师编号，参照 teacher 表	主键
czno	varchar	6	班级编号，参照 clazz 表	
cno	varchar	6	课程编号，参照 course 表	
term	varchar	1	开课学期	非空
maxnum	int		最多人数	外键

7) 选课表

把选课表命名为 elect 表，elect 表如表 1.9.7 所示。

表 1.9.7　elect 表

字 段 名	类 型	长 度	说 明	约束说明
sno	varchar	6	学生编号，参照 student 表	主键
cno	varchar	6	课程编号，参照 course 表	
score	int		成绩	非空

9.3.2　数据库的实施

1. 数据库的创建

创建学生数据库，代码如下：

```
CREATE DATABASE Student
```

2. 表的创建

在创建表的同时应该考虑表中各个属性的数据类型、列级完整性约束、表级完整性约束等，如下代码为创建学生表、课程表、班级表、教师表、授课表和选课表。

```
CREATE TABLE student(
sno char(6) PRIMARY KEY,
spassword char(8) NOT NULL,
sname sname varchar(10) NOT NULL,
genger char(2) check(gender = '男' OR gender = '女'),
clazz char(6) REFERENCES clazz(czno))

CREATE TABLE course(
cno char(6) PRIMARY KEY,
cname char(20) NOT NULL,
cdes nchar(50),
credit int ,
dept char(6) REFERENCES dept(dno),
ctype char(8))

CREAT TABLE clazz(
czno char(6) PRIMARY KEY,
czname char(20) NOT NULL,
dept char(6)REFERENCES dept(dno))

CREATE TABLE teacher(
tno char(6) PRIMARY KEY,
tname char(8) NOT NULL,
tpassword char(8) NOT NULL,
prof char(6) NOT NULL,
dept char(6) REFERENCES dept(dno))

CREATE TABLE teach(
```

```
tno char(6) REFERENCES teacher(tno),
czno char(6) REFERENCES clazz(czno),
cno char(6) REFERENCES course(con),
term char(1) NOT NULL,
PRIMARY KEY(tno,czno,cno))

CREATE TABLE elect(
sno char(6) REFERENCES student(sno)
cno char(6) REFERENCES course(cno),
score int check (score >= 0 AND score <= 100) NOT NULL,
PRIMARY KEY(sno,cno))
```

3. 视图的创建

根据需求,可能会经常查询相关信息,因此可以建立相关视图。

(1) 选课信息视图,如图 1.9.15 所示。

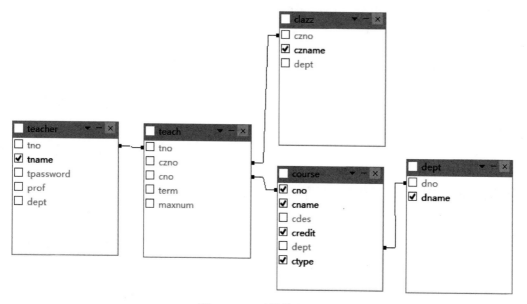

图 1.9.15　选课信息视图

参考代码如下:

```
CREATE VIEW  'v_course'  AS(
SELECT
    course.credit,
    course.cname,
    dept.dname,
    teacher.tname,
    course.cno,
    clazz.czname,
    course.ctype
FROM
    course
INNER JOIN dept ON course.dept = dept.dno,
INNER JOIN teach ON teach.cno = course.cno,
```

数据库应用系统的开发

```
INNER JOIN teacher ON teach.tno = teacher.tno,
INNER JOIN clazz ON teach.czno = clazz.czno
);
```

（2）选课情况视图，如图 1.9.16 所示。参考代码如下：

```
CREATE VIEW  'v_elect'  AS(
SELECT
elect.sno,
elect.cno,
teacher.tname,
course.cname,
student.sname,
course.credit
FROM
elect
INNER JOIN student ON student.sno = elect.sno,
INNER JOIN teach ON elect.cno = teach.cno,
INNER JOIN teacher ON teach.tno = teacher.tno,
INNER JOIN course ON teach.cno = course.cno,
);
```

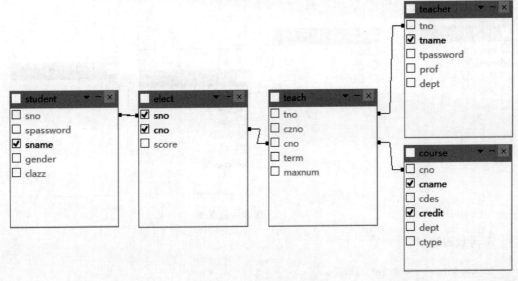

图 1.9.16　选课情况视图

4. 存储过程的设计

存储过程是一组 T-SQL 语句，在一次编译后形成了一个可执行计划，不需要再编译，可以被调用执行多次，因此执行存储过程可以提高性能。

例如，课程成绩的查询是学生选课系统中频繁进行的一个操作，其具体过程是：给定学号和课程名称，查询该学生这门课程的成绩。

```
CREATE proc get_gade
@sno char(12),@cname CHAR(6)
AS
```

```
SELECT sno, sname, cname, score
FROM student, course, elect
WHERE student. sno = elect. sno
AND course. cno = elect. cno
AND sno = @sno AND cno = @cname
```

测试用例:

```
EXEC get_grade 's00001', '数据库原理与应用'
```

创建好存储过程后,在系统运行状态下,可以通过调用该存储过程实现对任何学生的任课课程的成绩查询,这样既减轻了代码的编写量,也提高了系统访问数据库的速度,从而提高了系统的整体性能,因此在数据库应用系统开发实践中要善于有效利用存储过程。

5. 触发器的设计

触发器的特点是自动触发自动运行。利用这一特性可以灵活处理很多事务。可以利用触发器完成更复杂的完整性约束,也可以对某些业务操作进行约束。

例如,在每个学生选取某门课程时,要计算该学期的修课学分是否超过了 20 分。

```
CREATE trigger num
BEFORE ON insert, UPDATE ON elect
AS
If (SUM(credit)
FROM elect, course
WHERE elect. cno = course. cno
andsno = (SELECT sno FROM inserted) AND
term = (SELECT term FROM course, inserted WHERE course. cno = inserted. cno)) > 20
BEGIN
PRINT '所选课程已经超过 20 学分'
ROLLBACK
END;
```

在数据库应用系统的开发中,存储过程和触发器是很好的管理数据库和操作数据库的方法,应尽可能利用这些方法和技术完善自己的应用系统。

9.3.3 系统实现

本系统规模不大,但包括了此类项目的基本功能,包括数据库的查询、添加、删除和修改等。

1. 登录功能界面设计

一个数据库应用系统要完成一定的应用需求与功能。功能在用户的层面上是形象的操作界面,因此为了达到系统的设计目标,首先应将功能需求通过窗体设计以友好的操作界面体现出来。

(1)系统登录界面。

本系统界面采用框架结构,把页面头、左边导航、右边正文放在不同的框架里面,当用户在左边导航选择不同的功能菜单时,只是在右边正文区刷新内容,这样做使得页面结构清晰,便于用户操作。

系统的登录页面 login. html 在页面左边显示出三种身份登录的链接,便于不同用户看清登录的位置。不同身份的用户登录后,根据控制层识别并跳转至不同的用户界面,如学生用户登录提交到/login。当验证通过时,跳转到学生用户的页面,并把信息保存进 session 以供其他页面判断用户是否已经登录。

系统登录界面如图 1.9.17 所示,下面以学生身份登录为例,教师和管理员身份登录页面与此类似。

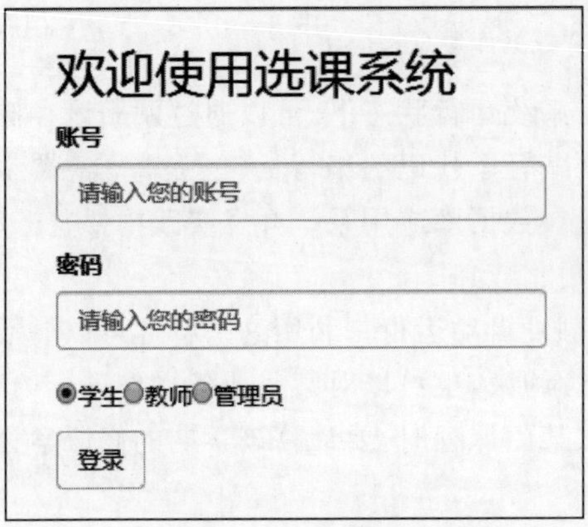

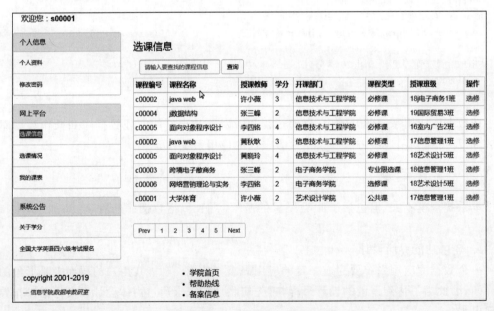

图 1.9.17 系统登录界面

(2) 学生用户界面。

登录成功后跳转到学生用户的页面,如图 1.9.18 所示。

图 1.9.18 学生用户的页面

2. 功能代码设计

本程序采用 MVC 设计模式,即模型—视图—控制,便于代码重用和模块化编程,开发环境为 JDK 1.8＋idea 2017＋Servlet 3.0,前端框架采用 Bootstrap 3,Web 服务器采用 Tomcat 8。读者可根据自己的实际情况组建相应的系统开发环境。

1) 前期工作

(1) 为 SQL Server 2008 的 sa 账号设置密码。

(2) 为 Idea 配置好 Tomcat 8,JDK 1.8,并创建一个 Java Web 项目。

(3) 下载 sqljdbc4.jar 连接数据库的驱动。一个放在项目的路径中,在 Idea 中加载此文件,另外复制一个放到 Tomcat/lib 目录下。

2) 模型层

(1) 学生类 Student.java,参考代码如下:

```java
package pojo;
public class Student {
String sNo;                  //学号
String sPassword;           //密码
String sName;               //姓名
String gender;              //性别
Clazz clazz;                //班级
public String getsNo() {
 return sNo;
}
public void setsNo(String sNo) {
 this.sNo = sNo;
}
public String getsPassword() {
 return sPassword;
}
public void setsPassword(String sPassword) {
 this.sPassword = sPassword;
}
public String getsName() {
 return sName;
}
public void setsName(String sName) {
 this.sName = sName;
}
public String getGender() {
 return gender;
}
public void setGender(String gender) {
 this.gender = gender;
}
public Clazz getClazz() {
 return clazz;
}
public void setClazz(Clazz clazz) {
 this.clazz = clazz;
}
@Override
public String toString() {
 return "Student{" +
 "sNo = '" + sNo + '\" +
```

```
", sPassword = '" + sPassword + '\" +
", sName = '" + sName + '\" +
", gender = '" + gender + '\" +
", clazz = " + clazz +
'}';
  }
}
```

（2）教师类 Teacher.java，参考代码如下：

```
package pojo;
public class Teacher {
String tNo;              //教师编号
String tName;           //教师名称
String password;        //密码
String prof;            //职称
Dept dept;              //所属部门
public String gettNo() {
 return tNo;
}
public void settNo(String tNo) {
 this.tNo = tNo;
}
public String gettName() {
 return tName;
}
public void settName(String tName) {
 this.tName = tName;
}
public String getPassword() {
 return password;
}
public void setPassword(String password) {
 this.password = password;
}
public String getProf() {
 return prof;
}
public void setProf(String prof) {
 this.prof = prof;
}

public Dept getDept() {
 return dept;
}
public void setDept(Dept dept) {
 this.dept = dept;
}
@Override
public String toString() {
 return "Teacher{" +
```

```
"tNo = '" + tNo + '\" +
", tName = '" + tName + '\" +
", password = '" + password + '\" +
", prof = '" + prof + '\" +
", dept = " + dept +
'}';
    }
}
```

（3）班级类 Clazz.java，参考代码如下：

```
package pojo;
public class Clazz {
String czNo;                //班级编号
String czName;              //班级名称
Dept dept;                  //所属部门
public String getCzNo() {
 return czNo;
}
public void setCzNo(String czNo) {
 this.czNo = czNo;
}
public String getCzName() {
 return czName;
}
public void setCzName(String czName) {
 this.czName = czName;
}
public Dept getDept() {
 return dept;
}
public void setDept(Dept dept) {
 this.dept = dept;
}
@Override
public String toString() {
 return "Clazz{" +
 "czNo = '" + czNo + '\" +
 ", czName = '" + czName + '\" +
 ", dept = " + dept +
 '}';
}
}
```

（4）课程类 Course.java，参考代码如下：

```
package pojo;
public class Course {
String cNo;                 //课程号
String cName;               //课程名
String cDes;                //课程描述
int credit;                 //学分
```

```java
    Dept dept;                    //开课系部
    String cType;                 //课程类型
    public String getcNo() {
     return cNo;
    }
    public void setcNo(String cNo) {
     this.cNo = cNo;
    }
    public String getcName() {
     return cName;
    }
    public void setcName(String cName) {
     this.cName = cName;
    }
    public String getcDes() {
     return cDes;
    }
    public void setcDes(String cDes) {
     this.cDes = cDes;
    }
    public int getCredit() {
     return credit;
    }
    public void setCredit(int credit) {
     this.credit = credit;
    }
    public Dept getDept() {
     return dept;
    }
    public void setDept(Dept dept) {
     this.dept = dept;
    }
    public String getcType() {
     return cType;
    }
    public void setcType(String cType) {
     this.cType = cType;
    }
    @Override
    public String toString() {
     return "Course{" +
     "cNo = '" + cNo + '\" +
     ", cName = '" + cName + '\" +
     ", cDes = '" + cDes + '\" +
     ", credit = " + credit +
     ", dept = " + dept +
     ", cType = '" + cType + '\" +
     '}';
    }
    }
```

（5）部门类 Dept.java，参考代码如下：

```java
package pojo;
public class Dept {
String dNo;                //部门编号
String dName;              //部门名称
public String getdNo() {
 return dNo;
 }
public void setdNo(String dNo) {
 this.dNo = dNo;
 }
public String getdName() {
 return dName;
 }
public void setdName(String dName) {
 this.dName = dName;
 }
@Override
public String toString() {
 return "Dept{" +
 "dNo = '" + dNo + '\" +
 ", dName = '" + dName + '\" +
 '}';
 }
}
```

3）持久层

（1）数据库连接类 Db.java，参考代码如下：

```java
package dao;
import java.sql.Connection;
import java.sql.DriverManager;
import java.sql.SQLException;
/**
 * 连接类
 * jdbc: sqlserver:          //连接协议
 * localhost: 1433 数据库服务器的 IP 和端口
 * student: 远程数据库名称
 * sa/1: 远程数据库的账号和密码
 */
public class Db {
Connection connection;
String url = " jdbc:sqlserver://localhost:1433;databaseName = student";
String u = "sa";
String p = "1";
public Connection getConn() {
//1. 加载驱动类
 try {
Class.forName("com.microsoft.sqlserver.jdbc.SQLServerDriver");
//2. 进行连接
```

```
connection = DriverManager.getConnection(url, u, p);
 } catch (ClassNotFoundException e) {
e.printStackTrace();
 } catch (SQLException e) {
e.printStackTrace();
 }
 return connection;
}
}
```

（2）持久层接口：

• 学生接口，参考代码如下：

```
package dao;
import pojo.Clazz;
import java.util.ArrayList;
import java.util.List;
import java.util.Vector;
//持久层
public interface IClazzDao {
//查询所有班级
ArrayList < Clazz > findAll();
//根据编号查找班级
Clazz findByNo(String czno);
}
```

• 部门接口，参考代码如下：

```
package dao;
import pojo.Dept;
import pojo.Student;
import java.sql.ResultSet;
public interface IDeptDao {
//按编号精确查找
Dept findByNo(String no);
}
```

• 课程接口，参考代码如下：

```
package dao;
import java.util.ArrayList;
import java.util.Vector;
//持久层
public interface ICourseDao {
//查询选课信息
Vector courseInfo();
//查询选课情况
Vector electInfo(String sno);
//删除选修情况
boolean deleteElectInfo(String sno, String cno);
}
```

- 班级接口,参考代码如下:

```
package dao;
import pojo.Clazz;
import java.util.ArrayList;
import java.util.List;
import java.util.Vector;
//持久层
public interface IClazzDao {
//查询所有班级
ArrayList<Clazz> findAll();
//根据编号查找班级
Clazz findByNo(String czno);
}
```

- 教师接口,参考代码如下:

```
package dao;
import pojo.Student;
import pojo.Teacher;
import java.util.ArrayList;
//持久层
public interface ITeacherDao {
//查询所有
ArrayList<Teacher> findAll();
//添加
boolean addTeacher(Teacher teacher);
}
```

4) 服务层

(1) 班级服务的实现,参考代码如下:

```
package serviceImpl;
import dao.Db;
import dao.IClazzDao;
import dao.IStudentDao;
import pojo.Clazz;
import pojo.Student;
import java.sql.PreparedStatement;
import java.sql.ResultSet;
import java.sql.SQLException;
import java.util.ArrayList;
//服务层
public class ClazzServiceImpl extends Db implements IClazzDao {
PreparedStatement pt;           //可以支持
ResultSet rs;
/**
* 功能:查询所在班级,在添加学生页面的班级信息时,在下拉列表中需要此数据
* @return 返回班级的数组列表
*/
public ArrayList<Clazz> findAll() {
 ArrayList<Clazz> clazzes = new ArrayList<Clazz>();
```

```
    try {
//从班级表查询
pt = getConn().prepareStatement("select * from clazz");
rs = pt.executeQuery();
while (rs.next()) {
  //产生一个班级对象
  Clazz clazz = new Clazz();
  //填充班级对象
  clazz.setCzNo(rs.getString("czno"));
  clazz.setCzName(rs.getString("czname"));
  //将班级添加到数组列表中
  clazzes.add(clazz);
}
  } catch (SQLException e) {
e.printStackTrace();
  }
  //返回班级数组列表
  return clazzes;
}
/**
* 功能：根据班级编号精确查询班级
* @param czno：班级编号
* @return 返回班级类对象结果
*/
public Clazz findByNo(String czno) {
  Clazz clazz = null;
  try {
//从班级表中查询
pt = getConn().prepareStatement("select * from clazz where czno = ?");
//向参数写值
pt.setString(1, czno);
//执行查询
rs = pt.executeQuery();
//若查询返回的记录结果集非空
if (rs.next()) {
  clazz = new Clazz();
  clazz.setCzNo(rs.getString("czno"));
  clazz.setCzName(rs.getString("czname"));
  //在升级版时再补充部门的二次检索
  clazz.setDept(null);
}
  } catch (SQLException e) {
e.printStackTrace();
  }
  //返回班级对象
  return clazz;
}
}
```

（2）课程服务实现，参考代码如下：

```java
package serviceImpl;
import dao.Db;
import dao.ICourseDao;
import pojo.Course;
import pojo.Dept;
import java.sql.PreparedStatement;
import java.sql.ResultSet;
import java.sql.SQLException;
import java.util.ArrayList;
import java.util.HashMap;
import java.util.Vector;
//服务层
public class CourseServiceImpl extends Db implements ICourseDao {
//服务类对象
DeptServiceImpl dsi = new DeptServiceImpl();
PreparedStatement pt;          //可以支持通配符?不必拼接 SQL 语句
ResultSet rs;
/**
 * 选修信息
 *
 * @return: 返回所有可供选修的课程信息
 */
public Vector courseInfo() {
 Vector vector = new Vector();
 HashMap map;
 try {
//从视图查询所有,可参阅数据库中的视图
pt = getConn().prepareStatement("select * from v_course");
rs = pt.executeQuery();
//循环将数据库返回的记录转换成集合对象
while (rs.next()) {
 map = new HashMap();
 map.put("cno", rs.getString("cno"));
 map.put("cname", rs.getString("cname"));
 map.put("credit", rs.getString("credit"));
 map.put("ctype", rs.getString("ctype"));
 map.put("dname", rs.getString("dname"));
 map.put("tname", rs.getString("tname"));
 map.put("czname", rs.getString("czname"));
 vector.add(map);
}
 } catch (SQLException e) {
e.printStackTrace();
 }
 //返回集合对象
 return vector;
}
/**
 * 选修情况
```

```java
 *
 * @param sno: 学生编号
 * @return 返回某学生的选修情况
 */
public Vector electInfo(String sno) {
 Vector vector = new Vector();
 HashMap map;
 try {
//从选修情况视图查询
pt = getConn().prepareStatement("select * from v_elect where sno = ?");
pt.setString(1, sno);
rs = pt.executeQuery();
//将数据库返回的记录转换成集合对象
while (rs.next()) {
 //一条选修情况
 map = new HashMap();
 //填充选修情况内容
 map.put("cno", rs.getString("cno"));
 map.put("sno", rs.getString("sno"));
 map.put("cname", rs.getString("cname"));
 map.put("sname", rs.getString("sname"));
 map.put("tname", rs.getString("tname"));
 map.put("credit", rs.getString("credit"));
 //将选修情况添加到集合对象
 vector.add(map);
}
 } catch (SQLException e) {
e.printStackTrace();
 }
 //返回集合对象
 return vector;
}
/**
 * @param sno: 学生编号
 * @param cno: 课程编号
 * @return 返回删除情况,逻辑真或假
 */
public boolean deleteElectInfo(String sno, String cno) {
 //设置删除的逻辑标识为假
 boolean f = false;
 try {
//预处理
pt = getConn().prepareStatement("DELETE FROM elect WHERE sno = ? and cno = ?");
//向参数写值
pt.setString(1, sno);
pt.setString(2, cno);
//执行更新操作
int i = pt.executeUpdate();
if (i > 0) {
 f = true;                       //修改逻辑标识
}
```

```
      } catch (SQLException e) {
e.printStackTrace();
   }
   //返回删除逻辑标识
   return f;
 }
}
```

（3）部门服务的实现，参考代码如下：

```
package serviceImpl;
import dao.Db;
import dao.IDeptDao;
import dao.IStudentDao;
import pojo.Dept;
import pojo.Student;
import java.sql.PreparedStatement;
import java.sql.ResultSet;
import java.sql.SQLException;
//服务层
public class DeptServiceImpl extends Db implements IDeptDao {
PreparedStatement pt;            //可以支持
ResultSet rs;

/**
 * 功能: 根据编号精确查询部门
 *  @param no: 部门编号
 *  @return 返回查询到的部门对象
 */
public Dept findByNo(String no) {
 Dept dept = null;
 try {
//预处理
pt = getConn().prepareStatement("select * from Dept where dno = ?");
//向参数写值
pt.setString(1, no);
//执行操作
rs = pt.executeQuery();
if (rs.next()) {
 //构造对象
 dept = new Dept();
 //获取记录集信息,填充对象
 dept.setdNo(rs.getString("dno"));
 dept.setdName(rs.getString("dname"));
}
 } catch (SQLException e) {
e.printStackTrace();
 }
 return dept;
}
}
```

数据库应用系统的开发

（4）学生服务的实现，参考代码如下：

```java
package serviceImpl;
import dao.Db;
import dao.IStudentDao;
import pojo.Clazz;
import pojo.Student;
import java.sql.PreparedStatement;
import java.sql.ResultSet;
import java.sql.SQLException;
import java.util.ArrayList;
//服务层
public class StudentServiceImpl extends Db implements IStudentDao {
ClazzServiceImpl csi = new ClazzServiceImpl();
PreparedStatement pt;          //可以支持
ResultSet rs;
/**
* 功能：在学生表查询所有学生，管理员在学生管理中需要此数据
*  @return 返回学生数组列表
*/
public ArrayList < Student > findAll() {
 ArrayList < Student > students = new ArrayList < Student >();
 try {
pt = getConn().prepareStatement("select * from student");
rs = pt.executeQuery();
//若返回记录集不为空，循环处理返回值
while (rs.next()) {
 //产生一个学生对象
 Student student = new Student();
 //填充学生对象
 student.setsNo(rs.getString("sno"));
 student.setsName(rs.getString("sname"));
 student.setsPassword(rs.getString("spassword"));
 student.setGender(rs.getString("gender"));
 student.setClazz(csi.findByNo(rs.getString("czno")));
 //将班级添加到数组列表中
 students.add(student);
}
 } catch (SQLException e) {
e.printStackTrace();
 }
 return students;
}
/**
* 功能：学生登录
*  @param u: 学生账号
*  @param p: 学生密码
*  @return 返回学生对象
*/
 public Student login(String u, String p) {
  Student student = null;
```

```java
  try {
//预处理
pt = getConn().prepareStatement("select * from student where sno = ? and spassword = ?");
//向参数写值
pt.setString(1, u);
pt.setString(2, p);
//执行操作
rs = pt.executeQuery();
if (rs.next()) {
 //构造对象
 student = new Student();
 //获取记录集信息,填充对象
 student.setsNo(rs.getString("sno"));
 student.setsName(rs.getString("sname"));
 student.setsPassword(rs.getString("spassword"));
 student.setClazz(csi.findByNo(rs.getString("czno")));
 student.setGender(rs.getString("gender"));
}
 } catch (SQLException e) {
e.printStackTrace();
 }
 return student;
}


/**
 * 功能: 添加学生
 * @param s: 入参,需要被添加的学生对象
 * @return 返回添加逻辑真或假
 */
public boolean addStudent(Student s) {
 //添加标识设为假
 boolean f = false;
 try {
//预处理
pt = getConn().prepareStatement("INSERT INTO student VALUES(?,?,?,?,?)");
//向参数写值
pt.setString(1, s.getsNo());
pt.setString(2, s.getsPassword());
pt.setString(3, s.getsName());
pt.setString(4, s.getGender());
pt.setString(5, s.getClazz().getCzNo());
//执行更新操作
int i = pt.executeUpdate();
if (i > 0) {
 //将添加标识设置为真
 f = true;
}
 } catch (SQLException e) {
e.printStackTrace();
 }
 //返回添加标识
```

第9章

数据库应用系统的开发

```
return f;
}
}
```


5）测试层

测试了服务层的登录实现，相关类的使用一定要经过详细的测试，测试通过后才能使用。详细的其他测试请读者自行安排。

(1) 学生登录测试，参考代码如下：

```
package test;
import pojo.Student;
import serviceImpl.StudentServiceImpl;
import java.sql.ResultSet;
import java.sql.SQLException;
public class TestStudentSerivceImpl {
static ResultSet rs;
static StudentServiceImpl usi = new StudentServiceImpl();
publicstatic void main(String[] args){
 testLogin();
}
public static void testLogin(){
 String u = "chen";
 String p = "111";
 Student student = usi.login(u, p);
 if (student == null){
System.out.println("login failure");
 }else{
System.out.println(student);
 }
}
}
```

测试结果如图 1.9.19 所示。

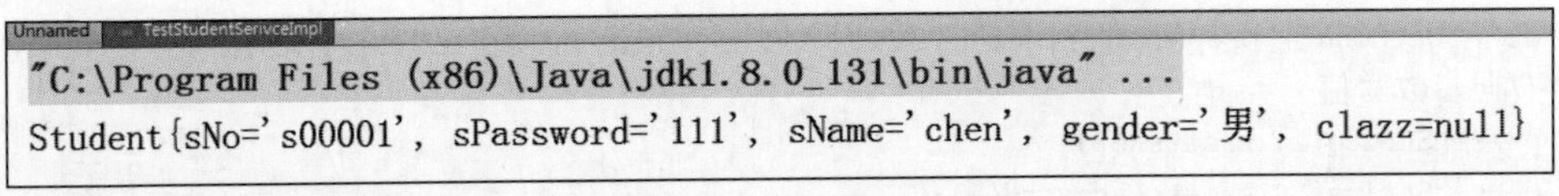
Unnamed
TestStudentSerivceImpl
"C:\Program Files (x86)\Java\jdk1.8.0_131\bin\java" ...
Student{sNo='s00001', sPassword='111', sName='chen', gender='男', clazz=null}

图 1.9.19　测试结果

(2) 课程展示测试，参考代码如下：

```
package test;
import pojo.Course;
import serviceImpl.CourseServiceImpl;
import java.util.ArrayList;
public class TestCourseSerivceImpl {
static ArrayList<Course> courses;
static CourseServiceImpl csi = new CourseServiceImpl();
publicstatic void main(String[] args){
 //测试查询所有
```

```
 testFindAll();
// testLogin();
}
public static void testFindAll(){
 courses = csi.allCourse();
 System.out.println(courses);
}
}
```

测试结果如下：

[Course{cNo='c00001',cName='大学体育',cDes='体育公共课',credit=2,dept=Dept{dNo='d00001',dName='信息技术与工程学院'},cType='公共课'},Course{cNo='c00002',cName='java web',cDes='专业课',credit=3,dept=Dept{dNo='d00001',dName='信息技术与工程学院'},cType='必修课'},Course{cNo='c00003',cName='跨境电子商务',cDes='关于跨境电子商务的课程',credit=2,dept=Dept{dNo='d00002',dName='电子商务学院'},cType='专业限选课'},Course{cNo='c00004',cName='j 数据结构',cDes='c 语言版',credit=2,dept=Dept{dNo='d00001',dName='信息技术与工程学院'},cType='必修课'},Course{cNo='c00005',cName='面向对象程序设计',cDes='基础课程',credit=4,dept=Dept{dNo='d00001',dName='信息技术与工程学院'},cType='必修课'},Course{cNo='c00006',cName='网络营销理论与实务',cDes='网络营销课程',credit=2,dept=Dept{dNo='d00002',dName='电子商务学院'},cType='选修课'},Course{cNo='c00007',cName='音乐鉴赏',cDes='中国音乐',credit=1,dept=Dept{dNo='d00003',dName='艺术设计学院'},cType='选修课'}]

（3）添加学生测试，参考代码如下：

```
public static void testAdd() {
Student student = new Student();
student.setsNo("s00008");
student.setGender("女");
student.setsName("测试用户");
student.setsPassword("88888888");
student.setClazz(csi.findByNo("cz0004"));
if(ssi.addStudent(student)){
    System.out.println("add ok");
}
}
```

6）控制层

（1）学生登录 servlet，参考代码如下：

```
package servlet;
import pojo.Student;
import serviceImpl.StudentServiceImpl;
import javax.servlet.ServletException;
import javax.servlet.annotation.WebServlet;
import javax.servlet.http.HttpServlet;
import javax.servlet.http.HttpServletRequest;
```

```
import javax.servlet.http.HttpServletResponse;
import java.io.IOException;
//控制层  学生登录
@WebServlet("/login")
public class StudentServlet extends HttpServlet {
//服务层对象
StudentServiceImpl usi = new StudentServiceImpl();
@Override
protected void doGet(HttpServletRequest req, HttpServletResponse resp) throws ServletException,
IOException {
 doPost(req, resp);
}
@Override
protected void doPost(HttpServletRequest req, HttpServletResponse resp) throws ServletException,
IOException {
 //设置请求的编码为 utf-8
// req.setCharacterEncoding("utf-8");    //如果编写了过滤器,可不写此行
 String u = req.getParameter("no");
 String p = req.getParameter("pwd");
 //调用服务层对象的方法,并传参
 Student student = usi.login(u, p);
 //如果登录成功,则返回的对象非空
 if (student != null) {
//向 session 写入数据,以便其他页面引用
req.getSession().setAttribute("student", student);
//调用课的请求
req.getRequestDispatcher("/course").forward(req, resp);
 } else {
//若失败,则返回登录页,此处可根据业务需求,返回具体的出错信息
req.getRequestDispatcher("stuMis/login.html").forward(req, resp);
 }
 }
 }
```

(2) 管理员：管理功能中的添加学生界面,参考代码如下：

```
package servlet;
import serviceImpl.ClazzServiceImpl;
import serviceImpl.CourseServiceImpl;
import javax.servlet.ServletException;
import javax.servlet.annotation.WebServlet;
import javax.servlet.http.HttpServlet;
import javax.servlet.http.HttpServletRequest;
import javax.servlet.http.HttpServletResponse;
import java.io.IOException;
//控制层 去添加学生界面
@WebServlet("/addStudentUI")
public class AddStuUIServlet extends HttpServlet {
//服务层对象
ClazzServiceImpl csi = new ClazzServiceImpl();
@Override
```

```
protected void doGet(HttpServletRequest req, HttpServletResponse resp) throws ServletException,
IOException {
 doPost(req, resp);
}
@Override
protected void doPost(HttpServletRequest req, HttpServletResponse resp) throws ServletException,
IOException {
 //在请求对象中设置班级信息,以便在页面下拉列表中为学生选择班级
 req.setAttribute("clazzes", csi.findAll());
 //转至添加页面
 req.getRequestDispatcher("stuMis/addStudent.jsp").forward(req, resp);
}
}
```

(3) 管理员：添加学生 servlet，参考代码如下：

```
package servlet;
import pojo.Student;
import serviceImpl.ClazzServiceImpl;
import serviceImpl.StudentServiceImpl;
import javax.servlet.ServletException;
import javax.servlet.annotation.WebServlet;
import javax.servlet.http.HttpServlet;
import javax.servlet.http.HttpServletRequest;
import javax.servlet.http.HttpServletResponse;
import java.io.IOException;
//控制层
@WebServlet("/addStudent")
public class AddStudentServlet extends HttpServlet {
//服务层对象
StudentServiceImpl ssi = new StudentServiceImpl();
ClazzServiceImpl csi = new ClazzServiceImpl();
@Override
protected void doGet(HttpServletRequest req, HttpServletResponse resp) throws ServletException,
IOException {
 doPost(req, resp);
}
@Override
protected void doPost(HttpServletRequest req, HttpServletResponse resp) throws ServletException,
IOException {
 //生成对象
 Student student = new Student();
 //接收传来的参数
 String sno = req.getParameter("sno");
 String sname = req.getParameter("sname");
 String spassword = req.getParameter("spassword");
 String gender = req.getParameter("gender");
 String czno = req.getParameter("czno");
 //填充对象
 student.setsNo(sno);
 student.setsName(sname);
```

```
student.setGender(gender);
student.setsPassword(spassword);
student.setClazz(csi.findByNo(czno));
//调用服务层的添加学生方法,并传送一个需要添加的学生对象给该方法
if(ssi.addStudent(student)){
//发起请求(去管理页面),读者可自行补充相关内容
req.getRequestDispatcher("/manage").forward(req,resp);
 }
}
}
```

(4) 课程 servlet,参考代码如下:

```
package servlet;
import serviceImpl.CourseServiceImpl;
import javax.servlet.ServletException;
import javax.servlet.annotation.WebServlet;
import javax.servlet.http.HttpServlet;
import javax.servlet.http.HttpServletRequest;
import javax.servlet.http.HttpServletResponse;
import java.io.IOException;
//控制层
@WebServlet("/course")
public class CourseServlet extends HttpServlet {
//服务层对象
CourseServiceImpl csi = new CourseServiceImpl();
@Override
protected void doGet(HttpServletRequest req, HttpServletResponse resp) throws ServletException,
IOException {
 doPost(req, resp);
}
@Override
protected void doPost(HttpServletRequest req, HttpServletResponse resp) throws ServletException,
IOException {
 //在请求对象中设置课程信息
 req.setAttribute("courses", csi.courseInfo());
 //去学生页面
 req.getRequestDispatcher("stuMis/main.jsp").forward(req, resp);
}
}
```

(5) 选课 servlet,参考代码如下:

```
package servlet;
import pojo.Student;
import serviceImpl.CourseServiceImpl;
import javax.servlet.ServletException;
import javax.servlet.annotation.WebServlet;
import javax.servlet.http.HttpServlet;
import javax.servlet.http.HttpServletRequest;
import javax.servlet.http.HttpServletResponse;
import java.io.IOException;
```

```
//控制层
@WebServlet("/elect")
public class ElectServlet extends HttpServlet {
//服务层对象
CourseServiceImpl csi = new CourseServiceImpl();
@Override
protected void doGet(HttpServletRequest req, HttpServletResponse resp) throws ServletException,
IOException {
  doPost(req, resp);
}
@Override
protected void doPost(HttpServletRequest req, HttpServletResponse resp) throws ServletException,
IOException {
  //从中得到登录成功时存储的学生
  Student student = (Student) req.getSession().getAttribute("student");
  //获取学生编号
  String sno = student.getsNo();
  //用学生编号,调用课程服务层对象的该生选修信息
  req.setAttribute("elects", csi.electInfo(sno));
  //去该生的选修页面
  req.getRequestDispatcher("stuMis/elect.jsp").forward(req, resp);
}
}
```

7) 视图层

以下仅给出几个页面的参考代码,其他页面读者可参照类似代码完成。

(1) 登录页 login.html,参考代码如下:

```
<!doctype html>
<html lang = "en">
<head>
<meta charset = "utf-8">
<meta name = "viewport"
content = "width = device-width, student-scalable = no, initial-scale = 1.0, maximum-scale
= 1.0, minimum-scale = 1.0">
<meta http-equiv = "X-UA-Compatible" content = "ie = edge">
<link href = "https://maxcdn.bootstrapcdn.com/bootstrap/3.3.7/css/bootstrap.min.css" rel =
"stylesheet">
<title>系统登录</title>
</head>
<body>
<div class = "container">
<div class = "row clearfix">
  <div class = "col-md-4 column">
  </div>
  <div class = "col-md-4 column">
<h2>
欢迎使用选课系统
</h2>
<form role = "form" action = "/login" method = "post">
  <div class = "form-group">
```

```
< label for = "no">账号</label>< input type = "" class = "form - control" name = "no" id = "no"
placeholder = "请输入您的账号"/>
 </div >
 < div class = "form - group">
< label for = "pwd">密码</label>< input type = "password" class = "form - control" name = "pwd"
placeholder = "请输入您的密码"id = "pwd"/>
 </div >
 < div class = "checkbox">
< input type = "radio" checked/>学生< input type = "radio"/>教师< input type = "radio"/>管理员
 </div >
 < button type = "submit" class = "btn btn - default">登录</button >
</form >
 </div >
 < div class = "col - md - 4 column">
 </div >
 </div >
 </div >
 </body >
 </html >
```

（2）学生用户的页面 main. jsp，参考代码如下：

```
<% @ page import = "pojo. Course" %>
<% @ page import = "java. util. Vector" %>
<% @ page import = "java. util. Map" %>
<% @ page import = "pojo. Student" %>
<% @page contentType = "text/html; charset = utf - 8"
 language = "java" %>
<%
String path = request.getContextPath();
String basePath = request.getScheme() + "://" + request.getServerName() + ":" + request.
getServerPort() + path + "/";
Student student = (Student) session.getAttribute("student");
 %>
< html >
< head >
< base href = "<% = basePath %>">
< title>网上选课系统</title>
< link href = "https://maxcdn. bootstrapcdn. com/bootstrap/3. 3. 7/css/bootstrap. min. css" rel =
"stylesheet">
</head >
< body >
<%
Vector list = (Vector) request.getAttribute("courses");
 %>
< div class = "container">
< div class = "row clearfix">
 < div class = "col - md - 12 column" style = "margin: 20px">
< div style = "float:left;font - size: large">
欢迎您: < strong >
 <% = student.getsNo() %>
```

```
</strong>
</div>
</div>
</div>
<div class = "row clearfix">
 <div class = "col - md - 3 column">
<div class = "panel - group" id = "panel - 385002">
 <div class = "panel panel - default">
<div class = "panel - heading">
<a class = "panel - title" data - toggle = "collapse" data - parent = " # panel - 385002"
href = " # panel - element - 651831">个人信息</a>
</div>
<div id = "panel - element - 651831" class = "panel - collapse in">
<div class = "panel - body">
个人资料
</div>
<div class = "panel - body">
修改密码
</div>
</div>
 </div>
</div>
<div class = "panel - group" id = "panel - 385003">
 <div class = "panel panel - default">
<div class = "panel - heading">
<a class = "panel - title" data - toggle = "collapse" data - parent = " # panel - 385002"
href = " # panel - element - 651831">网上平台</a>
</div>
<div id = "panel - element - 651832" class = "panel - collapse in">
<div class = "panel - body">
选课信息
</div>
<div class = "panel - body">
选课情况
</div>
<div class = "panel - body">
我的课表
</div>
</div>
</div>
 </div>
</div>
<div class = "panel - group" id = "panel - 385004">
 <div class = "panel panel - default">
<div class = "panel - heading">
<a class = "panel - title" data - toggle = "collapse" data - parent = " # panel - 385002"
href = " # panel - element - 651831">系统公告</a>
</div>
<div id = "panel - element - 651833" class = "panel - collapse in">
<div class = "panel - body">
关于学分
</div>
```

数据库应用系统的开发

```html
< div class = "panel - body">
全国大学英语四六级考试报名
</div >
</div >
 </div >
</div >
 </div >
 < div class = "col - md - 9 column">
< h3 >选课信息</h3 >
< form class = "navbar - form navbar - left" role = "search">
 < div class = "form - group">
< input type = "text" class = "form - control" placeholder = "请输入要查找的课程信息"/>
 </div >
 < button type = "submit" class = "btn btn - default">查询</button >
</form >
< table class = "table table - bordered table - condensed">
 < thead >
 < tr >
< th >
课程编号
</th >
< th >
课程名称
</th >
< th >
授课教师
</th >
< th >
学分
</th >
< th >
开课部门
</th >
< th >
课程类型
</th >
< th >
授课班级
</th >
< th >
操作
</th >
 </tr >
 </thead >
 < tbody >
 < %
for (int i = 0; i < list.size(); i++) {
Map map = (Map) list.get(i); % >
 < tr >
 < tr >
< td >< % = map.get("cno") % >
```

```html
</td>
<td><% = map.get("cname") %>
</td>
<td><% = map.get("tname") %>
</td>
<td><% = map.get("credit") %>
</td>
<%-- 显示部门的名称信息 --%>
<td><% = map.get("dname") %>
</td>
<td><% = map.get("ctype") %>
</td>
<td><% = map.get("czname") %>
</td>
<td><a href = "#">选修</a></td>
 </tr>
 <%}%>
 </tbody>
</table>
<%-- 分页 --%>
<ul class = "pagination">
 <li>
<a href = "#">Prev</a>
 </li>
 <li>
<a href = "#">1</a>
 </li>
 <li>
<a href = "#">2</a>
 </li>
 <li>
<a href = "#">3</a>
 </li>
 <li>
<a href = "#">4</a>
 </li>
 <li>
<a href = "#">5</a>
 </li>
 <li>
<a href = "#">Next</a>
 </li>
</ul>
 </div>
</div>
<%-- 版权和帮助 --%>
<div class = "row clearfix">
 <div class = "col-md-4 column">
<blockquote>
 <p>
copyright 2001-2019
```

```
  </p>
  <small>信息学院<cite>数据库教研室</cite></small>
</blockquote>
</div>
<div class = "col - md - 4 column" style = "font - size: large">
<ul>
  <li>
学院首页
  </li>
  <li>
帮助热线
  </li>
  <li>
备案信息
  </li>
</ul>
</div>
<div class = "col - md - 4 column">
</div>
</div>
</div>
</body>
</html>
```

（3）选课页面 elect. jsp,参考代码如下：

```
<% @ page import = "pojo. Course" %>
<% @ page import = "java. util. Vector" %>
<% @ page import = "java. util. Map" %>
<% @ page import = "pojo. Student" %>
<% @page contentType = "text/html; charset = utf - 8"
 language = "java" %>
<%
String path = request. getContextPath();
String basePath = request. getScheme() + "://" + request. getServerName() + ":" + request.
getServerPort() + path + "/";
Student student = (Student) session. getAttribute("student");
%>

<html>
<head>
<base href = "<% = basePath %>">
<title>网上选课系统</title>
<link href = "https://maxcdn. bootstrapcdn. com/bootstrap/3. 3. 7/css/bootstrap. min. css" rel =
"stylesheet">
</head>
<body>
<%
Vector list = (Vector) request. getAttribute("elects");
%>
<div class = "container">
```

```html
< div class = "row clearfix">
  < div class = "col - md - 12 column" style = "margin: 20px">
< div style = "float:left;font - size: large">
欢迎您：< strong >
  < % = student. getsNo( ) % >
</ strong >
</div >
  </div >
</div >
< div class = "row clearfix">
  < div class = "col - md - 3 column">
< div class = "panel - group" id = "panel - 385002">
  < div class = "panel panel - default">
< div class = "panel - heading">
< a class = "panel - title" data - toggle = "collapse" data - parent = " # panel - 385002"
href = " # panel - element - 651831">个人信息</a>
</div >
< div id = "panel - element - 651831" class = "panel - collapse in">
< div class = "panel - body">
个人资料
</div >
< div class = "panel - body">
修改密码
</div >
</div >
  </div >
</div >
< div class = "panel - group" id = "panel - 385003">
  < div class = "panel panel - default">
< div class = "panel - heading">
< a class = "panel - title" data - toggle = "collapse" data - parent = " # panel - 385002"
href = " # panel - element - 651831">网上平台</a>
</div >
< div id = "panel - element - 651832" class = "panel - collapse in">
< div class = "panel - body">
选课信息
</div >
< div class = "panel - body">
选课情况
</div >
< div class = "panel - body">
我的课表
</div >
</div >
  </div >
</div >
< div class = "panel - group" id = "panel - 385004">
  < div class = "panel panel - default">
< div class = "panel - heading">
< a class = "panel - title" data - toggle = "collapse" data - parent = " # panel - 385002"
href = " # panel - element - 651831">系统公告</a>
```

数据库应用系统的开发

```
</div >
< div id = "panel - element - 651833" class = "panel - collapse in">
< div class = "panel - body">
关于学分
</div >
< div class = "panel - body">
全国大学英语四六级考试报名
</div >
</div >
 </div >
</div >
 </div >
 < div class = "col - md - 9 column">
< h3 >选课情况</h3 >
< form class = "navbar - form navbar - left" role = "search">
 < div class = "form - group">
< input type = "text" class = "form - control" placeholder = "请输入要查找的课程信息"/>
 </div >
 < button type = "submit" class = "btn btn - default">查询</button >
</form >
< table class = "table table - bordered table - condensed">
 < thead >
 < tr >
< th >
撤销选课
</th >
< th >
学生姓名
</th >
< th >
课程名称
</th >
< th >
授课教师
</th >
< th >
学分
</th >
 </tr >
 </thead >
 < tbody >
 < %
for (int i = 0; i < list.size(); i++) {
Map map = (Map) list.get(i); % >
 < tr >
 < tr >
< td >< a href = " # ">删除</a ></td >
< td >< % = map.get("sname") % >
</td >
 < td >< % = map.get("cname") % >
 </td >
```

```html
<td><%=map.get("tname")%>
</td>
<td><%=map.get("credit")%>
</td>
</tr>
<%}%>
</tbody>
</table>
<%--分页--%>
<ul class="pagination">
<li>
<a href="#">Prev</a>
</li>
<li>
<a href="#">1</a>
</li>
<li>
<a href="#">2</a>
</li>
<li>
<a href="#">3</a>
</li>
<li>
<a href="#">4</a>
</li>
<li>
<a href="#">5</a>
</li>
<li>
<a href="#">Next</a>
</li>
</ul>
</div>
</div>
<%--版权和帮助--%>
<div class="row clearfix">
<div class="col-md-4 column">
<blockquote>
<p>
copyright 2001-2019
</p>
<small>信息学院<cite>数据库教研室</cite></small>
</blockquote>
</div>
<div class="col-md-4 column" style="font-size: large">
<ul>
<li>
学院首页
</li>
<li>
帮助热线
```

```
        </li>
        <li>
备案信息
        </li>
        </ul>
        </div>
        <div class = "col - md - 4 column">
        </div>
        </div>
        </div>
        </body>
        </html>
```

（4）添加学生页面 addStudent.jsp，参考代码如下：

```
<% @ page import = "pojo.Course" %>
<% @ page import = "java.util.Vector" %>
<% @ page import = "java.util.Map" %>
<% @ page import = "pojo.Clazz" %>
<% @ page import = "java.util.ArrayList" %>
<% -- <% @ page import = "pojo.Manager" %> -- %>
<% @ page contentType = "text/html; charset = utf - 8"
  language = "java" %>
<%
String path = request.getContextPath();
String basePath = request.getScheme() + "://" + request.getServerName() + ":" + request.
getServerPort() + path + "/";
//Manager manager = (Manager) session.getAttribute("manager");
%>


<html>
<head>
<base href = "<% = basePath %>">
<title>网上选课系统</title>
<link href = "https://maxcdn.bootstrapcdn.com/bootstrap/3.3.7/css/bootstrap.min.css" rel =
"stylesheet">
</head>
<body>
<%
//Vector list = (Vector) request.getAttribute("elects");
ArrayList < Clazz > clazzes = (ArrayList < Clazz >) request.getAttribute("clazzes");
%>
<div class = "container">
<div class = "row clearfix">
  <div class = "col - md - 12 column" style = "margin: 20px">
<div style = "float:left;font - size: large">
欢迎您: <strong>管理员
  <% -- <% = student.getsNo() %> -- %>
</strong>
</div>
  </div>
```

```html
</div>
< div class = "row clearfix">
  < div class = "col - md - 3 column">
< div class = "panel - group" id = "panel - 385002">
  < div class = "panel panel - default">
< div class = "panel - heading">
< a class = "panel - title" data - toggle = "collapse" data - parent = " # panel - 385002"
href = " # panel - element - 651831">用户管理</a>
</div>
< div id = "panel - element - 651831" class = "panel - collapse in">
< div class = "panel - body">
修改密码
</div>
< div class = "panel - body">
添加新用户
</div>
< div class = "panel - body">
添加学生记录
</div>
< div class = "panel - body">
添加教师记录
</div>
< div class = "panel - body">
查看学生信息
</div>
< div class = "panel - body">
查看教师信息
</div>
</div>
  </div>
</div>
< div class = "panel - group" id = "panel - 385003">
  < div class = "panel panel - default">
< div class = "panel - heading">
< a class = "panel - title" data - toggle = "collapse" data - parent = " # panel - 385002"
href = " # panel - element - 651831">网上平台</a>
</div>
< div id = "panel - element - 651832" class = "panel - collapse in">
< div class = "panel - body">
查看课程信息
</div>
< div class = "panel - body">
审批课程申请
</div>
</div>
  </div>
</div>
< div class = "panel - group" id = "panel - 385004">
  < div class = "panel panel - default">
< div class = "panel - heading">
< a class = "panel - title" data - toggle = "collapse" data - parent = " # panel - 385002"
```

数据库应用系统的开发

```
href = "#panel - element - 651831">系统公告</a>
</div>
< div id = "panel - element - 651833" class = "panel - collapse in">
< div class = "panel - body">
关于学分
</div>
< div class = "panel - body">
全国大学英语四六级考试报名
</div>
</div>
 </div>
</div>
 </div>
 < div class = "col - md - 5 column">
<h3>添加学生记录</h3>
< form role = "form" action = "/addStudent" method = "post">
 < div class = "form - group">
< label for = "sno">学号</label > < input type = "" class = "form - control" name = "sno" id =
"sno"
placeholder = "请输入学生学号"/>
 </div>
 < div class = "form - group">
< label for = "spassword">密码</label > < input type = "password" class = "form - control" name =
"spassword"
placeholder = "请输入您的密码" id = "spassword"/>
 </div>
 < div class = "form - group">
< label for = "sname">姓名</label > < input type = "" class = "form - control" name = "sname" id =
"sname"
 placeholder = "请输入学生学号"/>
 </div>
 < div class = "form - group">
< label for = "gender">性别</label > < input type = "radio" checked name = "gender" id = "gender"
value = "男"/>男< input type = "radio" value = "女" name = "gender"/>女
 </div>
 < div class = "form - group">
< label for = "clazz">班级</label >
< select name = "czno" id = "clazz">
<%
 for (Clazz c : clazzes) {
%>
< option value = "<% = c.getCzNo() %>"><% = c.getCzName() %>
</option>
<%
 }
%>
</select>
 </div>
 < button type = "submit" class = "btn btn - default">添加</button>
</form>
 </div>
```

```
</div>
<% --版权和帮助-- %>
< div class = "row clearfix">
  < div class = "col-md-4 column">
< blockquote >
  < p >
copyright 2001-2019
  </p>
  < small >信息学院<cite>数据库教研室</cite></small >
</blockquote >
  </div >
  < div class = "col-md-4 column" style = "font-size: large">
< ul >
  < li >
学院首页
  </li >
  < li >
帮助热线
  </li >
  < li >
备案信息
  </li >
</ul >
  </div >
  < div class = "col-md-4 column">
  </div >
</div >
</div >
</body >
</html >
```

3. 数据查询

以实现数据查询中"课程信息"为例介绍编码实现方法,运行界面如图 1.9.20 所示。

课程编号	课程名称	授课教师	学分	开课部门	课程类型	授课班级	操作
c00002	java web	许小薇	3	信息技术与工程学院	必修课	18j电子商务1班	选修
c00004	数据结构	张三峰	2	信息技术与工程学院	必修课	19国际贸易3班	选修
c00005	面向对象程序设计	李四铭	4	信息技术与工程学院	必修课	16室内广告2班	选修
c00002	java web	黄秋凤	3	信息技术与工程学院	必修课	17信息管理1班	选修
c00005	面向对象程序设计	黄晓玲	4	信息技术与工程学院	必修课	18艺术设计5班	选修
c00003	跨境电子商务	张三峰	2	电子商务学院	专业限选课	18信息管理1班	选修
c00006	网络营销理论与实务	李四铭	2	电子商务学院	选修课	18艺术设计5班	选修
c00001	大学体育	许小薇	2	艺术设计学院	公共课	17信息管理1班	选修

请输入要查找的课程信息 查询

Prev 1 2 3 4 5 Next

图 1.9.20 选课查询界面

持久层参考代码如下：

```
//根据课程名称模糊查询
 Vector findByCname(String cname);
```

实现层参考代码如下：

```
/ **
 * 功能：根据课程名称模糊查询
 * @param cname: 课程名称
 * @return
 */
public Vector findByCname(String cname) {
 Vector vector = new Vector();
 HashMap map;
 try {
//从视图查询所有,可参阅数据库中的视图
pt = getConn().prepareStatement("select * from v_course where cname like '%" + cname +
"%'");
rs = pt.executeQuery();
//循环将数据库返回的记录转换成集合对象
while (rs.next()) {
 map = new HashMap();
 map.put("cno", rs.getString("cno"));
 map.put("cname", rs.getString("cname"));
 map.put("credit", rs.getString("credit"));
 map.put("ctype", rs.getString("ctype"));
 map.put("dname", rs.getString("dname"));
 map.put("tname", rs.getString("tname"));
 map.put("czname", rs.getString("czname"));
 vector.add(map);
}
 } catch (SQLException e) {
e.printStackTrace();
 }
 //返回集合对象
 return vector;
}
```

4. 数据删除

以实现学生选课信息删除功能为例,运行界面如图 1.9.21 所示。

持久层参考代码如下：

```
//删除选修情况
boolean deleteElectInfo(String sno, String cno);
```

实现层参考代码如下：

```
/ **
 * @param sno: 学生编号
 * @param cno: 课程编号
 * @return 返回删除情况,逻辑真或假
```

图 1.9.21　删除选课信息页面

```
*/
public boolean deleteElectInfo(String sno, String cno) {
 //设置删除的逻辑标识为假
 boolean f = false;
 try {
//预处理
pt = getConn().prepareStatement("DELETE FROM elect WHERE sno = ? and cno = ?");
//向参数写值
pt.setString(1, sno);
pt.setString(2, cno);
//执行更新操作
int i = pt.executeUpdate();
if (i > 0) {
 f = true;                    //修改逻辑标识
}
 } catch (SQLException e) {
e.printStackTrace();
 }
 //返回删除逻辑标识
 return f;
}
```

5. 数据插入

以实现学生信息的添加为例,介绍编码实现方法,运行界面如图 1.9.22 所示。

持久层参考代码如下:

```
//添加学生
boolean addStudent(Student s);
```

实现层参考代码如下:

数据库应用系统的开发

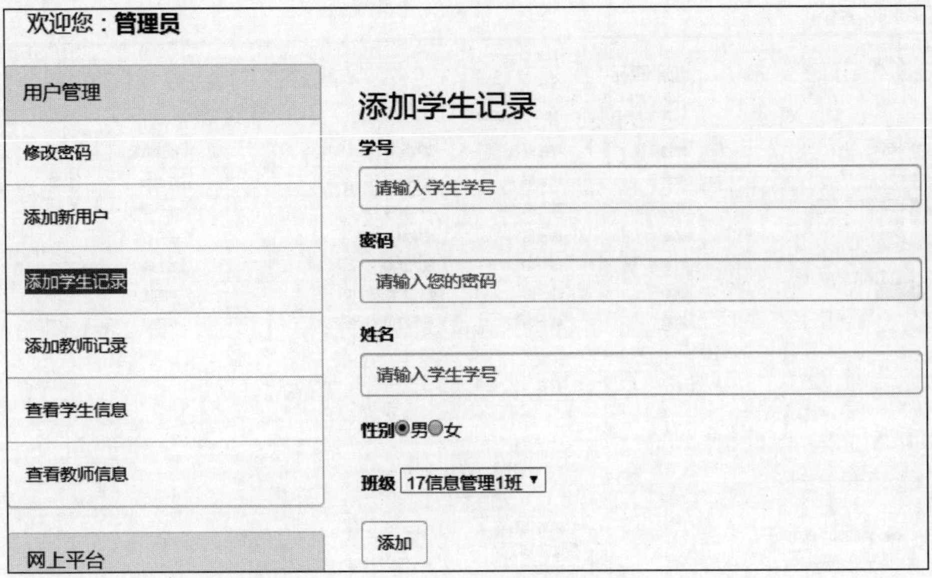

图 1.9.22　添加学生信息界面

```
/**
* 功能：添加学生
* @param s: 入参，需要被添加的学生对象
* @return 返回添加逻辑真或假
*/
public boolean addStudent(Student s) {
 //添加标识设为假
 boolean f = false;
 try {
//预处理
pt = getConn().prepareStatement("INSERT INTO student VALUES(?,?,?,?,?)");
//向参数写值
pt.setString(1, s.getsNo());
pt.setString(2, s.getsPassword());
pt.setString(3, s.getsName());
pt.setString(4, s.getGender());
pt.setString(5, s.getClazz().getCzNo());
//执行更新操作
int i = pt.executeUpdate();
if (i > 0) {
 //将添加标识设置为真
 f = true;
}
 } catch (SQLException e) {
e.printStackTrace();
 }
 //返回添加标识
 return f;
}
```

9.4 复习思考

9.4.1 小结

本章从数据库的应用出发,通过一个数据库应用程序实例(学生选课管理信息系统)介绍数据库应用系统的设计及实现的过程。同时介绍了数据库应用程序的设计方法和数据库应用程序的体系结构以及分布式数据库系统等技术。同时为适合现代应用对数据库的需求,还介绍了网络环境下数据库的体系结构。

9.4.2 习题

1. 什么是 B/S 结构?
2. 什么是 C/S 结构?
3. ODBC 由哪几个部件组成? 分别有什么作用?
4. ADO 在数据操作中有什么作用?

第二部分 实 践 篇

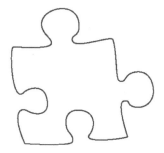

实验 1 | SQL Server 2008 的基本知识与操作

1.1 实 验 目 的

通过本实验,使学生了解 SQL Server 2008 服务器的注册、启动、暂停、查看与设置服务器的属性等操作,掌握 SQL Server 2008 所提供的系统数据库,学习利用 SQL Server Management Studio 的功能创建和修改数据库,掌握数据库中主数据文件、辅助数据文件、日志文件三类文件的作用;利用 SQL Server Management Studio 删除、分离、附加数据库。

1.2 基 础 知 识

SQL Server 2008 将数据保存在数据库中,并为用户提供了访问这些数据的接口。对数据库的基本操作包括创建、查看、修改和删除数据库等。在学习这些操作之前,先介绍一下数据库文件和 SQL Server 系统数据库。

1. 数据库文件

在 SQL Server 中数据库文件是存储数据的文件,可以分为以下三类。

① 主数据文件:扩展名是.mdf,它包含数据库的启动信息以及数据库数据,每个数据库只能包含一个主数据文件。在 SQL Server 中数据的存储单位是页。

② 辅助数据文件:扩展名是.ndf,因为有些数据库非常大,用一个主数据文件可能放不下,因此就需要有一个或多个辅助数据文件存储这些数据,辅助数据文件可以和主数据文件放在相同的位置,也可以存放在不同的位置。

③ 日志文件:用来记录页的分配和释放以及对数据库数据的修改操作,扩展名为.ldf,包含用于恢复数据库的日志信息。每个数据库必须至少有一个日志文件。

创建数据库时,一个数据库至少包含一个主数据文件和一个或多个日志文件,还可能包含一些辅助数据文件。这些文件默认的位置为\program files\Microsoft SQL Server\MSSQL\Data 文件夹。

2. SQL Server 系统数据库

SQL Server 2008 有两类数据库:系统数据库和用户数据库。系统数据库存储有关 SQL Server 的系统信息,它们是 SQL Server 2008 管理数据库的依据。如果系统数据库遭到破坏,那么 SQL Server 将不能正常启动。在安装了 SQL Server 2008 的系统中将创建 4 个系统数据库。

（1）master 数据库。

master 数据库是 SQL Server 中最重要的数据库,它是 SQL Server 的核心数据库,如果该数据库被损坏,SQL Server 将无法正常工作,master 数据库中包含所有的登录名或用户 ID 所属的角色、服务器中的数据库的名称及相关的信息、数据库的位置、SQL Server 如何初始化 4 个方面的重要信息。

（2）model 数据库。

用户创建数据库时以一套预定义的标准为模型。例如,若希望所有的数据库都有确定的初始大小,或者都有特定的信息集,那么可以把这些信息放在 model 数据库中,以 model 数据库作为其他数据库的模板数据库。如果想要使所有的数据库都有一个特定的表,可以把该表放在 model 数据库里。model 数据库是 tempdb 数据库的基础。对 model 数据库的任何改动都将反映在 tempdb 数据库中,所以,在决定对 model 数据库进行改变时,必须先考虑好。

（3）msdb 数据库。

msdb 数据库给 SQL Server 代理提供必要的信息来运行作业,供 SQL Server 2008 代理程序调度警报作业以及记录操作时使用。

（4）tempdb 数据库。

tempdb 数据库用作系统的临时存储空间,其主要作用是存储用户建立的临时表和临时存储过程,存储用户说明的全局变量值,为数据排序创建临时表,存储用户利用游标说明所筛选出来的数据。

1.3　实　验　要　求

利用 SQL Server Management Studio 的对象资源管理器创建"学生选课"数据库,设置主数据文件、辅助数据文件和日志文件三类文件,熟悉系统数据库的 master 数据库、model 数据库、msdb 数据库和 tempdb 数据库的作用。

对"学生选课"数据库进行修改、分离和附加操作,最后删除该数据库。

1.4　实　验　步　骤

1. 创建数据库

选择"开始"→"程序"→Management SQL Server 2008→SQL Server Management Studio 菜单命令,打开 SQL Server Management Studio 窗口,并使用 Windows 或 SQL Server 身份验证建立连接。如图 2.1.1 所示以 Windows 身份建立连接。

在"对象资源管理器"窗口中展开服务器,然后选择"数据库"节点。右击"数据库"节点,从弹出的快捷菜单中选择"新建数据库"命令,会弹出"新建数据库"对话框,如图 2.1.2 所示。在对话框左侧有三个选项,分别是"常规"、"选项"和"文件组"。完成这三个选项中的设置后,就完成了数据库的创建工作,在"数据库名称"文本框中输入要新建数据库的名称。例如,这里以"学生选课"为例创建数据库。

"数据库文件"列表中包括两行,一行是数据库文件,另一行是日志文件。通过单击下面

图 2.1.1　SQL Server 2008 登录页面

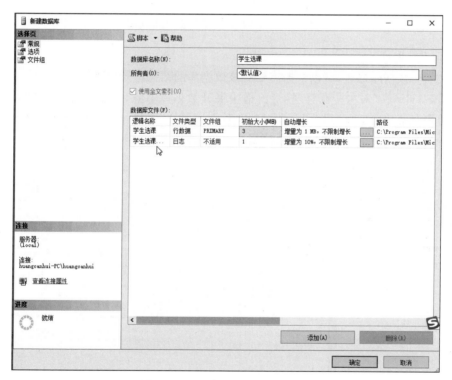

图 2.1.2　新建"学生选课"数据库

的"添加"或"删除"按钮添加或删除数据库文件。

　　"逻辑名称"指定该文件的文件名。

　　"文件类型"用于区别当前文件是数据文件还是日志文件。

　　"文件组"显示当前数据库文件所属的文件组。一个数据只能存在一个文件组里。

　　"初始大小"指定该文件的初始容量。数据文件默认值为 3MB,日志文件默认值为 1MB。

　　"自动增长"用于设置文件的容量不够用时,文件以何种增长方式自动增长。

完成以上操作后，单击"确定"按钮关闭"新建数据库"对话框。至此新建的数据库创建成功。新建的数据库可以在"对象资源管理器"窗口看到，如图 2.1.3 所示。

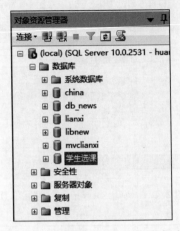

图 2.1.3 新建的"学生选课"数据库

2. 修改数据库

建立一个数据库之后，可以根据需要对该数据库的结构进行修改。

启动 SSMS，在"对象资源管理器"窗格中展开数据库节点，右击要修改的数据库名称，在弹出的快捷菜单中选择"属性"命令，打开"数据库属性"窗口，通过修改数据库属性来修改数据库。修改数据库的操作包括增减数据库文件、修改文件属性（包括数据库的名称、大小和属性）、修改数据库选项等，如图 2.1.4 所示。

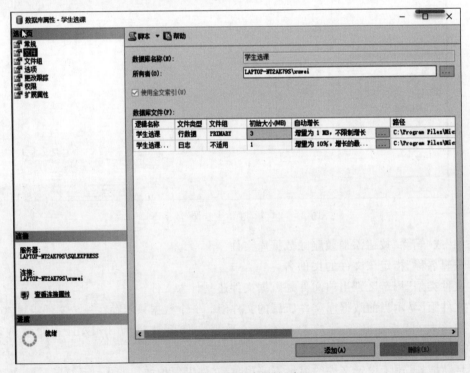

图 2.1.4 "数据库属性"窗口

3. 删除数据库

为了减少系统资源的消耗,对于不再需要的用户数据库,应当从数据库服务器中删除,从而将其所占的磁盘空间全部释放出来。

删除数据库的具体操作为:启动 SSMS,在"对象资源管理器"窗格中展开数据库节点,右击要删除的数据库名称,在弹出的快捷菜单中选择"删除"命令,打开"删除对象"对话框,单击"确定"按钮,数据库就被删除,如图 2.1.5 所示。

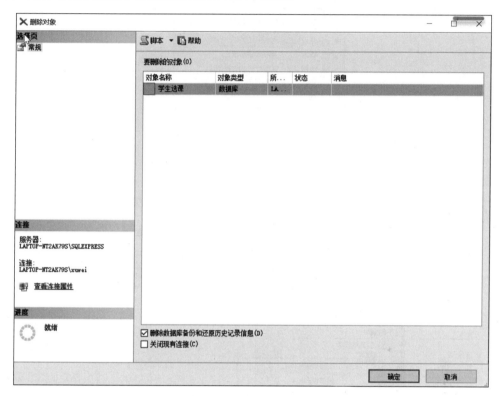

图 2.1.5 "删除对象"窗口

4. 附加和分离数据库

当数据库需要从一台计算机移到另一台计算机,或者需要从一个物理磁盘移到另一个物理磁盘时,常要进行数据库的附加和分离操作。

1)附加数据库

附加数据库是指将当前数据库以外的数据库附加到当前数据库服务器中。

附加数据库的具体操作为:启动 SSMS,在"对象资源管理器"窗格中右击"数据库"节点,在快捷菜单中选择"附加"命令,如图 2.1.6 所示,打开"附加数据库"对话框,单击"添加"按钮,打开"定位数据库文件"对话框,选择要附加的数据库主数据文件(.mdf),单击"确定"按钮,返回上述"附加数据库"对话框,单击"确定"按钮,完成数据库的附加操作。

2)分离数据库

分离数据库是将数据库从 SQL Server 2008 服务器中卸载,但依然保存数据库的数据文件和日志文件。需要时,分离的数据库可以重新附加到 SQL Server 2008 服务器中。

分离数据库的具体操作为:启动 SSMS,在"对象资源管理器"窗格中展开数据库节点,

SQL Server 2008 的基本知识与操作

图 2.1.6　附加数据库

右击要分离的数据库名称,在弹出的快捷菜单中选择"任务"→"分离"命令,如图 2.1.7 所示,打开"分离数据库"对话框,单击"确定"按钮,实现数据库的分离。

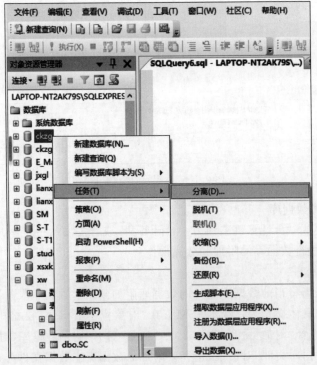

图 2.1.7　分离数据库

实验 2 管理数据库操作

2.1 实 验 目 的

通过本实验,使读者了解 SQL Server 2008 的"新建查询"的方法,学会通过结构化查询语言 SQL 的数据定义语言 CREATE、ALTER 和 DROP 语句建立、修改和删除数据库的方法,掌握数据库属性的设置。

2.2 基 础 知 识

结构化查询语言(Structured Query Language,SQL)是一个通用的、功能极强的关系数据库语言。SQL 语言按其功能可以分为四部分:数据定义、数据查询、数据操纵和数据控制。

创建数据库的语法格式如下:

```
CREATE DATABASE database_name
    [ ON
        [ PRIMARY] [ < filespec > ]
        [, < filegroup > ]
    [ LOG ON { < filespec > ] } ]
    ]
    [ COLLATE collation_name ]
    [ WITH < external_access_option > ]
]
    < filespec > :: =
    ([ NAME = 'logical_file_name',]
    FILENAME = 'os_file_name'
    [, SIZE  = size ]
    [, MAXSIZE = { max_size| UNLIMITED } ]
    [, FILEGROWTH = growth_increment ] )
    < filegroup > :: = FILEGROUP filegroup_name < filespec >
```

其中各参数的含义如下:
(1) ON 表示需根据后面的参数创建该数据库。
(2) LOG ON 子句用于根据后面的参数创建该数据库的事务日志文件。
(3) PRIMARY 指定后面定义的数据文件属于主文件组 PRIMARY,也可以加入用户自己创建的文件组。

(4) NAME= 'logical_file_name'：是该文件在系统中使用的标识名称，相当于别名。

(5) FILENAME= 'os_file_name'：指定文件的实际名称，包括路径和后缀。

(6) UNLIMITED 表示在磁盘容量允许情况下不受限制。

文件容量默认单位为兆字节(MB)，也可以使用千字节(KB)单位。

2.3　实　验　要　求

(1) 利用 SQL Server Management Studio 创建一个名为 SM 的数据库，初始大小为 3MB，最大为 50MB，数据库自动增长，增长方式按 10%；日志文件初始大小为 2MB，最大值不受限制，按 1MB 增长。

(2) 通过 SQL 语句创建一个名为"学籍"的数据库，指定主文件名为"学籍_data"，假设存储路径为"d:\example\学籍_data.mdf"，该数据文件的初始大小为 10MB，最大为 100MB，增长方式按 10MB 增长；指定主日志文件名为"学籍_log"，存储路径为"d:\example\学籍_log.ldf"，该日志文件初始大小为 20MB，最大为 200MB，按 10MB 增长。

(3) 使用 SQL 语句 ALTER 在"学籍"数据库中添加一个数据文件"学籍_data1"，指定其初始大小为 4MB，最大值不受限制，增长方式按 10%增长。

(4) 使用 SQL 语句 DROP 删除数据库。

2.4　实　验　步　骤

1. 创建数据库的操作

在工具栏单击"新建查询"按钮，打开代码编辑器，输入如下 SQL 语句：

```
CREATE DATABASE 学籍
ON  PRIMARY
(Name = 学籍_data,
Filename = 'd:\example\学籍_data.mdf',
Size = 10,
Maxsize = 100,
Filegrowth = 10)
LOG ON
(Name = 学籍_log,
Filename = 'd:\example\学籍_log.ldf',
Size = 20,
Maxsize = 200,
Filegrowth = 10)
```

执行该语句，即可创建"学籍"数据库，如图 2.2.1 所示。

2. 修改数据库的操作

(1) 使用对象资源管理器，可以修改"学籍"数据库。选择"学籍"数据库的节点，右击，在弹出的快捷菜单中选择"属性"命令，打开"数据库属性"对话框，即可进行数据库的修改操作。

图 2.2.1　使用 SQL 语句创建"学籍"数据库

（2）使用 SQL 语句，按实验要求第三条修改数据库。

```
ALTER DATABASE 学籍
ADD fILE
(Name = '学籍_data1',
Filename = 'd:\example\学籍_data1.mdf',
Size = 4,
Maxsize = Unlimited,
Filegrowth = 10 % )
GO
```

执行该语句，即可修改"学籍"数据库，如图 2.2.2 所示。

图 2.2.2　使用 SQL 语句修改"学籍"数据库

管理数据库操作

3. 删除数据库的操作

（1）使用对象资源管理器，可以删除"学籍"数据库。选择"学籍"数据库的节点，右击，在弹出的快捷菜单中选择"删除"命令，打开"数据库删除"对话框，可选择"关闭现有连接"或选择"删除数据库的备份和还原历史记录信息"，然后单击"确定"按钮，如图 2.2.3 所示。

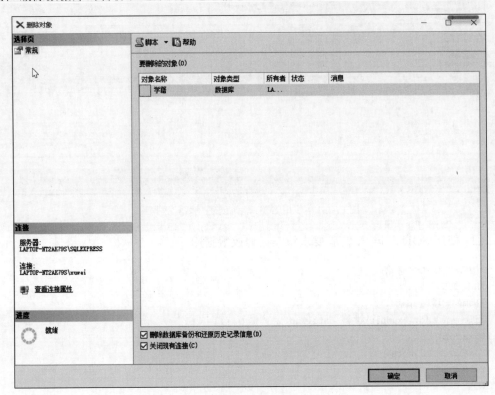

图 2.2.3　利用资源管理器删除数据库

（2）使用 SQL 语句删除"学籍"数据库。

```
DROP DATABASE 学籍
GO
```

提示：当数据库正在参与复制时不能删除，当数据库正在被复制时不能删除，当有用户正在使用数据库时不能删除。

实验 3　表的创建与修改、完整性约束

3.1　实　验　目　的

通过本实验,使读者学会通过结构化查询语言 SQL 的数据定义语言 CREATE、ALTER 和 DROP 语句建立、修改和删除数据库基本表的方法,熟练掌握各种数据类型和掌握常用的数据完整性约束。

3.2　基　础　知　识

在关系数据库中,实体和实体之间的关系都是通过关系(二维表)来进行的,表结构是关系数据库中非常重要的数据对象。在数据库设计好之后,就可以创建数据库的表了。创建表就是定义表所包含的各列的结构,其中包括列的名称、数据类型和约束等。数据类型说明了列的可取值范围,常用的数据类型有整数数据类型、浮点数据类型、字符数据类型、日期和时间数据类型。列的约束更进一步限制了列的取值范围,包括是否取空值、主码约束、外码约束、列取值范围约束等。数据完整性分为实体完整性(主键约束)、参照完整性(外键约束)和用户定义的完整性(NOT NULL、CHECK、默认值约束)。

创建表的一般语法格式为:

```
CREATE TABLE <表名>
    (<列名> <数据类型>[ <列级完整性约束条件> ]
    [,<列名> <数据类型>[ <列级完整性约束条件>] ]…
    [,<表级完整性约束条件> ] );
```

如果完整性约束条件涉及该表的多个属性列,则必须定义在表级上,否则既可以定义在列级也可以定义在表级。

3.3　实　验　要　求

在"学生选课"数据库中创建 Student 表、Course 表和 SC 表。

(1) Student 表,学号列为主键约束,性别列为检查约束,性别只能取"男"或"女"。

(2) Course 表,课程号为主键约束、课程号和课程名不能为空,先修课号参照课程号,并且规定每门课程的学分必须大于 0。

(3) SC 表,学生号参照 Student 表的学号,课程号参照 Course 表的课程号,学号和课程号为主键约束。

3.4　实　验　步　骤

1. 创建"学生选课"数据库，在该数据库中创建 Student 表

利用 T-SQL 命令创建 Student 表，规定了性别只能取"男"或"女"，表的结构如表 2.3.1 所示。

表 2.3.1　Student 表的结构

列　　名	数据类型	长　　度	字段说明	能否为空	是否主键
Sno	CHAR	10	学号	否	是
Sname	CHAR	10	姓名	是	否
Ssex	CHAR	2	性别	是	否
Sage	TINYINT		年龄	是	否
Sdept	CHAR	10	系	是	否

创建 Student 表的代码如下：

```
CREATE  TABLE  Student
( Sno  CHAR(10)  PRIMARY KEY,
  Sname  CHAR(10),
  Ssex  CHAR(2) CHECK (Ssex IN ('男','女')),
  Sage  TINYINT,
  Sdept  CHAR(10)
)
```

2. 利用 T-SQL 命令创建 Course 表

规定每门课程的学分必须大于 0，表的结构如表 2.3.2 所示。

表 2.3.2　Course 表的结构

列　　名	数据类型	长　　度	字段说明	能否为空	是否主键
Cno	CHAR	5	课程号	否	是
Cname	CHAR	10	课程名	否	否
Credit	TINYINT		学分	是	否
PCno	CHAR	5	先修课程号	是	否

创建 Course 表的代码如下：

```
CREATE TABLE Course (
Cno     CHAR(5)   NOT NULL,
Cname   CHAR(10)  NOT NULL,
PCno    CHAR(5),
CREDIT  TINYINT   CHECK (Credit > 0),
PRIMARY KEY(Cno),
FOREIGN KEY (PCno) REFERENCES Course(Cno),
)
```

3. 为已经创建的 Student 表创建一个约束

规定在 Student 表中，如果学生没有提供所在系，就写入默认值"计算机系"。df_dept

为该约束的名。

代码如下：

```
ALTER TABLE Student
ADD constraint df_dept
DEFAULT '计算机系' FOR Sdept
```

4. 利用 T-SQL 命令创建 SC 表

规定学生的成绩采用 100 分制，表的结构如表 2.3.3 所示。

表 2.3.3 SC 表的结构

列　名	数据类型	长　度	字段说明	能否为空	是否主键
Sno	CHAR	10	学号	否	是
Cno	CHAR	5	课程号	否	是
Grade	TINYINT		成绩	是	否

创建 SC 表的代码如下：

```
CREATE  TABLE  SC(
Sno CHAR(10) FOREIGN KEY(Sno) REFERENCES Student(Sno) ON DELETE CASCADE,
Cno CHAR(5)  FOREIGN KEY(Cno) REFERENCES Course(Cno),
Grade TINYINT CHECK(grade <= 100 and grade >= 0),
PRIMARY KEY(Sno,Cno)
)
```

执行并思考 Sno CHAR(10) FOREIGN KEY(Sno) REFERENCES Student(Sno) ON DELETE CASCADE 语句中 ON DELETE CASCADE 的含义与作用。

3.5　扩展练习

1. 写出创建表 2.3.4～表 2.3.6 所示的 SQL 语句

表 2.3.4 图书表

列　名	数据类型	约　束
书名	可变长度字符串类型，长度为 30	非空
第一作者	固定长度字符串类型，长度为 10	非空
出版日期	小日期时间型	非空
价格	定点小数，小数部分 1 位，整数部分 3 位	

表 2.3.5 书店表

列　名	数据类型	约　束
书店编号	固定长度字符串类型，长度为 10	主键
书店名	可变长度字符串类型，长度为 30	非空
电话	固定长度字符串类型，长度为 11	
地址	可变长度字符串类型，长度为 40	
邮政编码	固定长度字符串类型，长度为 6	

表 2.3.6　销售表

列　名	数　据　类　型	约　束
书号	固定长度字符串类型，长度为 20	主键，外键
书店编号	固定长度字符串类型，长度为 10	主键，外键
销售日期	小日期时间型	主键
销售数量	小整型	
邮政编码	固定长度字符串类型，长度为 6	

2. 语句参考代码

（1）创建图书表，代码如下：

```
CREATE TABLE 图书
(书号 CHAR(20) PRIMARY KEY,
书名 VARCHAR(30) NOT NULL,
第一作者 CHAR(10) NOT NULL,
出版日期 SMALLDATETIME NOT NULL,
单价 DECIMAL(4,1)
)
```

（2）创建书店表，代码如下：

```
CREATE TABLE 书店
(书店编号 CHAR(10) PRIMARY KEY,
书店名 VARCHAR(30) NOT NULL,
电话 CHAR(11),
地址 NVARCHAR(40),
邮政编码 CHAR(6)
)
```

（3）创建销售表，代码如下：

```
CREATE TABLE 销售
(书号 CHAR(20),
书店编号 CHAR(10) ,
销售时间 SMALLDATETIME,
销售数量 SMALLINT,
邮政编码 CHAR(6),
PRIMARY KEY (书号,书店编号,销售时间),
FOREIGN KEY(书号)　REFERENCES 图书(书号),
FOREIGN KEY(书店编号) REFERENCES 书店(书店编号)
)
```

注意：同一编号的图书可以在同一个书店多次出售，因此销售表的主键为书号、书店编号、销售时间。

（4）删除"销售表"中的"邮政编码"列，代码如下：

```
ALTER TABLE 销售表
  DROP COLUMM　邮政编码
```

（5）将"销售表"中的"销售数量"列的数据类型改为整型，代码如下：

```
ALTER TABLE 销售表
  ALTER COLUMM 销售数量 INT
```

实验 4 数据查询的操作（一）

4.1　实 验 目 的

通过本实验,使读者学会 SQL 语言 SELECT 语句的基本使用方法,熟练掌握单表查询、分组查询、聚集函数查询和查询结果排序,学会数据的导入与导出的方法。

4.2　基 础 知 识

SQL 语言的核心是数据查询。对于数据库的查询操作是通过 SELECT 查询命令实现的,单表查询是指仅涉及一个表的查询。常用的查询条件如表 2.4.1 所示。

表 2.4.1　常用的查询条件

查 询 条 件	运 算 符	说　　明
比较	=、<、<=、>、>=、<>、!=、!<、!>	
范围谓词	BETWEEN…AND NOT BETWEEN…AND	介于二者之间(包括两端) 不介于二者之间
集合谓词	IN NOT IN	在集合中 不在集合中
字符匹配谓词	LIKE NOT LIKE	匹配 不匹配
空值	IS NULL IS NOT NULL	是空值 不是空值
逻辑运算	NOT、AND、OR	逻辑非、逻辑与、逻辑或

1. 语句格式

```
SELECT [ALL|DISTINCT] <目标列表达式>
              [,<目标列表达式>] …
FROM <表名或视图名>[, <表名或视图名> ] …
[ WHERE <条件表达式> ]
[ GROUP BY <列名 1> [ HAVING <条件表达式> ] ]
[ ORDER BY <列名 2> [ ASC|DESC ] ];
```

其中各项含义如下。

（1）GROUP BY 子句：对查询结果按指定列的值分组，该属性列值相等的元组为一个组。

（2）HAVING 短语：筛选出只有满足指定条件的组。

（3）ORDER BY 子句：对查询结果表按指定列值的升序或降序排序。

2. WHERE 子句的格式

在 SELECT 语句中使用 WHERE 子句，在 WHERE 子句后跟一个条件式，就可以查询满足条件的行。

WHERE 子句的格式为：

WHERE <条件>

4.3 实验要求

创建一个名为 lianxi1 的数据库，在该数据库中导入仓库表和职工表。完成指定的查询操作，熟练掌握单表的全部查询、指定列查询、取消重复行查询、加别名查询、满足给定条件的查询、分组查询、聚集函数查询、结果排序等查询。

4.4 实验步骤

打开对象资源管理器，创建一个名为 lianxi1 的数据库，在该数据库中导入仓库表和职工表。

1. 创建仓库表

创建仓库表，并导入数据，如表 2.4.2 所示。

表 2.4.2　仓库表

仓 库 号	城　市	面积（m²）
WH1	北京	370
WH2	上海	500
WH3	广州	200
WH4	广州	300
WH5	天津	340
WH6	上海	350
WH7	上海	600
WH8	天津	300

2. 创建职工表

创建职工表，并导入数据，如表 2.4.3 所示。

表 2.4.3　职工表

职 工 号	姓　名	仓 库 号	月工资（元）	性　别
E1	朱迪	WH2	2220	女
E2	牛丽丽	WH1	1810	女
E4	李安	WH2	1850	男

职　工　号	姓　　名	仓　库　号	月工资(元)	性　　别
E5	王进步	WH3	1530	男
E6	李光铭	WH1	1550	男
E7	赵芙蓉	WH4	2300	女
E8	刘山	WH4	2000	男
E9	张尚琳	WH5	2050	女
E10	王玛丽	WH5	1900	女
E11	胡尼克	WH6	2100	男
E12	古梅	WH7	1700	女
E15	胡俊	WH5	1780	男
E16	胡轩	WH1	1600	男

3. 用 SQL 语句完成以下查询

(1) 从职工关系中检索所有月工资值,代码如下:

```
SELECT  月工资
FROM   职工表
```

(2) 检索仓库关系中的所有元组,代码如下:

```
SELECT  *  FROM   仓库表
```

(3) 检索月工资多于 2000 元的职工对应的职工号、姓名,代码如下:

```
SELECT  职工号,姓名
FROM   职工表
WHERE  月工资> 2000
```

(4) 检索哪些仓库的面积为 $400 \sim 550 \mathrm{m}^2$,列出仓库号和所在的城市,代码如下:

```
SELECT   仓库号,城市
FROM   仓库表
WHERE   面积 BETWEEN 400 AND 550
```

(5) 检索出广州有哪些仓库,列出仓库号,代码如下:

```
SELECT   仓库号
FROM   仓库表
WHERE   城市 = '广州'
```

(6) 检索出所在城市为广州的仓库的个数,代码如下:

```
SELECT   count(仓库号)  AS   广州的仓库的个数
FROM   仓库表
WHERE   城市 = '广州'
```

(7) 检索出所有职工的平均工资,代码如下:

```
SELECT   avg(月工资)  AS   职工的平均工资
FROM   职工表
```

（8）检索出在 WH5 仓库工作的职工，代码如下：

```
SELECT  count(职工号)  AS   WH5仓库工作的人数
FROM   职工表
WHERE   仓库号 = 'WH5'
```

（9）检索出职工表中所有的仓库号，去掉重复值，代码如下：

```
SELECT  DISTINCT 仓库号
FROM   职工表
```

（10）检索出每个仓库的人数，代码如下：

```
SELECT   仓库号,count(职工号)  AS   各仓库的人数
FROM   职工表
GROUP  BY   仓库号
```

（11）检索出上海的仓库有哪些，列出仓库号、面积。查询结果按面积降序排列，代码如下：

```
SELECT   仓库号,面积
FROM   仓库表
WHERE   城市 = '上海'
ORDER BY   面积   DESC
```

（12）检索出哪些仓库女职工的人数达到了 3 人，代码如下：

```
SELECT   仓库号,count(职工号)  AS   各仓库的女工人数
FROM   职工表
WHERE   性别 = '女'
GROUP   BY   仓库号
HAVING   count( * )> = 3
```

（13）检索出所有姓胡的职工的职工号、姓名、性别、月工资。查询结果按性别排降序、月工资排升序，代码如下：

```
SELECT   职工号,姓名,性别,月工资
FROM   职工表
WHERE   姓名 LIKE  '胡 % '
ORDER BY   性别 ASC ,月工资 DESC
```

（14）检索出职工"王玛丽"的年工资，代码如下：

```
SELECT  (月工资) * 12  AS 年工资
FROM   职工表
WHERE   姓名 = '王玛丽'
```

（15）检索出在 WH1 和 WH2 两个仓库工作的职工的基本信息，代码如下：

```
SELECT   *
FROM   职工表
WHERE   仓库号 IN('WH1','WH2')
```

（16）检索出年工资在 24 000 元以上的职工的姓名、年工资值，代码如下：

```
SELECT   姓名,(月工资) * 12   AS 年工资
FROM   职工表
WHERE   月工资 * 12 > 24000
```

4.5　思　考　题

1. WHERE 子句与 HAVING 子句有何不同?

2. 在 WHERE 子句中可以使用的运算符有哪些? WHERE 子句中能不能使用聚集函数?

实验 5　数据查询的操作(二)

5.1　实 验 目 的

通过本实验,使读者学会 SQL 语言 SELECT 语句的查询操作,熟练掌握两个或两个以上的表的基本的连接操作,区分内连接与外连接的特点,学会应用自连接进行查询,会给表命别名。

5.2　基 础 知 识

在实际查询中往往需要从多个表中获取信息,这时的查询就会涉及多张表。若一个查询同时涉及两个或两个以上的表,称为连接查询。连接查询通过连接条件或连接谓词进行连接。

连接查询的一般格式为:

[<表名 1>.]<列名 1>　<比较运算符>　[<表名 2>.]<列名 2>
[<表名 1>.]<列名 1> BETWEEN [<表名 2>.]<列名 2> AND [<表名 2>.]<列名 3>

其中,连接字段是连接谓词中的列名称。
连接条件中的各连接字段类型必须是可比的,但名字不必相同。

5.3　实 验 要 求

创建一个名为 lianxi2 的数据库,在该数据库中导入仓库表、职工表、订购表和供应商表,并完成指定的查询操作,熟练掌握两个以上的表的内连接查询、左连接查询、右连接查询、外连接查询。

5.4　实 验 步 骤

打开对象资源管理器,创建一个名为 lianxi2 的数据库,在该数据库中导入仓库表、职工表、订购表和供应商表。

1. 创建仓库表

创建仓库表,并导入数据,如表 2.5.1 所示。

表 2.5.1　仓库表

仓库号	城市	面积(m²)
WH1	北京	3700
WH2	上海	5000
WH3	广州	2000
WH4	武汉	4000
WH5	上海	4560
WH6	广州	6700
WH7	珠海	4800

2. 创建职工表

创建职工表,并导入数据,如表 2.5.2 所示。

表 2.5.2　职工表

仓库号	职工号	月工资(元)
WH2	E1	2220
WH1	E2	2210
WH2	E3	4050
WH3	E4	3230
WH1	E5	3250
WH1	E6	2300
WH4	E7	5000
WH5	E8	4000
WH5	E9	3400
WH6	E10	3800

3. 创建订购表

创建订购表,并导入数据,如表 2.5.3 所示。

表 2.5.3　订购表

职 工 号	供 应 商 号	订 购 单 号	订 购 日 期
E3	S7	OR091204	2009-12-4
E1	S4	OR090101	2009-4-1
E7	S4	OR100402	2010-4-2
E6	S6	OR100121	2010-1-21
E3	S4	OR091115	2009-11-15
E1	S6	OR060201	2006-2-1
E3	S6	OR100312	2010-3-12
E3	S3	OR090302	2009-3-2
E8	S7	OR100928	2010-9-28
E6	S7	OR100712	2010-7-12
E5	S3	OR100507	2010-5-7

4. 创建供应商表

创建供应商表,并导入数据,如表 2.5.4 所示。

表 2.5.4　供应商表

供 应 商 号	供 应 商 名	地　　址
S3	振华电子厂	西安
S4	华通电子公司	北京
S6	607 厂	郑州
S7	爱华电子厂	北京

5. 用 SQL 语句完成以下查询

(1) 查询每个城市的仓库总面积,代码如下:

```
SELECT  仓库号,sum(面积)
FROM  仓库
GROUP BY  仓库号
```

(2) 查询每个仓库的职工人数,如果该仓库没有职工,也要列出人数为 0(用左外连接实现),代码如下:

```
SELECT 仓库.仓库号,count(职工号)
FROM  仓库  LEFT JOIN  职工  ON  仓库.仓库号 = 职工.仓库号
GROUP BY  仓库.仓库号
```

(3) 查询在上海工作的职工有多少个,代码如下:

```
SELECT  count(职工号)  上海工作的职工人数
FROM  仓库  JOIN 职工  ON  仓库.仓库号 = 职工.仓库号
WHERE 城市 = '上海'
```

(4) 查询哪些职工在上海工作,列出他们的职工号、仓库号,代码如下:

```
SELECT  仓库.仓库号, 职工号
FROM  仓库  JOIN  职工  ON  仓库.仓库号 = 职工.仓库号
WHERE  城市 = '上海'
```

(5) 查询与 E3 号职工有订购业务联系的供应商号、供应商名,代码如下:

```
SELECT  供应商.供应商号,供应商名
FROM  订购  JOIN 供应商  ON 订购.供应商号 = 供应商.供应商号
WHERE  职工号 = 'E3'
```

(6) 查询哪些职工与爱华电子厂有订购业务联系,列出他们的职工号、仓库号,代码如下:

```
SELECT  职工.职工号,仓库号
FROM  订购  JOIN 供应商  ON 订购.供应商号 = 供应商.供应商号
JOIN  职工  ON 订购.职工号 = 职工.职工号
WHERE  供应商名 = '爱华电子厂'
```

（7）查询每个供应商的订购单数量,列出供应商号和他们的订购单数量,代码如下：

```
SELECT   供应商.供应商号,count( * )
FROM   订购   JOIN 供应商   ON 订购.供应商号 = 供应商.供应商号
GROUP   BY   供应商.供应商号
```

（8）查询月工资在 3000 元以上,并在北京或上海工作的职工,列出他们的职工号和月工资,代码如下：

```
SELECT   职工号, 月工资
FROM   职工
WHERE (城市 = '上海' OR   城市 = '北京') AND   月工资> 3000
```

（9）查询与供应商号为 S3 的供应商有业务联系的职工,求出这些职工的职工号、订购单号、仓库号、城市,代码如下：

```
SELECT   职工.职工号, 订购单号,仓库.仓库号,城市
FROM   订购   JOIN 供应商   ON 订购.供应商号 = 供应商.供应商号
JOIN   职工   ON 订购.职工号 = 职工.职工号
JOIN   仓库   ON 仓库.仓库号 = 职工.仓库号
WHERE   供应商号 = 'S3'
```

（10）查询出哪些仓库没有分配职工,列出对应的仓库号,代码如下：

```
SELECT   仓库.仓库号
FROM   仓库   LEFT   JOIN 职工   ON 仓库.仓库号 = 职工.仓库号
WHERE   职工. 职工号 IS NULL
```

或者

```
SELECT   仓库.仓库号
FROM   仓库
WHERE   仓库号 NOT IN (SELECT DISTINCT   仓库号 FROM 职工表)
```

（11）查询出哪些职工的工资高于全体职工平均工资,列出职工号、仓库号、月工资,代码如下：

```
SELECT   职工号, 仓库号,月工资
FROM   职工
WHERE   月工资> (SELECT   avg(月工资)   FROM 职工)
```

（12）查询出哪些职工的工资高于他所在仓库的职工的平均工资,列出职工号、仓库号、月工资,代码如下：

```
SELECT   职工号,仓库号,月工资
FROM   职工   S1
WHERE   月工资> (SELECT   avg(月工资)   FROM 职工 S2   WHERE S2.仓库号 = S1.仓库号)
```

（13）求出哪一个职工所发出的订购单次数最多,列出职工号,代码如下：

```
SELECT   职工号,count(订购单号) 发出订购单数目
FROM   订购
```

345

实
验

5

数据查询的操作(二)

```
GROUP BY  职工号
HAVING   count(订购单号) = (SELECT TOP 1 count(订购单号)
FROM  订购
GROUP BY  职工号
ORDER BY count(订购单号) DESC )
```

实验 6

数据查询的操作(三)

6.1 实 验 目 的

通过本实验,使读者学会 SQL 语言 SELECT 语句的连接查询方法,熟练掌握两个或两个以上的表的基本连接操作,掌握不相关子查询、相关子查询,学会在 FROM 子句中派生关系构造查询,掌握集合查询。

6.2 基 础 知 识

在 SQL 语言中,一个 SELECT-FROM-WHERE 语句称为一个查询块。如果一个 SELECT 语句嵌套在一个 SELECT、INSERT、UPDATE 或 DELETE 语句中,则称为子查询(Subquery)或内层查询;而包含子查询的语句称为父查询或外层查询。一个子查询也可以嵌套在另一个子查询中。为了与外层查询有所区别,总是把子查询写在圆括号中。与外层查询类似,子查询语句中也必须至少包含 SELECT 子句和 FROM 子句,并根据需要选择使用 WHERE 子句、GROUP BY 子句、FROM 子句和 HAVING 子句。

6.3 实 验 要 求

创建一个"教学管理"的数据库,在该数据库中导入学生表、课程表、选课表和教师表,并完成指定的查询操作,熟练掌握两个以上的表的连接查询,掌握派生表的使用方法,相关子查询、不相关子查询、嵌套查询和集合查询的操作。

6.4 实 验 步 骤

打开对象资源管理器,创建一个名为"教学管理"的数据库,在该数据库中导入学生表、课程表、选课表和教师表。

1. 创建学生表

创建学生表,并导入数据,如表 2.6.1 所示。

2. 创建课程表

创建课程表,并导入数据,如表 2.6.2 所示。

表 2.6.1　学生表

学　号	姓　名	性　别	年龄(岁)	所　在　系
S101101	陈名军	男	18	计算机系
S101102	吴小晴	女	19	计算机系
S101103	王明燕	女	19	计算机系
S101104	严利	男	20	计算机系
S101105	朱欣	男	20	计算机系
S101201	李国庆	男	21	信息系
S101202	李祥	男	21	信息系
S101203	孙渝研	男	20	信息系
S101204	赵艳	女	18	信息系
S101205	刘唯	女	19	信息系
S101206	林玉霞	女	20	信息系
S101207	王江	男	21	信息系
S101301	王成	男	20	会计系
S101302	张平安	男	18	会计系
S101401	钟琴	女	19	会计系
S101402	吴娟娟	女	21	会计系
S101403	李月	女	22	会计系
S101404	陈名军	男	23	会计系
S101405	赵艳	女	21	会计系

表 2.6.2　课程表

课　程　号	课　程　名	开课学期	学　分	教　师　号
101	计算机基础	1	3	T1
102	体育	2	4	T2
201	英语	1	4	T3
202	大学语文	3	4	T4
301	操作系统	4	4	T5
302	计算机原理	4	4	T5
303	计算机网络	3	3	T6
304	电子技术	3	4	T6
305	数据库应用	4	3	T7

3. 创建选课表

创建选课表,并导入数据,如表 2.6.3 所示。

表 2.6.3　选课表

学　号	课　程　号	成绩(分)
S101101	101	60
S101101	102	83
S101101	201	78
S101101	202	87

学　　号	课　程　号	成绩(分)
S101101	305	79
S101101	304	89
S101101	303	64
S101101	302	90
S101101	301	83
S101102	101	84
S101102	102	75
S101102	202	86
S101102	303	67
S101201	101	78
S101201	102	72
S101201	303	76
S101201	201	50
S101301	101	90
S101302	101	90
S101302	303	83

4. 创建教师表

创建教师表,并导入数据,如表 2.6.4 所示。

表 2.6.4　教师表

教　师　号	姓　　名	职　　称	部　　门
T1	胡美丽	讲师	公共教学
T2	王珊珊	讲师	公共教学
T3	王新	讲师	公共教学
T4	李再敏	副教授	公共教学
T5	李红玉	教授	计算机系
T6	周进	助教	计算机系
T7	张丽丽	助教	计算机系
T8	王晓舟	副教授	计算机系
T9	周樱	讲师	信息系

5. 用 SQL 语句完成以下查询

(1) 查询 101 课程成绩比 102 课程成绩高的所有学生的学号,代码如下:

```
SELECT a.学号
FROM (SELECT 学号,成绩 FROM 选课 WHERE 课程号 = '101') a,(SELECT 学号,成绩
FROM 选课 WHERE 课程号 = '102') b
WHERE a.成绩> b.成绩 AND a.学号 = b.学号;
```

(2) 查询选修了课程表中所有课程的学生的学号、姓名,代码如下:

```
SELECT 选课.学号,姓名
FROM 选课 JOIN 学生 ON 选课.学号 = 学生.学号
```

```
GROUP BY 选课.学号
HAVING count(课程号) = (SELECT count(课程号) FROM 课程)
```

(3) 查询哪些老师没有教授任何课程,列出老师的全部列(用 NOT IN 和 NOT EXISTS 两种方式实现),代码如下:

```
SELECT *
FROM  教师
WHERE  教师号 NOT IN (SELECT  DISTINCT  教师号 FROM 课程 )
```

或者

```
SELECT *
FROM  教师
WHERE   NOT EXISTS  (SELECT  *  FROM 课程 WHERE 教师号 = 教师.教师号)
```

(4) 查询出只选修了一门课程的学生的学号和姓名,代码如下:

```
SELECT  学号,姓名
FROM  学生
WHERE  学号 IN (SELECT 学号
                FROM 选课
                GROUP BY 学号
                HAVING count(课程号) = 1);
```

(5) 查询张丽丽老师教过的学生的学号、姓名,代码如下:

```
SELECT  学号,姓名
FROM  学生
WHERE  学号 IN (SELECT 学号
                FROM 选课 JOIN 课程 ON 选课.课程号 = 课程.课程号,
                    JOIN 教师 ON  教师.教师号 = 课程,教师号
                WHERE 教师.姓名 = '张丽丽');
```

(6) 查询相同姓名的学生,列出相同的姓名及相应的同名人数(有几个学生同名)。代码如下:

提示:考虑按姓名分组,分组内元组的个数为 1 的就说明没有同名。

```
SELECT 姓名 ,count ( * ) 同名学生数
            FROM 学生
            GROUP BY 姓名
            HAVING count( * )> = 2;
```

(7) 查询每门功课成绩最好的前两名,代码如下:

```
SELECT t1.学号,t1.课程号,成绩
FROM 选课 t1
WHERE 成绩 IN (SELECT TOP 2 成绩
FROM 选课
WHERE 课程号 = t1.课程号
ORDER BY 成绩 DESC
)
```

这道题每次父查询都提供课程号的值给子查询,其子查询的功能就是计算父查询对应课程的前两名。

(8) 查询选修过编号为 101 的课程,并且还选修过编号为 102 课程的学生的学号、姓名,代码如下:

```
SELECT  学号,姓名
FROM  学生
WHERE  学号 IN  (SELECT 学号 FROM 选课
                    WHERE  课程号 = '101' AND 学号 IN (SELECT 学号 FROM 选课
                                                    WHERE 课程号 = '102'));
```

(9) 查询没有选修课程表中的所有课程的学生的学号、姓名,代码如下:

```
SELECT 学号 ,姓名
FROM 选课 JOIN 学生 ON 学生.学号 = 选课.学号
GROUP BY 选课.学号,姓名
HAVING count(课程号)<(SELECT  count( * )  FROM  课程);
```

(10) 查询全部学生都选修过的课程对应的课程号和课程名。

提示:意味着该课程的选课人数与学生总人数相等。考虑按课程号分组,查询哪一个分组中学号的个数与学生个数相等,得到这样分组的课程号。

代码如下:

```
SELECT  课程号,课程名 count( * )
FROM  课程
WHERE 课程号 IN (
      SELECT 课程号
      FROM 选课
      GROUP BY 课程号
      HAVING count(学号) = SELECT  count( * )  FROM 学生));
```

(11) 查询没学过"李红玉"老师讲授的任何一门课程的学生姓名(NOT IN 不相关即可实现),代码如下:

```
SELECT  学号,姓名
FROM  学生  JOIN 选课 ON 学生.学号 = 选课.学号
WHERE 课程号 NOT  IN (SELECT 课程号
                    FROM 课程 JOIN 教师 ON 教师.教师号 = 课程.教师号
                    WHERE 教师.姓名 = '李红玉');
```

实验 7 | 视图与索引

7.1 实 验 目 的

通过本实验,使读者熟练掌握创建视图、修改视图、删除视图和查询视图的方法,学会使用视图修改和更新对应的表的数据,理解索引的概念和作用,掌握创建索引的方法,学会使用索引,了解聚簇索引和非聚簇索引的区别。

7.2 基 础 知 识

视图(View)是从一个或者多个基本表(或视图)中导出的表,它是一个虚表,数据库中只存放视图的定义,不存放视图对应的数据,视图一经定义,就可以和基本表一样被查询、删除。也可以在一个视图之上再定义新的视图,但对视图的更新(增、删、改)操作则有一定的限制。

建立索引是加快查询速度的有效手段。用户可以根据应用环境的需要,在基本表上建立一个或多个索引,以提供多种存取路径,加快查找速度。

1. 创建视图的语法格式

```
CREATE VIEW <视图名>[(<列名>[,<列名>]…)]
AS <子查询>
[WITH CHECK OPTION];
```

其中,子查询可以使任意复杂的 SELECT 语句,但通常不允许含有 ORDER BY 子句和 DISTINCT 短语。

用 WITH CHECK OPTION 对视图进行插入、更新时,要检查新元组是否满足视图对应查询的条件。

2. 修改视图语法格式

```
ALTER VIEW <视图名>[(<列名>[,<列名>]…)]
AS <子查询>
[WITH CHECK OPTION];
```

3. 删除视图的语法格式

```
DROP VIEW <视图名>;
```

4. 建立索引的语法格式

```
CREATE  [UNIQUE] [CLUSTERED] [NONCLUSTERED] INDEX  <索引名>
ON  <表名>  (<列名>[<次序>][,<列名>[<次序>]]…)
```

7.3 实 验 要 求

创建一个"学生选课"的数据库,在该数据库中导入学生表、课程表和选课表并完成指定的操作,熟练掌握数据库的创建、修改和删除的方法,掌握创建索引的方法。

7.4 实 验 步 骤

1. 创建学生表

创建学生表,并导入数据,如表 2.7.1 所示。

表 2.7.1 学生表

学 号	姓 名	性 别	年龄(岁)	所 在 系
S101101	陈名军	男	18	计算机系
S101102	吴小晴	女	19	计算机系
S101103	王明燕	女	19	计算机系
S101104	严利	男	20	计算机系
S101105	朱欣	男	20	计算机系
S101201	李国庆	男	21	信息系
S101202	李祥	男	21	信息系
S101203	孙渝研	男	20	信息系
S101204	赵艳	女	18	信息系
S101205	刘唯	女	19	信息系
S101206	林玉霞	女	20	信息系
S101207	王江	男	21	信息系
S101301	王成	男	20	会计系
S101302	张平安	男	18	会计系
S101401	钟琴	女	19	会计系
S101402	吴娟娟	女	21	会计系
S101403	李月	女	22	会计系
S101404	陈名军	男	23	会计系
S101405	赵艳	女	21	会计系

2. 创建课程表

创建课程表,并导入数据,如表 2.7.2 所示。

3. 创建选课表

创建选课表,并导入数据,如表 2.7.3 所示。

实
验

7

视图与索引

表 2.7.2　课程表

课 程 号	课 程 名	开课学期	学　分	教 师 号
101	计算机基础	1	3	T1
102	体育	2	4	T2
201	英语	1	4	T3
202	大学语文	3	4	T4
305	操作系统	4	4	T5
304	计算机原理	4	4	T5
301	计算机网络	3	3	T6
302	电子技术	3	4	T6
303	数据库应用	4	3	T7

表 2.7.3　选课表

学　号	课 程 号	成绩(分)
S101101	101	60
S101101	102	83
S101101	201	78
S101101	202	87
S101101	305	79
S101101	304	89
S101101	303	64
S101101	302	90
S101101	301	83
S101102	101	84
S101102	102	75
S101102	202	86
S101102	303	67
S101201	101	78
S101201	102	72
S101201	303	76
S101201	201	50
S101301	101	90
S101302	101	90
S101302	303	83

4. 用 SQL 语句完成以下操作

(1) 创建 v1 视图，包含学生的学号、姓名、所在系、课程号、课程名、课程学分，代码如下：

```
CREATE VIEW v1(学号,姓名,所在系,课程号,课程名,学分)
AS
SELECT  学生.学号,姓名,所在系,课程.课程号,课程名,学分
FROM  学生  JOIN 选课 ON 学生.学号 = 选课.学号;
        JOIN 课程 ON 选课.课程号 = 课程.课程号;
```

（2）创建 v2 视图,查询学生的平均成绩,要求列出学生学号及平均成绩,代码如下：

```
CREATE VIEW v2
AS
SELECT 学号,avg(成绩) AS 平均成绩
FROM 选课
GROUP BY 学号
```

（3）创建 v3 视图,包含每个学生的选修课学分,要求列出学生学号及总学分,代码如下：

```
CREATE VIEW v3
AS
SELECT 学号, sum(学分) AS 总学分
FROM 选课 JOIN   课程 ON 选课.课程号 = 课程.课程号
WHERE 成绩> = 60
GROUP BY 学号
```

（4）上面的视图 v3 不能对其总学分对应的数据进行修改,因为此视图的创建含分组子句和聚集函数,不可以修改视图的数据。

（5）创建 v4 视图,包含计算机系学生的基本信息。该视图能否更新学生的姓名(无须选课信息)?

代码如下：

```
CREATE VIEW v4
AS
SELECT  *
FROM   学生
WHERE 所在系 = '计算机系'
```

该视图能更新学生的姓名。

（6）创建 v5 视图,包含每个学生获得的最高成绩,要求列出学号和最高成绩,代码如下：

```
CREATE VIEW v3
AS
SELECT 学号, max(成绩) AS 最高成绩
FROM 选课
GROUP BY 学号
```

（7）借助视图 v5,查询出每个学生获得最高成绩的课程号,代码如下：

```
SELECT   选课.学号,课程号
FROM 选课 JOIN   v5   ON   选课.学号 = v5.学号
WHERE v5.最高成绩 = 选课.成绩
```

（8）删除视图 v1,代码如下：

```
DROP VIEW v1
```

（9）为学生关系的姓名列创建一个非聚簇索引,代码如下：

```
CREATE   INDEX sname_ind ON 学生(姓名)
```

（10）为课程表的课程名创建一个聚簇索引，代码如下：

```
CREATE  CLUSTERED  INDEX  cname_ind ON 课程(课程名)
```

7.5 思 考 题

1. 视图可以加快数据的查询速度，这种说法对吗？为什么？
2. 索引是否越多越好？

实验 8

数据操作

8.1 实验目的

通过本实验,使读者熟练掌握对数据进行各种更新操作,掌握插入数据(INSERT)、修改数据(UPDATE)和删除数据(DELETE)的使用方法。

8.2 基础知识

在 SQL 语言中,INSERT 语句每次只能插入一个元组,可以用带子查询的插入语句,一次可以插入一个或多个元组。

当需要修改数据库表中的某些列的值时,通过 WHERE 子句使用 UPDATE 语句指定要修改的属性和想要赋予的新值。

当确定不再需要某些记录时,可以使用删除语句 DELETE 将这些记录删掉。

8.3 实验要求

建立一个名叫"仓库职工"的数据库,接下来利用实验 5 的数据,将表中的数据导入到"仓库职工"数据库中。新创建一个 t1 表,将子查询结果插入到表中,完成多条记录的插入和单条记录的插入,更新或删除满足一定条件的记录。

8.4 实验步骤

用 T-SQL 语句完成以下操作。

1. 插入数据

(1)查询每个城市的仓库的总面积,将查询的结果插入到表 t1 中(该表需要自己创建)。创建表 t1 的代码如下:

```
CREATE TABLE t1
(cityname CHAR(20),
Sumarea INT
)
```

运行以上代码创建了表 t1。接下来向表 t1 中插入数据,其中数据为某个子查询的结果,其代码如下:

```
INSERT INTO t1
SELECT 城市,sum(面积)
FROM 仓库
GROUP BY 城市
```

（2）插入一个新的供应商元组（S9、智通公司、沈阳），代码如下：

```
INSERT INTO 供应商
Values ('S9','智通公司','沈阳')
```

2. 更新数据

（1）北京的所有仓库增加 $100m^2$ 的面积，代码如下：

```
UPDATE 仓库
SET 面积 = 面积 + 100
WHERE  城市 = '北京'
```

（2）给低于所有职工平均工资的职工提高 5%（注意要用 0.05 表示 5%）的月工资，代码如下：

```
UPDATE 职工
SET 月工资 = 月工资 * 1.05
WHERE 月工资<(SELECT avg(月工资)  FROM 职工)
```

（3）给北京的职工加 900 元工资（用相关子查询、不相关子查询两种方法实现）。
① 用相关子查询实现的代码如下：

```
UPDATE 职工
SET   月工资 = 月工资 + 900
WHERE '北京' = (SELECT   城市
                FROM 仓库
                WHERE 仓库.仓库号 = 职工.仓库号)
```

② 用不相关子查询实现的代码如下：

```
UPDATE 职工
SET 月工资 = 月工资 + 900
WHERE 仓库号 IN (SELECT   仓库号
                FROM 仓库
                WHERE 城市 = '北京')
```

3. 删除数据

（1）删除目前没有任何订购单的供应商，代码如下：

```
DELETE   FROM 供应商
WHERE   供应商号 NOT IN(SELECT DISTINCT 供应商号  FROM   订购)
```

（2）删除由在上海仓库工作的职工发出的所有订购单，代码如下：

```
DELETE   FROM   订购
WHERE    职工号  IN (SELECT DISTINCT 职工号
                FROM   职工 JOIN   仓库 ON   职工.职工号 = 仓库.职工号
                WHERE 城市 = '上海')
```

实验 9 | SQL Server 事务设计

9.1 实 验 目 的

通过本实验,使读者理解事务的概念、特性,掌握事务的设计思想和创建、执行的方法;掌握事务的提交(COMMIT)和回滚(ROLLBACK);了解事务的锁。

9.2 基 础 知 识

事务是由一系列访问和更新操作组成的程序执行单元。这些操作要么都做,要么都不做,是一个不可分割的整体。事务具有的四个特性:原子性(Atomicity)、一致性(Consistency)、隔离性(Isolation)、持续性(Durability)。这四个特性简称 ACID 特性。事务通常是以 BEGIN TRANSACTION 开始,以 COMMIT 或 ROLLBACK 结束。

封锁就是事务 T 在对某个数据对象如表、记录等操作之前,先向系统发出请求,对其加锁。封锁的基本类型有两种:排他锁(Exclusive Locks,简称 X 锁)和共享锁(Share Locks,简称 S 锁)。

X 锁,又称写锁,或排他锁。一个事务对数据对象 A 进行修改(写)操作前,给它加上 X 锁。加上 X 锁后,其他任何事务都不能再对 A 加任何类型的锁,直到 X 锁被 T 释放为止。

S 锁,又称读锁,或共享锁。一个事务对 A 进行读取操作前,给它加上 S 锁。加上 S 锁后,其他事务可以对 A 加更多的锁:当然,只能是另一个 S 锁,而不能是 X 锁,直到 S 锁被 T 释放为止。

9.3 实 验 要 求

创建一个"仓库职工"的数据库,创建并导入仓库表、职工表、订购表和供应商表,完成相应操作。创建事务、提交事务,给事务加锁,通过转账示例理解事务的 ACID 特性。

9.4 实 验 步 骤

创建一个"仓库职工"的数据库,创建并导入仓库表、职工表、订购表和供应商表完成相应操作。

1. 创建仓库表

创建仓库表,并导入数据,如表 2.9.1 所示。

表 2.9.1　仓库表

仓　库　号	城　　　市	面积(m²)
WH1	北京	370
WH2	上海	500
WH3	广州	200
WH4	武汉	400

2. 创建职工表

创建职工表,并导入数据,如表 2.9.2 所示。

表 2.9.2　职工表

仓　库　号	职　工　号	工资(元)
WH2	E1	1220
WH1	E2	1210
WH2	E3	1250
WH3	E4	1230
WH1	E5	1250
WH3	E6	2000
WH1	E7	2080

3. 创建订购表

创建订购表,并导入数据,如表 2.9.3 所示。

表 2.9.3　订购表

职　工　号	供应商号	订购单号	订购日期
E3	S7	OR67	2009-12-4
E1	S4	OR73	2009-4-1
E7	S4	OR76	2009-4-2
E6	S6	OR77	2009-1-21
E3	S4	OR79	2009-11-15
E1	S6	OR80	2009-2-1
E3	S6	OR90	2009-3-12
E3	S3	OR91	2009-3-2

4. 创建供应商表

创建供应商表,并导入数据,如表 2.9.4 所示。

表 2.9.4　供应商表

供应商号	供应商名	地　　址
S3	振华电子厂	西安
S4	华通电子公司	北京

供 应 商 号	供 应 商 名	地 址
S6	607 厂	郑州
S7	爱华电子厂	北京
S8	胖熊公司	广州
S9	巧姑娘日化	北京

5．用 SQL 语句完成以下操作

（1）创建事务，并执行，为实现广州的职工加 10％的工资，代码如下：

```
BEGIN TRANSACTION
USE cangku
GO
UPDATE  职工 SET 工资 = 工资 * 1.1
FROM 职工,仓库
WHERE 职工.仓库号 = 仓库.仓库号 AND 城市 = '广州'
GO
COMMIT
GO
```

（2）用事务实现银行转账的简单示例。

有"张小虎""王小丽"两个账户，"张小虎"账户每次转 300 元给"王小丽"账户，规定任何一个账户的余额必须大于 0。"张小虎"账户减少 300 元，"王小丽"账户就必须增加 300 元。多次转账后，"张小虎"账户的余额不够，这时"王小丽"账户的余额就会增加，事务所做的修改操作将回滚。通过这个例子，介绍事务的特点、提交与回滚。

先做好准备工作，步骤如下所示。

步骤一：

```
//打开数据库 E_Market,创建数据表,并插入测试数据
USE E_Market
GO
//创建银行账户表 bank
IF EXISTS(SELECT * FROM sysobjects WHERE name = 'bank')
DROP TABLE bank
GO
CREATE TABLE bank
(
    customerName CHAR(20),              //客户姓名
    currentMoney money                 //当前余额
)
GO
//添加约束,账户余额不能少于 1 元
ALTER TABLE bank
ADD CONSTRAINT CK_currentMoney CHECK(currentMoney > = 1)
GO
//插入测试数据
INSERT INTO bank(customerName,currentMoney) VALUES('张小虎',500)
INSERT INTO bank(customerName,currentMoney) VALUES('王小丽',2000)
```

```
//查看结果
SELECT * FROM bank
GO
```

步骤二：

创建事务，完成转账过程。

```
//开始事务(从此处开始,后续的 T-SQL 语句是一个整体)
BEGIN TRAN
//定义变量,用于累计事务执行过程中的错误
DECLARE @error INT
//给@error 变量赋值
SET @error = 0
//开始转账,张小虎的账户中减 300 元
UPDATE bank SET currentMoney = currentMoney - 300 WHERE customerName = '张小虎'
//累加错误
SET @error = @error + @@ERROR
//王小丽的账户加 300 元
UPDATE bank SET currentMoney = currentMoney + 300 WHERE customerName = '王小丽'
SET @error = @error + @@ERROR
PRINT '查看转账过程中的余额'
SELECT * FROM bank
//使用 IF…ELSE 去判断累加的错误号,确定事务是提交还是回滚(撤销)
IF (@error > 0)
    BEGIN
        PRINT '交易失败!回滚事务'
        ROLLBACK TRAN              //回滚事务
    END
ELSE
    BEGIN
        PRINT '交易成功,提交事务,写入硬盘!'
        COMMIT TRAN               //提交事务
    END
//查看转账事务后的余额
PRINT '查看转账事务后的余额'
SELECT * FROM bank
GO;
```

(3) 事务的加锁操作。

① 使用 TABLOCKX 对职工表加排他锁。

在 SELECT 语句中加锁，开启一个查询窗口，运行以下的语句，给职工表加排他锁，代码如下：

```
BEGIN  TRAN
SELECT * FROM  职工表  WITH (tablockx)        //排他锁
WAITFOR  DELAY  '00:00:20'                    //等待 20 秒
COMMIT  TRAN
```

再开启第二个查询窗口，执行以下修改语句：

```
UPDATE  职工表  SET  工资 = 10000
```

```
WHERE   职工号 = 'E10'
```

执行时发现,这个修改语句会出现卡顿,十几秒后,方能修改完毕。

如果开启第二个查询窗口,执行以下查询语句:

```
SELECT * FROM   职工表
```

执行时发现,这个查询语句会出现卡顿,十几秒后才出现查询结果。

② 使用 HOLDLOCK 对职工表加共享锁。

开启一个查询窗口,运行以下的语句,给职工表加共享锁:

```
BEGIN   TRAN
SELECT * FROM   职工表 WITH (holdlock);          //共享锁
WAITFOR   DELAY '00:00:20'                        //等待秒
COMMIT TRAN
```

如果开启第二个查询窗口,执行以下查询语句:

```
SELECT * FROM 职工表
```

会发现,这个查询语句不会出现卡顿,立即出现查询结果。

但是,如果开启第二个查询窗口,执行修改语句:

```
UPDATE   职工表   SET   工资 = 10000
WHERE   职工号 = 'E1'
```

则会出现卡顿十几秒。

由上面的例题可以看出,排他锁与共享锁的特点。

流程控制语句

10.1 实 验 目 的

通过本实验,使读者熟练掌握变量的定义、赋值,各种流程控制语句的语法格式,学会流程控制语句的使用方法,学会使用查询流程控制关键字的方法。

10.2 基 础 知 识

变量是用来存储单个特定数据类型数据的对象,它用来在程序运行过程中暂存数据,一个变量一次只能存储一个值。T-SQL 中可以使用两种变量:局部变量和全局变量。

1. 局部变量定义

```
DECLARE @variable1 data_type[@variable2 data_type]
```

其中:"@variable1""@variable2"为局部变量名,必须以"@"开头。data_type 是数据类型,可以是系统类型,也可以是用户定义的类型。

例如,定义三个变量:

```
DECLARE @test1 VARCHAR(100), @testVARCHAR(100), @test3 VARCHAR(100)
```

注意:这样定义的变量自动赋值为 NULL。

2. 局部变量的赋值

(1) 使用 SET 子句赋值。

例如:

```
SET @test1 = '测试'
```

如果同时给三个变量赋值:

```
SET  @test1 = '测试',SET @test12 = '测试'2,SET @test3 = '测试 3'
```

注意:SQL Server 不允许连续赋值。即 SET @test1 = '测试',@test12 = '测试'2,@test3 = '测试 3' 是错误的。

(2) 使用 SELECT 子句赋值。

可以将查询结果赋值给变量。如果查询结果返回多个值,则将最后一个赋值给变量。

SELECT 语句的语法格式为:

```
SELECT @variable1 = VALUE1 [@variable2 = VALUE2] WHERE …
```

例如：

```
SELECT  @test1 = Sno, @test2 = Ssex
FROM Student
WHERE Sname = '张三'
```

3. 流程控制语句

流程控制语句是指那些用来控制程序执行和流程分支的语句，在 SQL Server 2008 中，流程控制语句用来控制 SQL 语句、语句块或者存储过程的执行流程。

T-SQL 语言使用的流程控制命令与常见的程序设计语言类似，主要有以下几种控制命令。

1) IF…ELSE 语句

IF…ELSE 语句是条件判断语句，其中，ELSE 子句是可选的，最简单的 IF 语句没有 ELSE 子句部分。IF…ELSE 语句用来判断当某一条件成立时执行某段程序，条件不成立时执行另一段程序。SQL Server 允许嵌套使用 IF…ELSE 语句，而且嵌套层数没有限制。

IF…ELSE 语句的语法格式为：

```
IF <布尔表达式>
        <SQL 语句>|<语句块>
    [ELSE
        <SQL 语句>|<语句块>]
```

2) BEGIN…END 语句

在控制流程中需要执行两条或两条以上的语句，应该将这些语句定义为一个语句块(称为复合语句)。BEGIN 和 END 必须成对实现。

BEGIN…END 语句的语法格式为：

```
BEGIN
 <SQL 语句>|<语句块>
 END
```

3) CASE 语句

CASE 结构提供比 IF…ELSE 结构更多的选择和判断的机会。使用 CASE 表达式可以很方便地实现多重选择的情况，从而可以避免编写多重的 IF…ELSE 嵌套循环。CASE 语句按照使用形式不同，可以分为简单 CASE 语句和搜索 CASE 语句，它们的语法格式分别如下。

(1) 简单 CASE 函数。

```
CASE <表达式>
WHEN <表达式> THEN <表达式>
…
WHEN <表达式> THEN <表达式>
[ELSE <表达式>]
END
```

(2) CASE 搜索函数。

```
CASE
    WHEN <条件表达式> THEN <表达式>
```

```
...
WHEN <条件表达式>
THEN <表达式>
[ELSE <表达式>]
END
```

4）循环 WHILE 语句

WHILE 语句用来处理循环。在条件为 TRUE 的时候，重复执行一条或一个包含多条 T-SQL 语句的语句块，直到条件表达式为 FALSE 时退出循环体。

WHILE 语句的语法格式如下：

```
WHILE <条件表达式>
[BEGIN]
    <程序块>
    [BREAK]
    [CONTINUE]
    [程序块]
[END]
```

说明：CONTINUE 命令可以让程序跳过 CONTINUE 命令之后的语句，回到 WHILE 循环的第一行，继续进行下一次循环。BREAK 命令则让程序完全跳出循环，结束 WHILE 命令的执行。WHILE 语句也可以嵌套。

5）GOTO 语句

可以将执行流程改变到由标签指定的位置，系统跳过 GOTO 关键字之后的语句，并在 GOTO 语句中指定的标签处继续执行操作。

GOTO 语句的语法格式为：

```
GOTO   标识符
```

6）调度执行 WAIT FOR 语句

该语句可以指定它以后的语句在某个时间间隔之后执行，或在未来的某一时间执行。

其语法格式如下：

```
WAIT  FOR{DELAY 'time'|TIME 'time'}
```

其中各参数含义如下：

（1）DELAY 'time'指定 SQL Server 等待的时间间隔，最长可达 24h。

（2）TIME 'time'指定 SQL Server 等待到某一时刻。

10.3 实 验 要 求

利用实验 7 的"学生选课"的数据库，在该数据库中导入学生表、课程表和选课表提供的数据进行本实验。在流程控制语句中掌握 SQL Server 中的局部变量和语句块 BEGIN…END 语句的使用方法，能根据实际情况使用条件判断语句 IF…ELSE、CASE 语句、循环 WHILE 语句和 GOTO 语句的使用，学会调度执行 WAIT FOR 语句的使用。

10.4 实 验 步 骤

1. 条件判断语句 IF…ELSE 的使用

（1）在 Student 表中查询是否有"张力"这个学生。如果有，显示该学生的姓名和系，否则显示"没有此人"，代码如下：

```
USE 学生选课
GO
DECLARE @message VARCHAR(20)
IF EXISTS(SELECT * FROM Student WHERE Sname = '张力')
    SELECT Sname,Sdept   FROM Student WHERE Sname = '张力'
ELSE
    BEGIN
        SET @message = '没有此人'
        PRINT @message
END
```

（2）在 SC 表中查询是否有成绩大于等于 90 分的学生，有则输出"有学生的成绩达到 90 分"，否则输出"抱歉，没有学生的成绩达到 90 分"，代码如下：

```
USE Students
GO
DECLARE @message VARCHAR(20)
  IF EXISTS(SELECT * FROM SC WHERE Grade > 90)
    PRINT '有学生的成绩达到 90 分'
  ELSE
    BEGIN
     SET @message = '抱歉,没有学生的成绩达到 90 分'
     PRINT @message
    END
```

（3）从表 Student 中，选取 Sno、Ssex，如果 Ssex 为"男"输出 M，如果 Ssex 为"女"输出 F，代码如下：

```
SELECT Sno, Sname, Ssex =
    CASE Ssex
         WHEN '男' THEN 'M'
         WHEN '女' THEN 'F'
    END
FROM Student
```

运行结果如图 2.10.1 所示。

（4）从 SC 表中查询所有同学选课成绩情况，凡成绩为空者输出"未考"，小于 60 分者输出"不及格"，60 分～70 分者输出"及格"，70 分～90 分者输出"良好"，大于或等于 90 分者输出"优秀"。

```
SELECT Sno,Cno,Grade,
Grade = CASE
```

```
    WHEN Grade IS NULL THEN '未考'
    WHEN Grade < 60 THEN '不及格'
    WHEN Grade > = 60 AND Grade < 70 THEN '及格'
    WHEN Grade > = 70 AND Grade < 90 THEN '良好'
    WHEN Grade > = 90 THEN '优秀'
        END
FROM SC JOIN Student ON SC. Sno = Student. Sno
```

运行结果如图 2.10.2 所示。

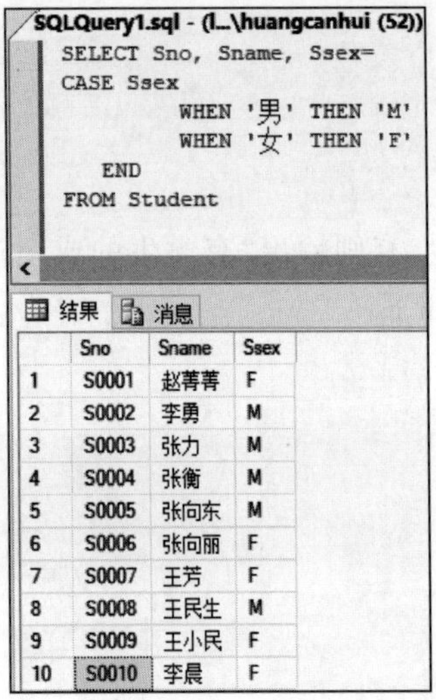

图 2.10.1　运行结果

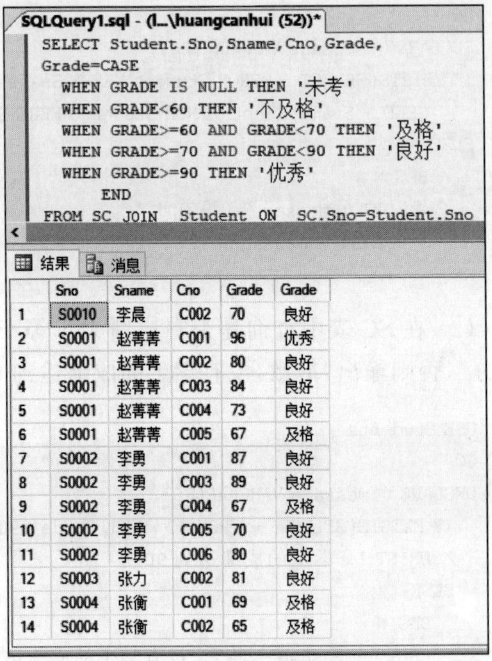

图 2.10.2　运行结果

2. 循环 WHILE 语句的使用

（1）编程求 1～100 的和,代码如下：

```
DECLARE @i INT
DECLARE @sum INT
SET @i = 1
SET @sum = 0
WHILE @i < = 100
BEGIN
    SET @sum = @sum + @i
    SET @i = @i + 1
END
SELECT @sum AS 合计 , @i AS 循环数
```

运行结果如图 2.10.3 所示。

（2）请读下列程序并回答下列程序的功能。

```
DECLARE @i INT
```

```
SET @i = 1
WHILE ((@i < 11)
BEGIN
    IF(@i < 5)
    BEGIN
        SET @i = @i + 1
    CONTINUE
    END
    PRINT @i
    SET @i = @i + 1
END
```

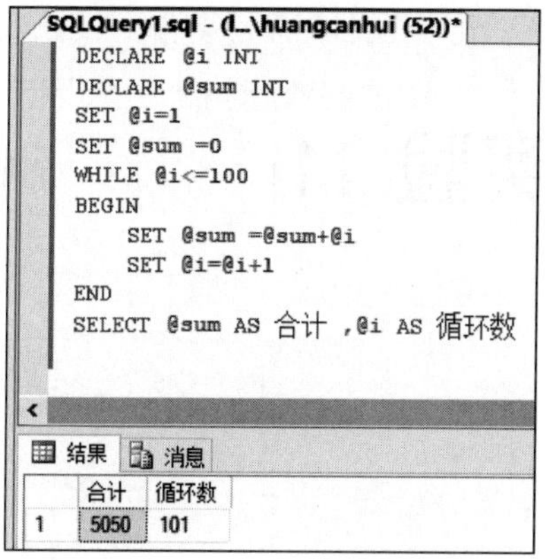

3. GOTO 语句的使用

求 $1+2+3+\cdots+10$ 的总和,代码如下:

```
DECLARE @S SMALLINT,@I SMALLINT
SET @I = 1
SET @S = 0
BEG:
IF (@I <= 10)
    BEGIN
        SET @S = @S + @I
        SET @I = @I + 1
        GOTO BEG
    END
PRINT @S
```

```
SQLQuery1.sql - (l...\huangcanhui (52))*
    DECLARE @i INT
    DECLARE @sum INT
    SET @i=1
    SET @sum =0
    WHILE @i<=100
    BEGIN
        SET @sum =@sum+@i
        SET @i=@i+1
    END
    SELECT @sum AS 合计 ,@i AS 循环数
```

	合计	循环数
1	5050	101

图 2.10.3　运行结果

4. 调度执行 WAIT FOR 语句的使用

若变量“@等待”的值等于“间隔”,查询 Student 表是在等待 2min 后执行,否则在下午 2:10 执行。

```
DECLARE @等待 CHAR(10)
SET @等待 = '间隔'
IF @等待 = '间隔'
    BEGIN
        WAIT FOR DELAY '00:02:00'
        SELECT * FROM student
    END
ELSE
    BEGIN
        WAIT FOR TIME '14:10:00'
        SELECT * FROM student
    END
```

实验
10

流程控制语句

实验 11 　 SQL Server 的存储过程

11.1 　实 验 目 的

通过本实验,使读者理解存储过程的定义和优点,熟练掌握不带参数存储过程的定义和调用,带参数存储过程的定义、调用和删除方法,掌握存储过程的查看和修改方法。

11.2 　基 础 知 识

存储过程(Procedure)类似于 C 语言中的函数,Java 的方法。它可以重复调用。当存储过程执行一次后,可以将语句放入缓存,这样下次执行的时候直接使用缓存中的语句。可以提高存储过程的性能。

存储过程是一组编译在单个执行计划中的 T-SOL 语句,将一些固定的操作集中起来交给 SQL Server 数据库服务器完成,以实现某项任务。

存储过程的优点:

(1) 与其他应用程序共享应用程序逻辑,因而确保了数据访问和修改的一致性。

(2) 防止数据库中表的细节暴露给用户。

(3) 提供安全机制。

(4) 改进性能。

(5) 减少网络流量。

1. 存储过程的分类

(1) 用户定义的存储过程。

用户定义的 T-SQL 存储过程中包含一组 T-SQL 语句集合,可以接受和返回用户提供的参数。

(2) 扩展存储过程。

扩展存储过程是指 Microsoft SQL Server 的实例可以动态加载和运行的 DLL,是由用户使用编程语言(如 C 语言)创建的自己的外部例程,扩展存储过程一般使用 sp_ 或 xp_ 前缀。

(3) 系统存储过程。

由系统提供的存储过程,可以作为命令执行各种操作。系统存储过程定义在系统数据库 master 中,其前缀是 sp_,例如常用的显示系统信息的 sp_help 存储过程。

2. 创建和执行不带参数的存储过程

（1）创建简单的存储过程的语法如下：

```
CREATE  PROC[EDURE]  <存储过程名>
[WITH  ENCRYPTION]
[WITH  RECOMPILE]
AS
    SQL 语句
```

各选项的说明如下。

［WITH ENCRYPTION］：对存储过程进行加密，加密的存储过程用 sp_help text 查看不到存储过程的原码；

［WITH RECOMPILE］：对存储过程重新编译。

（2）执行存储过程的语法格式如下：

```
EXEC  <存储过程名>
```

3. 创建带参数的存储过程

存储过程的参数分两种：输入参数和输出参数。输入参数用于向存储过程传入值，类似 C 语言的按值传递；输出参数用于在调用存储过程后返回结果，类似 C 语言的按引用传递。

带参数的存储过程的语法格式为：

```
CREATE  PROC[EDURE]  <存储过程名>
@参数 1  数据类型 = 默认值[OUTPUT],
 …,
@参数 n  数据类型 = 默认值 [OUTPUT]
AS
  SQL 语句
```

4. 查看存储过程

在 SQL Server 中，根据不同需要，可以使用 sp_help text、sp_help、sp_depends 系统存储过程来查看用户自定义存储过程的不同信息。

5. 修改存储过程

修改存储过程是由 ALTER 语句来完成的，其语法格式如下：

```
ALTER PROCEDURE procedure_name
[WITH ENCRYPTION]
[WITH RECOMPILE]
AS
Sql_statement
```

6. 删除存储过程

存储过程的删除是通过 DROP 语句来实现的，其语法格式如下：

```
DROP PROCEDURE  procedure_name
```

11.3　实 验 要 求

利用实验 7 的"学生选课"的数据库,在该数据库中导入学生表、课程表和选课表提供的数据进行本实验。创建和执行一个 GetInfo 不带参数的存储过程,获取所有学生的信息,创建和执行一个 GetScore 带参数的存储过程,以获取指定学生的信息。修改、查看和删除已创建的存储过程。

11.4　实 验 步 骤

1. 不带参数的存储过程的创建和执行

创建一个名为 GetInfo 存储过程,用于获取所有学生信息,代码如下:

```
CREATE PROCEDURE GetInfo
AS
SELECT * FROM Student
```

执行存储过程:

```
EXEC GetInfo
```

上例中的存储过程可以获取所有学生信息,如果要获取指定学生的信息怎么做? 这里就需要创建带参数的存储过程。

2. 带参数的存储过程的创建和执行

(1) 创建一个带输入参数的存储过程,要求用于获取指定学生的信息,代码如下:

```
CREATE PROCEDURE StuInfo
    @name CHAR(10)
AS
    SELECT * FROM Student WHERE Sname = @name
```

执行存储过程:

```
EXEC StuInfo @name = '李晨'
```

或按位置传递参数值:

```
EXEC StuInfo '李晨'
```

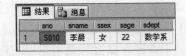

图 2.11.1　执行存储过程结果

执行结果如图 2.11.1 所示。

(2) 创建一个带输入和输出参数的存储过程 GetScore,获取指定课程的平均成绩、最高成绩、最低成绩,并返回结果。

```
CREATE PROCEDURE GetScore
@kcID CHAR(10), @AVGScore INT OUTPUT,
@MAXScore INT OUTPUT, @MINScore INT OUTPUT
AS
SELECT @AVGScore = AVG(Grade), @MAXScore = MAX(Grade), @MINScore = MIN(Grade)
FROM SC
```

```
WHERE Cno = @kcID
SELECT    @AVGScore AS 平均成绩,@MAXScore AS 最高成绩,@MINScore AS 最低成绩
```

执行存储过程：

```
DECLARE @kcID CHAR(10),@AVGScore INT,@MAXScore INT,@MINScore INT
SET @kcID = 'C001'
EXEC GetScore @kcID,@AVGScore,@MAXScore,@MINScore
```

执行结果如图 2.11.2 所示。

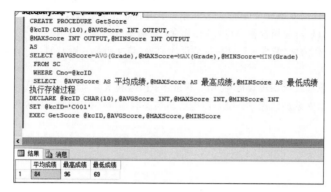

图 2.11.2　执行存储过程 GetScore 结果

3. 查看存储过程

查看 Students 数据库中存储过程 GetInfo 信息。代码如下：

```
EXEC sp_helptext GetInfo
EXEC sp_help GetInfo
EXEC sp_depends GetInfo
```

运行后得到存储过程的定义、参数和依赖信息。

4. 存储过程的修改

修改存储过程 StuInfo,根据用户提供的系名统计该系的人数,并要求加密。

```
ALTER PROCEDURE StuInfo
@dept CHAR(10),
@num INT OUTPUT
WITH ENCRYPTION
AS
    SELECT @num = COUNT( * ) FROM Student WHERE Sdept = @dept
    PRINT @num
```

执行存储过程：

```
DECLARE @dept CHAR(10),@num INT
SET @dept = '计算机系'
EXEC StuInfo @dept,@num
```

5. 存储过程的删除

使用 T-SQL 语句来删除存储过程 StuInfo,代码如下：

```
DROP PROCEDURE StuInfo
```

SQL Server 的存储过程

参 考 文 献

[1] 王珊,萨师煊.数据库系统概论[M].5 版.北京:高等教育出版社,2014.

[2] 杨冬青.数据库系统概念[M].6 版.北京:机械工业出版社,2013.

[3] 宋金玉,陈萍,陈利.数据库原理与应用[M].2 版.北京:清华大学出版社,2014.

[4] 许薇,谢艳新,张家爱,等.数据库原理与应用[M].北京:清华大学出版社,2011.

[5] 钟秋燕,黄灿辉,解正梅.数据库原理与应用[M].北京:清华大学出版社,2006.

[6] 闫大顺,石玉强.数据库原理及应用[M].北京:中国农业大学出版社,2017.

[7] 何玉洁.数据库原理与应用教程[M].4 版.北京:机械工业出版社,2016.

[8] [美]戴维·M·克伦克,戴维·J·奥尔.数据库原理(英文版第 6 版)[M].北京:中国人民大学出版社,2017.

[9] 石玉强.数据库原理及应用实验指导[M].北京:中国水利水电出版社,2010.

[10] 王珊,张俊.数据库系统概论(第 5 版)习题解析与实验指导[M].北京:高等教育出版社,2015.

图书资源支持

感谢您一直以来对清华版图书的支持和爱护。为了配合本书的使用,本书提供配套的资源,有需求的读者请扫描下方的"书圈"微信公众号二维码,在图书专区下载,也可以拨打电话或发送电子邮件咨询。

如果您在使用本书的过程中遇到了什么问题,或者有相关图书出版计划,也请您发邮件告诉我们,以便我们更好地为您服务。

我们的联系方式:

地　　址:北京市海淀区双清路学研大厦 A 座 701

邮　　编:100084

电　　话:010-83470236　010-83470237

资源下载:http://www.tup.com.cn

客服邮箱:2301891038@qq.com

QQ:2301891038(请写明您的单位和姓名)

资源下载、样书申请

书 圈

扫一扫,获取最新目录

课 程 直 播

用微信扫一扫右边的二维码,即可关注清华大学出版社公众号"书圈"。